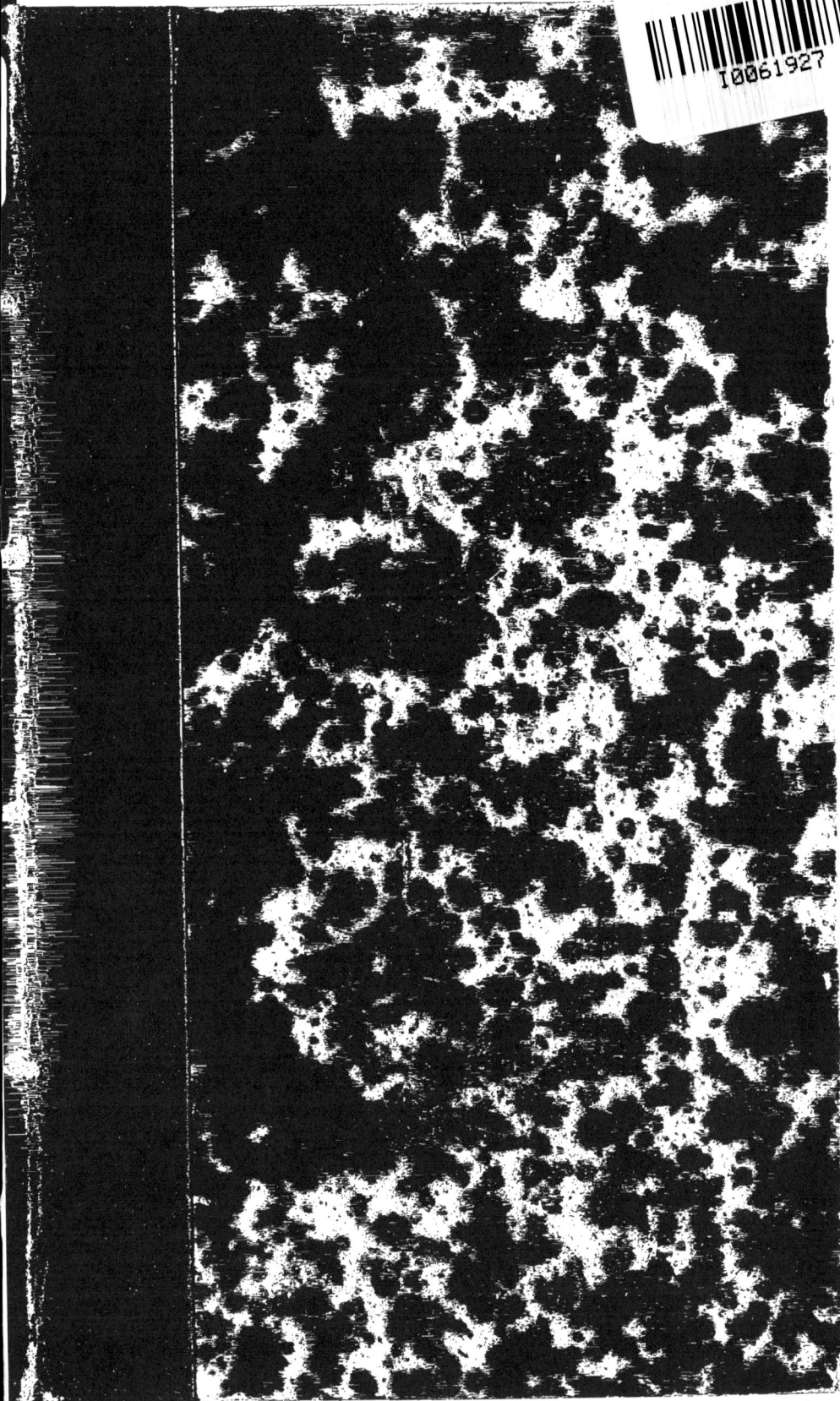

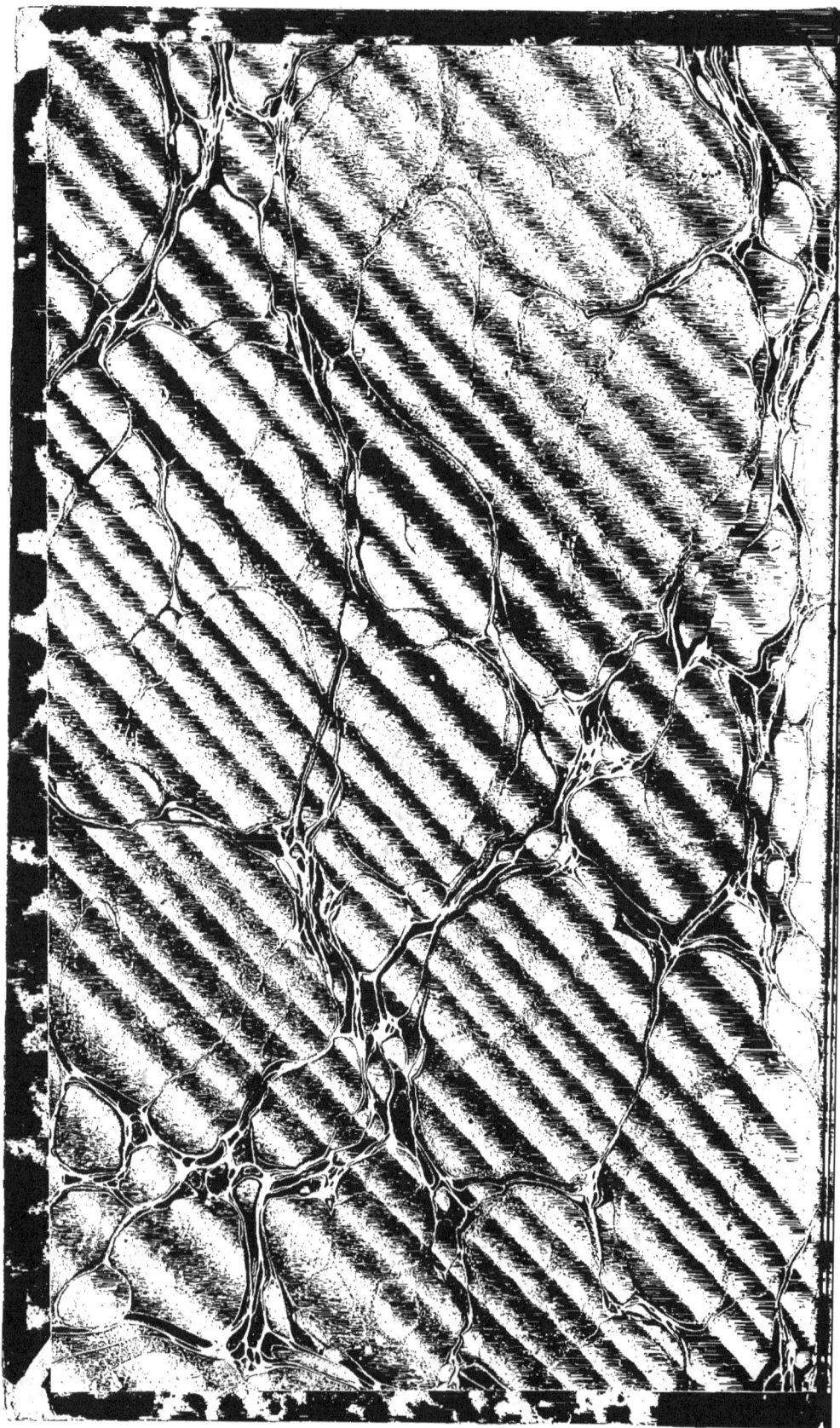

3263

MANŒUVRIER COMPLET.

PARIS. — IMPRIMERIE DE MADAME VEUVE BOUCHARD-HUZARD, RUE DE L'ÉPERON, 5.

MANŒUVRIER COMPLET

ou

TRAITÉ

DES

MANŒUVRES DE MER

SOIT A BORD DES BATIMENTS A VOILES

SOIT A BORD DES BATIMENTS A VAPEUR;

PAR LE BARON DE BONNEFOUX,

capitaine de vaisseau.

PARIS.

ARTHUS BERTRAND, ÉDITEUR,

LIBRAIRE DE LA SOCIÉTÉ DE GÉOGRAPHIE.

RUE HAUTEFEUILLE, 21.

Je dédie ce Manœuvrier

à mon petit-fils, Armand Pâris,

qui, à peine âgé de neuf ans,

a déjà fait quatre voyages en Algérie,

et que tous ses penchants paraissent entraîner irrésistiblement à embrasser,

un jour, la carrière de la marine militaire.

Cette dédicace, tout en devenant pour lui, je l'espère, un motif d'émulation, servira, naturellement aussi, de preuve à la tendresse que je lui porte. Est-il rien de plus naturel, en effet, que de voir un homme parvenant au déclin de ses jours, se pencher pour presser contre son cœur celui qui entrant dans la vie, où il lui tient de si près par les liens du sang, y arrive plein de force, brillant de santé, et développant une séve intellectuelle qui semble aspirer à tout concevoir?

Macte animo, generose puer; sic itur!.....

Devenu homme, il parcourra, probablement, une carrière plus brillante que diverses circonstances ne m'ont permis de le faire : philosophiquement parlant, je ne devrais peut-être pas le désirer; mais ce

que je souhaite, en toute sincérité, c'est que mon
cher Armand ait autant de résignation que la Pro-
vidence en a mis, en mon âme, dans les moments
critiques ou difficiles de mon existence, et qu'il
apprécie, avec un aussi vif sentiment de reconnaissance, les biens et les plaisirs qu'elle peut vouloir
nous dispenser dans notre passage en ce monde.
Je ne me suis jamais élevé, il est vrai, au-dessus
des positions moyennes de notre société, mais ni
mon ambition ni mes goûts n'en recherchaient davantage. Puisse mon petit-fils savoir s'en contenter
également, s'il n'est pas destiné à parvenir au delà!

B.

PRÉFACE.

Ce *Manœuvrier* doit être considéré comme une troisième édition de mes *Séances nautiques* dont il ne porte, cependant, pas le titre, parce que ce dernier ouvrage était, particulièrement, destiné à initier, dans un certain nombre de *Séances* ou de réunions, les Élèves de nos écoles de marine à l'art des manœuvres de mer à bord des bâtiments à voiles ; tandis que le livre que je publie aujourd'hui, est un Traité Général pour toutes les classes des jeunes marins soit de l'État, soit du Commerce, et embrassant à la fois la navigation à voiles et la navigation à la vapeur.

Il y avait peu de temps que la seconde édition des *Séances nautiques* était épuisée, lorsqu'un libraire voulut bien me faire des propositions pour une nouvelle impression de cet ouvrage : presque au même moment, je reçus une lettre de M. le capitaine de vaisseau *Páris* qui commande la frégate à vapeur *l'Orénoque*, en service dans la Méditerranée, et dans laquelle après m'avoir assuré que cette réimpression était fort désirée au port de Toulon, il me pressait vivement de me livrer à ce travail.

Je répondis à M. *Páris* qu'au moment où la navigation par la vapeur tenait une si belle place dans la marine, je ne concevrais pas la publication d'un ouvrage technique sur les manœuvres de mer, qui ne traiterait pas de cette navigation ; et que mes *Séances nautiques* se taisant, entièrement, à ce sujet, il n'y aurait lieu, selon moi, à les réimprimer, qu'autant que cette lacune serait comblée. J'ajoutai que ce complément ne pouvait être mieux exécuté que par lui, et que s'il voulait s'en charger, je me rendrais à son désir.

Il faut connaître le cœur et l'activité de cet officier pour comprendre l'empressement qu'il mit à me répondre, à son tour, qu'il se mettait à ma disposition ; que je n'avais qu'à préciser ce que j'entendais qu'il fît ; qu'à lui dire combien de chapitres je jugeais qu'il fallait pour coordonner la section de la vapeur avec celle de la voile ; quel devait être le sujet ou le titre de chacun des chapitres ; enfin, quelle étendue ils devaient avoir.

Nous fûmes bientôt d'accord sur tous ces points ; et je ne

tardai pas à recevoir le manuscrit de M. *Páris* accompagné d'une lettre où, avec sa modestie accoutumée, il exprimait le désir que je revisse son travail avant de le livrer à la presse, et que j'y fisse subir toutes les modifications que je croirais nécessaires pour faire un tout homogène de l'ouvrage entier : enfin, il fut convenu qu'à cause de son éloignement, et des fréquents voyages de sa frégate, j'aurais le soin de la correction des épreuves.

Une circonstance particulière a permis, d'ailleurs, que l'on pût, sans augmenter le prix du livre, y insérér quelques figures explicatives dans la seconde section ; c'est que l'Éditeur du *Manœuvrier* est aussi celui du *Catéchisme du mécanicien à vapeur* du même M. *Páris;* que le *Catéchisme* contient la plupart des documents choisis, par cet officier, pour le *Manœuvrier*, et que les types des figures de ce même *Catéchisme* avaient été conservés par l'Éditeur.

Dans le cours de ma carrière, j'ai donné assez de preuves de l'importance que j'attache à la marine, cet élément si puissant de la force publique et de la prospérité commerciale du pays, pour qu'on puisse être convaincu qu'en publiant cet ouvrage, j'ai cru servir les intérêts de la navigation ; et que si, après de longues réflexions, j'avais pu penser qu'une autre forme dût être donnée à ce *Manœuvrier*, je n'aurais pas hésité à l'adopter.

Naviguer, bien naviguer sous voiles et sous vapeur ; manœuvrer avec discernement ; savoir prévenir les avaries ; connaître les moyens de les réparer ou d'y remédier ; être prêt à tout, au mauvais comme au beau temps, aux nobles chances de la guerre comme aux fécondes transactions de la paix, tel est le but que je me suis proposé d'indiquer aux jeunes marins ; et en m'appuyant sur mes longs services, sur mon expérience, sur la bienveillance avec laquelle mes *Séances nautiques* ont été accueillies ; en faisant surtout un appel au bon vouloir de M. *Páris*, et en m'éclairant aux lumières qui jaillissent des œuvres dans lesquelles il a jeté un si grand jour sur les questions de la vapeur, j'ai cru prendre les meilleurs guides qui pussent me diriger dans la tâche que j'avais entrepris d'accomplir.   B.

MANŒUVRIER COMPLET

OU

TRAITÉ DES MANOEUVRES DE MER,

SOIT A BORD DES BATIMENTS A VOILES,

SOIT A BORD DES BATIMENTS A VAPEUR.

———

SECTION PREMIÈRE.

———

BATIMENTS A VOILES.

———

CHAPITRE PREMIER.

Bâtiment au mouillage sur une seule ancre.

Un bâtiment étant au mouillage sur une seule ancre, il est aisé de concevoir, par la manière dont l'ancre est construite, comment, après être tombée, l'effort de ce bâtiment que le vent ou le courant fait agir sur cette même ancre par le moyen de son câble, doit avoir pour résultat d'en faire coucher le jas dans une situation parallèle au sol, et d'en forcer un des becs à mordre le fond ou à s'y arrêter : ce bec devient ainsi une sorte de point fixe, autour duquel le navire doit tourner selon les changements de direction du vent ou du courant.

1

Si le vent agissait seul, le bâtiment, en venant à l'appel
de son ancre et de son câble, se rangerait debout au vent;
par un temps calme, il prendrait la direction du courant;
mais si, comme il arrive le plus fréquemment, le vent et
le courant se font sentir tous les deux à la fois, alors le bâtiment est soumis à l'action de deux forces, et il se place dans
une direction intermédiaire qui participe des deux, mais
qui se rapproche davantage de celle qui produit le plus
d'effet. Il prend la direction commune, quand le vent et le
courant viennent du même air-de-vent. Il est également
évident que le point par lequel le navire tient au fond est
d'autant plus fixe, que la patte est plus enfoncée et que la
direction du câble est plus horizontale ; ceci dépend en
premier lieu, de la pesanteur de l'ancre ou plus encore
de la nature du fond, secondement, du moins de profondeur de l'eau et d'une plus grande longueur de câble filée.
De là l'on peut aisément déduire ce qu'il faut rechercher
pour être le plus en sûreté dans une rade sous ce rapport;
car il faut encore tenir compte de la considération des
points de cette rade le plus exposés aux courants, qui sont
à éviter, et des endroits le mieux abrités des vents les plus
fréquents ou les plus dangereux, qui sont à rechercher.

Mais, en supposant toujours le bâtiment sur une seule
ancre, on peut remarquer que les mouvements de rotation qui lui sont imprimés par la variété habituelle des
vents et par le changement périodique des marées, donnent lieu à trois graves inconvénients : l'un, celui d'exiger
un emplacement circulaire d'une aire d'autant plus grande
que le bâtiment est plus long ou qu'il peut filer plus de
câble; le second, celui d'obliger l'ancre à tourner autour
du bec inférieur, ce qui altère la fixité essentielle à ce
point; le dernier enfin, celui de ne pouvoir souvent em-

pêcher que le navire, lors d'un changement cap pour cap
de marée ou de vent, ne coure sur son ancre, et n'en
fasse engager le câble autour de quelqu'une de ses parties,
ce qui s'appelle la surjaler.

S'il en arrive ainsi, ou si, seulement, on a quelque
crainte à ce sujet, il est important de dégager l'ancre ou de
vérifier le fait : pour cette opération, on profite d'un moment d'accalmie lorsqu'il s'en présente un ; on s'amarre,
le plus promptement possible, sur une forte ancre à jet, on
relève, alors, l'ancre qui est ou que l'on suppose être sur-
jalée, et on la laisse retomber au fond, aussitôt qu'on s'est
assuré qu'elle est dégagée de son câble ou qu'on l'en a
dégagée s'il y avait lieu. Faute de cette précaution, et s'il
venait à surventer, on pourrait se trouver dans une situation critique, puisque le câble solliciterait, puissamment
alors, le bec inférieur de l'ancre à sortir du fond, ou que
ce même bec pourrait être beaucoup moins bien disposé
pour former point fixe ou pour retenir le navire.

Puisqu'il est dans la nature des choses que le bâtiment
tourne souvent autour de son ancre, il faut alors tâcher,
premièrement, de le faire tourner de manière à revenir
sur lui-même, car la rotation continuelle dans le même
sens ferait tortiller le câble ; ensuite il faut le faire de telle
sorte que le câble soit toujours tendu, et cela afin d'empêcher qu'il ne surjale son ancre.

Lorsqu'il vente, il est facile d'y réussir ; le perroquet de
fougue orienté ou masqué, l'artimon bordé plat, le petit
foc traversé s'il le faut, suffisent ordinairement, en y ajoutant même, si leur effet est nul ou trop lent, telle autre
voile dont on peut disposer.

S'il y a du courant, le gouvernail est un bon auxiliaire
à ces voiles ; car le présenter d'un côté, c'est augmenter

l'impulsion du courant sur ce bord, et, par conséquent, donner au bâtiment un mouvement giratoire : si par l'effet de ces mêmes voiles, le vaisseau prenait de l'air pour atteindre sa nouvelle position, le gouvernail, après avoir aidé sa mise en route, servirait encore à le diriger.

S'il faisait calme plat et qu'on craignît qu'au reversement de la marée, le bâtiment entraîné par le courant, et devenu par là insensible à son gouvernail, ne fût porté sur son ancre, il faudrait, afin d'y remédier, se faire éviter par le moyen d'embarcations, ou virer sur une aussière frappée sur quelque objet fixe qui se trouverait à proximité, ou enfin jeter au large du travers une petite ancre sur laquelle on se halerait par l'arrière, et qu'on ferait ensuite lever par la chaloupe. Dans tous les cas, si l'on ne pouvait employer aucun de ces moyens, et surtout qu'on se trouvât dans une rade où il n'y eût pas de marées, il faudrait virer à pic lorsqu'on se verrait porté vers son ancre, tenir toujours ainsi le câble tendu, et ne le filer que lorsqu'il pourrait travailler de nouveau.

On voit, par ce qui précède, que l'amarrage sur une seule ancre est sujet à plusieurs inconvénients ; cependant on l'adopte dans les rades où l'espace ne manque pas et où le fond est si vaseux que les ancres s'y enfouissent et risquent peu d'être surjalées ; dans de pareils fonds, la difficulté de les relever empêche, d'ailleurs, d'en employer plus d'une sans une absolue nécessité.

Une seule ancre offre alors de très-grandes garanties : tout l'effort se fait, il est vrai, sur elle et sur son câble ; mais l'ancre doit être de nature à ne jamais se briser ; de plus, la quille étant dans la direction de sa verge, le bec est aussi bien placé que possible pour donner lieu à la plus grande résistance ; quant au câble, il risque

moins, vu cette même direction de la quille, de se casser
à l'écubier ou près de l'étalingure. Sur cette seule ancre,
si le courant porte sur vous un bâtiment en dérive, ou un
brulôt drossé, comme ils le sont ordinairement, par le
vent et le courant, on peut facilement s'en préserver par
un seul coup de barre dont l'effet, même n'ayant dehors
qu'une touée ordinaire, peut produire des embardées de
plus de deux quarts. Un navire affourché peut bien lancer
au moyen de sa barre, mais si les deux câbles travaillent
et que ce navire, ainsi qu'il arrive assez souvent, soit
entre les deux ancres, c'est-à-dire s'il les relève chacune
par un de ses bossoirs ou à peu près, il est évident que la
poupe seule évitera, car alors l'avant est fixé par les deux
bords; cette partie ne pourra donc pas se soustraire à l'a-
bordage, à moins de filer un des deux câbles et de venir
à l'appel de l'autre, mais ceci est quelquefois long à exécuter.

Si cependant on craint ou prévoit l'événement, il n'en est
pas moins bon d'être sur deux câbles, ou affourché, parce que
s'étant bien préparé, on peut défier un premier abordage
en filant, coupant ou séparant l'un des deux câbles : si
l'on ne coupe ou ne sépare pas et que l'on ne file pas par le
bout, on peut éviter un second abordage en filant, coupant
ou séparant l'autre câble et en se répandant sur celui-ci;
on peut enfin, sur celui qui vous tient le dernier, embarder
d'un bord sur l'autre comme si l'on n'en avait eu qu'un.
Dans cette position, l'effet de la barre est si puissant que
des officiers d'un grand mérite, qui citaient de pareilles
manœuvres exécutées avec succès par la flottille de *Bou-
logne*, ont prétendu que lors d'une journée mémorable,
une escadre qui se désunit et se détruisit en quelque sorte
elle-même en rade de *Rochefort*, eût déjoué tous les efforts

de l'ennemi et paré ses innombrables machines incen-
diaires, si au lieu de chercher son salut à la côte, elle
eût fait bonne contenance et se fût contentée de quelques
mouvements de gouvernail favorisés par les voiles latines
ou auriques, à l'effet soit d'augmenter les lans lorsque le
bâtiment aurait commencé à sentir sa barre, soit de le
faire ensuite revenir promptement à son premier cap.

Dans un coup de vent et quel que soit le nombre d'ancres que l'on ait au fond, il est presque impossible, à cause
de la direction diverse des câbles et de la longueur différente des touées, qu'une des ancres et son câble ne travaillent pas plus que les autres; il en résulte qu'on peut
casser plusieurs câbles l'un après l'autre, et le dernier
enfin, par la secousse que lui fait éprouver le bâtiment
lorsqu'il vient à son appel : au contraire, le naufrage aurait pu ne pas avoir lieu sur une seule ancre et avec une
bitture assez longue pour rendre insensibles les efforts du
tangage, dont l'action verticale tend à faire déraper l'ancre
et rompre le câble à l'écubier, d'autant plus que le navire
est plus rapproché du point des eaux qui correspond d'a-
plomb à cette même ancre : la sécurité devra être encore
plus grande si, au lieu d'une longueur de câble, on en
dispose deux ou trois dont les bouts soient réunis entre
eux. Ce nouveau câble unique acquiert ainsi, par sa longueur, une grande inertie qui jointe soit à l'obliquité avec
laquelle il agit sur l'ancre, soit à sa direction par rapport à l'écubier, et à l'augmentation de résistance que
l'eau et son propre poids opposent à sa tension, donne de
très-fortes garanties.

Un exemple remarquable à l'appui de ce qui précède,
eut lieu à la *Baie de la Table*, en 1805. Pendant un de
ces coups de vent qui avaient fait donner au *Cap de Bonne-*

Espérance le nom de *Cap des Tempêtes*, la frégate française la *Belle-Poule* cassa successivement tous les câbles
qu'elle avait en barbe; on ne pensait plus qu'à s'aller
échouer vers une des parties les moins dures de cette rade,
sur laquelle deux vaisseaux anglais s'étaient peu auparavant perdus corps et biens, et l'ordre de hisser le petit foc
était donné; le Lieutenant en pied qui avait une forte
ancre à jet prête, en donne avis et propose de s'en servir.
On tient bon le petit foc qu'on était en train de hisser, on
laisse tomber cette ancre, on fait subitement ajût d'un
autre grelin, et sur ces cordages si faibles, mais qui formaient près de deux cent quarante brasses de touée et dont
la direction était la plus favorable, la frégate étale et se
sauve! Cependant le même malheur arriva presque aussitôt à une autre frégate; l'ancre à jet ne se trouvait pas
disposée et elle fut jetée à la côte. Que ce soit un grand en-
seignement; et voyons dans cet exemple quelle influence
peut avoir sur la vie d'un équipage, un officier dont la
tête est calme, l'esprit actif, et qui connaît le nombre et
la valeur des ressources qu'il peut employer. Avec un
homme d'un tel caractère, la confiance multiplie les forces
à l'infini, l'espoir n'est jamais ravi, et l'on ne succombe
que dans des circonstances surnaturelles.

La dernière observation que j'aie à faire sur l'amarrage
d'une seule ancre, et elle peut s'appliquer à celui de deux
ou de plusieurs, c'est qu'il faut dans les bourrasques, coups
de vent ou tempêtes, veiller spécialement à ce que les câbles, s'ils sont en chanvre, ne soient pas dégarnis de leurs
paillets au portage des écubiers; que ces paillets soient
bien suivés; que l'on ait soin de rafraîchir ces mêmes
câbles, en en filant, de temps à autre, une brasse ou deux;
qu'ils soient étalingués au pied du grand mât; que les

autres ancres soient parées ; que les mâts de hune et de perroquet soient calés ou dépassés ; que les vergues soient brassées en pointe ou amenées pour être mises carré sur les porte-lofs ou pour être élongées dans le sens de la quille entre le bas mât et les bas haubans ; que les tangons soient rentrés ; que les embarcations soient, autant que possible, embarquées en cas d'événement qui nécessite leurs secours ; que celles qu'on ne pourrait hisser à bord, soient filées, ou mouillées sur leurs grappins un peu de l'arrière ; qu'à toute extrémité l'on soit prêt à couper sa mâture ; qu'on fasse, le plus qu'on le peut, travailler les câbles ensemble s'il y en a plusieurs ; et qu'en général on laisse le moins de prise au vent, sans négliger de donner au bâtiment les points de tenue les mieux combinés.

Il n'est peut-être pas inutile d'ajouter que des cloches à plongeur perfectionnées et autres appareils ou moyens ingénieux permettent de visiter sous l'eau, en certaines rades qui en sont pourvues, les ancres, le fond, et même les œuvres vives des navires qui sont mouillés dans ces rades.

CHAPITRE II.

Bâtiment Affourché.

A l'exception des circonstances particulières mentionnées précédemment, et lorsque le séjour que l'on veut faire dans une rade ne doit pas être un simple séjour de passage, on a pour obvier aux inconvénients de l'amarrage sur une seule ancre détaillés dans le chapitre précédent, adopté *l'Affourchage* ou l'amarrage sur deux ancres.

Pour s'amarrer ainsi, et afin d'avoir en dernier lieu, moins de chemin à faire contre le vent ou le courant, il faut laisser premièrement tomber l'ancre qui doit être du côté d'où souffle le vent, ou s'il faisait calme, d'où vient le courant; ensuite si le vent et le courant permettent qu'avec le navire l'on se porte sur le lieu où doit être placée la seconde, on se laisse dériver vers ce point en filant du câble; si celui-ci ne suffit pas, on fait ajût d'un grelin afin de pouvoir suffisamment filer. L'on peut aussi pour y arriver, se servir de quelqu'une de ses voiles, ou même d'embarcations de remorque. En jetant alors la seconde ancre, on vire sur le premier câble de manière qu'ils deviennent assez roides, tous les deux, pour ne pas donner lieu de craindre que, lorsque le bâtiment fera force sur l'un, l'autre ayant du mou, ne soit porté par le courant vers son ancre et ne la surjale; enfin, quand sur un fond de 15 brasses, il y a dehors 60 brasses environ de la grande touée et 50 de l'ancre d'affourche, on prend le tour de bitte et l'on se trouve affourché. Aussitôt on s'assure de plusieurs relèvements, et l'on sonde pour pouvoir reconnaître, à tout instant, si la position de l'avant du bâtiment n'a pas varié.

Quelquefois, avant de virer sur le premier câble, on attend le reversement de la marée, parce que le courant facilite beaucoup cette opération en entraînant le navire vers le lieu où elle est mouillée.

Dans les cas où, avec le vent, le courant, les voiles ou les embarcations de remorque, on ne peut atteindre l'endroit où l'on veut s'amarrer avec une seconde ancre, on fait jeter au fond par la chaloupe, et dans cette direction, mais plus loin, une ancre à jet sur laquelle on se toue en filant du premier câble; et lorsqu'on y est arrivé, on laisse

tomber cette seconde ancre : s'il était d'ailleurs indifférent, à cause de la faiblesse du courant ou du peu d'intensité du vent, de laisser tomber en premier lieu l'une
quelconque des deux ancres, on commencerait par celle
de la grande touée ; et cela, afin d'obvier à l'inconvénient
de faire ajût d'un grelin lorsqu'il faut filer plus d'un câble
ordinaire, pour se rendre au point d'où doit tomber cette
seconde ancre.

On peut encore, suspendre l'ancre d'affourche sur l'arrière de la chaloupe, faire paumoyer celle-ci sur le grelin
de l'ancre à jet, filer du câble à mesure, et quand la chaloupe est arrivée au point où l'ancre d'affourche doit être
mise au fond, les chaloupiers la laissent tomber, et le bâtiment vire sur le câble pour le roidir et pour se mettre à
poste : si le temps était beau, l'on pourrait se passer du
grelin, parce que la chaloupe, au lieu de se paumoyer, se
ferait remorquer par de petites embarcations et ramerait
elle-même vers le lieu où se trouve l'ancre d'affourche.
Dans les deux cas, des canots peuvent être placés de distance en distance pour supporter une partie du poids du
câble. Lorsqu'une embarcation laisse tomber une ancre à
jet, on doit quand elle est au fond, haler avec quelque
force sur l'orin ; cet effort tend nécessairement à faire aussitôt placer les pattes de l'ancre dans la position la plus
convenable pour résister, sur-le-champ et sans chasser, à
l'effet du câble sur lequel on doit virer.

Chaque rade, à cause de son ouverture ou des terres
plus ou moins basses qui la cernent ou des parages dans
lesquels elle est située, a toujours un point d'où il est plus
dangereux que les vents soufflent que de tout autre ; en
raison de cela, les deux ancres doivent être mouillées dans
une ligne de relèvement perpendiculaire à la direction du

vent le plus à craindre, parce qu'alors quand ce vent se fait sentir, chacune d'elles travaille et contribue à la sûreté du navire. A *Brest*, par exemple, on s'affourche Sud-Est et Nord-Ouest, par la raison que les vents les plus à craindre y sont ceux du Sud-Ouest; de plus on y place l'ancre de tribord au Nord-Ouest, parce qu'en faisant tête à ce vent de Sud-Ouest, l'avant du bâtiment se présente sans qu'il y ait de croix dans les câbles. On a aussi remarqué que ces coups de vent s'y terminent généralement par une brise du Nord-Ouest carabinée et à grains, que la marée du flot qui vient du côté de l'ouverture de la rade est accompagnée de plus de houle que celle du jusant, enfin que le fond de ce côté va en croissant d'une quantité assez sensible de la plage vers le milieu de la rade, et qu'il serait plus dangereux d'y chasser vers l'Est que vers l'Ouest : par ces motifs, on place dans cette rade la grande touée au Nord-Ouest, afin de pouvoir filer davantage si la brise l'exige, ou si le plan trop incliné du fond dans cet air-de-vent peut laisser labourer une ancre qui alors n'aurait évidemment pas assez de touée.

Dans une rade foraine ou sur une côte, on s'affourche sur une ligne parallèle au gisement de la côte pour résister davantage au vent qui y bat le plus en plein et qui y porte le plus de mer. De même, dans une rivière où l'on est à l'abri de tout vent, la grande touée se place vers sa source ou vers la marée du jusant qui, renforcée par les eaux mêmes de la rivière, est ordinairement la plus forte. On appelle alors l'ancre de la grande touée, ancre de jusant; et l'autre, ancre de flot.

En tout cependant, il faut consulter les localités : dans les parages par exemple, où règnent habituellement les brises de terre et du large, mais où le fond est très-accore, si l'on s'affourchait parallèlement à la côte, il s'ensuivrait qu'avec la brise du large, on se trouverait presque échoué par l'arrière, et qu'on n'y aurait aucune chasse ; aussi dans les rades de ces pays, et particulièrement les foraines, on place les deux ancres, l'une à terre et l'autre au large. A l'embouchure de certains fleuves, si l'on peut s'approcher de terre, on jette une ancre de bossoir vers le milieu du fleuve, et l'on s'amarre à terre avec un grelin ; on se trouve alors forcé, quand c'est un port de marée, d'éviter toujours l'arrière vers l'autre rive ; on y parvient avec ses voiles et surtout avec une aussière frappée sur la bouée de l'ancre, ou à terre et du côté de cette même rive : de plus si le grelin vient de tribord par exemple, on y fait embossure par babord ; et en roidissant ou cette embossure ou le grelin même, celui-ci n'étrive jamais. S'il survente, on double ce grelin, et en général on profite du courant pour mettre la barre un peu du bord opposé à ce même grelin, afin d'embarder légèrement vers lui et de le moins fatiguer. L'ancre de bossoir doit être celle qui n'étrive pas lorsqu'on fait tête au jusant qui, dans de pareils ports, est ainsi que nous l'avons déjà fait remarquer, plus fort que le flot. Comme l'aussière peut se casser pendant l'évitage, et qu'il est possible que le fond ne permette pas d'éviter l'arrière vers la côte la plus voisine, il faut alors être toujours prêt à virer sur le câble pour se haler au milieu du fleuve ; là l'évitage peut se faire indifféremment sur l'un ou l'autre bord : il est même prudent de laisser tomber l'autre ancre de bossoir que l'on peut tenir en veille, et l'on filerait du câble de celle-ci à mesure qu'on virerait sur l'autre.

Il est facile de concevoir comment l'affourchage remédie à tous les inconvénients de l'amarrage sur une seule ancre, mais il ne laisse pas d'en offrir lui-même, comme d'avoir un câble de plus qui travaille, qui frotte souvent contre l'autre ou contre le bâtiment, et qu'il faut souvent dépasser quand il y a un tour; à cet inconvénient, il faut ajouter ceux de nécessiter presque indispensablement une chaloupe; de rendre les préparatifs de l'appareillage fort longs; de sacrifier une ancre de plus si l'on est obligé d'appareiller subitement, et surtout celui d'une surveillance minutieuse et continuelle.

Au premier évitage cap pour cap, les câbles du bâtiment doivent en effet se croiser, ou du moins prendre une direction qui se croise plus ou moins; ce n'est encore qu'un petit mal, puisque nous avons expliqué que lorsque le vent le plus à craindre souffle, les ancres doivent être placées de manière qu'il n'y ait pas de croix; mais si l'on néglige à l'évitage suivant, de faire tourner le navire de telle sorte que cette croix se défasse ou qu'on ne puisse l'empêcher, alors on aura un tour, bientôt un tour et demi, les câbles souffriront, la touée sera raccourcie, elle fera étrive et il deviendra difficile, dans un cas urgent, d'embraquer ou de filer aucun des câbles. Dans cette position, s'il y avait lieu à filer, il faudrait frapper un grelin en dehors du tour et sur le câble d'affourche; en virant dessus on parviendrait à donner du mou dans le tour, et l'on pousserait de ce câble dehors pour en filer; ensuite on filerait du grelin et on laisserait venir à l'appel de la grande touée. Une fois le grelin frappé, on peut aussi filer des deux câbles à la fois, et bientôt la grande touée quoique étrivée par le tour, devient à peu près libre et le bâtiment est en quelque sorte affourché sur elle et sur le grelin frappé.

C'est donc le premier point de surveillance que celui

de faire tourner le navire dans un sens convenable, et s'il est impossible d'y parvenir à l'aide des moyens indiqués dans le chapitre précédent, lesquels sont ordinairement suffisants, il faut dépasser le plus tôt possible celui des deux câbles qui ne travaille pas, et défaire le tour; il est préférable, si la chose se peut, de dépasser le moins long en profitant de l'instant où la grande touée travaille. Pour prévoir l'effet des calmes, il est utile d'avoir toujours une petite ancre prête à être portée par le travers au moyen d'une embarcation, et sur laquelle on puisse se faire éviter à volonté en se halant dessus par l'arrière. On peut aussi se servir de points fixes sur le rivage, ou à bord de bâtiments voisins si la chose est à portée, et enfin de ses bouées; mais cependant peu de celles-ci, car il faut ménager les orins afin qu'ils conservent toute la force nécessaire pour relever et sauver les ancres, si les câbles viennent à être rompus.

Lorsqu'on ne doit faire qu'un court séjour dans une rade, et qu'on n'y craint pas de mauvais temps, on ne s'y affourche, ordinairement, qu'avec une ancre à jet.

La proportion que nous avons indiquée entre la longueur filée de la grande touée et le fond, est d'à peu près quatre fois la profondeur de celui-ci. En excédant cette proportion, on pourrait avoir à redouter que, dans un évitage, le bâtiment ne fût porté, par le vent ou par le courant, en travers sur un de ses câbles qui, ainsi, briderait ou cintrerait le navire : celui-ci serait alors fortement pressé, peut-être s'inclinerait-il outre mesure, et il serait possible que le câble ne pût supporter cet effort et qu'il cassât : si l'on craignait qu'il n'en fût ainsi ou que le bâtiment n'en souffrît, il faudrait immédiatement filer, couper ou séparer ce câble.

CHAPITRE III.

1. Bâtiment sur plusieurs ancres; lorsqu'il Étale, Chasse ou Échoue.
— II. Lorsqu'il Sancit, qu'il Va à la Côte ou Coupe sa mâture. —
III. Lorsqu'il Empenelle ses Ancres ou qu'il se sert de Corps-Morts.

I. Un bâtiment affourché sur une bonne tenue et maintenu clair dans ses câbles est ordinairement à l'abri de grands coups de vent; cependant il est des tempêtes assez violentes pour le faire chasser, ou même pour occasionner la rupture de ses câbles.

Dans le premier cas, on s'en aperçoit le jour par une forte embardée, par le changement du brassiage, ou des relèvements, ou de la position relative des objets environnants; et la nuit, en tenant au fond un plomb de sonde qui indique indubitablement si le navire a culé et par conséquent chassé; alors il faut filer du câble, et si les ancres ne trouvent pas à s'arrêter, ou si un câble casse, on jette au fond une ancre tenue en veille et successivement celle ou celles qui restent, en ayant soin surtout, pour que les câbles ne se frottent pas l'un contre l'autre et ne se détruisent pas réciproquement, de ne laisser tomber ces ancres qu'en faisant une petite embardée au moyen de la barre, ou qu'en profitant de la première qui a lieu lorsqu'on chasse ou que l'on file du câble. Il n'est même pas nécessaire d'attendre que l'on chasse pour jeter au fond l'ancre de veille, ni en second lieu, que l'on ait cassé un câble; il suffit de penser que le temps est assez mauvais pour qu'un des deux événements puisse arriver : s'ils se réalisent, il n'y a plus pour le moment, qu'à filer de ce câble de veille suivant l'exigence. Dès que le coup de vent est passé, on relève ces ancres de précaution, et l'on reprend son premier poste, ou on en change ; avec la sonde, on en cherche alors un autre sous un meilleur abri.

Si, en chassant, le navire eût été porté sur un haut-fond, qu'il se fût échoué à la mer descendante et qu'il eût risqué de se coucher sur le côté, il aurait aussitôt fallu apiquer ses basses vergues, les laisser glisser en dehors jusques au fond, et, s'en servant comme d'accores ou de béquilles, leur faire contre-butter les bas mâts au-dessous des hunes ; on assujettit ces vergues par tous les moyens possibles ; et pour les moins fatiguer ainsi que la mâture, on les installe avant que l'inclinaison du bâtiment soit trop forte. Dans cette position, il est prudent de dépasser les mâts de perroquet et de caler les mâts de hune. On se béquille encore par-dessous les porte-haubans, et l'on y fait servir la bôme, la vergue barrée, le bâton de foc, etc.; on peut soulager les béquilles en mouillant au large, et du côté du bord élevé, une ou plusieurs fortes ancres à jet, sur les grelins desquelles on vire avec force en les faisant entrer à bord par-dessus le pont, ou par les sabords du travers les plus hauts. Nous avons vu un vaisseau de quatre-vingts canons chassant en rade de *Brest*, qui s'échoua sur un des bancs de la partie Est de la rade, et qui s'y maintint droit, à l'aide de ses basses vergues qu'avec autant de promptitude que d'à-propos, il fit glisser jusqu'au fond pour lui servir de béquilles ; c'était le vaisseau le *Tyrannicide* qui faisait partie de l'armée navale sous les ordres de l'amiral *Bruix*.

II. Quand un bâtiment a laissé tomber toutes ses ancres, lorsqu'il a ménagé le filage de leurs câbles de manière que ceux-ci soient toujours également tendus ou éprouvent un effort aussi égal que possible, et que l'un d'eux se trouve appeler droit de l'avant ; lorsqu'on a ôté au vent autant de prise qu'on l'a pu, il arrive quelquefois que les câbles résistant toujours, la mer devient furieuse, se rend maîtresse du navire, déferle sur le pont, se fait jour, emplit la cale, et fait *Sancir*, ou couler sur les amarres. Dans cette redoutable extrémité, comme aussi s'il se déclare une voie d'eau qu'on ne puisse affranchir, il faut prévenir la catastrophe, filer, couper ou séparer ses câbles, mettre une bouée sur le bout pour les retrouver, et s'aller *Échouer* à la *Côte* parce que les moyens de sauvetage y sont moins hasardeux. Si avec une petite ancre, en cas qu'il en reste encore, ou en se servant d'un foc, on peut s'échouer par l'avant ou par l'arrière et s'y tenir, il faut le faire pour être moins promptement démoli ; et s'il faut abandonner le navire, on doit toujours maintenir l'ordre avec beaucoup de fermeté, et faire sauver son monde sur des embarcations, sur des mâts ou quelques autres pièces flottantes.

Le vaisseau de la compagnie anglaise le *Brunswick* tomba au pouvoir des Français en 1805 et périt ensuite sur la plage de *Simon's Bay* ; mais il s'y échoua par l'arrière, il se contre-tint par l'avant, et il sauva presque tout son équipage avant d'être la proie de la mer ; deux embarcations dévouées à lui porter secours firent route vers lui, l'une d'elles fut engloutie en route par une lame qui entra vers l'arrière ; l'autre parvint à bord, mais témoin du désastre de celle qui venait d'être submergée, elle avait profité d'une embellie, s'était mise debout à la lame, avait borné sa manœuvre à s'y maintenir au moyen de ses avirons et de son gouvernail, et voyant une mer affreuse se briser devant son étrave, elle atteignit le *Brunswick* en culant.

2

Plus récemment aux *Antilles*, la flûte la *Caravane* fut partagée en deux après s'être échouée pendant un ouragan; le Capitaine eut la gloire de sauver presque tout son équipage en s'opposant avec vigueur à la confusion : cet honorable officier était M. *de Kergrist*.

Dans des circonstances aussi critiques et pour les prévenir, si l'on peut appareiller et prendre le large, il convient de ne pas attendre la dernière extrémité, et surtout de ne pas quitter le mouillage, sans avoir fait tous ses efforts pour conserver au moins une ancre à bord.

Lorsqu'on est réduit à *Couper* sa *Mâture* pour soulager un bâtiment qui, après avoir perdu toutes ses ancres, se jette à la côte, ou qu'obligé de se mettre à l'ancre parce qu'on est affalé sous la terre par un grand vent du large, on veuille, en se rangeant debout au vent, donner par suite moins de prise à celui-ci, on doit réfléchir qu'après être tombée, la mâture poussée par la mer peut frapper et même défoncer le navire : pour y obvier, il faut amener toutes les vergues, couper tous les cordages, ne laisser que les haubans et les étais, entamer du côté du vent, le mât jusqu'à moitié avec des haches, couper les rides des haubans de sous le vent et celles du vent moins les deux dernières, continuer à tailler dans le pied du mât, et à l'instant où le mât va tomber, couper les rides des deux haubans du vent de l'arrière et celles de l'étai en même temps. Ainsi le mât que la mer emporte loin du navire, ne l'endommage nullement ; mais il faut en tout cela un grand sang-froid, beaucoup d'ensemble et un soin extrême pour préserver la vie de ceux qui agissent et qui sont exposés à la violence des lames : on amarre donc les hommes avec des laguis, et l'on veille à ce qu'aucun ne soit victime de l'imprudence ou de la maladresse de ses coopérateurs. Si l'on en a le temps, on jette à la mer une petite ancre où est frappée une aussière qui se fixe sur la mâture, et avec laquelle on peut plus tard en sauver les débris.

Si l'on est échoué, et qu'on veuille se sauver à l'aide de ses mâts, il faut, si l'on n'est pas assez incliné, faire passer du côté de terre, des canons ou autres objets de poids; on coupe la mâture, elle tombe du côté de l'inclinaison, on la retient le long du navire avec des filins; et, comme la mer brise contre le bord élevé du navire, on a plus de facilité pour opérer l'évacuation, par l'autre bord. Dès que le bâtiment est dans le cas d'être abandonné, on doit faire tous ses efforts pour envoyer un bout de corde au rivage afin de servir de va-et-vient. On a vu des bâtiments où quelques excellents nageurs se dévouaient ainsi à essayer de porter à terre un bout de ligne, au moyen de laquelle on y faisait successivement parvenir un ou plusieurs cordages plus forts et plus considérables; mais le succès ne couronne pas toujours une entreprise si hasardeuse.

Cette opération d'établir un va-et-vient entre le navire et la terre est extrêmement facilitée, aujourd'hui, par l'invention successive de plusieurs appareils destinés à remplir ce but, tels que le mortier *Manby*, et quelques autres, parmi lesquels il faut citer le porte-amarre *Delvigne* qui paraît être le plus parfait de tous. Toutefois, si l'on n'a aucun de ces appareils à sa disposition, on se sert d'une bouée que l'on jette à l'eau avec l'espoir qu'elle arrivera à la côte où l'on pourra, peut-être, la recueillir. La bouée doit être garnie d'une ligne dont un bout reste à bord, pour s'en servir à faire parvenir à terre un cordage plus fort. On trouvera au chapitre XIV, de plus amples détails sur le sauvetage.

On Coupe aussi sa *Mâture* lorsque étant sur plusieurs ancres, un câble vient à casser, et que la secousse, lorsqu'on arrive à l'appel d'un autre, fait encore casser ce nouveau câble; il n'y a pas alors de temps à perdre, et pour rendre cette secousse moins violente sur les derniers, il faut aussitôt couper ses mâts : en 1810, en *Rade de Cherbourg*, les vaisseaux le *Polonais* et le *Courageux* étaient sur des corps-morts : pendant un coup de vent ils y ajoutèrent deux ancres, mais les câbles du *Polonais*, à l'exception d'un seul, venant à casser, le vaisseau fut à la côte, où il talonna en chassant sur le câble qui, seul, avait tenu bon. On rapporte que, si pareil événement fût arrivé au *Courageux*, celui-ci, voyant que cet ancrage réputé auparavant à l'abri de tout danger, avait été sur le point d'être si fatal au *Polonais*, aurait coupé sa mâture; et que plusieurs bâtiments marchands qui prirent ce parti, résistèrent à cette tempête, la plus affreuse que de mémoire d'homme on eût vue dans ce pays. Il existe un grand nombre d'exemples de ce genre, d'où l'on peut conclure que des bâtiments qui ont été jetés à la côte et qui se sont perdus après avoir cassé leurs câbles, auraient étalé sur leurs ancres, si, par avance, ils avaient coupé leur mâture pour ôter de la prise au vent.

III. Un bâtiment qui craint de chasser, peut *Empenneler* ses ancres, c'est-à-dire faire ajût du grelin d'une petite ancre sur la bouée d'une des ancres de bossoir; on va, avec une chaloupe, porter la petite ancre en dehors de la grande, et si celle-ci venait à chasser, elle serait bientôt retenue par la petite sur laquelle il faut d'ailleurs avoir soin de placer une bouée. On peut également si l'on a un câble douteux, ou un tour qu'on ne peut dépasser, bosser, sur le meilleur câble, celui qui est douteux ou bien le plus

mauvais ; on filé des deux et le bon se trouve empennelé ;
cependant il y a ici étrive, et il est beaucoup plus avantageux de boucler le mauvais câble sur le bon au moyen
d'un nœud coulant ; il y a quelque temps, un officier du
transport le *Jason* conseilla cette opération, le brig chas-
sait depuis longtemps et il s'arrêta aussitôt. Nous avons vu,
au contraire, la frégate Espagnole la *Soledad*, labourer
toute une rade avec ses ancres en barbe et aller à la côte
sans en avoir perdu aucune ; si elle eût de la sorte empennelé celle de ses ancres qui avait le moins de touée sur
celle qui en avait le plus, il est probable qu'elle aurait
étalé. Il n'est pas inutile de faire observer que les bâtiments qui viennent d'être cités ne possédaient que des
câbles en chanvre qui, quoique très-inférieurs, sous beaucoup de rapports, aux câbles en fer ou câbles-chaînes
dont on se sert généralement aujourd'hui, ont cependant la propriété de se prêter beaucoup mieux que ces
derniers, aux opérations particulières dont il vient d'être
parlé.

Enfin, on peut se servir de *Corps-Morts* qui, comme on
sait, sont des amarrages préparés avec des ancres à une
seule patte, afin qu'en cas de perte de ces mêmes ancres, il
ne reste au fond aucune aspérité ; et qui, par des empen-
nelages, des chaînes et des câbles de très-forte dimension,
sont autant que possible à toute épreuve ; mais le navire
peut y sancir d'autant plus facilement qu'il est plus petit,
et que le corps-mort fatigue davantage son avant : aussi,
c'est peut-être par cette raison que récemment une Galiote
coula au *Socoa* près de *Bayonne*, tandis qu'il serait possible qu'elle eût résisté au mauvais temps, en larguant
le corps-mort et en s'amarrant sur ses ancres. Peut-être
encore était-elle trop sur nez par l'effet de sa cargaison,

et ne pouvait-elle pas, surchargée de plus par le poids du corps-mort, s'élever à la lame; alors il faut avoir soin de soulager un peu l'avant du bâtiment pour rétablir l'équilibre, ce qui se fait en portant quelque poids de l'avant à l'arrière. Ordinairement les corps-morts sont installés à émérillon, de manière que le navire puisse éviter de tous les bords sans que jamais il n'y ait ni tour ni croix.

Au lieu de corps-morts installés avec des ancres à une patte, on a proposé des *Pilots,* ou pieux en fer très-solides; on les introduit dans le sol du fond au moyen de cônes creux en fer garnis d'un tuyau dirigeant, et à l'aide de grues et de moutons. Il est douteux que ces points d'appui l'emportent en avantage sur les ancres à une patte.

Franklin, dont le nom est si cher aux sciences, eut une belle idée en conseillant aux navires qui coulaient à la mer, de jeter hors du bord tout ce qui, dans leur cargaison, avait une pesanteur spécifique plus forte que celle de l'eau, et il ajouta qu'il fallait vider sur-le-champ ses pièces à eau et à vin, les bonder et condamner les panneaux. Cette opération pourrait sans doute s'effectuer à bord d'un bâtiment en danger de sancir, et d'ailleurs je ne pense pas qu'il y ait le moindre inconvénient à l'essayer. Certes il est évident qu'alors, tant que le bâtiment restera entier, on pourra le voir caler davantage mais non pas aller au fond, et que l'équipage en se réservant en haut quelques vivres et de l'eau, et les mettant à l'abri de la mer, peut ainsi attendre le retour du beau temps : au large les barils de farine nous paraissent devoir être choisis de préférence pour être conservés sur le pont, parce que, frappés par l'eau, il se forme intérieurement une croûte qui adhère à la paroi du baril, et qui préserve parfaitement tout ce qui se trouve en dedans de cette croûte fort peu épaisse par elle-même. On doit observer qu'à l'époque où *Franklin* proposait ce moyen si ingénieux, l'eau potable des navires était logée à bord, non pas dans des caisses en tôle comme on le pratique généralement aujourd'hui, mais dans des barriques de grandes dimensions en bois, dont il était beaucoup plus facile de boucher hermétiquement l'ouverture. Quant au vin de campagne, il continue à être logé dans des futailles en bois, et l'idée de *Franklin* pourrait y trouver son application.

Ajoutons qu'un Anglais nommé *Watson* a proposé, pour rendre les bâtiments insubmersibles, de placer entre leurs baux et le long de leur muraille, des tuyaux de cuivre de 22 à 39 centimètres de diamètre, et qui ne contiendraient que de l'air atmosphérique : il faudrait les placer en assez grand nombre pour que le navire, quelque chargé qu'il fût et rempli d'eau, pût encore flotter. Alors on serait toujours à l'abri, à la mer comme en rade, de toute crainte non-seulement de submersion, mais encore d'incendie, puisqu'en ce cas on pourrait ouvrir des robinets et remplir son navire d'eau, que l'on extrairait ensuite avec les pompes. A côté de ces avantages, se trouve une augmentation de 5 pour 100, ou d'un vingtième dans les frais de construction ou d'armement, un accroissement de poids et d'encombrement qui réduit d'autant le chargement, et une diminution de stabilité en ce qui concerne la meilleure assiette de marche, puisque ces tuyaux seraient placés dans les parties élevées du bâtiment.

En général, lorsqu'on jette une ancre, il est utile de prendre des relèvements qui puissent faire retrouver sa

position, car les bouées coulent quelquefois; quelquefois
elles sont volées, d'autres fois elles sont couchées sous
l'eau par le tortillement ou le raccourcissement de l'orin
ou par la force du courant; il arrive même que les orins
manquent.

Toutefois, il ne suffit pas de savoir ce qu'il faut faire en
telle ou telle circonstance, il faut encore connaître comment cela se pratique, car de là dépend souvent la réus-
site de la manœuvre ou de l'opération; et il est spécialement du devoir des jeunes marins de s'y exercer constamment et d'être présents à tout, car ce n'est qu'en s'accoutumant à tout voir qu'ils apprennent à savoir, en un
clin d'œil, si tout se fait de la manière la plus convenable, et dans le plus court espace de temps possible. On
voit, d'ailleurs, d'après ce qui précède, de quelle importance sont, pour les bâtiments au mouillage, les dispositions à adopter ou à suivre pour être le plus en sûreté :
il est donc impossible de ne pas en conclure qu'il faut,
pour n'être jamais surpris, exercer, à cet égard, une surveillance de tous les instants. Dans son application, cette
surveillance donne lieu à une infinité de pratiques, surtout en ce qui concerne la manœuvre des ancres et de
leurs câbles, qui sont très-importantes ou très-curieuses,
qu'on ne peut bien apprendre qu'en les voyant exécuter,
et qui demandent une attention soutenue pour en bien
posséder l'intelligence. Le séjour des rades n'est donc
pas sans avantages sous le rapport de l'instruction nau-
tique; on peut, en outre, l'utiliser en y étudiant tout ce
qui a trait à la science théorique du marin, et en s'y mettant à même de mieux comprendre, à la mer, les grandes
scènes qu'on y verra se dérouler ou les phénomènes im-
posants dont on aura l'émouvant spectacle.

CHAPITRE IV.

Du Désaffourchage et des Préparatifs d'Appareillage ; Cas où, alors, le Bâtiment vient à s'Échouer.

Après avoir parlé du séjour en rade et des moyens d'y utiliser son temps, le moment est venu de traiter de *l'Appareillage*; or, voici comment on peut s'y *Préparer*. En marine surtout, la prévoyance est un devoir, les opérations en général demandent tant d'attention et tant de précision, un si grand concours de forces et un si grand espace de temps, il y a un tel nombre de choses à faire toutes également urgentes, et un tel danger parfois à en négliger quelques-unes, qu'on doit toujours, quand cela est possible, se débarrasser, par avance, de travaux qui deviennent plus difficiles, à mesure que la besogne se complique. Ainsi avant d'appareiller, il est prudent, ou au moins convenable, de prendre un ris (celui de chasse), et si l'on prévoit du mauvais temps ou s'il en existe, on en prend davantage; on embarque sa chaloupe si l'on ne s'en sert pas pour désaffourcher, ou au plus tard quand une des deux ancres est levée; on embarque aussi tous ses canots, à moins qu'on n'en ait besoin pour se faire abattre ou remorquer par un temps doux : puis quand on est en route on les file de l'arrière, et lorsqu'on se trouve hors des passes, on détruit l'air du navire en mettant en panne, et on les hisse à bord.

Il faut aussi préalablement, et surtout si l'on se trouve en temps de paix et s'il y a apparence de grosse mer,

mettre, avant de se préparer à partir, ses canons à la
serre, car il est souvent trop tard quand on est dehors,
principalement lorsqu'on a un équipage peu marin et
non encore éprouvé par le mal de mer.

Il n'est pas inutile non plus, avant de sortir, de consulter les baromètres, car ils peuvent signaler quelque
tempête qu'il est alors prudent de laisser passer à l'ancre ;
je ne prétends pas dire que ces instruments doivent être
regardés comme des indicateurs infaillibles, mais on peut
lier leurs annonces à d'autres observations météorologiques et en tirer de fortes présomptions. Quant à la coïn-
cidence de telle ou telle phase de la lune avec ces observations, je la regarde comme entièrement dépourvue de
toute qualité propre à inspirer la confiance, et comme
contraire à toutes les remarques faites par des gens assidus
et instruits. L'astronome *Olbers*, et *Francœur*, page 166 de
son *Uranographie*, s'expliquent à ce sujet de la manière
la plus convaincante.

Enfin, il faut avoir souvent ridé et tenu son grément en
rade, spécialement si le cordage est neuf, afin que d'abord
on ne soit pas exposé à voir les manœuvres dormantes
rendre de manière à ce que la mâture ait du jeu, ensuite
pour n'avoir plus besoin à la mer de défaire les étrives, à
l'effet de reprendre les étais et les haubans.

Ces travaux exécutés, l'armement étant au complet et
ces précautions prises, on *Désaffourche*. S'il n'y a aucun
avantage local à lever de préférence une quelconque des
deux ancres, on doit commencer par celle de l'arrière ;
on file du câble de l'avant pour aller se mettre à pic de
l'ancre de l'arrière et pour la lever, et l'on fait pour y
parvenir, ajût d'un grelin si la chose est nécessaire.

Lorsque les deux ancres appellent également de l'avant

ou à peu près, on lève l'ancre d'affourche la première, parce que pour se rendre à pic de cette ancre, il faut filer de la grande touée, et que celle-ci offre sous ce rapport plus d'avantage; elle en offre aussi sous le rapport de la solidité, car si on levait cette ancre de la grande touée la première et que le câble d'affourche n'eût pas assez de longueur pour permettre de s'aller mettre à pic, il faudrait faire ajût d'un grelin et l'on serait moins en sûreté que de l'autre manière. Quoi qu'il en soit, une des deux ancres étant levée, et pendant qu'on vire sur l'autre pour s'y mettre à long pic, on établit à poste cette première ancre que l'on vient de lever. On peut aussi faire lever par sa chaloupe, l'ancre que l'on veut déraper la première, au moyen de l'orin et d'une caliorne; dès que cette ancre a quitté le fond, le navire vient à l'appel de l'autre, et il faut avoir prévu si, alors, on ne se répandra pas sur un banc ou sur un bâtiment voisin. Dans ce cas, il faut se contre-tenir par une ancre à jet ou par des aussières placées à bord d'autres navires ou à terre, jusqu'à ce qu'on soit à pic de la dernière ancre. On vire cependant sur le câble de l'ancre levée par la chaloupe, pour haler à bord celle-ci qui doit avoir appelé cette ancre à fleur d'eau; et, quand l'organeau a paru et que la chaloupe est sous le bossoir, on croche la caliorne du capon; alors, tout en mettant cette ancre au bossoir et la traversant, ou aussitôt après, on vire sur l'autre ancre, et l'on va s'y mettre à long pic en se contre-tenant, comme nous venons de le dire, si la chose est nécessaire.

On appareille pendant le jusant, lorsque le vent est contraire pour sortir; dans cette supposition, c'est à l'aide du courant que l'on parvient le mieux à gagner dans le vent. Si le vent est favorable on préfère appareiller pendant que la mer monte, et, ordinairement peu après la mi-flot, c'est-

à-dire dès que le courant a assez molli pour le permettre :
il y a d'abord l'avantage de pouvoir maîtriser son navire
ou d'avoir le temps de prévoir les manœuvres à faire pour
éviter les bâtiments ou les écueils qui sont dans le voisinage, et ensuite celui de pouvoir être relevé par la marée,
si l'on vient à toucher en abattant, en sortant, ou dans
les passes.

Il n'est pas inutile de mentionner ici que toutes les fois
qu'on est *Échoué,* il faut se hâter de porter avec sa chaloupe une ou deux ancres au large, et d'en bien roidir les
câbles afin de ne pas s'échouer plus avant; alors on vide
son eau, on se déleste d'une manière quelconque, on
change du lest, de l'artillerie et autres grands poids, de
bord ou de place, ou bien on suspend, suivant la circonstance, quelque objet très-pesant tout à fait de l'arrière, ou
au beaupré, ou aux bouts de vergue, et l'on se prépare
par là les moyens de se relever à la marée suivante ou
au plus tard aux grandes marées : il faut aussi s'aider de
ses voiles qu'on peut ou masquer ou faire porter, afin
qu'elles vous poussent vers les ancres sur lesquelles on
vire; il faut se servir du poids de son équipage que l'on
réunit sur telle ou telle extrémité pour faire coucher le
bâtiment, afin qu'il tire moins d'eau, ou pour en faire
caler davantage une partie flottante, ce qui déjauge la
partie opposée. Enfin il faut utiliser ses embarcations pour
se faire abattre ou remorquer : une des premières choses
à faire alors, est de tirer du canon et de faire des signaux
pour appeler du secours : si dans ce cas-là, on jette ses
canons à la mer, il faut que ce soit du côté de la terre,
afin de ne pas les rencontrer sur son passage, si l'on vient
à se relever de la côte.

Lors donc que le vent est favorable et dans les ports de

marée, on doit généralement commencer le désaffourchage vers l'heure de la basse mer ; il faut alors que l'ancre de jusant soit à pic ; mais on ne la déplante que quand
le flot se fait sentir, afin qu'après l'avoir levée, on ne soit pas
exposé à être emporté au gré du courant : en effet le jusant
aurait entraîné le navire au delà de l'ancre de flot, si l'on
avait déplanté l'ancre de jusant la première ; tandis que le
flot étant venu, on se trouve arrêté et l'on fait tête ; on
vire aussitôt sur l'ancre de flot tout en mettant à poste
celle qui a déjà été levée ; on tient bon, un instant, vers
la mi-marée si le courant devient trop violent ; lorsqu'il
commence à mollir on vire encore, et l'on se met enfin à
long pic le plus tôt possible.

Si par la direction du vent et du courant, on devait se
trouver, pour lever la seconde ancre, en travers à une
grande houle et qu'on roulât beaucoup, il s'ensuivrait que
le câble alternativement molli et tendu ne permettrait pas
de virer, sans quelque danger pour les hommes du cabestan ; il aurait donc fallu s'y être pris plus encore à l'avance,
et que cette seconde ancre elle-même eût été levée à l'instant de la mer étale.

En général, il faut régler ses manœuvres sur le temps
qu'il fait ainsi que sur la rapidité du courant, et combiner
ses mouvements de manière à avoir le moins de puissance
à employer ; surtout, on ne doit jamais courir le danger
de ne pas faire tête vers l'autre câble dès qu'on est désaf-
fourché. En effet, on pourrait alors être obligé de laisser
tomber l'ancre de nouveau, car le navire drossé par le
vent ou le courant fort au loin de son autre ancre, serait
peut-être porté, en balayant cette grande aire, sur quelque
écueil ou vers quelque bâtiment avoisinant. C'est par cette
raison que nous avons conseillé précédemment dans les

cas généraux, de commencer le désaffourchage par l'ancre de l'arrière, parce qu'alors le bâtiment ne cesse pas ainsi de faire tête. Dans tous ces mouvements, on peut se servir du gouvernail et des voiles si le temps le permet; enfin, si l'on craint que le dernier câble ne vienne à casser, il faut pendant qu'on le vire, avoir une ancre disponible : on la laisse tomber s'il y a lieu, pour pouvoir être à même de sauver l'ancre perdue au moyen de son orin, ou pour empêcher le navire de se répandre sur quelque danger aussi bien que sur quelque bâtiment voisin, lorsqu'on peut craindre qu'il en sera ainsi avant d'avoir pu se mettre en route.

Ordinairement, on cesse de virer quand on est à long pic, mais ce n'est pas pour longtemps et l'on discontinue seulement pour prendre quelques dispositions préalables. Alors, quelques capitaines hissent leurs vergues de hune à tête de bois, mettent leurs huniers et quelques autres voiles sur les fils de caret, brassent leurs vergues de manière à se préparer à abattre sur tel ou tel bord, et larguent les rabans de plusieurs de leurs voiles auriques. D'autres, et en bien plus grand nombre, se contentent de faire leurs dispositions sans mettre en haut leurs huniers qu'ils bordent et hissent en même temps, et peut-être est-ce plus beau (et par conséquent n'est-ce pas dépourvu d'utilité), sans pour cela occasionner par la suite aucun retard considérable ni aucun surcroît d'opérations. Il est toutefois quelques appareillages où l'on ne doit pas négliger de hisser ces mêmes huniers à tête de bois, à moins de s'exposer à avoir tout à faire à la fois, ce qui peut beaucoup nuire à l'évolution. Ces cas sont faciles à distinguer.

Quoi qu'il en soit, il suffit d'être prêt à établir ses voiles et de s'y être préparé promptement : à cet effet, afin d'être plus en mesure de les établir, et pour que rien n'entrave la manœuvre de l'appareillage, on largue les genopes des manœuvres courantes. On donne du mou dans les écoutes des huniers ou bien on les embraque si on ne veut pas hisser avant de border; on met, sur les fils de caret, toutes les voiles que l'on est dans l'intention d'établir; et on love soigneusement sur le pont, toutes les manœuvres qu'il n'est pas nécessaire d'élonger, telles que les drisses des huniers, des perroquets et des focs : il faut, enfin, préparer à l'avance, les palans des bouts de vergue, ainsi que ceux des potences et du portemanteau pour être prêt à hisser les embarcations qui sont encore à l'eau, et mettre le gui sur ses balancines.

Pour le complément de ces détails sur l'ancrage, et sur les opérations qui y sont relatives, il faut, au surplus, consulter les chapitres analogues de la seconde section de cet ouvrage.

Toutes les dispositions étant prises, quand le moment est venu, on vire au cabestan pour se mettre à pic de la dernière ancre qui reste au fond, et l'on s'occupe à saisir la bouée et à la haler à bord le plus tôt possible soit par l'aiguillette, soit en l'accrochant avec une gaffe ou un grappin, ou en se servant d'un bout de corde frappé à l'avance.

CHAPITRE V.

De l'Appareillage.

En traitant de l'*Appareillage*, nous commencerons par le cas où *le navire n'est pas frappé par le courant, où il fait tête à une brise maniable, et lorsque rien dans le voisi-nage ne gêne ses évolutions.*

Il est évident qu'alors il faut faire abattre le navire sur un des deux bords, que pour faciliter cette abattée, il faut après avoir dérapé l'ancre, la virer vivement en haut, que lorsque l'on est suffisamment abattu, il faut remplir ses voiles, et enfin les orienter suivant la route à faire. Cependant il n'est pas indifférent d'abattre sur l'un ou l'autre bord : en effet le cabestan ne suffit pas pour mettre l'ancre hors de l'eau; en virant sur le câble, il ne peut amener l'organeau qu'à la surface de la mer, et ce n'est que lors-qu'on voit cet organeau, qu'on peut travailler à caponner l'ancre; mais quelque prompte que soit cette opération, il est presque impossible que le bâtiment ne soit pas déjà abattu avant qu'elle soit terminée; il faut alors faire très-peu de chemin ou arrêter le navire sous voiles, ce qui s'appelle mettre en panne ou en travers, et cela dès qu'on le peut, car en faisant grande route il est fort difficile de hisser son ancre au bossoir et de la mettre à poste. Si l'ancre se trouve alors sous le vent, on verra presque in-failliblement une de ses pattes ou son orin s'engager sous le taillemer, et l'on sera forcé de prendre l'autre bord pour se dégager; il faut donc user de prévoyance, et si la chose est praticable, s'épargner cette dernière manœuvre en abattant de manière qu'en prenant la panne sur le même bord, le taillemer se trouve sous le vent de l'ancre à caponner.

Supposons donc qu'on soit à pic sur l'ancre de babord, et qu'on veuille abattre sur tribord. — On vire un coup de force, on met la barre à tribord en dérapant, on hisse les huniers si déjà l'on n'a pas voulu user de la précau-tion de les mettre à tête de bois, et on les borde; quelquefois même on établit ces voiles pour qu'elles contribuent à faire déplanter, c'est-à-dire un moment avant de déraper; ces voiles étant coiffées font culer le navire qui bientôt, par l'effet de sa barre, doit commencer à abattre sur tribord : en même temps, on hisse un foc qu'on borde à babord et même sur le bout de la vergue de civadière s'il y a lieu, et s'il s'agit du grand foc : dès que les huniers sont hissés et bordés, on brasse babord devant, tribord derrière; et si le navire avait tardé à commencer son évolution, l'effet de la disposition de ces voiles le déciderait subitement : cette indécision sera prévenue, si l'on a établi et brassé ses voiles un peu avant de déraper. Lorsqu'on est abattu de deux quarts, on borde le foc à tribord; quand l'arrivée est de deux quarts de plus, on dresse la barre et l'on change devant; bientôt toutes les voiles portent, le navire va de l'avant, on oriente alors et l'on gouverne pour faire route vers l'ouverture de la rade. On se maintient ainsi sous petite voilure, à cause de l'ancre sur laquelle on continue toujours à virer et des embarcations qui suivent à la remorque; mais dès qu'on est en dehors de tout, on met la barre dessous et le grand hunier sur le mât afin de tenir le bâtiment en travers. La grand-vergue va ainsi à l'encontre de celle de misaine, et se trouve bien disposée pour hisser les embarcations qui doivent l'être par sous le vent à cause de la houle qui brise au vent; et tout en même temps, on met l'ancre à poste. On change ensuite la barre; on cargue l'artimon si déjà on l'a mis dehors pour faire route ou pour venir en travers; on brasse tribord le grand hunier, d'abord pour le mettre en ralingue à l'effet de faciliter l'arrivée, ensuite pour le faire porter et l'orienter; le navire prend de l'air, il arrive, on rencontre la barre et l'on fait la route et la voilure convenables.

3

On achève de tout accorer à bord avant d'être tout à fait au large, on condamne les hublots, on veille les sabords s'il y a lieu; enfin, pendant que la terre paraît encore, on prend le point de partance.

Quand l'ancre tient trop au fond, on peut, pour déplanter, s'aider du poids de la partie de l'équipage qui ne vire pas au cabestan; elle se porte sur l'avant du navire qu'elle fait plonger un peu; le cabestan hale le mou qui en provient, et alors elle va vers l'arrière pour que l'avant se relève et agisse de nouveau sur l'ancre; en continuant ainsi on peut produire un effet favorable, mais cette opération n'est guère usitée en raison de quelques obstacles qui proviennent des localités, et elle sort peu des limites de la théorie. Il existe, toutefois, un autre moyen de lever une ancre qui tient au fond, et cela sans aucun effort extraordinaire; mais en perdant, il est vrai, un peu de temps. C'est de virer à pic au moment de la basse mer, et de tenir bon quand le câble est bien roidi; la marée montante éloigne, peu après, le bâtiment du fond; et ce mouvement d'ascension doit faire déplanter l'ancre.

Ces manœuvres de l'appareillage sont si claires qu'il est superflu de poser l'exemple où l'on aurait à lever l'ancre de tribord et où l'on voudrait abattre sur babord; en général, il en sera de même par la suite, et nous n'entrerons pas dans l'examen du côté double de la question, car il est facile de le résoudre par induction.

Il n'entre pas dans notre plan de parler des principes par lesquels on démontre les effets des diverses puissances qui agissent sur un bâtiment, et nous les supposons connues; il est donc inutile d'expliquer les manœuvres que nous venons d'indiquer, et nous nous bornerons une fois pour toutes à rappeler ici :

Que l'effet du gouvernail est de faire tourner le navire du côté opposé à la barre si l'on va de l'avant, et que c'est le contraire si l'on cule, ou si, comme dans certaines embarcations, la barre est en dehors ;

Que les voiles de l'avant, c'est-à-dire des mâts de beaupré et de misaine, font généralement arriver quand elles sont frappées par le vent, et que celles de l'arrière, c'est-à-dire celles du grand mât et du mât d'artimon, font généralement loffer quand aussi elles sont exposées à l'action du vent.

Sur quoi nous ferons observer :

1° Que l'écoute de misaine et celles des voiles d'étai du grand mât agissent sur l'arrière ; que les voiles carrées de l'avant agissent par leurs bras sur le grand mât, ou au moins par son travers sur le bord ; et qu'ainsi tout l'effort de ces voiles ne contribue pas à faire arriver ;

2° Que le point d'amure de grand-voile agit sur l'avant, et qu'ainsi tout l'effort de cette voile ne contribue pas à faire loffer ;

3° Que lorsque les voiles sont brassées carré ou qu'elles ne sont ouvertes d'aucun côté, elles ne tendent qu'à pousser le navire dans la direction de la quille ;

4° Enfin, que lorsque ces mêmes voiles sont ouvertes, elles ont un effet tout contraire, c'est-à-dire que celles de l'avant font loffer et que celles de l'arrière font arriver, si la direction du vent, soit qu'il coiffe ces voiles ou qu'il les remplisse, est comprise entre les côtés du plus petit angle vers l'avant ou vers l'arrière que les vergues font avec la quille.

Ajoutons enfin, que plus un bâtiment tire d'eau par l'avant et moins par l'arrière, plus il est ardent ou apte à loffer ; que dans le cas contraire, il est plus lâche, plus mou ou plus apte à arriver ; c'est aussi par cette dernière raison que les focs sont de très-bonnes voiles pour produire ce dernier effet, car outre le bras de levier avec lequel ils agissent, ils sont encore disposés de manière à soulever l'avant du navire; d'où il suit encore que lorsque les focs sont traversés au vent ou coiffés, ils contribuent moins, et toutes choses restant d'ailleurs les mêmes, à faire arriver : enfin que lorsqu'on remarque qu'un foc mis dehors donne un grand accroissement de marche, il est présumable que le bâtiment est trop chargé sur l'avant.

Ces explications présentées à la mémoire, nous allons revenir au sujet principal, et nous passerons au cas où il existe du courant.

Le courant peut avoir la même direction que le vent. — Alors on appareille comme nous venons de le dire; mais avant de déplanter, on met la barre à babord; le gouvernail détermine ainsi l'abattée sur tribord : dès que l'ancre est dérapée, il faut changer la barre, parce que dès ce moment le navire est entraîné par le courant, qu'il acquiert la même vitesse, que, par conséquent, ce courant ne choque plus le gouvernail, et qu'ainsi il ne peut y avoir de mouvement communiqué. Si donc on change la barre à tribord, c'est que le navire va culer dans ce même courant par l'effet du vent, et que l'excès de sa vitesse sur celle du courant est une force avec laquelle le gouvernail frappe l'eau, et dont on peut se servir pour faire tourner son bâtiment. La chose est sensible, cependant quelques auteurs s'y sont trompés; ils ont cru qu'un bâtiment en dérive dans un courant, pouvait s'aider de sa translation pour gouverner; c'est pour cette raison, et pour prémunir contre cette assertion irréfléchie que j'ai insisté sur ce point. *Règle générale* : il faut un choc du gouvernail contre l'eau ou de l'eau contre le gouvernail, pour qu'il y ait une force imprimée; or à l'égard du navire qui s'en va au gré seul du courant, comme à l'égard du ballon qu'on abandonne à l'air, il n'existe aucune impulsion dans le sens de la direction de ces fluides, donc il n'y a pas lieu à gouverner; et l'un n'éprouve plus alors de choc du courant, de même que l'autre n'en reçoit aucun du vent, quelque violents d'ailleurs qu'ils puissent être.

Il est vrai cependant de dire, et il n'est peut-être pas inutile d'ajouter que si le courant est moins rapide vers le fond qu'à fleur d'eau, le bâtiment résistera par son pied ou même par son ancre (quoiqu'elle n'adhère plus au fond et qu'elle ne soit que suspendue), à l'action du courant sur les parties les plus élevées de la flottaison; qu'ainsi il y aura percussion et qu'on pourra se servir du gouvernail; mais les fonds du navire sont si fins en comparaison de son fort, et cette différence de vitesse entre ce courant supérieur et le courant inférieur est si peu de chose, que l'on peut en général n'y avoir pas égard; au surplus, on s'en apercevrait le long du bord, car on paraîtrait aller de l'avant, apparence qu'il ne serait pas possible d'attribuer au vent puisqu'on est masqué dans le cas dont il s'agit, et d'après laquelle on gouvernerait en conséquence. De même si un grand bâtiment est en travers dans une rivière ou dans un lieu qui soit sujet à de forts courants, l'avant pourra n'avoir pas les courants aussi forts ou aussi faibles que l'arrière, et il y aura lieu à se servir de son gouvernail pour contre-balancer cet effet. Il y a d'ailleurs dans les rivières et dans les détroits, des effets du courant très-extraordinaires, et qui malgré de bonnes brises, forcent le bâtiment à rester quelquefois en travers; ils sont dus à des chocs de courants divers, produits par des sinuosités ou autres causes locales, et aux combinaisons variées du cou-

rant des marées et de celui des eaux douces de la rivière,
ou souvent à la superposition de celles-ci sur les eaux sa-
lées. Il est même arrivé que, dans le *Détroit de la Sonde*,
cinq bâtiments de guerre ont tout à coup cessé de gouverner quoiqu'il ventât bon frais, et qu'entraînés irrésistiblement, ils ont cru leur perte certaine : voiles, ancres,
tout était inutile; les voiles n'avaient aucun effet, les câbles cassaient! La frégate *la Belle Poule*, entre autres, fut
jetée vers une des îles dont ce détroit est parsemé, mais
elles sont toutes très-accores et elles font diverger le courant. Cette frégate, maîtrisée par ce même courant, longea
donc, avec lui, cette île, sur laquelle elle ne toucha pas,
mais dont les arbres s'engageaient, par leurs longues branches, dans son grément; et, l'espoir succédant à l'effroi
très-naturel qui s'était emparé des matelots, elle se trouva,
peu de temps après, dans une mer tranquille. Dans ces
navigations, on doit chercher de loin à découvrir ces courants, dont une des causes peut exister aussi dans des iné-
galités sensibles de fond, et qui s'indiquent assez par de
forts remous. Il faut alors les éviter et si l'on vient à s'en
trouver enveloppé, le sang-froid seul peut suggérer les manœuvres à faire et le courage de les exécuter. Lors de la
circonstance dont je viens de parler, un officier d'une
grande énergie et d'une figure très-imposante, M. *Delaporte*, moissonné depuis et encore dans sa jeunesse, n'eut
qu'à prononcer le mot de *silence* pour faire cesser la confusion, et pour inspirer à l'équipage la sérénité qui ne
l'abandonnait jamais. Officier plus jeune que M. Delaporte,
j'étais alors près de lui sur le pont, et j'avoue que j'ai été
rarement plus impressionné qu'en voyant cette influence
soudaine d'un noble caractère, sur des hommes dont le
moral qui s'affaiblissait n'eut besoin que d'un mot pro-

noncé par une bouche aimée et respectée, pour se relever aussitôt. Je crois que quelques exemples convenablement placés ne peuvent qu'ajouter plus de force ou d'attrait aux règles que je retrace ici, et c'est dans cette persuasion que je me permettrai d'en citer dans le cours de cet ouvrage, quand l'occasion s'en présentera.

Nous allons, actuellement, passer aux cas particuliers de l'appareillage.

Le navire peut être évité debout au courant ou à peu près, et recevoir le vent dans les voiles. — Alors on borde et hisse les huniers en dérapant, ou même un peu auparavant pour aider à l'effet du cabestan ; on hisse le petit foc, on le borde ainsi que l'artimon dont l'effet est de ramener le navire au vent ou de balancer les voiles de l'avant suivant l'exigence ; on se sert de la barre au même effet, et l'on manœuvre comme il a été dit plus haut lorsque après avoir dérapé, on aura fait abattre le bâtiment pour remplir ses voiles. Si l'on était vent arrière on ne borderait pas l'artimon, mais on établirait le petit foc, car quoiqu'il ne portât pas, il servirait cependant à arrêter les lans qu'on pourrait faire.

Le navire étant debout au vent, on peut se trouver dans une position à ne pas pouvoir conserver l'ancre au vent du taillemer, ou à ne pas vouloir mettre en panne pour la placer à poste, soit à cause de l'ennemi, soit à cause d'un grand vent ou d'une grosse mer en dehors : on peut aussi avoir sur l'avant, ou par le bossoir et le travers, des dangers ou des navires à éviter et à contourner au loin. — Alors il faut en dérapant, border et hisser les huniers, brasser bâbord partout, et mettre la barre aussi à bâbord (nous supposons toujours pour la commodité de la construction des phrases, que les bras de perroquet de fougue sont croisés).

Le petit hunier couvre d'abord le grand hunier; ainsi, il agit seul et le navire abat sur tribord en culant; mais bientôt le grand hunier et le perroquet de fougue seront frappés par le vent sur leur surface antérieure et le gouvernail se fera sentir; par leur effet, le navire cesse d'abattre sur tribord et il vient sur babord; actuellement le petit hunier recommence à agir seul : en dressant donc la barre de temps en temps s'il le faut, ou en s'aidant du petit foc et de l'artimon, on tiendra le bâtiment presque debout au vent, il culera et l'on aura ainsi le temps de caponner l'ancre et de crocher la candelette, ou la facilité de faire un grand circuit sans retoucher à ses voiles. Quand il en est temps on ralingue derrière en carguant l'artimon; on met la barre au vent, on arrive, et l'on oriente ses voiles suivant la route. Dans ce cas et plusieurs autres analogues, un navire, quand il le peut, doit aller à l'avance, se placer provisoirement en tête de rade où ces inconvénients sont évités.

Le navire peut avoir un danger ou des bâtiments sous le vent. — Pour ne pas tomber dessus, il faut culer le moins possible et remplir promptement ses voiles. Afin d'y parvenir et si l'on veut abattre encore sur tribord, il faut avoir toutes les voiles du plus-près prêtes à établir, tenir le grand hunier et le perroquet de fougue à tête de bois sur les fils de caret, les brasser tribord et brasser le petit hunier babord, mais ne hisser celui-ci qu'à mi-mât, c'est-à-dire assez pour qu'on puisse l'effacer en brassant. En déplantant, on met la barre à tribord, on borde le petit foc à babord, on largue le petit hunier qui n'a pas été étarqué afin de moins faire culer. Dès que les voiles de l'arrière peuvent porter, on les largue et on les borde, on change et l'on oriente devant en hissant le petit hunier, on dresse la barre et l'on continue comme précédemment, en faisant

toutes voiles possibles et en gouvernant au plus-près, ou de
manière à parer les dangers ou les bâtiments. Une ancre
suspendue à l'écubier est toujours un grand obstacle à
l'abattée ou au sillage du navire, aussi dans cette circonstance est-il indispensable de virer très-vivement dessus; il
ne faut pas non plus négliger dans tous les appareillages,
et surtout dans celui-ci, d'avoir une ancre prête à mouiller,
en cas que l'on soit porté sur un point que l'on veut éviter, ou de crainte que le vent ne vienne à changer.

*Le navire peut appareiller en faisant embossure : 1° dans
le cas précédent, et alors il peut déployer à la fois toutes
ses voiles, ce qui est fort majestueux; 2° pendant un coup
de vent et lorsqu'il n'a pas le temps de lever ses ancres,
ou qu'enfin il est dans un lieu trop étroit pour abattre avec
ses voiles et son gouvernail seulement, car il faut toujours
beaucoup d'espace pour y parvenir ainsi.* — Alors on roidit au cabestan une aussière qui fait embossure ou qui est
frappée sur l'orin, ou sur l'étalingure du câble mouillé; on
la prend par l'arrière dans une galoche et du côté opposé
à celui sur lequel on veut abattre; on brasse les voiles de
l'arrière à contre de celles de l'avant, on abat sur le petit
foc et sur le petit hunier qui est brassé du bord de l'embossure; et l'on y parvient en virant de force sur cette embossure, en filant du câble à mesure, et en s'aidant de sa
barre; on largue et borde les autres voiles dès qu'elles
peuvent porter, on change et oriente devant, on coupe ou
sépare le câble ou on le file par le bout avec une bouée, et
peu après, on file ou coupe également l'embossure. On
peut si l'on veut, brasser le petit hunier comme le grand,
abattre seulement sur l'embossure et le petit foc en y faisant coopérer la barre; et quand on est assez abattu, on
peut mettre toutes les voiles dehors à la fois.

Dans le premier appareillage que nous avons détaillé, on peut encore soit qu'il y ait ou non du courant, appareiller en mettant dehors toutes les voiles à la fois ; mais il faut que le temps soit doux et qu'il y ait peu de fond, car dans le cas contraire on n'aurait pas assez de temps pour rentrer le câble à bord. Cette manœuvre est fort belle, mais elle exige beaucoup d'habitude et d'ensemble.

Nous avons vu également par un petit temps, appareiller un vaisseau de haut bord qui avant de déraper, avait bordé et hissé toutes ses voiles.

Quant aux appareillages avec embossure, il est préférable lorsqu'on le peut, d'avoir un grelin amarré à terre ou à bord d'un bâtiment voisin, parce qu'alors on peut lever son ancre à l'avance, et se tenir prêt à appareiller sur ce grelin que l'on bride à l'avant du navire ; le bout en vient passer dans la galoche de l'arrière pour se garnir au cabestan ; alors pour appareiller, on largue la bridure de l'avant en établissant le petit hunier ; on abat en hissant le petit foc et en virant au cabestan ; et quand on est assez abattu, on hèle à terre ou à bord du bâtiment voisin, de larguer le dormant du grelin, qu'on rentrera en continuant l'évolution ou en faisant route. Si l'on ne pouvait faire dormant à terre ou à bord d'un bâtiment voisin et qu'on voulût faire embossure, il vaudrait mieux dans ce cas-ci ne sacrifier ou ne laisser qu'une ancre à jet et son câble ; en ce cas, en s'amarrant dessus, on préparerait l'embossure et on lèverait l'ancre de bossoir ; on peut encore laisser tomber cette ancre à jet par le travers, en prendre le câble par l'arrière, et s'en servir comme d'une aussière frappée à terre ou à bord d'un navire voisin ; on fait ensuite lever cette ancre par une embarcation qui suit le bâtiment et qui la porte à bord ; il est bien rare qu'on ne puisse pas se servir de ce moyen pour recouvrer l'ancre sur laquelle on s'est fait abattre. Quand on est exposé à couper ou laisser l'aussière de l'embossure et qu'elle appartient au bord, il faut chercher à terre ou à bord d'un navire voisin une boucle ou l'équivalent pour point fixe; on fait dormant d'un bout à bord, l'autre passe dans la boucle et revient à bord au moyen d'un ajût s'il le faut; l'aussière s'use davantage, il est vrai, mais quand on est appareillé on largue soi-même le dormant, on hale sur l'autre bout et l'on ne perd rien. Ceci s'applique à tous les cas pareils.

Dans les appareillages avec embossure, le navire abat beaucoup; et comme il n'a pas d'air, il revient difficilement; il ne faut donc rien négliger, pour remédier à cet inconvénient; les meilleurs moyens sont de border l'artimon, de mettre la barre dessous, d'orienter bien près derrière, de n'établir la misaine qu'autant qu'on peut aussi établir la grande voile, de n'orienter près devant, que lorsque le navire commence à loffer, et de larguer les écoutes des focs si on les a hissés et bordés pour décider le mouvement de l'abattée; de même si on loffait trop vite, il faudrait également y pourvoir à temps : un bon manœuvrier, un homme attentif ne tâtonne jamais en tout cela.

S'il ventait grand frais, on compromettrait le mât en coiffant le petit hunier pour aider à l'embossure ou en général pour abattre, car on sait que les mâts sont bien mieux assujettis par les haubans que par les étais; il faudrait alors faire usage seulement de l'embossure; les focs peuvent servir à faire abattre dans tous les cas : si par un petit temps au contraire, on craignait de ne pas bien gouverner, ou s'il existait des courants de sous-berne, on pourrait, sans préjudice des embarcations, faire clouer à son gouvernail deux planches en queue d'aronde.

Lorsqu'on a une voile à border par un vent frais, il faut mettre une bosse sur l'écoute si celle-ci fait trop de résistance, et faire courir cette bosse pour retenir le coup.

Les appareillages que nous venons de citer doivent suffire pour éclairer dans toutes les positions où l'on peut se trouver en partance; il n'y a plus en effet qu'à raisonner et manœuvrer par analogie; ainsi :

L'appareillage, étant sur un corps-mort, n'est autre chose, en réalité, que *l'appareillage, en faisant embossure* dont nous avons précédemment parlé. Alors, en effet, il faut frapper sur le câble du corps-mort, un cordage quelconque suffisamment fort, et l'amener à bord, après l'avoir roidi, en arrière du travers; or, c'est ce qu'on appelle *faire embossure* ou *mettre un croupiat*. S'il y a deux câbles distincts au corps-mort, on fait une bridure sur les deux et en dehors des écubiers, afin qu'ils restent unis quand on les filera; l'on place ensuite un faux bras avec une bouée sur l'un d'eux pour en signaler le bout. Alors, on file le corps-mort; le croupiat se roidit par l'abattée du bâtiment, on l'embraque même pour favoriser cette abattée après avoir mis le petit hunier sur le mât, et orienté les voiles de derrière pour le plus-près si c'est cette allure que l'on doit tenir. Le bâtiment continue à tourner presque autour de son axe vertical; et, quand il est assez abattu, on oriente les voiles de devant et l'on file le croupiat. Il est inutile d'ajouter que le croupiat doit entrer à bord du côté qui doit être exposé au vent après l'appareillage. On peut en ce cas-là, ne toucher à ses voiles que lorsqu'on est suffisamment abattu, et, ensuite, les établir toutes à la fois, ce qui est une manœuvre fort brillante.

Si le courant vient du travers et que l'on soit debout au vent; lorsqu'on veut abattre du côté opposé au courant, on met la barre du côté du courant, pour que celui-ci ait moins de prise sur le gouvernail : toutefois, s'il ventait bon frais et que le bâtiment dût beaucoup culer, on mettrait la barre du côté où l'on voudrait abattre. Mais si l'on veut abattre du côté même du courant, on met la barre du côté opposé au courant, à moins encore que la force du vent ne soit telle que le gouvernail dût recevoir une impulsion plus grande par le sillage que par le courant.

Ainsi encore, un *bâtiment qui dérade* par l'effet d'un vent violent doit, si les câbles sont cassés, en rentrer les bouts à bord; et si ses ancres chassent sans laisser d'espoir qu'elles s'arrêtent, il doit couper, séparer ou filer ses câbles en y laissant des bouées sur les bouts; il va ensuite se mettre à la cape le plus possible à l'abri de la terre, jusqu'à ce qu'il puisse revenir au mouillage et y draguer ses câbles ou ses ancres.

A ce sujet, il est convenable d'ajouter ici qu'on drague un câble à l'aide de grappins que l'on traîne sur le fond dans une direction que l'on suppose la plus perpendiculaire à celle que doit avoir le câble; les pattes des grappins doivent ainsi s'engager sous le câble et servir à le retirer de l'eau.

Quant à une ancre, lorsqu'elle n'a pas de bouée ni d'orin, on la drague en faisant glisser sur le fond une corde dont les deux bouts sont portés par deux embarcations qui nagent dans le même sens, en se tenant toujours à la même distance l'une de l'autre et en courant parallèlement l'une à l'autre. A l'aide des relèvements qui ont dû être faits, on sait comment il faut diriger la drague. Quand on est parvenu à engager la corde à une des pattes de l'ancre, les

embarcations tournent en sens inverse autour du point de
résistance qu'elles ont rencontré, afin de fixer la drague
à l'ancre; l'on avise ensuite au moyen de retirer celle-ci
du fond, en coulant des maillons, ou de toute autre manière.

Dans l'exécution de ces manœuvres, il faut comme toujours, entretenir l'ordre, exiger le silence, avoir l'œil à tout
et penser à tout, d'autant que les matelots peuvent être
inexpérimentés ou rouillés : il faut donc que, pendant que
le capitaine commande, on veille à ce qu'il leur soit mis à
la main la manœuvre propre, et à ce que leur nombre soit
bien réparti ou distribué suivant le rôle; il faut que les
voiles que l'on ordonne d'établir soient bien bordées et
étarquées, vivement brassées et convenablement orientées :
dès qu'une manœuvre n'est plus nécessaire, il faut qu'elle
soit cueillie à sa place : en changeant une voile, il faut que
les manœuvres de revers soient bien affalées et, ensuite, il
faut en embraquer le balant. Quant à l'extérieur, il faut observer si l'évolution a lieu comme on le projette, si l'on ne
tombe sur aucun bâtiment ou si aucun ne tombe sur vous,
si l'on ne s'approche d'aucun danger, dans lesquels cas il
faut mouiller, ou éviter le mal soit en arrivant tout plat,
soit en loffant et masquant partout; il faut encore remarquer si le courant ne vous maîtrise pas et si l'on ne se
trouve pas en un lieu où il change de force et de direction,
si le cours ou l'intensité du vent ne varie pas à cause des
côtes plus ou moins élevées qui vous environnent ou par
toute autre raison.

Il est aussi très-important, quoiqu'on paraisse aller de
l'avant à en juger par le sillage, de s'assurer si, réellement
et à cause du courant, on ne cule pas par rapport à la
terre; pour y parvenir, on prend des remarques au dehors,

ou bien encore on jette un plomb de sonde au fond. Quand
on a du doute sur les passes ou sur la route à suivre, on fait
sonder, et l'on place un homme sur la vergue de misaine,
ou l'on envoie un canot de l'avant en éclaireur : il faut
avoir des embarcations prêtes à vous faire abattre ou à vous
remorquer si le temps est mou ; il faut faire attention aux
bâtiments qui peuvent se trouver au large pour s'assurer
qu'ils n'ont pas des vents différents ; il faut avoir pris note
de ses relèvements et avoir un compas sous les yeux pour
se diriger entre les terres sans hésitation : si l'on fait monter un plan ou une carte sur le pont, il faut les consulter
sans affectation et de manière à ne pas intimider l'équipage ni à déceler de l'embarras, du trouble ou de la suffi-
sance ; enfin on ne doit rien négliger pour être à même de
prévenir l'effet d'événements qui souvent ne sont funestes
que par inattention, imprévoyance ou présomption.

Le manque de succès d'une escadre qui sortit de *Toulon*
en **1801**, sous les ordres du contre-amiral *Ganteaume*, dé-
pendit de deux de ses vaisseaux qui, par un très-beau
temps, abattirent à contre et s'échouèrent en appareillant.
L'escadre sortait inaperçue, elle ne put faire route que le
lendemain, et ce même lendemain, une frégate ennemie
arrive, reconnaît l'escadre, et s'échappe aussitôt pour sonner l'alarme et pour donner l'éveil.

Quelque temps après l'appareillage, ou au moins quand
on se trouve à *cinquante lieues de terre*, et que la traversée doit être longue, on détalingue ses câbles, on les
met à poste et l'on bouche les écubiers avec des tampons.
On ne doit pas oublier par la suite, d'étalinguer ses câbles de nouveau quand on se rapproche du mouillage et
qu'on s'en estime à **50** lieues au plus. Si le trajet devait
être de peu de jours, on laisserait deux câbles étalin-

gués, on boucherait les écubiers libres avec leurs tapes, et l'on aveuglerait ceux où il resterait des câbles, avec des demi-tapes ou avec des languettes en bois dont les plans qui constituent le coin auraient très-peu d'inclinaison entre eux.

Quelquefois on appareille, et nous en avons parlé, en coupant ou en séparant ses câbles ou en les filant par le bout, et laissant une bouée dessus si l'on a l'espoir qu'ils puissent être sauvés et conservés; mais on n'en vient à cette extrémité que lorsque l'ancre est engagée au fond et qu'on a inutilement mis tout en œuvre pour la lever, ou que le temps est mauvais, ou que la marée ou toute autre circonstance vous presse, ou qu'on n'a pas de temps à perdre pour fuir une côte sur laquelle on a été forcé de mouiller après avoir été affalé, ou enfin que pour chasser ou fuir un ennemi qui se présente tout à coup à la vue.

On peut aussi appareiller sur le grand foc seulement : alors après avoir abattu, on se tient en travers en mettant la barre dessous, et l'on traverse ainsi son ancre; mais il faut, pour en agir ainsi, avoir bon vent et beaucoup de fond, ou point de navires sous le vent. Généralement, en dérapant, il faut virer un coup de force pour déplanter, à l'instant où l'on voit que le bâtiment fait un lan ou une abattée favorable aux amures que l'on veut prendre.

D'autres fois, on n'est pas encore à pic que l'ancre dérape et que le bâtiment chasse; il faut alors virer vivement; mais si le navire est gêné ou borné dans son appareillage, et qu'il craigne un abordage ou un échouage, il doit appareiller en larguant toutes ses voiles pour entraîner facilement son ancre et la sauver; si cette ancre devient ou trop gênante ou trop dangereuse, il doit encore en couper, séparer ou filer le câble. Il en arrive ainsi quand le fond est accore, qu'il est dur et plat, ou qu'il vente grand frais. Le vaisseau le *Jean-Bart* fut obligé d'avoir recours à ce moyen en 1804, au *Port de Paix*, île *Saint-Domingue*. Dans ces cas-là, il faut si la chose est possible, s'amarrer sur un bâtiment voisin pendant qu'on lève son ancre.

Dès qu'on a achevé de virer au cabestan, on a dû remettre en place les épontilles qu'on avait fait lever pour pouvoir virer, et qui empêchent les ponts de s'affaisser.

Il est utile en général, dès qu'on quitte une rade, de bien considérer la terre sous tous ses aspects, afin d'être plus à même de la reconnaître si l'on revient jamais vers le même point.

CHAPITRE VI.

I. De la Panne ; un Homme à la Mer ; des Différentes Manières de Mettre en Panne. — II. Mettre à la Mer et Rehisser à Bord une Embarcation.

I. Nous venons de voir que la première manœuvre ordinairement à faire après l'appareillage était celle de la *Panne*, afin de pouvoir mettre commodément son ancre à poste, ou hisser ses embarcations à bord. On met encore *en panne*, ou *en travers*, ou enfin *vent dessus*, *vent dedans*, quand on veut attendre un convoi ou des bâtiments de conserve ; qu'on a besoin de mettre un canot à l'eau ; qu'il faut sonder par de grands fonds ; qu'on veut s'arrêter pour prendre un pilote, ou parce qu'on craint de tomber sur la terre aux arrivages et pendant la nuit ; c'est encore une manœuvre à faire quand on a le dessein de défier ou d'intimider un ennemi d'égale force placé au vent, soit qu'on ne puisse le gagner et qu'on veuille le narguer en abandonnant ainsi la chasse, soit qu'on veuille faire bonne contenance pendant qu'il arrive sur vous; mais on ne doit l'attendre ainsi, que jusques à grande portée de canon au plus, car un bâtiment évoluant aurait beaucoup d'avantage sur un bâtiment en panne. Enfin, on met en panne toutes les fois que l'on veut rester à peu près à la même place, et surtout quand, malheureusement, *un Homme tombe à la Mer* : aussitôt il faut non-seulement mettre en panne, mais encore diminuer de voiles le plus possible, il faut jeter la bouée de sauvetage, faire dessaisir l'embarcation la plus facile à mettre dehors, l'expédier dès qu'on le peut avec un armement convenable, et ordonner expressément à l'un des gabiers les plus à portée, de suivre constamment l'homme des yeux; on peut même, du bord, le relever avec la boussole, surtout s'il y a de la brume ou si la nuit se fait; enfin en expédiant le canot, il faut beaucoup sur- veiller celui-ci principalement dans ces derniers cas; on le munit alors d'un compas et d'un fanal; d'un compas, pour pouvoir trouver l'homme et ensuite regagner le bord; d'un fanal, pour éclairer le compas et pour que le bâtiment ne perde pas le canot de vue. On donne à ce canot les rensei- gnements les plus exacts, les ordres les plus précis, et l'on ne peut abandonner la recherche de l'infortuné, que lors- qu'il y a danger ou inutilité évidente à persister : chaque jour avant la nuit, le fanal est préparé en cas d'événe- ment, et les hommes destinés à la manœuvre du canot de poupe et de la bouée sont désignés. Quelques bâtiments ont l'utile précaution d'avoir deux bouées de sauvetage, l'une qui tient au bord par une ligne, et l'autre qui est libre; ils les jettent à la fois : elles ont un petit mât, un pavillon, et des cordes pour s'accrocher qui sont soutenues sur l'eau par des morceaux de bois ou de liége. Si l'on navigue en compagnie, il faut aussitôt faire le signal d'un homme tombé à la mer, pour que les bâtiments qui sont à portée puissent lui porter secours.

Quand l'embarcation a été expédiée, si la mer est grosse ou le vent violent, le bâtiment doit laisser arriver, s'il y a lieu, pour aller se placer sous le vent à elle, afin de faciliter son retour; l'on pourrait, même, dans plusieurs cas, mettre à son bord le bout d'une aussière ou d'un faux bras, afin de pouvoir haler cette embarcation vers le bâtiment, et faciliter son retour quand elle aurait accompli sa mission, ou si elle avait trop de peine à gagner avec ses avirons. Il est telle circonstance où cette sorte de va-et-vient peut opérer le salut des hommes et du canot.

Il y a aussi des bouées de sauvetage qui sont garnies de fusées ou d'artifices pour les éclairer pendant la nuit, et pour servir d'indication et de guide à l'homme qui est tombé à la mer. C'est un objet qui attire constamment l'attention des amis de l'humanité, et dont le perfectionnement est incessamment attesté par l'adoption de nouvelles inventions ou améliorations.

Toutes les fois que l'on met en panne, on fait bien de rester sous les huniers, l'artimon, le petit foc et les perroquets au plus, ou de se réduire à cette voilure. Il est évident que plus on aurait de voiles dehors, plus on dériverait; d'abord parce que le vent agirait sur une plus grande surface, en second lieu parce que le bâtiment serait plus incliné, et que les œuvres-vives auraient ainsi moins de pied pour s'opposer à la dérive.

Il y a deux manières principales de mettre en panne : mais comme pour exécuter cette manœuvre il faut rallier le vent, nous supposerons que le bâtiment y soit déjà venu, et qu'il ait au moins le vent par le travers.

La première manière de prendre la panne consiste à mettre la barre dessous et à masquer en même temps le grand hunier en le brassant au vent ; bientôt le grand hunier qui reçoit le vent sous un angle plus ouvert que les deux autres, suffit pour détruire leur impulsion de l'avant, et le sillage est détruit. Il faut que le petit hunier soit bien effacé si l'on craint de virer de bord.

La seconde manière consiste à mettre aussi la barre dessous et à masquer en même temps le petit hunier en le brassant au vent ; bientôt le petit hunier qui reçoit le vent sous un angle plus ouvert que les deux autres, suffit pour détruire leur impulsion de l'avant, et le sillage est également détruit.

Dans l'un ou l'autre cas cependant, si l'on craignait de virer de bord ; si la mer était assez grosse pour que le gouvernail en fût frappé trop fortement et en souffrît, ou pour qu'il fatiguât le navire en lui faisant choquer les lames avec violence, et qu'il le fît, ainsi barré, lutter durement contre la mer, je ne crois pas qu'il y eût d'inconvénient, quoique malgré l'usage et quelques auteurs, à dresser la barre et à la diriger comme à l'ordinaire ; je pense au contraire qu'il y aurait de l'avantage à gouverner son bâtiment, ne fût-ce que pour mollir la barre au besoin et pour épargner de fortes secousses à la mâture.

Ces deux pannes sont généralement les seules usitées, et il est facile de comprendre qu'ainsi le navire doit cesser d'aller de l'avant, et que s'il culait c'est qu'on aurait trop brassé le hunier coiffé ; or ceci est d'autant plus à éviter que plus le hunier coiffé serait effacé, plus on dériverait. D'un autre côté, la barre est dessous, parce que n'ayant pas

d'air puisqu'on masque le hunier, il est hors des probabilités qu'on prenne le vent de l'autre bord, et que si, par
l'effet d'une lame ou de toute autre cause, on arrivait et allait de l'avant, la barre qui est dessous ou qu'on y mettrait
momentanément si elle n'y était pas, ramènerait bientôt le
navire au vent. D'ailleurs comme nous l'avons déjà dit, il
faut conserver le moins de voiles possible, et peut-être même
ferait-on bien d'appuyer un peu les bras du vent des voiles
qui restent pleines, et de masquer à peine celles que l'on
coiffe. Si le vent était fort et qu'on craignît qu'un hunier
coiffé ne fît démâter, il faudrait serrer le perroquet de fougue, amener principalement le hunier que l'on veut coiffer,
car nous avons déjà remarqué qu'un mât est bien moins soutenu par ses étais que par ses haubans; et amener même
celui qui porte, si le vent est assez fort pour donner à penser
qu'il y a du danger pour la mâture ou sous le rapport de la
stabilité, à le conserver haut. Enfin, si l'on ne pouvait porter aucune voile carrée, on se mettrait autant que possible,
debout au vent et sous l'artimon seul. Ce serait bien alors
le cas de ne pas placer la barre dessous, mais de se tenir prêt
à la mollir.

Il est à peu près indifférent de mettre en panne en présentant tel ou tel bord au vent, cependant s'il y a des grains
à l'horizon et qu'on ne puisse quitter la panne et faire
route, ce qui est sans contredit ce qu'il y a de mieux alors,
il faut prendre le travers sur le bord qui fait le plus présenter l'arrière au grain que l'on redoute, et cela afin de ne
pas être masqué s'il s'élève et qu'il frappe à bord; on fait
bien d'amener même ses huniers à l'avance et encore de
les serrer, en se mettant sous l'artimon seulement et en se
tenant prêt à rallier le vent que l'on présume devoir souffler. De même si l'on met en panne au vent d'une terre ou

d'une passe, il faut s'y établir sur le bord qui permet de tenir le plus-près et de faire route le plus au large, en éventant seulement le hunier coiffé ; car si, dans la position contraire, les courants ou toute autre cause portaient le bâtiment vers la côte ou vers quelque danger, il ne resterait peut-être plus assez d'espace, quand on s'en apercevrait, pour faire le tour en se mettant vent arrière et prenant le vent de l'autre bord. Ceux-là doivent bien sentir la nécessité de cette précaution qui ont vu une division de trois vaisseaux de ligne se mettre en panne tribord au vent, au nord des récifs qui ferment la rade du *Cap* (île *Saint-Domingue*), et qui, attendant un pilote, furent affalés sur ces mêmes récifs ; lorsqu'ils jugèrent l'imminence du péril, la bordée de tribord leur était interdite parce que vers l'extrémité occidentale des récifs, leur gisement s'approche du Nord-Ouest ; pour prendre celle de babord il fallait faire le tour vent arrière, l'espace manqua et ils touchèrent tous ; le *Desaix* y périt ; le *Saint-Génar* se sauva par miracle et le troisième vaisseau talonna : s'ils eussent présenté babord au vent, et si par conséquent ils n'avaient pas été forcés de faire un grand circuit pour prendre cette bordée, il paraît certain qu'aucun d'eux n'aurait touché. J'ai également connaissance d'un bâtiment du commerce qui vient de se perdre en attendant un pilote devant un port, faute d'avoir pris la panne du bord qui lui permettait le plus de faire route vers le large.

Chacune des deux pannes principales que nous avons décrites détruit le sillage du navire, mais chacune a ses avantages particuliers. Lorsqu'on est seul, on met ordinairement le grand hunier sur le mât, parce qu'alors les vergues sont bien disposées pour embarquer ou débarquer des canots par sous le vent, et qu'en outre, la mâture qui supporte cette voile est mieux soutenue par la direction de ses étais que le petit mât de hune. Si l'on a des bâtiments autour de soi, et qu'on se trouve au vent de celui avec lequel on craint le plus l'abordage, on prend cette même panne du grand hunier parce qu'il suffit d'avoir l'artimon dehors ou seulement le foc d'artimon, pour être sûr qu'en dressant la barre et orientant le grand hunier afin de remettre en route, le bâtiment n'arrivera pas davantage sur son voisin. Au contraire, le bâtiment de sous le vent aura dû coiffer le petit hunier s'il a voulu parer l'abordage avec celui du vent ; il suffit alors de mettre la barre au vent, de larguer les boulines, de peser un peu sur les bras du vent derrière, de traverser les focs et de carguer l'artimon, pour arriver plat et se soustraire à l'abordage ; quand on est assez abattu, on se remet en panne. Lorsque l'objet de la panne est rempli, on oriente ses voiles pour faire route, ce qui s'appelle *Faire servir*. Quand on tient la panne du grand hunier et qu'on veut faire servir, on prescrit généralement de coiffer devant, de ralinguer derrière, de carguer l'artimon et de border les focs au vent ; je crois cependant qu'on peut se dispenser de coiffer devant ; dans les deux cas, on dresse la barre dès que le navire commence à prendre de l'air, on oriente derrière, on établit de nouveau ses voiles de l'avant si on les a coiffées, et l'on gouverne et l'on balance ses voiles de manière à faire la route voulue. Pour quitter la panne du petit hunier, il faut carguer l'artimon, border les focs, ralinguer derrière ; et comme on abattrait beaucoup, il faut changer devant dès que l'abattée est bien décidée et dresser la barre en même temps ; on oriente derrière et ensuite l'on gouverne et l'on balance ses voiles de manière à faire la route voulue : généralement, on peut même se dispenser de ralinguer derrière.

Il est une troisième manière de mettre en panne avec les voiles carrées, mais elle est peu usitée : elle consiste à masquer les trois huniers, et il suffit qu'ils soient effacés d'un quart de l'arrière du travers; ici l'on cule un peu et il faut placer la barre, et balancer les voiles auriques de manière à se tenir toujours légèrement masqué en culant; cette panne n'est autre chose qu'une des évolutions que nous avons indiquées en parlant de l'appareillage. Pour faire servir alors, il suffit de mettre la barre dessous, de brasser en ralingue derrière, de carguer l'artimon, de traverser les focs, et dès que le navire arrive, on change devant, on dresse la barre quand on est à peu près étale, on oriente derrière, et l'on fait la route et la voilure convenables. Cette panne, si elle n'était pas sujette à des embardées considérables, serait fort bonne surtout en armée, parce que les voiles y sont fort bien disposées pour produire peu de dérive; il est encore vrai qu'elle fait un peu culer, mais l'on peut y obvier, comme cela se pratique souvent, en se contentant de ralinguer les huniers; elle exige en outre la manœuvre des trois huniers soit pour mettre en panne soit pour faire servir; et l'on doit en général, préférer les manœuvres où l'on touche le moins aux voiles.

On pourrait encore citer plusieurs pannes analogues, et entre autres celle-ci : le grand hunier brassé carré, le petit hunier en ralingue, le perroquet de fougue plein. Avec cette panne, on cule peut-être trop, mais on dérive peu : en général toutes ces manières de mettre en panne reposent sur les effets obtenus par les deux pannes principales que nous avons décrites les premières; et elles s'en rapprochent toutes plus ou moins. Celle dont nous venons de parler a l'avantage de masquer fort peu le seul hunier qui soit coiffé; on peut en effet remarquer que lorsqu'un hunier est masqué, il porte par sa partie inférieure sur les bords antérieurs de la hune, où le frottement le rague et le détériore; quelquefois en ce cas, on amène un peu cette voile quand le vent souffle avec quelque force, pour atténuer les suites de ce frottement.

Il est essentiel quand on se met en panne, de bien observer la direction et la quantité de la dérive, le cap moyen entre les arrivées et les oloffées, le sillage s'il y en a, de l'avant ou de l'arrière, et la durée précise de la panne; il faut aussi faire scrupuleusement entrer en ligne de compte l'oloffée si l'on a fait un contour au vent pour venir en travers, et l'arrivée qui a eu lieu en faisant servir. Ces remarques servent ensuite à l'appréciation de la route faite, pour en tenir compte dans le calcul du point.

La panne est de toutes les manœuvres la plus facile peut-être à exécuter; il faut cependant faire attention à la mâture, car des huniers coiffés peuvent la mettre en danger, il faut veiller l'horizon et les grains ou les sautes de vent; et quand on est entouré de bâtiments et que surtout on fait servir, on doit les observer avec soin, d'autant qu'on n'a pas d'air et qu'on ne peut facilement s'éloigner de quelqu'un d'eux sur lequel on serait porté quand on n'a pas prévu le danger. On vit en **1801**, dans le sud de la *Sardaigne,* deux vaisseaux d'une escadre qui venait de mettre en panne et qui faisait servir, s'approcher et s'aborder : l'un démâta du mât d'artimon, l'autre du beaupré et du petit mât de hune; la nuit, il venta grand frais, et l'on craignit de les perdre sur les côtes de la *Barbarie;* cependant le vent changea mais on ne put les abandonner seuls à cause de l'ennemi; il fallut les escorter au port, et cette expédition qui portait des renforts à notre armée d'Égypte, fut manquée. Si des évolutions aussi simples peuvent par un beau temps, avoir de tels résultats, de quelle vigilance et de quelle attention l'officier de marine ne doit-il pas se faire une suprême loi?

II. La panne, comme nous l'avons dit au commencement de ce chapitre, est une manœuvre que l'on pratique lorsqu'il s'agit de *Mettre à la Mer une Embarcation, ou de la Rehisser à bord;* cette opération est très-simple lorsqu'on l'exécute en rade où les exercices doivent la rendre toute familière ; il n'en est pas ainsi quand il s'agit d'opérer à la mer. Les précautions à adopter pour les hommes, les ménagements à prendre pour les embarcations à cause des roulis et du tangage, en font, surtout quand la mer est forte, un travail qui demande beaucoup de soins et de prudence. Il faut que le temps soit bien gros pour qu'un bon canot bien armé ne puisse pas s'élever à la lame et tenir la mer, principalement si l'on a attention de le ranger, au besoin, debout à sa direction, aussi n'est-ce pas là la grande difficulté : elle consiste dans l'action de le débarquer et de le rembarquer sans choc ni abordage, et dans celle de le faire déborder ou accoster sans malheur ni avarie. Cependant il est des bornes à tout, et il y a des lames telles qu'un capitaine doit s'interdire d'exposer l'armement d'un canot à une perte à peu près indubitable, à moins que le salut de l'équipage à bord ne soit très-compromis.

Le bâtiment qui veut mettre une embarcation à la mer doit prendre la panne sur le bord où la mer le fatigue le moins, et dans une direction, par rapport au point où l'embarcation doit se rendre, telle qu'elle puisse l'atteindre le plus facilement et le plus sûrement. Si c'est le porte-manteau que l'on met à la mer, il est à désirer que le cap de ce canot se trouve convenablement évité quand le bâtiment a pris la panne ; on met deux hommes à bord avant de larguer les garants, et, ceci est général, on garnit le canot et on le munit de tout ce qui est nécessaire pour sa navigation et sa mission : on largue les saisines, on file ensuite les deux palans ; chacun des deux hommes fait courir les garants, et à peine a-t-il touché la mer qu'on largue en grand. Les autres canotiers s'affalent aussitôt, on décroche les palans et l'on met le canot en route. Si c'est un canot de porte-haubans on agit de même, mais il faut en se mettant en panne, que ce canot se trouve sous le vent pour éviter le choc de la lame. Ces canots ont des bosses pour se retenir au bord en cas qu'il y ait quelque chose d'oublié, ou pour recevoir d'autres personnes qui s'y embarquent.

Si c'est une embarcation du pont et que le temps soit assez mauvais pour ne négliger aucune précaution, voici comment on s'y prend ; mais nous ferons observer qu'on y met d'autant plus de simplicité que le temps est moins mauvais : après avoir pris le travers en mettant le grand hunier sur le mât, on passe les fausses balancines, et pendant ce temps, l'on dessaisit l'embarcation avec prudence. Vous mettez dessus, les deux palans d'étai et les deux palans de bout de vergue, un devant, un derrière ; quatre palans de retenue, deux devant, deux derrière ; enfin un palan de tangage sur l'avant. On roidit le balant partout, on prend des retours et l'on dispose son monde. Deux hommes sont dans l'embarcation pour affaler les étais et les bouts de vergue quand on amènera, et deux ou un plus grand nombre se tiennent par le travers avec des gaffes pour défendre du bord ; on rentre la batterie par le travers de sous le vent, et l'on a soin d'y placer des bouts de câble ou de grelin pour servir de défenses en dehors du bord. Quand tout est paré, on fait hisser ; or, avec ces précautions et ces moyens bien dirigés, l'embarcation doit être mise lestement et sûrement à l'eau. Si l'on doutait des palans d'étai, ou s'il fallait mettre beaucoup de monde dans une embarcation fort lourde, on se servirait des caliornes de poste. Nous croyons devoir rappeler ici, ce que nous avons dit (chapitre III) au sujet d'une embarcation qui, par un très-mauvais temps, allait porter du secours à bord du *Brunswick*, peu après qu'il eut été jeté à la côte.

Pour recevoir et rehisser un canot à bord, placez-vous dans une position telle qu'en prenant la panne, l'embarcation puisse facilement gagner le bord; préparez des amarres pour lui en jeter le bout ou le lui filer avec une bouée, afin de pouvoir la haler à l'échelle; affalez les mêmes palans et les mêmes retenues pour les crocher, dans tous les cas, avec promptitude; passez une forte aussière dans les sabords de seconde batterie devant et derrière, pour servir de retenues; ne laissez dans l'embarcation que les hommes nécessaires pour crocher ou pour défendre du bord; hissez les palans d'étai et de bouts de vergue, mais ceux-ci meilleur; contre-tenez avec les aussières; dès que l'embarcation est au ras des passavans, crochez les retenues, mollissez les aussières, ayez du monde pour conduire l'embarcation en dedans, comme vous avez pu en avoir pour la pousser à bras au dehors quand elle a été soulagée, et vous la remettrez à sa place et l'y saisirez sans danger ni avaries.

Si le canot à mettre à l'eau était sur le pont et ne se trouvait pas par-dessus les autres, on mettrait ceux-ci et de la même manière, soit à la mer pour les filer de l'arrière, soit momentanément sur les passavans, selon le temps qu'il ferait.

Cet objet de la panne ou tout autre étant rempli, on fait servir.

CHAPITRE VII.

I. Du Bâtiment en route, ou Considérations sur l'Orientement et la Disposition des Voiles sous toutes les Allures, et en général sur la Mâture et la Voilure. — II. De la Stagnation, de l'Affolement des Compas ou Boussoles, et de l'Attraction Locale; des Girouettes et Penons; de la Vitesse relative du Vent, du Navire et des Lames.

I. Après avoir fait servir, le *Bâtiment se met en Route,* et c'est alors qu'on doit redoubler de surveillance pour conserver sa mâture, pour ménager ses voiles, et cependant pour faire le plus de chemin.

A l'égard de la *Mâture,* il ne faut pas trop la charger de voiles, surtout pendant les grains qu'on peut attendre de pied ferme, mais qui doivent vous trouver entièrement sur vos gardes : nous en parlerons en particulier par la suite. Les mâts doivent être coincés et tenus avant le départ, et les mâts supérieurs bien suivés. La mâture doit, d'ailleurs, être telle qu'elle se trouve verticale quand le bâtiment est droit (nous parlons en général d'un trois-mâts dans cet ouvrage); car alors, pendant toutes les inclinaisons possibles, c'est cette position qui paraît conserver le plus souvent à l'action des voiles, l'effet par lequel le navire se meut le plus parallèlement à lui-même. Je sais que ce point est contesté, et que bien qu'il arrive parfois de voir le vent souffler de quelques degrés de bas en haut et presque jamais de haut en bas, plusieurs officiers pensent qu'une mâture inclinée sur l'arrière procure plus de marche au bâtiment et de meilleures qualités, surtout celle de lui permettre de mieux se relever au tangage, et d'adoucir celui-ci; la question sera peut-être longtemps indécise, mais ce qui ne l'est pas et qui, avant la solution, doit faire préférer la mâture droite, c'est qu'alors elle est plus solide, mieux appuyée, moins fatiguée par le poids de ses vergues et de son grément, et que, dans un grain, les vergues hautes sont plus faciles à amener. Il semble d'ailleurs qu'un mât de misaine incliné sur l'arrière nuirait à l'évolution d'abattre quand on serait vent devant, ce qui est fort utile dans un virement de bord comme nous le verrons ci-après; en effet, à l'instant où le navire serait coiffé ou vent debout, une grande partie de la force du vent serait perdue par l'effet de cette inclinaison. Cette disposition du mât de misaine tendrait encore à rendre le navire canard, et, par là, moins apte à abattre.

La mâture droite paraît donc la plus avantageuse, et c'est l'opinion énoncée par *Romme* dans son *Art de la marine*. « La direction du vent, dit-il, peut toujours être regardée « comme parallèle à la surface du globe; par conséquent « la position des voiles la plus favorable est la verticale, et « les mâts qui les portent doivent être situés de la même « manière. » Cependant le mât d'artimon se penche habituellement un peu sur l'arrière, sept ou huit degrés environ ; cette inclinaison rend un peu plus ardent puisque ainsi, le mât agit sur un point du pont, et par conséquent du navire, qui se trouve un peu moins de l'avant; il passe aussi plus de vent sur le grand hunier quand on court grand largue et vent en poupe ; d'ailleurs on peut ainsi brasser et ouvrir le perroquet de fougue un peu davantage; les vergues de cette voile sont moins fatiguées au tangage par le coup de fouet que peut donner la mâture; enfin on trouve cette installation plus agréable à l'œil; mais ces raisons qui sont à peine admissibles pour ce mât, dont les voiles contribuent peu au sillage proprement dit, sont trop faibles pour détruire les avantages que l'on trouve à tenir les deux autres mâts droits : en effet, si le bâtiment est lâche ou ardent, s'il langue beaucoup, on peut y remédier par ailleurs; et si les mâts n'avaient pas été assez écartés pour ne pas s'entre-intercepter le vent dans certaines circonstances et que la chose eût été possible, le constructeur les aurait éloignés davantage. Une plus forte inclinaison du mât d'artimon donne à sa hune une pente trop grande et un coup d'œil qui déplaît, à moins qu'on ne corrige ces défauts, ce qui encore a des inconvénients, en garnissant les jottereaux de coins ou languettes. A bord des bâtiments à voiles latines ou auriques, les mâts sont, il est vrai, penchés sur l'arrière; mais les haubans doivent y avoir plus d'épatement vers cette partie, pour faciliter le jeu des voiles; et les mâts, y étant très-peu tenus en haubans, ont besoin de cette pente pour acquérir plus de solidité; par la même raison de solidité, le mât de misaine s'y place droit, si l'étai du grand mât aboutit à sa tête.

Les *Voiles* doivent être balancées de manière qu'on n'ait pas au delà d'un demi-tour de roue de plus d'un bord que de l'autre; elles doivent être aussi planes que possible, et pour cela il faut que le voilier y ait laissé le moins de fond qu'il a pu, et qu'elles soient bien étarquées. Ces précautions paraîtront indispensables si l'on réfléchit combien les voiles perdent de leur action par suite de la courbure qu'elles contractent inévitablement à cause de leur flexibilité. Une voile courbée en hémisphère ne recevrait que le quart de l'impulsion qu'elle aurait reçue, si elle eût été aussi plane que possible. Cette courbure telle qu'elle est ordinairement, est moins considérable à la vérité, mais elle prend de l'accroissement si le vent augmente, et elle va jusqu'à occasionner dans l'angle d'incidence du vent sur la voile, une altération qui peut atteindre vingt degrés, et qui même a fait avancer, par certains physiciens, que le vent ne pouvait agir dans toute l'étendue concave de la voile que par l'effet de son ressort ou de sa force élastique. Il est donc de la première importance de s'appliquer à diminuer cette courbure, car elle influe beaucoup dans l'expression de la force des voiles; cette expression est établie ainsi qu'il suit dans l'ouvrage de Don *Georges Juan* intitulé *Examen maritime* : « Les forces « des voiles sont en raison directe composée de la surface « de toutes les voiles, de la vitesse du vent, du sinus de l'an- « gle que la direction du vent forme avec les vergues, et de « la raison qu'il y a entre le sinus et l'arc de la demi-somme « des angles que la voile forme avec la vergue dans ses ex- « trémités, en raison de sa courbure. » Toutefois c'est peut-être le cas de dire ici que la théorie pure a rendu très-peu de service à l'art de la voilure, et *Forfait*, dans son *Traité de la mâture et de la voilure*, convient expressément que ce n'est qu'à l'aide du tâtonnement, qu'on est parvenu à fixer les règles que l'on suit maintenant. Des expériences citées dans les *Recherches expérimentales* du Lieutenant de Vaisseau *Thibault* (1826), indiquent même qu'il serait préjudiciable à l'effet des voiles qu'elles fussent tout à fait planes ou sans courbure, ce qui renverse selon lui les raisonnements de tous les auteurs qui ont écrit sur la Manœuvre. Toutefois la nature des choses, dans la pratique, semble, pour cette hypothèse, avoir elle-même posé d'heureuses bornes, car il est peut-être impossible de tailler et de faire une voile dont la courbure ne pèche par excès.

Quant à la quantité dont les voiles doivent être brassées pour produire un effet convenable, les géomètres qui ont traité ce point avec le plus de succès ont trouvé que, quel que soit l'angle de la direction du vent avec la ligne vers laquelle doit agir la voile, cet angle devait être partagé de telle sorte par la vergue, que la tangente de l'angle formé par le vent et la vergue fût double de la tangente de l'angle formé par la vergue et la ligne vers laquelle doit se mouvoir le navire. Selon cette règle, il faudrait orienter ses voiles à 25° pour le plus-près, ou même, suivant *Euler*, à 20° 30′ de l'avant de la quille; d'après les mêmes autorités, les voiles étant ainsi disposées, on lofferait jusques à ce que le vent frappât les voiles sous un angle de 26°, ce qui ferait porter à 4 rumbs à peu près. Ce précepte, quoique impossible à exécuter dans la pratique à bord des traits-carrés, offre cependant l'avantage d'indiquer que les localités s'opposant de beaucoup à ce que l'on ouvre autant les voiles, on ne peut être en défaut qu'en ne les ouvrant pas assez; ainsi le manœuvrier doit faire brasser autant qu'il est permis; peut-être même en essayant de s'approcher de la règle au delà de ce que permettent les installations ordinaires, y aurait-il du désavantage à le faire à cause de la dérive : afin d'obtenir cet orientement, il faudrait encore que la disposition des haubans fût changée, ce qui ne pourrait guère avoir lieu qu'en compromettant la mâture; or cette mâture, ainsi que les vergues dont l'obliquité des bras rendrait alors l'appui très-peu efficace au vent, serait plus en danger, puisque l'effort se ferait davantage dans le sens des haubans du travers qui sont ceux qui ont le moins d'épatement. Il y a des traits-carrés qui brassent à 35° environ, ou dont les vergues font avec la quille un angle d'à peu près 1 rumb de plus que le pistolet d'amure de misaine; le vent, si on le prend à six quarts, frappe alors la voile sous un angle de 30° au moins, et c'est ce qu'il y a de mieux en pratique, si le bâtiment est bon, pour dériver le moins possible, pour laisser à la mâture et aux vergues un appui suffisant et pour faire belle route. Si le vent adonne, on n'a ensuite qu'à fermer la voile de moitié à peu près de la quantité angulaire dont il a culé ; et quand on sera vent arrière, on se trouvera brassé carré.

Cette quantité de la moitié dont nous venons de parler, pouvant être considérée comme d'une évaluation difficile dans l'exécution, on peut encore prendre pour règle, entre le plus-près et le vent du travers, de s'attacher à fermer les voiles ou à les brasser au vent, jusqu'au point où elles cesseraient de très-bien porter : l'œil le moins exercé sait reconnaître, à leur gonflement, si cette condition est remplie ; alors, en les ouvrant un peu à l'aide des bras de l'autre bord, elles se trouvent bien disposées. Il y a en effet inconvénient à ce que les voiles soient trop fermées, surtout lorsque le vent approche du grand largue ou du vent arrière : c'est que le navire est moins gouvernant, et qu'il est moins appuyé pour résister aux lames qui le portent à rouler : dans ce cas-là, et dans tout autre analogue, lorsque, par exemple, le navire est sujet à des lans fréquents qui peuvent empêcher les voiles de constamment bien porter, on a le soin de laisser celles-ci encore un peu plus ouvertes.

En général, on ferme les voiles du grand mât un peu plus que celles du mât de misaine quand on commence à avoir le vent de l'arrière du travers, afin de mieux permettre à celui-ci d'atteindre les voiles de l'avant qui tiennent le bâtiment mieux gouvernant ou qui contribuent, le plus efficacement, à régler et à balancer les effets du gouvernail. Au plus-près, tant que l'effet des focs agit latéralement, on apique la civadière, lorsque l'on en a une, en la brassant sous le vent, afin d'appuyer et consolider le bout-dehors de beaupré.

Remarquons à présent que les voiles basses sont celles qui rendent le mieux le navire évoluant, car elles le font moins incliner, ce qui permet au gouvernail de frapper l'eau plus directement, et laisse le navire conserver davantage ses lignes d'eau les plus favorables. Les voiles hautes ont de leur côté l'avantage d'être plus exemptes de courbure, de soutenir le navire contre le roulis, de se trouver dans une région où, de petit temps, le vent est beaucoup plus frais, d'en offrir quelques-unes fort utiles pour certaines capes, et de n'être point abritées comme les basses voiles par la partie inférieure du grément qui est la plus lourde et la plus volumineuse.

Remarquons aussi qu'il arrive souvent que l'addition de quelques voiles, surtout quand elles sont très-élevées, non-seulement ajoute peu au sillage mais peut même le diminuer ; il est évident en effet, que si le centre d'effort des voiles est à la hauteur convenable pour communiquer la plus grande vitesse, le bâtiment où l'on élèvera davantage ce centre d'effort, ne glissera plus aussi parallèlement à lui-même ; il plongera par l'avant, il s'inclinera plus fortement par le travers, et comme ce sera peut-être le seul effet que l'augmentation des voiles aura pu produire, la marche en aura pu être retardée.

Les voiles doivent être bien étarquées, mais pas au point de faire arquer les vergues ; les balancines et les palanquins des huniers ne doivent pas être tournés, afin qu'on soit prêt à amener ces voiles. Si l'on serre une voile ou qu'on prenne des ris, les bras doivent être bien amarrés, pour qu'il n'y ait pas de balancement aux vergues et que les hommes y soient moins exposés.

Lorsque le vent fraîchit, il faut, à mesure, rentrer ou serrer les voiles les plus légères ou qui ont le moins de moyens

de résister au vent; un marin exercé voit à l'aspect seul du
navire, de quelles voiles il doit se débarrasser; on peut d'ailleurs en juger par la mâture, par le sillage, par la bande,
ou enfin en s'accoutumant à regarder d'un même point et
en divers temps, un bastingage ou une enflêchure qu'on
aura rapportés à l'horizon pour en faire un objet de comparaison. Si la mer était grosse, il faudrait diminuer de
voiles plus tôt qu'on ne l'aurait fait, sans cela, à vent égal.

La misaine a *Trois Points* principaux, ce qui veut dire
qu'il y a trois manières remarquables de l'établir ou de la
présenter à l'impulsion du vent, suivant la direction de
celui-ci. *Le Point du Plus-près :* alors elle est amurée au
pistolet, elle est bordée de manière que la ralingue d'en
bas touche le premier hauban de l'avant sous le vent; la
bouline est bien halée, la grand-voile est établie à son dogue
d'amure, et l'on est orienté au plus-près partout. Il serait
alors peu convenable selon moi, de chercher à établir des
bonnettes bien qu'elles eussent des boulines : peut-être la
frégate anglaise le *Success* n'aurait-elle pas été prise en
1800, si elle ne s'était obstinée à vouloir en porter sous
cette allure. Je crois que leur plus grand effet consiste à
déventer les voiles carrées qui sont sous le vent à elles, et à
augmenter la dérive. Quant aux voiles dites d'étai, je pense
qu'étant bien taillées et bien installées, elles sont avantageuses au plus-près, même par une bonne brise. Il ne faut
pas oublier de donner du mou aux palans de garde du vent,
ou aux bouts de cordage qui peuvent les remplacer, pour
faire porter convenablement l'artimon et les autres voiles à
corne.

Si le vent adonne un peu, on choque les boulines; s'il
vient du travers, on appuie légèrement les bras du vent; s'il
cule encore d'un ou deux quarts, on fait bon bras partout

et l'on se contente d'embraquer le balant des boulines.
Quand il souffle de la hanche, on met le point du vent de
la misaine au bossoir, et c'est son *Second Point*; il faut en
même temps filer l'écoute presque à l'appel de la vergue et
larguer les boulines en bande; on cargue aussi le point du
vent de grand-voile pour laisser passer le vent, et l'on file
de son écoute, car la ralingue de chute de sous le vent ferait, en quelque sorte sans cette précaution, l'office du bras
de sous le vent : or, l'effort qui en résulterait, contraire à
celui du bras du vent, pourrait, comme nous en avons vu
un exemple sur une bonne frégate, faire casser la grand-
vergue. D'ailleurs, il est nécessaire de filer de cette écoute,
pour l'orientement convenable de la grand-voile, et on en
file jusqu'à ce que le point soit arrivé presque au-dessous
de la vergue, sans, cependant, qu'il y ait trop de mou. On
file enfin des écoutes des voiles auriques et latines; on porte
même le point d'amure de la grand-voile d'étai au vent.

Sous l'allure dont nous venons de parler, la *Misaine* est
dite être au *Petit-Bossoir*.

Dès que le vent a adonné d'un quart, on a pu mettre les
bonnettes du vent; la vergue de la bonnette et l'écoute
passant sur l'arrière des voiles carrées pour que le faseiement de la bonnette ne dévente pas ces voiles; grand largue, on peut mettre aussi celles de sous le vent; alors la
vergue de la bonnette et l'écoute doivent passer sur l'avant
des voiles carrées, et quelquefois même on les borde sur le
pont.

Enfin vent arrière, les *Points de Misaine* sont à égales
distances du beaupré, la grand-voile est carguée, les voiles
latines ou auriques sont serrées, excepté quelquefois la brigantine qu'il est pourtant dangereux de laisser, quelque
près des haubans d'artimon qu'on l'ait halée, parce que

dans un lan elle peut coiffer. D'ailleurs à moins d'être enverguée sur une corne presque horizontale, ce qui est la
meilleure manière de l'installer pour le plus grand effet
des palans de garde, il est difficile qu'elle ne dévente pas
le plus souvent quelque portion du perroquet de fougue,
ou qu'elle n'en soit déventée en partie. Quant au petit foc,
il faut le hisser pour corriger les embardées, ou même pour
empêcher d'être longtemps masqué si, par saute de vent
ou autrement, on venait à coiffer ses voiles. Il est rare que,
vent arrière, on mette des bonnettes derrière, parce qu'elles
empêcheraient les voiles de l'avant de porter, et qu'ainsi
que nous l'avons déjà fait observer, celles-ci étant plus éloignées du gouvernail, tiennent le navire plus gouvernant;
par ces mêmes raisons, surtout par la première, il est presque sans exemple que l'on établisse des bonnettes de grand-
voile et même de perroquet de fougue. Enfin on n'appareille jamais la grand-voile avant la misaine et on la cargue
toujours auparavant, à moins que ce ne soit par un temps
forcé et qu'on ne veuille la laisser seule dehors.

Une voile ne s'oriente bien au plus-près d'un bord, que
lorsque le vent vient la frapper et la remplir obliquement
de ce même bord; c'est évident, car le vent arrêté par plusieurs manœuvres dormantes ou courantes, aussi bien que
par les molécules d'air qui s'échappent sous le vent après
avoir frappé la partie du vent de la voile, le vent, dis-je, a
alors d'autant moins d'action qu'il agit sur une partie plus
sous le vent de la voile; celle-ci doit donc être sollicitée à
s'ouvrir par le seul effet du vent. Quand on oriente au plus-
près, on aide à cet effet par les bras; or, ceux-ci sont d'autant mieux disposés que l'appel se trouve plus à la même
hauteur que la vergue; tels sont ceux de misaine. Pour faciliter le brasseyage, on largue les drosses, on mollit le

premier hauban de l'avant sous le vent, et l'on donne du
mou aux balancines de sous le vent ainsi qu'aux cargues-
points du vent de la basse voile si elle est carguée ; mais il
faut éviter de haler de force sur les boulines avant que le
brasseyage soit fini, car le brasseyage donne à la vergue
un balancement qui peut considérablement fatiguer la ralingue avec la bouline de laquelle on hale. Avant de prendre le plus-près, on pousse en dehors des hunes, des arcs-
boutants qui tendent les galhaubans en leur donnant plus
d'épatement, et quand on est orienté convenablement, on
mollit les bras de sous le vent et l'on amarre roides ceux
du vent, afin de s'opposer au plus grand effet, dont nous
parlions tout à l'heure, du fluide sur la partie du vent de
la voile et par conséquent de sa vergue. Si le vent est très-
fort et que son effet suffise pour ouvrir indéfiniment la vergue, on ne brassera pas sous le vent, et l'on se bornera à
filer à retour les bras du vent jusqu'à ce qu'on se trouve
orienté ; si alors, le bras de sous le vent agissait sur la vergue ou venait à être amarré, il tendrait à faire arquer de
haut en bas cette moitié de la vergue ; l'action de la ralingue
du vent sur l'autre moitié de la vergue tendrait également à
faire arquer cette autre moitié de haut en bas, et ces deux
effets concourraient pour faire casser la vergue vers son
milieu.

Quand il vente grand frais et qu'on veut appuyer les
bras du vent, soit aussi qu'on ait à serrer les huniers ou à
prendre des ris, il est difficile de brasser si l'on ne dévente
un peu la voile ; on peut obtenir cet effet en choquant légèrement la bouline du vent et l'écoute de sous le vent. On
les rehale ensuite avec un palan s'il est nécessaire. On y
parvient encore en venant un peu du lof. S'il vente petit
frais, il faut d'autant plus orienter ses voiles, ou leur faire

faire l'angle le plus aigu qu'il est permis avec la quille : si alors on roidissait les bras du vent seulement, on cesserait d'être établi au plus-près, puisque le vent n'a pas assez de force pour ouvrir la voile et pour empêcher, au tangage, la vergue de retourner vers l'arrière. En ce cas, on fait bien d'amarrer roides les bras de sous le vent, et l'on mollit ceux du vent; s'ils étaient bien halés tous les deux, on casserait probablement ses mâts ou ses vergues au premier coup de fouet que le tangage ferait donner à la mâture. Nous avons vu l'escadre anglaise de *l'amiral Warren* faire ainsi, en 1806, plusieurs avaries; au contraire nous avons navigué à bord d'une frégate qui, avec une brise même assez fraîche, se fiait à ses seuls bras de sous le vent, et qui gouvernait avec succès à cinq quarts et demi du vent; onze sur les deux bords : toujours dans la supposition du plus-près, on doit remarquer que si la brise est ronde sans cesser d'être maniable, et si la mer est belle, la voile sera moins dérangée de position par le roulis ou le tangage et par l'effet de son propre poids ; on peut donc alors ou loffer pour serrer le vent un peu plus, ou moins ouvrir les voiles au vent ; d'où il doit résulter amélioration dans la route pour le premier cas, et augmentation de sillage pour le second.

Vent arrière on mollit les bras du vent et ceux de sous le vent; on hale sur les palans de drosse et de roulis; il n'y a plus d'arcs-boutants, on égalise et roidit les balancines des basses vergues, et l'on met les cargues-points de grand-voile à joindre.

Quand, au plus-près, on veut appareiller une basse voile, il faut larguer la bouline du hunier, et on la rehale quand la basse voile est orientée; on larguerait et on affalerait aussi la balancine du vent de la basse vergue si elle

ne l'était pas, et l'on donnerait du mou à la cargue-point
du vent du hunier.

Le perroquet de fougue est une voile dont on ne peut
bien soutenir la vergue contre l'effort du vent ; cela provient de la disposition de ses bras ; aussi faut-il la ménager
beaucoup, et doit-il y avoir un ris de pris de plus qu'aux
autres huniers ; si le temps menace trop on la serre de
bonne heure, à moins qu'elle ne soit nécessaire pour se
relever de la côte. On traite de même, avec plus de ménagement, les voiles du mât de misaine que celles du grand
mât, puisque celui-ci est bien mieux tenu en étais, et que
d'ailleurs l'autre souffre plus du tangage et qu'il a aussi à
résister à une partie de l'effort des focs. On peut encore y
voir pour motif que les voiles du mât de misaine font canarder ; elles sont plus petites que celles du grand mât à la
vérité, mais leur éloignement du centre du tangage leur
donne beaucoup de puissance. On a souvent proposé de
rendre la mâture et la voilure pareilles et égales devant et
derrière ; mais je crois que les raisons précédentes s'y op-
poseront toujours, malgré quelques avantages qu'il y aurait
sous les rapports d'économie et des localités.

Les partisans de cette proposition, outre les raisons fon-
dées sur l'économie et sur les localités, prétendent qu'il est
préjudiciable et quelquefois dangereux pour un bâtiment
d'avoir une mâture élevée ; ils ajoutent qu'un surcroît de
voiles hautes tend plus, en certain cas, à faire incliner le
navire qu'à le faire aller de l'avant ; et comme il est impossible d'augmenter la mâture et la voilure du mât de misaine,
soit par suite des obstacles que nous venons d'énumérer, soit
à cause de la difficulté de passer alors et de guinder son mât
de hune, soit en raison de la position du point d'amure de sa
basse voile, ils voudraient étendre l'envergure en général, et

réduire la mâture du grand mât, afin qu'elle eût avec celle de
l'avant, l'égalité proposée. Il est évident qu'on peut porter
l'envergure jusqu'à ce point où la courbure inévitable des
voiles acquerrait par là un développement trop considérable ; mais on est encore limité en ceci, d'abord par la difficulté qu'on éprouverait pour faire servir après avoir mis
en panne, si l'on donnait aux vergues assez de longueur
pour s'engager dans leurs balancines réciproques ; et ensuite, comme nous venons de l'observer, par les poulies où
s'amurent les basses voiles, qu'on ne peut guère porter plus
de l'avant qu'elles ne le sont, ce qui donne à la largeur de
la grand-voile la demi-longueur du bâtiment.

Il est encore évident que les voiles hautes sont quelquefois nuisibles et dangereuses ; cependant il faut considérer,
1° qu'il résulte d'une formule établie par *Romme*, et des
recherches de *Vial du Clairbois*, que le bâtiment dont la
forme est la plus propre à la marche est aussi celui qui
peut porter la mâture la plus élevée ; et que malgré quelques
exemples du contraire, on doit proportionner la hauteur
des mâts à la distance entre leurs deux porte-haubans res-
pectifs ; 2° que dans les petits temps il est d'une conséquence majeure d'avoir des voiles élevées, et qu'avec de la
vigilance et la stabilité requise, on doit en paralyser les désavantages ou les inconvénients ; 3° que les voiles hautes
prennent moins de courbure sous le vent que les voiles
basses et que par suite, ainsi que l'a conclu *Don Georges
Juan*, un des plus savants et des meilleurs marins de son
temps, leurs effets sont proportionnellement plus grands ;
4° enfin, que la partie centrale du navire souffre beaucoup
moins de l'effort des voiles que la partie de l'avant, et que
celle-ci, suivant *Forfait* (voyez son *Traité de la Mâture*),
acquerrait, par cet accroissement, des mouvements d'im-

mersion que sa construction ne permet pas d'excéder. On voit d'après cet examen, que la mâture du grand mât n'est peut-être pas assez élevée à bord de nos bâtiments, que celle de l'avant l'est peut-être trop, et qu'ainsi il est difficile d'opérer un rapprochement dans leurs dimensions.

On a aussi proposé, et je pense avec plus de raison, de rendre, en général, les bas mâts plus longs et les mâts de hune plus courts qu'on ne les a ordinairement, de manière que la hauteur totale des bas mâts et des mâts de hune fût en somme, égale dans les deux cas; il en résulterait sans doute plus de solidité et plus de facilité pour passer et dépasser les mâts de hune, ou pour manœuvrer les huniers; mais les basses voiles deviendraient peut-être trop grandes, trop peu maniables, et elles s'orienteraient moins bien.

Il reste à avoir soin que les voiles soient bien rebordées à joindre si les écoutes ont rendu; à cet effet, on largue la bouline et l'on commence par le point du vent; on se sert, s'il le faut, de palans à fouet. Il faut aussi que les vergues du même mât soient brassées bien parallèlement entre elles, qu'il n'y ait de balant dans aucune manœuvre, qu'il n'y ait rien qui pende ou qui soit à la traîne en dehors du navire, que les mantelets de sabords soient fermés au vent pour ne pas arrêter la marche si l'on est au plus-près, et qu'aucune harde au sec surtout dans les hauts, ou telle autre chose inutile ne soit exposée à l'action du vent.

II. Je terminerai ce chapitre par deux observations : l'une sur les *Compas* ou *Boussoles*, l'autre sur les *Girouettes* et les *Penons*. Les *Compas* sont sujets à quelques *Affolements* et à certaines *Stagnations* qui dépendent du temps, de leur position ou d'objets influents qui s'en trouvent plus ou moins rapprochés. Pendant les affolements, on peut changer momentanément les compas de place, ou leur en substituer d'autres, ou enfin gouverner sur le terme moyen des déviations : quant aux stagnations, lesquelles font dire aux marins que *le compas dort*, il est bon de s'assurer souvent que ce même compas ne dort pas, soit en abaissant du doigt un des côtés de la boîte, de manière que la glace touche la rose et la réveille, soit en le comparant à celui qui est dans l'autre habitacle ou à tout autre. Il y a toutefois dans les routes obliques une légère différence entre le compas du vent et celui de sous le vent : celui-ci, à cause de la courbure des baux, est toujours plus incliné que le premier, et la rose s'y trouve moins d'aplomb sur le pivot ; mais cette cause ne donne pas un résultat assez grand pour qu'on puisse le confondre avec celui qui provient de la stagnation de l'un d'eux. Un officier vigilant doit comparer souvent le cap du navire tel qu'il est ordonné, à celui que paraissent indiquer les astres dont il est fort utile de s'exercer à connaître le gisement à toute heure. Il est des timonniers assez inattentifs pour gouverner à un air-devent, croyant gouverner à un autre; alors ces officiers relèvent promptement d'aussi grossières inadvertances. Est-il croyable par exemple, qu'ayant le cap à l'E 1/4 S E, on croie le tenir à l'E 1/4 N E? Est-il croyable que le vent refusant ou adonnant, on s'obstine à le suivre avec les voiles sans regarder le compas qui est sous les yeux, et qu'on croie n'avoir pas changé de route? Cependant de telles erreurs se commettent; on a vu plus : on a vu un bâtiment se rendre à *Madagascar* en voulant aller à l'*Ile-de-France*..... On a vu un autre bâtiment aller à *Pondichéry* et se croire en route pour la même *Ile-de-France*... Si tous les deux avaient porté sur leurs observations et sur les astres un coup d'œil exercé, si le premier avait consulté avec soin la variation du compas qui est un guide sûr dans ces parages ; de tels exemples, dont je pourrais facilement augmenter la liste, ne viendraient point ici accuser l'impéritie et la négligence.

La construction récente de bâtiments en fer, qu'au surplus il paraît qu'on croit devoir abandonner pour les bâtiments de guerre, et les masses de fer qui entrent dans la construction et dans l'armement des navires en bien plus grande quantité qu'autrefois, exercent aujourd'hui une assez forte influence sur les boussoles, pour qu'on ait été obligé de chercher à y remédier. Cette influence a reçu le nom d'*Attraction Locale*. La déviation qu'en éprouve l'aiguille aimantée est à peu près nulle quand le cap du navire est dans la direction du méridien magnétique ; mais elle augmente à partir de ce point, et elle est à son maximum quand le cap est à l'Est ou à l'Ouest. On s'est attaché à annuler cet effet par plusieurs expédients, par exemple, par l'emploi d'une masse de fer, à laquelle on a donné le nom de *Condensateur Magnétique* ou de *Plateau Correcteur*, et que l'on place, par rapport aux compas de route, dans une direction et à une distance que le tâtonnement indique, telles que l'influence de cette masse de fer fasse équilibre à l'*attraction locale*. On peut aussi suppléer un compensateur magnétique à l'aide d'une table dite de compensation que l'on dresse au mouillage en y relevant un point éloigné : on fait ensuite tourner le navire sur son axe vertical ; à chaque changement d'un rumb, on relève ce même point, et l'on prend note de la déviation éprouvée. Il faut alors inscrire les rumbs de vent sur une colonne, et sur une autre les déviations qui y correspondent, c'est-à-dire les différences entre les relèvements pris à chacun de ces rumbs et le relèvement primitif du point éloigné : l'on se donne ainsi les éléments avec lesquels il faudra corriger les relèvements que l'on pourra observer par la suite, ou les airs-de-vent sur lesquels on aura fait route. Il est à remarquer qu'il se trouve, ordinairement à bord de chaque navire, un point non affecté de perturbations magnétiques, et assez facile à trouver par des recherches : ce point est, à peu près, placé de 4 à 8 mètres au-dessus du pont et près du grand mât.

La *Girouette* n'indique jamais bien le vent à bord d'un navire faisant route que lorsque ce vent souffle dans la direction de la quille ; en effet, le vent du travers, par exemple, tend à ranger la girouette dans le même lit que lui, et le bâtiment qui va de l'avant tend aussi, à cause de la résistance de l'air dans ce sens, à la ranger dans la direction de la quille ; de ces deux directions se compose celle de la girouette, et si elles diffèrent, celle-ci généralement participe moins de celle du navire, puisque dans les brises ordinaires un bâtiment à la voile acquiert rarement plus de la moitié de la vitesse du vent. Quand le vent est du travers, ce qui est la circonstance où la déviation de la girouette est le plus grande, la différence entre la direction du vent et la girouette peut aller jusques au delà d'un rumb, et cette déviation fait paraître le vent plus de l'avant qu'il ne l'est réellement. Le *Penon* étant plus bas que la girouette, s'éloigne encore plus qu'elle de la vraie direction du vent.

Quant à cette *Vitesse* relative du *Bâtiment* et du *Vent*, *Bouguer*, qui publia son *Traité du Navire* en 1746, lui donne le rapport de 1 à 3 ; l'*Examen Maritime* de *Don Juan*, publié en 1771 et traduit par l'*Évêque* en 1783, fait connaître qu'il peut être de 74 à 100 ; ce résultat est confirmé par les expériences de *Mariotte, Clare, Derham* et l'*Évêque ;* on a même trouvé plus récemment que les deux termes du rapport pouvaient devenir égaux à bord d'un vaisseau de **80** canons, naviguant avec quelques degrés de largue, dans une belle mer et par une bonne brise unie. *Don Juan* ajoute qu'un chébeck orienté dans la position la plus favorable pour recevoir une brise faite et maniable, dépasse de beaucoup la vitesse du vent et que le rapport devient celui de **163** à **100**. Une jolie brise possède une vitesse de **10** nœuds, ce qui équivaut à **7** pieds et demi ($2^m,43$) par seconde ; quand le vent file **30** pieds ($9^m,75$) par seconde, on est ordinairement forcé de prendre la cape. Par une vitesse de **10** et même par celle de **12** nœuds, il se forme des *Lames* qui ont environ les deux tiers de cette vitesse ; mais plusieurs personnes telles que *Wollaston* de la *Société Royale de Londres*, paraissent avoir exagéré la rapidité de ces lames. Il y a tempête quand le vent parcourt de **60** à **72** kilomètres par heure ; lorsque cette vitesse s'élève de **120** à **150** kilomètres c'est un ouragan ; les arbres et les maisons sont renversés. Dans le premier cas, l'effort exercé par le vent sur une surface de **1** mètre carré, est représenté par **55** kilogrammes ; dans le second, il l'est par **230** kilogrammes. Enfin, on estime que les plus fortes lames depuis le point le plus creux de l'abaissement de la surface de la mer jusqu'au sommet de ces lames, ont une hauteur de **15** mètres ; la longueur de ces mêmes lames dans le sens perpendiculaire à la direction du vent qui les a formées, est d'environ **200** mètres.

CHAPITRE VIII.

I. Du Changement d'Amures en général. — II. Examen du Résultat approché de la Route, selon que le Vent est plus ou moins Contraire.

I. Dans le chapitre V, nous avons expliqué comment un navire forcé, en appareillant, d'abattre sur tel ou tel bord, devait quelquefois prendre le vent de l'autre bord ou *Changer d'Amures*, pour que l'ancre à mettre à poste se trouvât au vent du taillemer. Cette manœuvre s'appelle *Virer de bord ;* dans les cas dont il est question, elle se fait en laissant arriver jusqu'à se trouver vent arrière, et en continuant à tourner dans le même sens pour rallier le vent de l'autre bord ; alors on a viré *Vent arrière* ou *Lof pour Lof.*

Il est, toutefois, une autre manière de prendre le vent de l'autre bord, mais plus prompte, sans perdre au vent, et même en y gagnant, à moins d'être sur un mauvais bâtiment, ou d'avoir un grand vent ou une forte mer ; cette manière consiste à venir au vent, et à continuer à tourner dans le même sens, jusqu'à ce qu'on soit assez abattu pour orienter les voiles de l'autre bord ; alors on a viré *Vent devant.*

On vire en général vent arrière lorsqu'on a une ancre suspendue dans l'eau, ou que la mer est trop grosse pour être surmontée, ou que le vent est trop fort pour masquer les voiles sans que la mâture soit en danger, ou qu'il fait presque calme, ou qu'on a quelque avarie, ou qu'on a manqué à virer vent devant, ou qu'on veut mettre en panne d'un bord sur l'autre, ou qu'enfin une cause quelconque empêche de virer vent devant. On vire vent devant au contraire, toutes les fois que la chose est nécessaire et possible, surtout quand il s'agit de chasser un bâtiment au vent, de rejoindre des voiles dont on s'est écarté momentanément sous le vent, de s'élever pour doubler un cap ou un danger, de faire de la route vers le vent ; et à ce sujet nous entrerons dans un *Examen* que nous ne croyons pas dénué d'intérêt.

II. Un navire, en général, portant à six quarts du lit du vent, si, par exemple, le vent souffle du Nord corrigé de la *Variation*, ce navire, alors, courra tribord amures à l'O N O, et sur l'autre bord il présentera à l'E N E du monde. Supposons un quart de dérive, ce qui est beaucoup quand la brise est maniable, la mer passablement belle et le bâtiment bon, on aura le O 1/4 N O et l'E 1/4 N E vrais. Si la route ne valait que l'Ouest d'un bord et l'Est de l'autre, on ne s'approcherait nullement du Nord, car on compte huit quarts ou 90° de l'Ouest ou de l'Est vers le Nord; mais en s'élevant d'un quart au vent et en courant deux bordées égales, il y a, il est vrai, une grande partie de la route faite vers l'Ouest compensée et annulée ensuite par celle que l'on fait vers l'Est, cependant il reste toujours du chemin au Nord. En effet, supposons encore qu'on ait couru deux bordées égales de douze heures chacune, et qu'on ait fait 100 milles pendant ce temps; chacune de ces bordées de 50 milles donnera 49^m,5 Est-et-Ouest, et 9^m,75 vers le Nord, d'où il résulte un chemin total et direct de 19^m,5 vers le Nord; or en divisant 100^m par 24, ou bien 33 lieues 1/3 (qui équivalent à 100^m) par 8, on aura 4 1/6 qui expriment le nombre de nœuds moyens qu'il aura fallu filer par heure pour gagner dans la journée

19^m,5 au vent ; ainsi l'on voit quel beau résultat produit un si faible sillage ; or il n'est pas rare de filer 6 et 7 nœuds au plus-près.

Si les vents sont moins contraires et que, voulant aller au Nord, ils soufflent du N 1/4 N E ; estimant encore le sillage moyen à 4^m 1/6 et multipliant par 8, on aura pendant 24 h. pour chemin total 33 l. 1/3 ou 100^m ; une bordée vaudra l'Est, et l'autre le O N O. Celle de l'Est ne produira rien au Nord, mais il ne faudra la faire que de 48^m, parce que les 52^m qui resteront à faire étant à l'O N O, donneront d'abord 48^m à l'Ouest qui détruiront les 48^m déjà faits à l'Est, et de plus 20^m au Nord qui seront le résultat du chemin fait dans les 24 heures.

De même si les vents sont N N E, il y aura un bord à l'E 1/4 S E, mais on ne le fera que de 46^m et il en produira 45 à l'Est et 9 au Sud ; l'autre bord vaudra le N O 1/4 O, il sera de 54^m et il en donnera 45 à l'Ouest et 30 au Nord ; faisant la réduction, il résultera en définitive 21^m au Nord.

Si les vents sont N E 1/4 N, il y aura un bord à l'E S E qui ne sera que de 44 milles, et il en produira 40 à l'Est et 17 au Sud ; l'autre bord vaudra le N O, il sera de 56^m et il en donnera 40 à l'Ouest et 40 au Nord ; d'où résulteront 23^m au Nord.

Si les vents sont N E, il y aura un bord au S E 1/4 E qui ne sera que de 40^m ; et il en produira 33 à l'Est et 22 au Sud ; l'autre bord vaudra le N O 1/4 N, il sera de 60^m et il en donnera 33 à l'Ouest et 50 au Nord ; d'où résulteront 28^m au Nord.

Si les vents sont N E 1/4 E, il y aura un bord au S E qui ne sera que de 35^m, et il en produira 25 à l'Est et

25 au Sud; l'autre bord vaudra le N N O, il sera de 65ᵐ et il en donnera 25 à l'Ouest et 60 au Nord, d'où résulteront 35ᵐ au Nord.

Si les vents sont E N E, il y aura un bord au S E 1/4 S qui ne sera que de 26ᵐ, et il en produira 14,5 à l'Est et 21,5 au Sud; l'autre bord vaudra le N 1/4 N O, il sera de 74ᵐ et il en donnera 14,5 à l'Ouest et 72,5 au Nord, d'où résulteront 51 m. au Nord.

Enfin si les vents sont E 1/4 N E, on portera au Nord toujours avec les mêmes suppositions, tout se fera en bonne route et il y aura 100ᵐ au Nord.

On voit, par cet aperçu, quelle est la quantité dont on peut gagner au vent, selon que le vent est plus ou moins favorable. Les *Résultats* 19,5 — 20 — 21 — 23 — 28 — 35 — 51 comparés à 100, indiquent pour chacun des airs-de-vent auxquels on est obligé de gouverner quand on ne peut mettre le cap en route, quel rapport il y a entre tout autre chemin total, et celui qui reste fait dans le vent. On voit de plus, en comparant le même nombre 100 à 50 — 48 — 46 — 44 — 40 — 35 — 26, quelle inégalité l'on doit établir entre les longueurs du bon et du mauvais bord, quand le vent n'est pas tout à fait debout.

Il est utile de s'exercer de bonne heure à retenir par cœur le résultat de pareilles opérations. Il est certain pourtant qu'on ne fait ainsi que des calculs approchés, et que nous-même n'avons, en grande partie, posés ici qu'en nombres ronds, afin de mieux aider à la mémoire; mais il y a mille circonstances où cette exactitude est suffisante pour satisfaire l'esprit, et où il est avantageux de voir sur le pont même, d'un coup d'œil et sans avoir recours aux tables ni aux quartiers, ce que produira approximativement telle ou telle combinaison.

De même, il est presque nécessaire d'observer et de se souvenir que dans un triangle rectangle dont les trois côtés sont la longueur de la route, le chemin Nord-et-Sud, et le chemin Est-et-Ouest, si l'un des angles aigus est d'un rumb, le grand côté de l'angle droit vaut à peu près les **98/100** et l'autre le **1/5** de l'hypoténuse ou du chemin total. S'il y a un angle de deux rumbs, le grand côté de l'angle droit vaut un peu plus que les **9/10** et l'autre un peu moins que les **2/5** du chemin total; s'il y a un angle de trois rumbs, le grand côté de l'angle droit vaut un peu plus que les **4/5** et l'autre les **11/20** du chemin total; enfin si l'angle est de quatre rumbs ou si le triangle est isocèle, chacun des côtés de l'angle droit vaut un peu plus que les **7/10** du chemin total. Par exemple : nous filons **12^m** et **1/2** au S 1/4 S E corrigé ou vrai; je multiplie par **8**, je vois aussitôt que si nous continuons ainsi, nous aurons **100 l.** dans les **24 h.**, or il en proviendra 98 au Sud et 20 à très-peu près à l'Est; si nous avions gouverné à l'E 1/4 S E corrigé, les **98 l.** auraient été à l'Est et les **20** au Sud. Enfin si le cap avait valu le N O nous aurions eu un peu plus de **70 l.** soit au Nord soit à l'Ouest.

On n'obtient cependant les résultats que nous avons énoncés, qu'autant que l'on a été attentif à bien gouverner, que l'on n'est pas tombé sous le vent en virant de bord, que l'on n'a pas perdu de temps en virements inutiles; et l'on en obtient de plus favorables encore, si l'on a loffé à la risée, si l'on a profité des sautes ou variations accidentelles du vent, si l'on a pu balancer sa voilure de manière à tenir la barre droite ou presque droite, si les voiles ont été toujours parfaitement établies, et s'il n'a pas été nécessaire de mollir les bras de sous le vent pour appuyer les vergues avec ceux du vent.

Quant au chemin estimé, il est bon, pour l'obtenir avec quelque précision, de jeter, dans les cas ordinaires, le loch de demi-heure en demi-heure; on doit alors prendre une moyenne proportionnelle entre le premier loch de chaque heure, et celui de la demi-heure qui suit; une autre, entre celui-ci et le loch de l'heure suivante, et finalement une autre, entre ces deux moyennes proportionnelles, laquelle donne la quantité à écrire sur le casernet.

Le virement vent arrière ne peut avoir lieu sans faire un circuit plus ou moins grand sous le vent; ainsi le virement vent devant est le seul à exécuter pour gagner le plus possible au vent.

Ces deux évolutions, celle surtout où l'on change d'amures vent devant, sont à peu près les seules en marine, où il y ait une suite de commandements convenus et marqués.

Dans le cours de cet ouvrage, nous nous sommes abstenu de citer le texte des commandements pour indiquer l'exécution des manœuvres que nous y détaillons, parce que, en effet, ces commandements varient, assez souvent, selon les époques; et, dans la même époque, selon les bâtiments ou selon les capitaines et les officiers de tels ou tels bâtiments. Dans ce cas-ci, cependant (celui des virements de bord), nous donnerons ces commandements, parce que, en les citant successivement, ils nous serviront de points de division; et puisque le changement d'amures vent arrière ou lof pour lof est le virement de bord dont nous avons parlé le premier en traitant de l'appareillage, c'est aussi par lui que nous allons commencer.

En écrivant les commandements de ces évolutions, nous nous conformerons à l'usage le plus général, et nous les mettrons à la seconde personne du singulier de l'impératif; nous avons vu cependant des officiers employer, le plus souvent possible, celle du pluriel, et ne jamais répéter ni le verbe à la suite du commandement, ni ajouter aucune syllabe inutile; rien n'est indifférent dans notre état, et il est difficile de ne pas convenir que cette dernière manière de s'exprimer est plus correcte et surtout beaucoup plus sonore, à cause de la voyelle muette qui termine généralement le verbe dans le premier cas.

C'est surtout dans les louvoyages qui ne sont qu'une succession plus ou moins fréquente de virements de bord plus ou moins prolongés, et dans les routes au plus-près, qu'il est important, pour le calcul du point, de bien apprécier la route, en tenant compte des oloffées ou des arrivées accidentelles, du chemin parcouru ou du nombre effectif de nœuds filés, et de la dérive. La route se détermine par une attention soutenue à observer la boussole ou le compas de route; le chemin parcouru s'estime à l'aide du loch; et la dérive, à l'aide du renard, ou de relèvements soit à l'œil, soit au compas, soit encore avec un demi-cercle en cuivre garni d'une alidade mobile et fixé au milieu du couronnement : on ne saurait trop se familiariser avec ces moyens d'appréciation. On a, il est vrai, inventé pour ces deux derniers cas, des instruments tels que le *Sillomètre* et le *Dérivomètre*, et il y en a même de plusieurs sortes. Ils sont décrits dans les dictionnaires les plus modernes; mais comme on n'a pas renoncé pour cela aux anciennes méthodes, nous ne ferons pas ici la description de ces nouveaux instruments : nous aurons, toutefois, l'occasion de revenir sur le Sillomètre, lorsque nous traiterons de la Chasse et de la Retraite.

CHAPITRE IX.

Des Virements de Bord Vent Arrière ou Lof pour Lof.

D'après ce que nous avons énoncé à la fin du chapitre précédent, nous citerons tous les Commandements du *Virement de Bord Vent Arrière*, et nous les ferons suivre des explications nécessaires.

Pare à virer lof pour lof! — A ce commandement, l'équipage ou le quart se distribue sur les cargues de grand-voile et d'artimon, sur le hale-bas du foc d'artimon, sur les bras du vent derrière, et l'on se tient prêt à larguer l'amure et l'écoute de grand-voile, et les boulines des voiles de l'arrière.

Cargue la grand-voile et l'artimon; ralingue derrière! — On cargue la grand-voile et l'artimon (on hale bas le foc d'artimon et le diablotin s'ils sont dehors), on largue les boulines de derrière, et l'on brasse le grand hunier et le perroquet de fougue en ralingue; les perroquets, quand ils sont établis, se brassent en même temps que les huniers et comme eux.

La barre au vent! — Dès que les voiles brassées sont en ralingue, le timonnier met la barre au vent. Par là, tout étant disposé pour arriver, la barre y concourt à l'instant où les voiles de l'arrière sont sans effet; le bâtiment arrive ainsi, en faisant le moins de sillage possible; on brasse toujours au vent derrière, de manière à suivre le vent et tenir constamment en ralingue, jusqu'à ce que le vent se trouve venir de la hanche, moment où, alors, il n'est plus possible de brasser davantage. On amarre donc les bras et l'on hale les boulines à faux frais, car on ne peut bien orienter une voile lorsque le vent la frappe du côté où l'on brasse pour l'orienter; ensuite, on se porte aux cargue-points de la misaine et aux bras du vent de devant. Les voiles étant ainsi à contre-bord sont disposées pour faire perdre le moins possible au vent, puisqu'elles sont frappées très-obliquement et qu'elles poussent par conséquent peu de l'avant : le gouvernail continue à faire tourner, et l'on peut remarquer que dès que les voiles de l'arrière portent, elles font arriver jusqu'à ce qu'on soit vent arrière; après quoi elles tendent à faire loffer sur l'autre bord, ce qui est le but proposé.

Lève les lofs de misaine; hale bas les voiles d'étai! — On pèse sur les cargue-points de misaine, et l'on soulage assez les points pour qu'ils ne s'embarrassent pas vers les bastingages, les haubans et les jas des ancres saisies dans les porte-haubans; on cargue ou hale bas les voiles d'étai et l'on en change les écoutes de bord : pendant ce même temps, on roidit les haubans qu'on avait mollis sous le vent pour faciliter le brasseyage; on mollit les pareils de l'autre bord, on rentre l'arc-boutant qui était au vent et on le pousse de l'autre côté. Ce commandement se fait lorsqu'on est vent arrière : il doit être promptement exécuté, car le vent se fera bientôt sentir de l'autre bord, et la misaine va tendre, ainsi que toutes les autres voiles qui portent, à faire loffer le navire; ainsi, elle pourrait faseyer et même masquer; en effet la vergue ou la voile de misaine n'est qu'à trois quarts à peu près du lit du vent, et il faut que celle-ci ne soit exposée ni à faseyer par sous le vent parce qu'elle battrait trop, ni à être masquée, puisque alors on se trouverait empanné. Je suppose que pendant qu'on a levé les lofs de misaine, le bâtiment a continué à tourner d'un quart ou de deux. Quand on s'est trouvé vent arrière, on a dû changer les focs et contre-basser la civadière.

Change devant; borde l'artimon! — On largue les boulines de devant, et l'on brasse devant, tout en bordant l'artimon ou la brigantine.

Oriente au plus-près! — On continue à brasser devant; les vergues tournent, elles vont se présenter au plus-près de l'autre bord, le vent facilite le brasseyage, et sans désemparer, on amure misaine et l'on oriente au plus-près devant; on achève en même temps, pour balancer l'effet des voiles de l'avant, d'orienter le perroquet de fougue au plus-près, et si l'on a assez de monde on ajoute le commandement d'*Amure grand-voile!* Alors on amure aussi tout ensemble, et l'on oriente au plus-près les voiles du grand mât. On peut en ce moment hisser le foc d'artimon et le diablotin.

Dresse la barre; hisse les voiles d'étai; borde les focs! — Cette manœuvre se fait lorsque le vent approche du travers, et pour empêcher que le bâtiment, sur son air, ne dépasse le point du plus-près (à six quarts), où nous supposons qu'il doit se trouver après l'évolution. Si même il est nécessaire, on met la barre au vent et l'on cargue l'artimon; mais il faut éviter de carguer, larguer, recarguer la même voile pour la larguer encore, et il vaut mieux rencontrer l'oloffée un peu plus tôt avec la barre, que tergiverser ainsi avec les voiles.

Appuie les bras du vent; pare manœuvres! — Les boulines étant bien halées partout, on mollit les bras de dessous, on soutient les vergues au vent, et l'on remet tout à sa place.

Telle est cette évolution, et telle est incontestablement la manière la plus expéditive de la faire en perdant le moins possible sous le vent. Plusieurs auteurs cependant, conseillent, et quelques officiers suivent cet avis, de ne ralinguer derrière que jusqu'à ce que l'on soit brassé carré ; quand le vent parvient à la hanche, ils lèvent les lofs de misaine et brassent devant de manière que, quand le navire est vent arrière, toutes les voiles se trouvent brassées carré ; après quoi ils orientent progressivement pour les nouvelles amures qu'ils veulent prendre : ils craignent de se trouver surpris et masqués sur l'autre bord, et ils agissent ainsi pour l'éviter ; ils l'évitent certainement, mais ils ont presque continuellement les trois huniers et la misaine à manœuvrer à la fois, ce qui mène à la confusion ou exige beaucoup de monde, et ils font une route considérable grand largue et vent arrière. Or, comme on peut ne pas courir le danger qu'ils redoutent, et mieux répartir son équipage en manœuvrant comme il vient d'être indiqué, et même sans qu'il soit indispensable de beaucoup se presser, il s'ensuit que leur méthode doit être abandonnée, sauf les cas où l'on a un bâtiment qui gouverne mal par un petit sillage, ou que l'équipage est faible et inexpérimenté ; alors quoique le temps soit favorable, on s'en rapproche plus ou moins ; et, avec la barre, on met plus ou moins de lenteur dans les mouvements du navire. Je puis assurer avoir vu souvent attendre que les voiles de l'avant ralinguassent du côté de l'écoute de misaine, avant de les changer ; et comme des vergues tournent bien plus vite qu'un navire, je n'ai jamais vu aucun mal en résulter.

En virant, en armée, lof pour lof par la contre-marche, il s'agit moins de virer vivement que d'exécuter le mouvement avec précision ; alors on met dans l'obliquité des voiles, par rapport au vent, la modération que commande cet à-propos.

S'il faisait presque calme, on ne verrait guère si les voiles de l'arrière sont masquées ou si elles faseient; en ce cas, de crainte de les masquer, ce qui mettrait en panne, comme aussi pour ne pas ôter au navire le peu d'air qu'il peut avoir et dont il a besoin pour gouverner, on les tient toujours plutôt ouvertes que fermées; quelques personnes prétendent même que pour conserver plus de force au gouvernail, on ne devrait jamais ralinguer derrière, mais c'est une extension outrée de la circonstance du calme. Dès qu'on peut gouverner malgré les voiles de l'arrière en ralingue, on doit les y tenir, car si elles portent, on fait beaucoup de route sous le vent. Je pense au contraire, lorsqu'on fait bon sillage, qu'aussitôt que l'arrivée est décidée il serait plus convenable de traverser et de border momentanément les focs au vent, d'amener les perroquets, de lever les lofs de misaine, de haler bas ou de carguer les voiles d'étai, et cela pour retarder le sillage en prenant le largue et le vent par l'arrière.

'S'il y a une grosse mer, on se rapproche encore de la méthode que nous avons signalée comme fautive; on tient les vergues moins obliques pour conserver plus de sillage et pour se soustraire à la lame; on passe avec précaution du vent arrière à l'autre bord, et dans ce but l'on dresse la barre de bonne heure; en effet, la lame pourrait être dangereuse en choquant avec force le navire qui, lui-même, irait violemment à son encontre en loffant trop vivement.

Dans les cas précédents et surtout dans le premier, nous avons supposé que toutes les voiles du plus-près étaient appareillées, et, si l'on n'avait pas été au plus-près ou qu'on eût porté des bonnettes, qu'on les avait rentrées préalablement; mais il est des circonstances où il faut virer ayant moins de voiles dehors, principalement lorsque, par un gros temps et par un vent contraire, on attend, en travers, la fin d'une tempête avec la plus petite voilure possible. Nous offrirons le cas le plus difficile, celui où l'on se trouve alors sous la seule grand-voile. Cet exemple développé et les manœuvres précédentes bien comprises, nul doute qu'on ne puisse faire virer son bâtiment lof pour lof dans toutes les circonstances intermédiaires.

Il faut veiller l'embellie de la lame et une arrivée du navire pour mettre la barre au vent; on hisse et borde le petit foc dès que l'arrivée commence, on file la grande écoute, mais à retour, en douceur et au fur et à mesure que l'on embraque roide l'amure de revers. Le vent venu un peu de l'arrière du travers, on largue la bouline et l'on brasse carré tout en filant l'amure et en roidissant l'écoute; lorsqu'on est encore plus arrivé, on roidit les drosses, les palans de roulis, la balancine du vent, et les premiers haubans de sous le vent; le vent étant de l'arrière, le petit foc doit déjà être halé bas et serré; on prend de l'autre bord, et avec les mêmes précautions, on continue à brasser, on hale l'amure de l'avant, l'écoute de l'arrière, mais l'on con-tre-tient avec l'écoute et l'amure de revers, on mollit les drosses, les palans de roulis, les balancines du vent et les premiers haubans de sous le vent; surtout on dresse la barre de bonne heure pour ne venir au vent qu'avec circonspec-tion.

Il est visible que l'on ne brasse pas tout de suite au vent, parce qu'on a besoin de la partie du vent de la grand-voile pour arriver; afin même de faciliter ce mouvement, on peut carguer la partie de sous le vent de cette voile dès qu'il n'y a plus de danger qu'elle faseie, ou bien l'étouffer avec des bouts de corde qui l'enveloppent et la saisissent contre la portion de la vergue qui est sous le vent.

Le danger de cette évolution est que la grand-voile étant une voile basse, peut être abritée par la hauteur de la lame, et que lorsque la mer frappe la hanche ou l'arrière, le bâtiment qui a peu d'air et qui ne peut fuir les lames, en soit fortement endommagé. Aussi fait-on bien, si on le peut, de larguer le petit hunier dès que le vent commence à souffler sur l'arrière du travers, et de le serrer quand on présente la hanche de l'autre bord au vent.

Au lieu de hisser le petit foc, on peut faire monter des matelots dans les haubans du vent de misaine; ils remplissent l'intervalle des haubans et font l'effet d'une voile; pareillement on peut en faire monter dans les haubans de l'autre bord d'artimon ou de misaine, selon qu'on veut accélérer ou retarder l'oloffée sur cet autre bord, lorsque celui-ci vient à être frappé par le vent.

Jusqu'ici nous avons toujours eu les voiles en ralingue ou pleines en virant de bord lof pour lof; mais il est une autre manière d'exécuter ce virement, en masquant ses voiles ou une partie de ses voiles. Dans cette évolution on perd beaucoup il est vrai, mais on vire très-promptement, et c'est l'essentiel quand on se trouve inopinément sur un danger, près d'une terre, ou dans le voisinage d'un bâtiment avec lequel on craint de ne pas pouvoir éviter l'abordage en n'employant que les moyens ordinaires de lancer sur un bord ou sur l'autre et sans amortir son air. Il faut alors et subitement mettre la barre dessous, carguer la grand-voile et l'artimon, lever les lofs de misaine, larguer les boulines, coiffer devant en effaçant beaucoup les voiles, traverser les focs et ralinguer ou même brasser carré derrière pour en coiffer aussi les voiles. Avec l'air qu'avait le navire, la barre fait loffer et hâte l'instant d'être masqué: le bâtiment est bientôt arrêté dans cette oloffée par l'impulsion presque

perpendiculaire du vent sur les voiles de l'avant qui sont
tout à fait contre-bassées en pointe ou traversées ; la même
cause arrête aussi le sillage et fait culer, de sorte qu'alors
tout tend à faire arriver, même les voiles de l'arrière si
elles sont brassées carré, puisqu'elles augmentent ainsi l'action du gouvernail : on a bientôt le vent de la hanche ; or,
c'est le moment de brasser carré devant, car bientôt l'effet
des voiles qui y sont placées serait de faire loffer avec l'air
que le navire va prendre. On continue l'évolution comme
auparavant en dressant et changeant la barre. Si même on
peut espérer de venir vent arrière, ce qui est présumable,
sur l'élan qu'a le navire, on peut omettre de brasser carré
devant, et les voiles s'y trouvent toutes prêtes à être orientées de l'autre bord.

Il est une infinité d'exemples que nous pourrions citer
pour attester l'utilité de cette manœuvre ; nous nous bornerons aux plus remarquables qui se soient passés sous nos
yeux. La corvette *la Société* escortait un convoi, en 1800,
elle se trouva inopinément, par une forte brume et filant
assez bon chemin au plus-près, dans le remoux de la roche
appelée *Séleufigue* située aux environs de *Belle-Ile*. La roche était non-seulement de l'avant, mais même débordait
vers le bossoir du vent ; il était impossible de loffer et par
conséquent d'exécuter la première partie de la manœuvre
en question ; le danger était imminent ; l'officier de quart
(et c'est le grand talent d'un officier d'avoir tellement le
sentiment de son métier qu'il puisse former à propos de
semblables conceptions), comprit la nécessité de modifier
la règle générale ; il mit donc au contraire la barre au vent,
il masqua vivement et complétement devant, il traversa les
focs, brassa carré derrière, cargua l'artimon et hala bas le
foc d'artimon ; son bâtiment s'arrêta court, arriva et cula,

il mit alors la barre dessous et il acheva de virer vent arrière.

Pareille manœuvre eut lieu à bord d'une frégate qui avait ordre de se tenir par la hanche de sous le vent et à portée de voix d'un vaisseau avec qui elle naviguait de conserve; ils étaient un jour au plus-près; la frégate avec son perroquet de fougue mis à propos sur le mât, ne dépassait jamais son poste; cependant une fois elle gagna tellement de l'avant, que ses voiles du mât de misaine se trouvèrent abritées par le vaisseau, et que le beaupré de la frégate, malgré la barre qui fut mise toute au vent, menaça le vaisseau de près. La manœuvre fut exécutée de la même manière par l'officier du quart; elle réussit complétement, et elle empêcha l'abordage.

Qu'il nous soit actuellement permis de faire quelques réflexions particulières à ce sujet et quelques rapprochements entre ces deux circonstances. L'officier de la corvette, M. *Le Gall*, était un jeune homme dont nul n'avait encore deviné les ressources, et qui parut alors tellement supérieur à toutes les personnes qui l'entouraient et qui déjà désespéraient de leur salut, qu'il devint à jamais l'objet de leur vénération. L'officier de la frégate (et c'est l'auteur de ce manœuvrier) avait le bonheur d'avoir été, en sous-ordre, témoin de la manœuvre de *la Société*, et ce fut pour lui chose facile de l'imiter; mais comme son modèle, il avait le bonheur plus grand encore d'être chéri de ses subordonnés, et il en reçut ici une preuve qui lui procura, selon lui, une des plus grandes jouissances qu'il ait jamais ressenties. L'équipage dînait; au premier commandement, il porte les yeux au vent, il n'entrevoit pas de danger pour lui-même, mais il craint des reproches pour le chef qu'il affectionne; aussitôt et avec l'empressement le plus touchant, il écarte d'un sentiment unanime et renverse tous les apprêts de son repas; et en un clin d'œil tout est exécuté!

Je n'omettrai pas d'ajouter que le vaisseau mit la barre toute dessous, qu'il vint brusquement du lof et que sa poupe se portant à l'encontre de l'avant de la frégate, l'abordage en devint plus long à éviter. On comprend en effet que si un bâtiment loffe ou arrive par l'effet du gouvernail non combiné avec les voiles, c'est l'arrière qui, ainsi que l'explique *Romme*, change principalement de position; mais si les voiles contribuent avec le gouvernail à produire un lan vers ou sous le vent, le centre de rotation se place dans l'intérieur du bâtiment, l'arrière ne peut obéir dans un sens si l'avant ne se porte dans le sens opposé, et celui-là s'y porte d'autant moins, que la combinaison des forces qui agissent latéralement, rapproche davantage ce centre du gouvernail.

Il est probable que si le vaisseau eût d'abord loffé légèrement pour obvier au plus pressé, et qu'il eût ensuite laissé arriver en dépendant, le doute aurait été plus tôt dissipé, et dans tous les cas, l'abordage moins violent s'il avait dû avoir lieu.

CHAPITRE X.

Des Virements de Bord Vent devant.

Lorsqu'on dit qu'un bâtiment *Vire de Bord*, ou même plus simplement, qu'il *Vire*, sans énoncer si c'est *vent devant* ou *vent arrière*, il est sous-entendu qu'il s'agit d'un *Virement vent devant*.

Nous savons quelles sont les circonstances où un bâtiment vire ainsi et quels avantages on en retire; il nous
reste à décrire et à développer cette manœuvre; or, nous
suivrons, comme pour le changement d'amures lof pour
lof, l'ordre et la division des commandements.

Le navire, nous le supposons sous toutes les voiles du
plus-près, étant bien orienté vers le vent, il faut, avant de
virer, faire gouverner à six bons quarts pendant assez longtemps pour acquérir, si l'on faisait peu de sillage, l'air nécessaire à cette évolution; on met la brigantine ou l'artimon
dehors s'ils sont cargués, et l'on donne ce premier commandement :

Pare à virer! — A cet ordre, ainsi que lors du virement
de bord lof pour lof, l'équipage ou le quart se distribue sur
les manœuvres qui seront en usage, telles que l'écoute
d'artimon ou de bôme et sa retenue; les amures, écoutes,
cargue-points et boulines; les écoutes des focs et des voiles
d'étai; et les bras de devant et de derrière.

A Dieu va! — Il faut mettre la barre dessous en douceur, ou petit à petit pour ne pas casser brusquement l'air
du navire, et en même temps border l'artimon à plat ou
haler la bôme pour faire rendre la brigantine au milieu du
couronnement; quand le bâtiment se range au vent et que
les voiles carrées commencent à ne plus porter, on file en
douceur les écoutes des focs et des voiles d'étai qui sans
cela conserveraient longtemps encore le vent dedans, et qui
pourraient arrêter l'oloffée.

Quelques marins, surtout parmi les Anglais, sont dans
l'usage de larguer en même temps l'écoute de misaine et
de choquer la boulinette, et il paraît qu'ainsi le bâtiment
doit précipiter son mouvement vers le vent; mais cet ef-

7

fet ne peut être que momentané, car le gouvernail est ici l'agent principal ; c'est même pour lui donner plus d'action, qu'avant de virer, on a laissé courir un instant avec ses voiles un peu plus pleines ; or, la misaine et le petit hunier se trouvant déventés en partie, l'air s'amortit et, par suite, l'évolution peut manquer : supposons cependant qu'en filant l'écoute de misaine et choquant la boulinette, on continue à loffer et qu'on aille jusqu'à masquer ; il est encore visible que la voile du petit hunier qui, seule avec la misaine et le petit perroquet, tend alors à continuer à faire tourner, se trouvera par là ramenée vers l'arrière du côté du vent, et qu'elle perdra beaucoup de son effet ; toutefois, c'est là l'instant critique, puisque la mer agit sur la joue et qu'elle repousse le navire : ainsi, non-seulement cette manœuvre détruit l'air, annule le gouvernail ; mais encore elle affaiblit la seule puissance à peu près ou, pour mieux dire, la plus forte qui agisse pour vaincre l'obstacle le plus grand, celui de la mer frappant l'avant du bâtiment et le rejetant sous le vent. Si donc on croit pouvoir se permettre de filer l'écoute de misaine, parce que l'on compte sur son air et que l'on sait avoir un bâtiment lâche, au moins faut-il généralement s'interdire de choquer la boulinette. Cependant lorsque le bâtiment ne veut nullement continuer à loffer et qu'on craint qu'il n'arrive, alors, mais seulement alors, on peut donner ce choc puisque l'évolution serait manquée ; le vent mordra peut-être ainsi sur le petit hunier et le fera coiffer ; mais il est fortement probable qu'il ne restera plus assez de puissance pour faire doubler la direction de la lame. Sachant qu'il est très-fréquent d'échouer en cette dernière difficulté, beaucoup d'officiers dédaignent une manœuvre si douteuse, et afin de ne pas perdre en hésitations un temps dont, comme marins, le prix leur est connu, ils préfèrent laisser porter, s'orienter de nouveau près et plein, et quand ils ont repris de l'air, ils recommencent leur évolution.

Au surplus, il faut manœuvrer selon la connaissance que l'on a de son bâtiment, et se rappeler que les mouvements de rotation d'un navire autour de son axe vertical, sont toujours de plus de durée à bord des bâtiments dont les longueurs sont plus considérables. S'il y a beaucoup de mer ou qu'il soit douteux que l'on vire, on peut haler bas les voiles d'étai et même les focs, au lieu de se borner à en filer les écoutes; mais il faut par la suite, rehisser ces voiles sur l'autre bord, et nous ne nous lasserons pas de répéter que toute manœuvre qui, sans urgence, fatigue l'équipage, qui montre de l'indécision, dénote la méfiance, et qui sera presque subitement suivie d'une manœuvre contraire, ne doit pas être ordonnée sans les motifs les plus déterminants. On pourrait, après avoir filé les écoutes des focs en douceur pour laisser venir vent devant, les reborder : le vent frappant ainsi sur leur surface antérieure, ces voiles décideraient peut-être le navire à franchir le point douteux. Nous avons même essayé de ne pas filer du tout les écoutes des focs à bord d'un bâtiment qui venait facilement debout au vent, mais qui franchissait ce point avec beaucoup de peine, et cette manœuvre nous a souvent réussi ; en effet, ce bâtiment se rangeant aisément dans le lit du vent, se trouvait dans le cas de l'appareillage, et les focs qui étaient alors bordés du bord opposé à celui de l'abattée projetée, ne pouvaient que la favoriser; cette particularité démontre la nécessité d'étudier sans cesse les qualités et même ce qu'on appelle les caprices de son bâtiment. Dans les cas où l'on file ou choque l'écoute de misaine ou la boulinette, il nous paraîtrait convenable à mesure que ces voiles seraient de plus en plus coiffées, de rehaler ces manœuvres à l'effet de corriger la défectuosité de l'opération, et de donner par là aux voiles de l'avant plus de force pour continuer l'oloffée. C'est ainsi que manœuvra M. *d'Auribeau*, Capitaine de Pavillon de M. le Chef d'Escadre *d'Entrecasteaux* lors de son expédition à la recherche de *La Pérouse*. Trois fois *la Recherche* avait manqué à virer de bord près des brisants de la *Nouvelle-Calédonie;* elle n'était plus qu'à *Deux Encablures* des écueils, lorsqu'une quatrième tentative réussit, mais en filant l'écoute de misaine au moment où l'on envoya vent devant!

Afin de décider ce mouvement du navire vers le vent lorsqu'il fait presque calme, on peut faire passer l'équipage sur l'avant et soulager ainsi l'arrière : le bâtiment en devient plus sensible à la disposition actuelle de ses voiles et il loffe plus facilement; quand on est vent devant, l'équipage passe sur l'arrière et le navire en est plus disposé à abattre. S'il ventait jolie brise, les voiles contribueraient moins que le gouvernail à faire virer : or, comme en déjaugeant l'arrière, il y aurait moins de gouvernail dans l'eau, on ne se servirait pas de ce moyen : il faut distinguer quand le navire loffe plus par l'effet de ses voiles que par celui de son gouvernail. Cet emploi du poids de l'équipage, de même que le moyen analogue mentionné dans le chapitre V de l'*Appareillage*, est également plus propre à donner quelques idées théoriques qu'à être usité dans la pratique.

Le commandement d'*A-Dieu-Va!* semble nous venir d'un temps où les navires et les grémens étaient dans un état de grossièreté qui tenait de l'enfance de l'art. On préfère, aujourd'hui, celui d'*Envoyez!* qui s'adresse au ti-

monnier pour qu'il mette la barre dessous; on fait border
le gui ou l'artimon à plat; et lorsqu'il y a lieu, on commande : *Filez les écoutes des focs!*

Lève les Lofs! — On pèse sur les cargue-points de
grand-voile et de misaine, et l'on en lève les points assez
haut pour qu'ils ne s'embarrassent pas vers les bastingages, les haubans et les jas des ancres saisies dans les
porte-haubans. Ce commandement se donne dès que le
vent a commencé à masquer les voiles et qu'elles ne barbeient plus. C'est une manœuvre de pure précaution, et
mise en usage pour être à même de changer promptement
et commodément les voiles : en ayant soin, en effet, de ne
pas larguer les boulines, les basses-voiles ne perdent que
très-peu de leur surface, et elles sont devenues très-mania-
bles; alors on se prépare à filer les amures, les écoutes,
les boulines, les bras, et à haler sur celles et ceux de revers dont on embraque le mou pour être mieux disposé.

Quoique l'usage soit de lever les quatre lofs, c'est-à-dire
ceux du vent et ceux de sous le vent, cependant, il paraîtrait qu'il y aurait avantage à ne lever ceux de misaine
qu'à l'instant où l'on change derrière.

Bientôt sur son air, le navire masque partout, mais avant
que la proue soit dans le lit du vent, il n'y a plus que les
voiles carrées de l'avant qui continuent à faire tourner dans
le même sens ou à faire loffer; celles de l'arrière tendraient
à faire arriver si elles n'étaient presque abritées par celles
de l'avant; nul doute, sans cela, qu'il ne fallût les changer dès qu'elles seraient masquées, et quelques personnes
croient même devoir le faire ; cependant l'évolution est
bien loin d'être décidée. Le bâtiment est masqué il est vrai,
mais la mer n'est pas doublée, et quelquefois il y a plus à
tourner encore pour l'atteindre debout, que pour se mettre

dans le lit du vent; alors si l'évolution manquait et que la mer vînt à faire abattre le navire, il faudrait encore contre-brasser et orienter de nouveau derrière, et l'on aurait perdu beaucoup de temps avant de s'être remis en route. Par ces considérations, et surtout parce que l'effet du grand hunier est presque nul, on attend pour changer derrière, que le bâtiment soit debout au vent; ceci se connaît alors sans altération par la direction de la girouette. Toutefois, comme le perroquet de fougue est une voile très-facile à manœuvrer, qu'elle a d'ailleurs plus d'effet pour faire loffer que le grand hunier, et aussi lorsqu'on a un équipage peu nombreux, on peut changer cette voile dès qu'elle est masquée; et si la manœuvre en devient moins belle, elle est néanmoins plus sûre, n'est guère plus embarrassante si l'on manque à virer, et quand on réussit, elle laisse plus de monde pour agir par la suite. Pendant que le foc d'artimon et le diablotin ne portent pas, on en change les écoutes de bord ainsi que celles des voiles d'étai.

Change derrière! — Ce commandement se donne lorsque le bâtiment est droit dans le lit du vent, et il s'exécute en disposant toutes les voiles carrées de l'arrière sur le bord opposé, et au plus-près autant que possible, mais à faux frais seulement, car on ne pourra les bien orienter que quand le vent les remplira. On change les focs et on les borde ainsi que les voiles d'étai, pour continuer à faire tourner le bâtiment.

Par une mer passable et une brise ordinaire, un bon navire doit gagner de l'avant en virant bien; toutefois, s'il n'en est pas ainsi et que le bâtiment cule, ou qu'il vienne seulement à interrompre son virement après avoir été masqué, il faut changer la barre ou au moins la dresser, et l'évolution suivra ensuite son cours. Les causes qui arrêtent

le virement du navire, qui peuvent même faire revenir celui-ci sur le même bord, sont le choc de la mer sur l'avant,
le défaut de surveillance à l'égard de la barre; la direction
contrariante des voiles de l'arrière depuis l'instant où elles
commencent à être masquées jusqu'à ce qu'on ait dépassé
le lit du vent; quelque lenteur dans le changement de ces
mêmes voiles qui, lorsqu'elles se trouvent carré, et même
un peu auparavant, peuvent beaucoup nuire à l'effet des
voiles de l'avant puisqu'elles débordent sur celles-ci dont
la position est très-oblique; enfin l'action des courants qui,
lorsque l'on n'a plus d'air, ne rencontrent plus aucun obstacle à l'action de leur puissance, laquelle tend toujours à
placer le bâtiment en travers de leur direction. Lorsque le
vent est debout, on doit contre-brasser la civadière; quand
on juge le navire bien pris, on roidit les haubans ou galhaubans qu'on avait mollis sous le vent pour faciliter le brasseyage, on mollit les pareils qui se trouvaient au vent, on
rentre l'arc-boutant et on le pousse de l'autre bord. Il faut
aussi dans ce moment, si même on ne l'a pas fait un peu
plus tôt, faire fermer lorsqu'il y a lieu, les sabords et les
hublots du bord où ils étaient ouverts; quand on est établi
sous les nouvelles amures, on peut faire ouvrir les autres
s'il n'a pas fraîchi et si l'on ne craint pas d'embarquer de
l'eau par là. L'officier de quart doit penser aux sabords et
aux hublots dans toutes les manœuvres pareilles; et c'est
l'un des cas où pour la conservation des vivres et des munitions, pour celle du bâtiment et pour sa sûreté, il faut user
de prévoyance.

On a vu des accidents funestes provenir de la négligence
à faire fermer les sabords d'arcasse par lesquels il peut s'introduire beaucoup d'eau quand on cule. La hardiesse en
général, porte avec elle son excuse quand elle a pour but

d'enflammer l'équipage : nous le reconnaissons sans doute, mais ici cette hardiesse ne pourrait nullement être justifiée, et sans prudence il n'est point de marin. On rappporte qu'un vaisseau anglais emplit par ses sabords et coula à la mer, étant démâté après une tempête, pendant un calme qui la suivit avec beaucoup de houle ; et les deux vaisseaux *le Thésée* et *le Superbe* de l'armée de M. *de Conflans* pendant son affaire contre l'amiral *Hawke*, le 20 novembre 1759, périrent en virant vent devant, faute d'avoir laissé tomber les mantelets qui allaient se trouver sous le vent. Pour dater de quelques années, ces déplorables accidents n'en sont pas moins utiles à rappeler, car sans cela, ils pourraient encore se reproduire; et comme les virements de bord sont des manœuvres très-fréquentes, on se souviendra mieux des précautions à prendre pendant leur exécution, lorsqu'on aura présents à l'esprit les malheurs arrivés, faute d'avoir pris ces mêmes précautions.

Change devant! — Le navire continuant à tourner, ayant dépassé le lit du vent, et étant abattu de quatre quarts ou de trois au moins, il n'y a plus à redouter qu'il revienne; alors on peut dresser la barre et priver le bâtiment de l'impulsion que lui donnaient les voiles masquées de l'avant; ce qui s'effectue en changeant devant. Ce mouvement doit aussi s'exécuter très-promptement, car alors les voiles de l'avant se trouvent d'abord carré et puis masquées par l'autre bord; si donc en ce moment on ne les démasque pas promptement, elles tendent à faire revenir le navire. Quand ces voiles recommencent à recevoir le vent, on borde l'artimon ou la brigantine, le foc d'artimon, le diablotin, et l'on rencontre l'arrivée avec la barre, soit que l'on cule ou non. En amurant misaine et orientant au plus-près devant, on balance sa voilure; on oriente en même temps le perroquet de fougue tout à fait au plus-près pour s'opposer au trop grand effet des voiles de l'avant, et si l'on a assez de monde, on achève tout ensemble de brasser et de sailler les boulines derrière. Si le bâtiment ne revient pas assez promptement au vent, on file momentanément les écoutes des focs; quand il revient, on rencontre l'oloffée avec la barre, et l'on gouverne au plus-près.

Appuie les bras du vent; *Pare manœuvres!* — Les boulines étant bien halées partout, on mollit les bras de dessous, on soutient les vergues au vent, et l'on remet tout à sa place comme auparavant. Lorsqu'on court de petites bordées, le commandement de *Pare manœuvres* renferme celui de *Pare à virer*; chacun doit aussitôt se porter à son poste de l'autre bord, et c'est surtout ici qu'il faut avoir grand soin que tout soit à sa place, que rien ne puisse ou s'engager ou s'embrouiller, particulièrement les amures, les écoutes des voiles basses, les bras et les boulines. Les gabiers doivent, de plus, être prêts à se transporter aux trelingages et partout où il y a lieu pour affaler les manœuvres, parer les coques ou engorgements de poulies, ou pour obvier à toute autre cause de retard.

Quelques auteurs étrangers conseillent de changer derrière avant d'être debout au vent et cela, disent-ils, parce que le vent facilite le contre-brasseyage; la chose est claire, mais le plus important de cette manœuvre serait, je crois, de donner à ces voiles, comme nous l'avons expliqué tout à l'heure, une direction plus favorable à l'évolution. Ainsi la question se réduit à connaître son bâtiment, afin de savoir s'il est présumable qu'il virera, et de ne pas faire une manœuvre inutile à laquelle il faille opposer la contraire, ce qui mène à une perte quelconque de temps.

En changeant ses voiles, il faut haler sur les boulines de

revers, mais seulement pour embraquer le mou donné par l'effet des bras ; les ralingues résisteraient mal à l'action de la bouline, si l'on prétendait en faire un des principaux agents du brasseyage.

Si l'on abattait beaucoup sur l'autre bord, on n'orienterait tout à fait devant, et l'on ne borderait les focs, que lorsque l'oloffée serait décidée.

S'il vente bon frais, il ne faut, en changeant devant, filer les bras du vent qu'avec précaution, de peur de voir les vergues s'ouvrir trop considérablement sur le nouveau bord pour être ramenées avec facilité ; elles pourraient même se casser dans ce mouvement. Il faut aussi avoir ordonné que les bras de sous le vent soient tenus, pour éviter que les voiles ne se changent d'elles-mêmes quand elles deviennent masquées, ou tout au moins pour empêcher que les boulines ne travaillent trop.

Si en éprouvant son bâtiment à l'avance, on s'est aperçu qu'il peut virer sans mettre la barre toute dessous, on fera bien de saisir les occasions pareilles pour se dispenser d'opposer cet obstacle au sillage ; il doit arriver ainsi que l'on gagnera davantage en virant.

S'il vente grand frais, on cargue la grand-voile à l'instant où l'on doit lever les lofs ; et cela pour la ménager, pour éviter des accidents et pour soulager l'équipage : on serre en même temps les perroquets, s'ils ne l'ont pas déjà été, afin de ne pas compromettre la mâture ; on peut aussi amener préalablement le petit hunier, car il sera le plus frappé par le vent quand on sera masqué ; le moment de l'amener sera lorsqu'il commencera à ralinguer ; on le rehissera quand il ralinguera de l'autre bord : on appareille ou hisse de nouveau ces voiles de l'autre bord, s'il y a lieu.

Quand on est surpris par un grain pendant que les voiles

sont masquées, il faut filer les écoutes des perroquets et faire tous ses efforts pour amener ces voiles ainsi que les huniers; il faut aussi brasser ces voiles en pointe si elles ne le sont pas en ce moment, pour qu'elles fatiguent moins la mâture et l'évolution dût-elle en être manquée; car l'essentiel est de conserver sa mâture.

Après avoir changé derrière, si l'on manque à virer, on peut au lieu de réorienter, virer de bord vent arrière, alors on contre-brasse derrière pour en mettre les voiles en ralingue, et l'on continue l'évolution comme il a déjà été expliqué.

Nous avons dit à l'article *Change derrière!* que l'action des courants, au moment où l'on brasse pour changer, pouvait contrarier l'évolution; mais nous devons ajouter que cette même action peut dans certains cas la faciliter. Prenons un exemple pour faire saisir ces différences. Le vent est au Nord, les courants viennent du N O 1/4 N, et l'on navigue bâbord amures, le cap à l'E N E. Si alors, on veut virer de bord, lorsqu'on sera debout au vent et, par conséquent, *sans air*, les courants prendront le navire par le bossoir de bâbord; comme leur effet est de le faire venir en travers, il le forceront à rabattre sur tribord, et l'évolution sera manquée. Si, au contraire, l'on avait été tribord amures, le cap à l'O N O, et que l'on eût voulu virer : lorsque le navire aurait été debout au vent, le courant, frappant alors le bâtiment par le même bossoir de bâbord, et tendant à le faire abattre sur tribord, aurait naturellement favorisé le virement. Nous avons fréquemment observé cet effet en louvoyant pour remonter et gagner au vent le long des côtes de la *Guyane*.

C'est en ce cas-là, entre mille autres, qu'un agent mécanique placé à bord, et tel que ceux que, dans notre

Dictionnaire de marine, nous avons désignés sous la dé-
nomination générique d'*Évolueur*, rendrait les plus grands
services au navire; il ne faudrait même pas qu'il eût une
puissance considérable, car on sait combien il en faut peu
pour imprimer un mouvement de rotation à un bâtiment
qui est sans air. Ainsi que le disent énergiquement les matelots dans leur langage expressif, *un coup de poing* suffirait souvent, pour faire effectuer un virement que l'on va
manquer.

S'il fait peu de vent et que la manœuvre soit urgente, il
faut se servir, derrière et sous le vent, d'avirons de galère,
et ne pas hésiter à mettre à l'avance des canots à la mer
pour se faire abattre.

On peut encore virer de bord en ne changeant derrière
que lorsqu'il est temps de changer devant; cette manœuvre
contribue peut-être à faire culer, et il faut avoir beaucoup
de monde pour l'exécuter, mais elle est très-brillante et
l'ensemble qu'elle exige est vraiment imposant : toutefois,
sans changer derrière aussi tard que devant, il peut arriver
qu'il soit utile d'attendre, pour changer derrière, que le
petit hunier soit bien coiffé et que le vent vienne de l'autre
bord. En effet nous avons remarqué qu'un grand hunier
changé lentement, ou même par son action avant d'être
carré, pouvait faire manquer l'évolution.

Il est aussi une autre manière de virer, mais douteuse et
par laquelle on perd beaucoup; il en résulte qu'on ne l'emploie que lorsqu'il s'agit d'éviter un abordage, ou de parer
un danger, une terre, un navire aperçus inopinément et
que la nuit ou la brume dérobaient à la vue. Dans ce cas,
on doit subitement mettre la barre dessous, traverser l'artimon, et filer en bande les écoutes des focs, de la misaine
et des voiles d'étai. On peut même brasser au vent partout,

afin de masquer plus tôt, mais sans faire tourner les voiles de l'avant jusqu'à être ouvertes de l'autre bord, car alors le virement serait impossible. Au reste il est extraordinaire qu'on parvienne à virer ainsi, soit que l'on brasse ou non pour masquer; mais l'important est moins ici de virer que de culer. Quand le bâtiment cesse d'aller de l'avant, on change la barre, et suivant qu'il loffe ou qu'il abat, on continue l'évolution, comme nous l'avons expliqué pour virer vent devant ou vent arrière.

En résumant ce qui a été dit dans le chapitre précédent et dans celui-ci, au sujet des *Virements de Bord en Culant*, on peut poser pour règle que pour *Virer Vent Arrière*, il faut contre-brasser tout à fait devant, et brasser carré derrière; et que pour essayer de *Virer Vent Devant*, il faut contre-brasser tout à fait derrière, et, tout au plus, brasser carré devant. La barre se manœuvre en conséquence.

Il est toutefois possible de se tirer d'un de ces mauvais pas sans virer aucunement de bord, et cela en halant bas les focs et les voiles d'étai, en masquant toutes ses voiles et en mettant, lorsqu'on cule, la barre au vent ainsi qu'il a été dit en traitant des appareillages, ou encore d'une manière plus relative au cas dont il s'agit, lorsque nous avons parlé de la panne. Les Anglais ont donné un nom à cette manœuvre qu'ils appellent *Faire* ou *Courir un bord de l'arrière* (*To make a stern-board*), et nous l'avons vu employer fort heureusement sur le banc de *Saya de Malha*, situé entre l'*Ile-de-France* et les *Iles-Séchelles*. Nous étions sur ce banc dont les sondes et la position étaient, ainsi qu'il n'est que trop fréquent, mal portées sur les cartes; nous gouvernions au N E avec des vents de S E et E S E; tout à coup on vit le fond à très-peu de profondeur; avec le plomb on ne trouva effectivement que **7** ou **8** pieds de francs sous la quille; par un heureux hasard la mer était fort belle et il n'y avait pas de levée ; aussitôt nous masquâmes partout en réduisant la voilure aux huniers et aux perroquets; nous mîmes la barre au vent et nous culâmes longtemps. Chercher un plus grand fond à droite ou à gauche, faire un circuit pour virer de bord, nous exposait à toucher, et il fallait nécessairement défaire le plus directement possible la route qui nous avait conduits à ce point du banc. Nous revînmes donc ainsi sur nos pas jusqu'à ce que trouvant un peu plus d'eau, nous pûmes laisser arriver, et nous nous éloignâmes avec toutes les voiles que nous pûmes porter.

Enfin on peut virer de bord près de la côte, en laissant tomber une ancre à l'appel de laquelle on doit venir : lorsqu'on est sur le point de faire tête, on coupe le câble; et le navire, sur l'élan qu'il a pris pour se rendre à l'appel, abat et prend sur l'autre bord : l'opération serait plus efficace encore si l'on avait le temps de frapper une croupière ou embossure sur cette ancre, à l'effet de se faire abattre en halant dessus par un des sabords de l'arrière.

On dispose alors ses voiles comme s'il n'y avait pas d'ancre au fond. Cette manœuvre est fort dispendieuse, et de plus elle prive d'une ancre qui pourrait être un jour d'un grand secours; aussi doit-elle être fort rare, car après l'avoir faite il est probable qu'il faudra mouiller et s'en tenir là, puisqu'on n'a ordinairement que deux ancres en mouillage et qu'il serait impossible de recommencer sans s'exposer à ne plus pouvoir se mettre à l'ancre. Il vaut donc mieux en général mouiller, et puis serrer ses voiles; mais il se peut qu'on n'ait qu'un virement à faire; d'ailleurs il suffit que cette manœuvre puisse une fois empêcher un bâtiment d'aller à la côte ou le garantir d'un abordage, pour que nous ne négligions pas de l'indiquer. On rapporte que la flûte *la Seine* sut ainsi à *Lisbonne*, en 1735, et dans une saute de vent, se préserver d'un échouage qui pouvait occasionner sa perte. Dans les cas dont nous venons de parler, comme on doit avoir ses ancres en mouillage, on peut en laisser tomber une et mouiller, sans même carguer ses voiles, si le temps le permet. La manœuvre se trouve ainsi réduite à un appareillage que l'on effectue en prenant ses mesures comme nous l'avons détaillé (chapitre V) en traitant de cette manœuvre, pour abattre sur le bord le plus favorable ou qui convient le mieux.

On peut enfin virer de bord à l'aide de l'*Ancre Flottante*, machine dont nous aurons bientôt l'occasion de parler. On la laisse tomber des grands porte-haubans du vent; au même instant, on met la barre dessous, et l'on hale sur l'aussière de l'ancre flottante que l'on a fait sortir par l'écubier du même bord. M. *Baudin*, auteur du *Manuel du Jeune Marin*, a plusieurs fois réussi à opérer de la sorte des virements qu'il avait manqués avec ses voiles seules. L'ancre flottante se rentre ensuite à bord.

On ne peut trop recommander aux navires qui louvoient près d'une côte de se régler autant que possible sur les bâtiments caboteurs, qui connaissent bien, pour la plupart, les brises habituelles et leurs changements ordinaires : d'observer les vents sur la côte ou au large, en examinant attentivement les girouettes des édifices ou tout autre indice à terre, ou en en jugeant par le cap des navires qui en sont éloignés; de rechercher et d'étudier quels sont les courants les plus favorables afin de profiter de ceux-ci et de fuir ceux qui peuvent être désavantageux; d'observer entre autres choses pour cela, si à sillage égal ou balancé, on met plus ou moins de temps à courir, à telles ou telles heures, la bordée du large que celle de terre; de saisir l'à-propos des rafales, de loffer aux risées; d'amurer autant que faire se peut sur le meilleur bord, soit sous le rapport des qualités du navire, soit sous celui de la route; de virer cependant le moins possible; de faire toute la toile convenable; d'avoir ses voiles parfaitement établies, et d'empêcher tout homme de se tenir inutilement exposé au vent dans les hauts, sur les bastingages ou ailleurs. Il faut éviter de virer de bord trop près de terre, quelque certain que l'on soit que le fond est bon, et quoique la manœuvre annonce une assurance qui peut flatter et séduire. Ce qui est bien en marine est assez beau pour qu'on puisse se contenter de le bien faire, et dans cette circonstance, si les vents venaient à changer à l'instant du virement de bord, ou à dévier par le seul effet de la configuration de la côte ou par toute autre cause, il est probable que l'on s'échouerait. C'est ainsi que sous mes yeux, un vaisseau louvoyant dans la rade de *Brest* vit, à bout de bord, les vents lui adonner de trois quarts; avant d'avoir rallié le plus-près il aurait été à terre; il fallut masquer partout pour se dégager, mais ce ne fut pas sans toucher.

La nuit, on voit peu la girouette; le penon indique fort mal le vent, et les objets de comparaison au loin sont interdits; alors pour s'assurer que l'on est au plus-près, il faut hasarder quelques oloffées, et tant que l'on fait bon chemin, on peut, de temps en temps, continuer à serrer le vent. Cependant tout en voulant faire un essai, il faut soigneusement éviter de masquer et par suite de virer de bord, aussi ne doit-on loffer qu'avec ménagement.

CHAPITRE XI.

I. Du Bâtiment qui Fait Chapelle. — II. De la Cape.

1. La circonstance dont nous parlions tout à l'heure, d'un bâtiment qui vient à masquer en cherchant à trop serrer le vent, est ce qu'on nomme *Faire Chapelle*. On fait encore chapelle par inattention ou imprévoyance du timonnier, dans une saute de vent, pendant une folle risée, quand il fait presque calme, ou par l'effet des courants.

Si, en ce moment, chacune des bordées conduit également près de la route, il est tout simple de favoriser ce mouvement, lorsqu'on le croit décisif, afin d'achever de virer de bord : dans le cas où le bâtiment abattrait avant d'avoir été debout au vent ou avant qu'on eût changé derrière, on se trouverait tout orienté sous les mêmes amures pour continuer sa route. Quand le vent a refusé, il est encore plus avantageux de favoriser ce mouvement puisque alors l'autre bordée se rapproche davantage du point d'où soufflait le vent ; mais lorsque ce virement ne se peut achever, il faut dans le cas où le vent a refusé, et si l'on est libre de sa manœuvre, virer tout de suite vent arrière et orienter promptement au plus-près de l'autre bord.

Quand on a un poste à tenir, ou qu'il existe quelque raison de ne pas changer d'amures, le devoir de l'officier est d'empêcher de tous ses moyens, que le bâtiment ne vire de bord ; voici ce qu'il peut faire pour y parvenir : mettre la barre au vent ; traverser les focs ; carguer la grand-voile

et la brigantine ou l'artimon ; haler bas le foc d'artimon et
le diablotin. Si l'on a conservé de l'air, cela doit suffire ;
mais si cet air est amorti, il faut lever les lofs de misaine,
contre-brasser devant, et changer la barre dès qu'on vient
à culer. Bientôt les voiles de l'arrière doivent se remplir ;
on les ralingue si l'on veut abattre davantage, et aussitôt
que l'on reprend de l'air, on met la barre comme il convient pour revenir en route. Toutefois, si l'on veut revenir
promptement au plus-près, on ne touche pas aux voiles
de derrière, on se considère comme étant en panne le petit hunier sur le mât, et l'on manœuvre comme pour faire
servir et faire route ensuite au plus-près, ayant soin de ne
pas rallier trop vivement le vent, pour que la même cause
précédente ne mette pas de nouveau dans le cas de faire
chapelle.

Il se peut qu'après avoir contre-brassé devant et halé
bas ou cargué les voiles auriques derrière, on continue
malgré cette manœuvre et malgré la barre, à suivre son
élan ou à tourner dans le même sens, et que le virement
de bord ait lieu ; alors il faut laisser faire le tour et l'accélérer le plus possible pour moins perdre sous le vent. A cet
effet, on brasse carré derrière ; on cargue la misaine pour
moins culer, et la barre doit être du bord des amures précédentes : ainsi le navire va de l'arrière ; en continuant
à tourner, les voiles du mât de misaine se remplissent, de
même que les focs qui étaient traversés ; les voiles de derrière sont presque aussitôt en ralingue, et l'on continue à
évoluer comme lorsqu'on veut virer vent arrière. Pour hâter le faseiement des voiles de l'arrière on aurait pu les brasser un peu plus que carré. Enfin, au lieu d'achever l'évolution en virant vent arrière, on peut, et l'on perd moins
ainsi, ne pas brasser carré derrière et orienter ces mêmes

voiles au plus-près de l'autre bord lorsqu'elles peuvent porter. Les voiles de l'avant se trouvant toutes brassées, on oriente au plus-près partout, et dès qu'on a de l'air on vire de bord vent devant pour reprendre les mêmes amures ; le gouvernail se place pour obtenir cet effet suivant l'air que l'on a de l'avant ou de l'arrière. Si deux bâtiments voisins font chapelle en même temps, celui du vent doit virer vent devant ou reprendre sur le même bord, afin de laisser à l'autre le temps de faire le tour lof pour lof.

D'après ce qui précède, il est évident qu'un navire qui fait chapelle perd du temps, qu'il se déplace de son poste lorsqu'il en a un à garder ; qu'il peut faire des avaries en masquant, surtout s'il vient à surventer ; qu'il fatigue sa mâture, sa voilure, son grément ; et que son équipage travaille à des manœuvres dont le but est ordinairement de revenir au même point qu'auparavant.

Cependant ces manœuvres, toutes nécessaires qu'elles paraissent, ne sont pas indispensables. Un officier dont le bâtiment masqua une nuit pendant son quart, nous en a donné la preuve : tout était dehors, même les cacatois, et l'on ne filait que deux nœuds ; cet officier jugea que le bâtiment ne reviendrait pas, et il voulut faire une expérience ; il mit donc la barre dessous et, quand il vit l'air détruit, il la fit changer ; bientôt le navire cula assez fort ; or, comme les voiles de l'avant abritaient les autres, il abattit après avoir pris vent devant et il parvint à recevoir le vent par la poupe ; alors les voiles de l'arrière abritèrent à leur tour celles de l'avant ; on continua à tourner, on rallia le vent du bord où les voiles étaient ouvertes, et l'on reprit de l'air ; on dressa la barre, on la changea, et en rencontrant avec précision, on se retrouva sous les mêmes amures, et sans avoir touché à une seule corde. Je ne prétends pas

citer ce fait comme un exemple à suivre, car il y eut perte
de temps; aussi cet officier ne se serait pas permis cet essai
s'il ne s'était trouvé à un point de croisière, ce qui annu-
lait la considération du temps perdu. On peut pourtant en
inférer que les moyens les plus simples conduisent quelquefois au même résultat que les plus compliqués; il suffit
de savoir les employer à propos.

Si l'on masquait plusieurs fois de suite par sautes de vent
ou pendant des grains, et qu'il fût indifférent pour la route
de tenir l'autre bord, il ne faudrait pas hésiter à le prendre, puisque sur ce nouveau bord le vent adonnerait là où
il aurait refusé sur l'autre, et qu'à chaque saute on gagne-
rait au lieu d'avoir perdu.

Au reste, cette manière de faire chapelle n'est pas la plus
dangereuse, et il en est une autre contre laquelle il faut se
tenir bien plus sur ses gardes. Lorsque le vent vient deux
ou trois quarts de la poupe, les voiles sont brassées carré
ou à très-peu près, et elles n'ont aucun effet latéral; il s'ensuit que le bâtiment cède facilement à l'effort des diverses
lames ou à l'action du gouvernail, aussi faut-il un bon timonnier pour ne pas lancer considérablement; et quelquefois on va jusqu'à avoir le vent de l'autre hanche. La
lame qui vient alors de vers l'arrière contribue à accroître
l'embardée, le vent prend sur les voiles du côté de l'écoute,
il les masque toutes et il détruit l'air du navire. Dans cette
situation et soit que le timonnier ou le changement de vent
ait produit cet effet, il n'en résulte pas moins que la brigantine ou même la corne et la bôme courent de très-grands
dangers, ainsi que les bonnettes, les mâts supérieurs et les
vergues, car il y a une forte secousse, et rien n'est appuyé
pour prévenir les avaries. *Don Juan* établit même telle combinaison d'où il résulterait, d'après ses calculs, que le bâ-

timent coiffé acquerrait une très-forte inclinaison. Si l'on s'en aperçoit à temps et qu'on ait encore de l'air, on revient facilement en halant bas la brigantine qu'il faut étouffer et serrer, et en brassant le perroquet de fougue autant que possible dans la direction du vent ; mais si l'on ne va plus de l'avant, il faut carguer le point de sous le vent de grand-voile, si déjà on ne l'a carguée tout à fait ce qui est le parti le plus prudent, brasser les voiles du grand mât en ralingue et mettre la barre dessous, si l'on cule. Il peut même arriver que le navire n'ayant plus d'air soit insensible à cette manœuvre ; alors on doit orienter toutes ses voiles sur ce bord, prendre de l'air et ensuite revenir en route en fermant ses voiles à mesure que l'on vient vent arrière. On les ouvre enfin pour recevoir le vent comme auparavant. Les Anglais désignent cette manière de faire chapelle par l'expression de *To be brought by the lee ;* quelques marins la distinguent par celle d'*Empanner* que j'adopterai parce qu'elle me paraît bonne, quoique la plupart des auteurs donnent à ce mot la seule acception de *Mettre en panne.*

II. S'il est extrêmement essentiel de conserver ses voiles pleines et de ne pas s'exposer à faire chapelle, c'est surtout lorsqu'on est à la *Cape ;* or, un navire est à la cape ou capeie, lorsque des vents forts ou contraires obligent de serrer la presque totalité des voiles et d'attendre, sous la plus petite voilure possible, la fin de la bourrasque en présentant le travers au vent ou à la mer. Alors on s'efforce le plus que l'on peut de défier l'un et l'autre avec son avant, mais on retombe toujours en travers et l'on dérive beaucoup, ce qui éloigne d'autant de l'origine du vent. On sent qu'en cette position, si l'on venait à masquer, le coup de fouet que les voiles recevraient, pourrait ou les enlever ou faire coucher le bâtiment d'une manière tellement dangereuse qu'il ne resterait peut-être de parti que celui de couper la mâture de l'arrière pour pouvoir arriver, et alors on n'en aurait peut-être pas toujours le temps; aussi est-il prudent de prendre la cape du bord qui offre le plus de garanties à cet égard. Par exemple dans le *Golfe de Gascogne*, les vents du Sud-Ouest forcent souvent à capeyer, mais ils s'y terminent toujours en passant brusquement au Nord-Ouest en brise carabinée; il faut donc s'y mettre à la cape en recevant le vent par tribord. La plupart des coups de vent dans chaque parage ont leurs anomalies ainsi marquées, et il est bon de les connaître afin d'agir en conséquence.

Quoiqu'il paraisse facile au premier coup d'œil de mettre un navire à la cape et de l'y tenir, cependant cette manœuvre exige encore de graves combinaisons. La mer est alors poussée par un vent violent : si l'on ne saisit pas un instant d'embellie on peut, en venant en travers, être fortement endommagé par les lames; le navire, peu tenu par ses voiles, s'abandonne à de grandes oscillations; artillerie, ancres, mâture, grément, drôme, tout le fatigue; et souvent dans cette crise, une voie-d'eau se manifeste ; mais peut-être ne se déclare-t-elle que parce que la cape a été mal choisie, et si l'on reçoit de fâcheux coups de mer, peut-être cela ne provient-il que d'une mauvaise disposition de voilure ou de barre. Il faut donc porter ses soins à faire ces mêmes dispositions avec le plus d'avantage, et suivant le temps, les parages, les saisons, les qualités, les dimensions ou les ressources de son bâtiment.

Nous ferons remarquer ici qu'un coup de vent est beaucoup plus pesant, à vitesse égale, si la température est plus froide : car l'action du vent s'exprime par la masse de l'air qui frappe la voile, multipliée par la vitesse de ce même vent; or, la vitesse restant la même et le sinus d'incidence ne changeant pas, si la température est plus froide, l'air est plus dense et l'action totale plus considérable.

Il est rare que l'on capeie avec plus ou moins de deux voiles; avec plus, on peut faire un peu de chemin et la Cape s'appellerait alors *Courante;* elle s'appellerait *Sèche,* si l'on n'en avait aucune dehors, et si l'on se tenait en travers par le seul effet de sa barre; mais il est extraordinaire que le vent soit assez fort pour forcer à capeyer ainsi.

Le choix des voiles à établir pour supporter une cape, est un objet fort délicat; et nous entrerons dans quelques considérations à cet égard. En marine, aucune considération n'est à négliger, la moindre peut se lier aux circonstances les plus importantes, et il faut tout prévoir, tout discuter, afin de ne se décider qu'après avoir tout judicieusement comparé et pesé. Heureux le marin qui saisit avec rapidité cet ensemble de manœuvres et de conséquences, et qui adopte subitement le parti le plus sûr! Nous allons citer diverses capes, et nous indiquerons leurs avantages et leurs inconvénients.

La cape sous la grand-voile, que nous avons mentionnée en traitant des virements de bord lof pour lof, fait bien présenter le bossoir au vent et à la lame, et elle laisse peu embarder sous le vent; mais il est difficile d'arriver si, comme nous le verrons par la suite, la chose est nécessaire; et dans une saute de vent, cette grand-voile est fort embarrassante et court risque d'être perdue.

Sous la misaine, au contraire, on sera plus paré à arriver, mais on embardera plus fréquemment sous le vent, et en loffant, les coups de mer agiront violemment. Cette cape est avantageuse si l'on se trouve dans les environs de bâti-

ments à contre-bord, ou dans le lieu de passage d'autres
bâtiments qui pourraient faire bonne route, largue ou vent
arrière, et qui tombant inopinément sur vous, de nuit ou
de brume, vous forceraient à laisser arriver sur-le-champ.

Sous la misaine et le foc d'artimon ou *l'artimon*, ou
mieux encore une petite voile triangulaire qu'on peut installer en lieu et place de l'artimon, on embarde moins
sous le vent mais on dérive davantage. On peut dans ces
cas-là, prendre le ris de la grand-voile ou celui de la misaine ; cependant, et peut-être à tort, c'est encore assez rare
aujourd'hui.

Sous le grand hunier au bas ris, le navire sera bien
mieux appuyé et il le sera toujours, lors même que la mer
serait très-haute et le bâtiment petit, puisque la voile ne
sera jamais abritée ; mais le hunier ne peut guère être
brassé à cause des haubans, et on ralliera peu le vent, ce
qui serait essentiel pour recevoir le plus possible les coups
de mer par l'avant ; d'ailleurs le bâtiment dans les roulis
s'inclinera beaucoup sous le vent, tout se fatiguera à bord,
et si le navire est vieux ou mal lié, il pourra considérablement souffrir.

Sous l'artimon, on présente bien au vent, mais le bâtiment n'est nullement tenu ni par le milieu ni par l'avant,
et quand, par l'effet de la lame, le bâtiment arrive, les roulis, qui sont très-forts, le tourmentent beaucoup, surtout si
l'on a une nombreuse artillerie. Les grands tangages agissent puissamment sur la mâture, aussi c'est une considération à ne pas négliger que celle du genre de navire où
l'on se trouve, et de la préférence à donner à la cape qui
fait plus rouler que tanguer ou à celle qui a un résultat contraire. Avec la cape de l'artimon, les oloffées peuvent être
trop vives et le bâtiment peut trop violemment choquer

l'eau ; définitivement ce doit être une mauvaise cape, car il est fort difficile d'arriver; et c'est une ressource qu'on doit s'efforcer de se ménager.

Sous l'artimon et la pouillouse, on embarde moins, mais on dérive davantage.

Sous l'artimon, la pouillouse et le petit foc, on roule moins encore, mais on dérive beaucoup, d'autant qu'on ne reçoit guère plus le vent que du travers, et que ce vent du travers tend presque uniquement à produire cet effet : la mer, sous cette cape, peut battre et déferler sur tous les points du vent du bâtiment. Les deux écoutes du foc se mettent alors du même bord, où on les fait travailler ensemble.

Il ne nous reste plus à ajouter à cette énumération que la description d'une cape qui fut combinée à bord de la frégate *la Flore,* pour empêcher l'eau d'y embarquer. Cette frégate était commandée par M. *Verdun de la Craine* qui employait sans cesse ses talents transcendants aux progrès de la navigation et à l'étude de son bâtiment; il réussit à garantir son pont de l'irruption des lames ; et la cape à laquelle il en fut redevable, était le *Petit foc , le foc d'artimon et une autre espèce de voile aurique* qui s'amurait au pistolet de misaine, se bordait sur le gaillard d'avant et se hissait à la tête du mât de misaine.

CHAPITRE XII.

I. Réflexions Générales sur la Cape. — II. Gréer et Dégréer les Perroquets par un Mauvais Temps. — III. De l'Ancre Flottante ou de Cape.

I. Après avoir cité les Capes ordinairement en usage, nous ajouterons quelques *Réflexions Générales* sur ce sujet. Sous les voiles carrées, on ne peut jamais présenter au vent autant que sous les voiles auriques et latines ; il est beaucoup plus important de les ménager que celles-ci, et les sautes de vent sont plus funestes. Dans le premier cas, on préfère généralement la cape sous le grand hunier ; dans le second, celle sous la pouillouse et l'artimon, et toujours le petit foc doit être paré à hisser. Les voiles hautes, quoique excellentes si les ris sont pris, ont le désavantage d'être plus exposées au vent que les basses, et par là plus en danger d'être emportées.

Lorsqu'on est à la Cape sans voiles carrées, il peut arriver que la mâture joue, se fatigue considérablement, et qu'elle fasse prendre beaucoup de mou aux haubans : il est alors très-difficile de les rider ; mais on peut donner un coup sur les étais (ce qui tend un peu les haubans) et, de plus, étrangler ces mêmes haubans par un nouveau ou un faux trelingage. Au surplus, la voilure quelle qu'elle soit, doit être bien établie et bien assujettie ; enfin la barre ne doit pas être continuellement dessous.

Il est cependant recommandé, par quelques auteurs et par plusieurs capitaines, de fixer alors la barre à l'opposé du vent ; en dérivant, il est vrai que le gouvernail souffre moins ainsi du choc de l'eau, mais comme il est évident qu'en ce cas, le navire s'il prend de l'air, lance vers le vent et fait barbeyer ou, peut-être, masquer les voiles, que bientôt il cule et arrive jusqu'à ce qu'il prenne quelque vitesse; qu'au contraire en gouvernant comme à l'ordinaire, on pourra mettre la barre dessous quand on le voudra, et la mollir au besoin pour défier de fortes lames et pour laisser même arriver tout plat s'il le faut, il s'ensuit que l'on doit renoncer à la méthode conseillée, et dont nulle part je n'ai rencontré l'explication, ni jamais vu les avantages. Passe encore à bord d'un très-petit bâtiment où, de crainte d'être emporté par un paquet de mer, tout le monde, après avoir fermé les panneaux, se tient dans l'intérieur; mais parce que dans ce cas, il serait difficile ou périlleux de faire autrement que d'amarrer la barre dessous, faut-il lorsqu'il n'y a pas force majeure, agir contre les vrais principes; faut-il, quand on a de l'air, s'élancer avec un bâtiment tout à fait barré à l'encontre d'une mer affreuse; faut-il s'exposer par suite, à culer sur son talon, à fatiguer extraordinairement et casser, démonter ou perdre cette machine si essentielle, si précieuse du gouvernail et de sa barre, et ne doit-on pas diriger son bâtiment toutes les fois que la chose est praticable?

Avant de se mettre à la cape, on s'y prépare en diminuant de voiles et en les serrant soigneusement et fortement au fur et à mesure. On assujettit aussi les vergues par leurs balancines et leurs palans de roulis et de drosses; et, comme en manœuvre, ainsi que généralement en tout, on ne fait bien une chose que lorsqu'on sait non-seulement ce qu'il faut faire dans le moment principal, mais encore ce qui doit avoir lieu avant ou après, nous n'omettrons pas pour compléter le sujet dont il s'agit, d'indiquer ce qui peut produire le plus de sûreté avant de prendre, ou lorsqu'on a une fois trouvé la cape la plus convenable.

On dégrée les perroquets et on en cale les mâts; on installe et ride les pataras; ceux-ci s'aiguillètent ou se capèlent à la tête des bas mâts, et se roidissent avec des caliornes ou avec leurs rides; on peut ajouter aussi des galhaubans volants.

On appuie les bas mâts sur l'avant avec leurs caliornes en les croisant même et les passant sur l'arrière du mât; on embraque toutes les manœuvres, et il n'y aurait sans doute pas d'inconvénient à en dépasser quelques-unes des plus inutiles pour le moment actuel; on veille à ce que les voiles restent bien serrées et qu'il ne pende ni toile, ni rabans, ni garcettes sous la vergue : on double les amures et écoutes de la misaine et de la grand-voile si l'on doit appareiller l'une ou l'autre, on double aussi l'écoute du foc ou, pour parler plus exactement, on passe les deux écoutes du même bord et on les roidit également; on prépare la barre franche ou celle de rechange, les coins ou coussins pour rendre le gouvernail immobile et en faire cesser les secousses si la barre vient à casser, et les palans de la barre en cas de rupture de la drosse; on place des coins au cabestan, on visite ceux des bas mâts ainsi que les tampons des écubiers; on enveloppe les canots de cagnards; on met les canons à la serre et on les y consolide par des cabrions, ou encore avec un grelin qui va de bout en bout du navire, qui passe sous chaque bouton de culasse et qu'on approche du bord au moyen de fortes bridures; on fait doubler les ancres avec des serre-brosses ou avec d'autres amarrages : on s'assure que tout est bien accoré, et l'on peut doubler les saisines de la drôme et des embarcations; on fait sonder les pompes pour voir s'il n'y a pas

lieu à pomper; on se débarrasse dans un cas pressant de
ses embarcations de poupe et de porte-haubans; on jette
également à la mer son artillerie si le poids en est trop nuisible, et deux de ses ancres si l'on n'a pas le temps de les
mettre dans la cale; lorsqu'un boulet roule dans une pièce,
on fait refouler ou retirer la charge; si l'on a des manches
pour la volée des canons de la batterie haute, on les met
en place; on vide les bastingages dont on enlève et roule
les toiles; on ferme les écoutilles sur lesquelles on cloue
des prélats; on installe des garde-corps en travers pour
qu'on puisse se tenir sur le pont; on fait un petit cagnard
devant pour l'équipage ou le quart; enfin on a soin que la
chaîne du paratonnerre soit à l'eau s'il y a de l'orage, que
les pompes soient prêtes à jouer, et que les nables soient
libres pour que les canots se vident promptement si l'on
reçoit quelque grande lame. On peut aussi parer des faux
bras, des fausses cargues, des fausses drosses, des fausses
suspentes; installer des chaînes sur les basses vergues, des
paillets sur leurs voiles serrées pour les garantir du frottement
de l'étai; installer les guinderesses, car on a vu rompre des
clefs de mât; on doit alléger les hunes et les haubans de toutes les voiles ou vergues de bonnettes, ou autres choses qui
peuvent s'y trouver sans usage pour ce moment; dépasser
les mâts de perroquet; amener la vergue sèche et la corne
à moins qu'on n'ait besoin de l'artimon; rentrer la bôme,
le bâton de clin-foc, le bout-dehors de beaupré, et même
caler les mâts de hune. Il est vrai que je n'ai jamais vu recourir à cette dernière mesure et je ne sache pas qu'on en
soit venu jusque-là depuis longtemps; toutefois je tiens
d'un vieux marin qu'autrefois, on ne doublait jamais le
Cap de Bonne-Espérance sans cette précaution; mais quelle
différence des bâtiments d'alors et de leurs ressources, à

nos bâtiments et à nos moyens; c'est pourtant cette différence qui accroît, s'il est possible, la gloire des anciens navigateurs, des *Gama*, des *Magellan* et surtout de *Colomb*,
le premier peut-être entre tous les grands hommes!

Dans les mers très-dures, il serait utile que les bâtiments
eussent des mâts de perroquet sans flèche, autrement dits
Bâtons d'hiver; ils sont plus légers en effet, et s'il faut les
dépasser on le fait bien plus facilement.

Diverses clefs de mâts de hune ou de calage ont été proposées depuis quelque temps pour corriger l'imperfection des
clefs ordinaires : telles sont, entre autres, celles de M. *Rotch*
de Londres qui sont connues sous le nom de *Clefs à levier*
(*Lever-fids*), celles de MM. *Duseutre* et *Huau*, et particulièrement celle de M. *Homon-Kerdaniel* qui vient d'être
réglementairement adoptée dans notre marine, comme réunissant les conditions de promptitude et de sécurité à l'a-
vantage inappréciable de permettre que, sans larguer les
rides des haubans et des galhaubans, on puisse soulever le
mât de hune suffisamment pour faire disparaître l'arrêt, et
ensuite caler ou dépasser ce mât.

Après qu'on s'est mis à la cape, on doit surveiller si tout
ce qu'on a établi se tient et se conserve bien à poste. Le
maître canonnier doit faire des visites réitérées et scrupu-
leuses pour s'assurer que ses pièces n'ont aucun jeu et que
leurs crocs ou pitons ne menacent pas de céder ; il doit en
être de même des maîtres calfats et charpentiers qui doivent porter une attention soutenue aux pompes, et à ce
que les mâts, les chouquets, le minot ou pistolet de misaine, n'acquièrent aucun dérangement de position : si
l'on craint pour le minot, on passe à la misaine une fausse
amure qui fait dormant à l'un des bouts d'allonge les plus
de l'avant.

Observons en définitive, que toutes les précautions que nous venons d'énumérer sont très-bonnes sans doute, mais qu'en temps de guerre et quelquefois même en temps de paix, un bâtiment doit être sur le *qui-vive*, qu'il faut à chaque instant qu'il puisse manœuvrer, attaquer, se défendre ou se faire respecter, et qu'ainsi il ne doit adopter ces mêmes précautions que lorsqu'il y a urgence ; mais il faut pourtant être prudent, car on peut tomber dans un autre inconvénient, celui de faire des avaries et de ne plus retrouver ses avantages après la tempête. En 1803, dans un moment de paix douteux, une frégate anglaise fit voile en louvoyant vers une frégate française mouillée à *Pondichéry* où, sur la foi des traités et fatiguée par un voyage orageux, elle réparait son grément. Le capitaine français connaissait son devoir et ses ennemis, en une heure il se met en état, et chacun est à son poste. La frégate anglaise s'approche et fait mine de passer sur les câbles de la française ; le Capitaine, piqué de cette insulte et craignant une volée d'enfilade, lui hèle d'arriver ou qu'il coupe ses câbles et qu'il va commencer le feu ; la frégate anglaise, plus faible à la vérité, accède aussitôt, et, en passant à contre-bord, montre sa batterie armée et ses canonniers au pointage.

II. L'action de *Dégréer les Perroquets* et celle de *les Gréer* est si souvent pratiquée en rade, que nous avons cru superflu d'en donner le détail, d'autant qu'alors le temps est généralement beau, et la mer à peu près calme ; il n'en est pas ainsi lorsqu'on se met à la cape, ou lorsque par une forte mer on se trouve forcé de les gréer ou de les dégréer ; or, ces circonstances exigent un surcroît de précautions que nous allons exposer : il faut alors, s'il s'agit de gréer, hisser la vergue en la faisant glisser le long du galhauban arrière du mât de hune, au moyen de deux bosses garnies d'une cosse passée

d'avance sur le galhauban. A la hauteur des barres, on largue
la bosse supérieure, et on appelle la vergue à soi pour capeler les bras et les balancines : quand le milieu de la vergue est à la hauteur du chouquet, on passe le racage ; puis
en larguant la bosse inférieure on roidit vivement les bras,
et ensuite l'on frappe les écoutes et les boulines. Pour dégréer, on fait la genope sur la drisse, on défrappe les écoutes
et les boulines, on dépasse les cargues, mais on ne largue
le racage qu'au moment même où, par l'action de la drisse,
des balancines et des bras, la vergue commence à s'apiquer ; des matelots prêts à agir dans les haubans de hune,
saisissent aussitôt la vergue, décapèlent les balancines, les
bras, et ils frappent sur cette même vergue les bosses à cosse
du galhauban. La vergue peut descendre ainsi jusques aux
bas haubans, où on l'amarrera solidement, si toutefois
l'on ne préfère la coucher sur le pont et la placer sur la
drôme. A défaut de cosses, on peut se servir du racage de la
vergue.

Comme la mesure de dégréer les perroquets est souvent
suivie de celle de *Caler* et même de *Dépasser* leurs mâts,
nous ajouterons ici les détails suivants : on passe la drisse
du perroquet en guinderesse, on mollit les rides ou amarrages des galhaubans, haubans ou étais ; on se tient prêt à
les roidir ou à les contre-tenir avec des palans ; on guinde
un peu pour retirer la clef, et l'on amène, en embraquant
les galhaubans et l'étai ; ensuite on bride les deux mâts
quand on ne veut que caler. Pour dépasser, on soulage le
capelage et l'on amène le mât ; mais avant que la tête soit
débarrassée du chouquet, on bride la guinderesse au-dessus
de la caisse, et on la genope au clan de la drisse : le mât
s'envoie alors sur le pont, comme une vergue le long d'un
galhauban. Il faut beaucoup de précautions dans tous ces

travaux : on envoie en même temps en bas les voiles d'étai de cacatois et de perroquet.

III. Ce fut encore une pensée bien utile de l'illustre *Franklin*, que celle d'approprier à la cape et de chercher à perfectionner pour les bâtiments du commerce, la voile submergée dont les pêcheurs du Nord se servent pour s'arrêter sur l'eau quand ils ont perdu leurs ancres. Il conçut d'après cela une *Ancre Flottante*, qui lorsqu'elle sert à cet usage, serait peut-être mieux nommée *Ancre de Cape*, et qui est composée de deux verges de fer de la longueur du demi-bau tournant sur un centre commun, de manière à se plier l'une sur l'autre afin d'être logées commodément à bord, ou à se développer en croix pour être mises en usage. Une corde bien roide fixe alors la figure de la croix et un double canevas de toile se lace sur la corde. Si l'on craint que l'effort de la résistance de l'eau ne fasse crever la toile, on peut y pratiquer une ou plusieurs ouvertures pour la soulager, et faire ces ouvertures en forme de grands œillets. Une patte d'oie à quatre branches s'attache aux quatre rayons de fer vers le milieu à partir du centre, et communique à bord au moyen d'un câble ou d'un fort grelin. Les branches inférieures de la patte d'oie sont plus courtes pour donner un peu d'inclinaison à cette ancre, et une bouée qui tient aussi au bord par une aussière la soutient à la hauteur convenable pour qu'elle résiste perpendiculairement à l'action du bâtiment. L'orin de la bouée est frappé sur une boucle à l'extrémité de la verge supérieure pour haler l'ancre facilement à soi. Pendant qu'on la met à bord ou qu'on la jette dehors, il faut avoir l'artimon bordé.

L'ancre de cape employée à bord de petits navires pendant de grandes tempêtes, les a parfaitement tenus debout au vent et à la lame, et comme l'avant d'un bâtiment est très-solidement construit, ces navires ne faisant que tanguer et même tanguant moins à cause de l'ancre, ont aussi fort peu souffert du mauvais temps. On ne peut pas assurer, d'après cela, que l'on obtiendrait d'aussi bons résultats à bord d'un grand bâtiment, car les petits étant abrités en partie par les lames, le vent les frappe assez pour les tenir debout, mais non pour les faire beaucoup culer; cependant on peut préjuger qu'il y aurait avantage, et il en découlerait trop de bien pour ne pas faire des essais, si déjà l'on n'en a fait. Quoi de plus simple réellement que de serrer toutes ses voiles, d'embarder au vent sous l'artimon, de perdre son air, de laisser tomber cette ancre, de venir à son appel et de défier ainsi les temps les plus orageux.

Il est prudent alors de conserver l'artimon dehors et d'avoir du monde à la barre; et s'il y a lieu à gouverner, ce doit être comme en culant, à moins que la vitesse des lames n'influe plus sur le gouvernail que le sillage du navire par la poupe. Ainsi, plus de grandes arrivées à redouter ni de rupture de drosses ou de barre; plus de paquets de mer à bord ni de voiles emportées; plus de danger de faire chapelle ni de crainte enfin d'engager le plat-bord sous l'eau quand les voiles sont trop chargées! Il est vrai que l'on fera peut-être plus de chemin par l'arrière que l'on n'en aurait fait par le travers en dérivant sous une cape quelconque à la voile; mais si l'on est en pleine mer, il importe peu.

D'ailleurs ne peut-on pas augmenter la surface de l'ancre? Ne peut-on pas amener ses basses vergues et caler ses mâts? Et au pis-aller, si l'on perd ou fatigue trop, si l'on est près de la côte et qu'on croie s'en approcher plus que de l'autre manière, ne peut-on pas haler son ancre à bord et capeyer à la voile? Il n'y a donc pas à balancer, il n'y a aucun inconvénient à faire des expériences, et une si belle idée ne doit pas être abandonnée légèrement pour les grands bâtiments, et par conséquent pour les marines militaires.

On peut encore employer cette ancre dans les virements de bord, comme nous l'avons vu (chapitre X); on peut aussi l'employer dans la panne, en la prenant par le travers du bord du vent et pour diminuer la dérive; ou lorsqu'on va à la côte et qu'on a perdu toutes ses ancres, pour s'y échouer de la manière la moins défavorable. Ces propriétés, ainsi que plusieurs autres que nous aurons occasion de développer, prouvent l'utilité de cet appareil; mais dans les derniers cas que nous venons de citer, comme dans ceux dont nous parlerons par la suite, cette utilité est d'une moindre importance pratique que lorsqu'elle a pour but l'objet de la cape proprement dit. Alors cet objet est direct; le péril est souvent imminent : la garantie ne saurait être trop efficace ni trop prompte, et tout donne à penser que l'ancre de cape permettrait d'obtenir ces résultats presque à bord de toutes les classes de bâtiments.

Si l'on n'a pas, à bord, d'ancre de cape telle que celle que je viens de décrire, on peut assez facilement en faire une avec les moyens du bâtiment, en employant deux bouts de bordages, de mâts, de planches ou etc., que l'on établit en croix pour remplacer la croix de fer; et l'on y installe des morceaux de toile à voile cousus ensemble, pour y établir la surface de résistance nécessaire. On peut aussi suppléer à l'ancre de cape par une ancre ordinaire, sur laquelle on fera bien de fixer des bordages ou autres objets de beaucoup de surface; par une voile enverguée et garnie de gueuses dans sa ralingue inférieure; par quelques barriques pleines, suspendues à une ou deux pièces de la drôme réunies ensemble; ou par d'autres moyens semblables : si une bouée ne suffisait pas pour supporter le poids de la machine, on y en ajouterait une seconde, ou bien l'on y mettrait deux ou plusieurs barriques vides et bondées. On a soin de pousser ensuite dehors tout le câble que l'on peut filer. C'est à l'aide d'une installation qui rentre dans le cas des dernières, que quelques bâtiments de la *Méditerranée* capeient, et il est remarquable qu'ils filent leur câble par le travers du vent ; ainsi, ils perdent moins que s'ils avaient l'ancre en barbe ; ils tanguent et ils roulent peu, mais ils doivent recevoir de la mer. Dans la *Manche* où le fond n'est pas très-bas, les pêcheurs jettent à l'eau leurs énormes filets, ils s'y amarrent par l'avant, et en faisant petit sillage par l'arrière, ils se tiennent, de la sorte, debout au vent et à la lame.

CHAPITRE XIII.

I. Du Bâtiment qui Fuit devant le Temps. — II. Du Bâtiment qui Navigue contre une Forte Mer. — III. Du Bâtiment Couché et Engagé, et qui ne Peut pas Arriver.

I. Un bâtiment qui a mis à la cape parce que le vent était fort et contraire, peut souffrir si considérablement en luttant contre le vent et la mer, et peut tellement être couché par la force du vent, que, n'ayant plus alors le pouvoir de s'élever sur la lame qui menace de l'engloutir ou de le défoncer, il est quelquefois obligé de laisser arriver pour *Fuir devant le Temps*, en courant vent arrière ou très-grand largue aussi longtemps qu'il n'a pas de côte devant lui ; alors il vaudrait mieux encore à tout événement, cou-

rir les chances de rester ou de se remettre à la cape le plus
tôt possible. Il peut aussi se présenter le cas qu'étant à la
cape sans fatiguer, on ait des inquiétudes relativement aux
courants qui peuvent vous trop porter sur telle ou telle côte,
ou vous trop affaler sous le vent pour pouvoir ensuite faire
vent arrière, et gagner un port ou des parages qui offrent
plus d'espace pour dériver, en remettant alors à la cape.
Telle fut la position de la corvette *le Département-des-
Landes* qui, se rendant à *Brest* en 1814, se trouvait un
peu dans le Sud-Ouest du *détroit* appelé *Pas-de-Calais*,
lorsqu'un coup de vent de l'O S O se déclara; elle prit
la cape, mais elle perdait considérablement; en continuant
à capeyer, elle aurait bientôt été affalée sous la côte, ou
trop sous le vent pour repasser le détroit; elle arriva donc
pendant qu'il en était temps encore, et elle alla se mettre
à l'abri dans la *Rade des Dunes*. Cependant il est quelquefois imprudent de chercher le port par un très-gros temps;
mais si la corvette ne s'était pas trouvée en mesure d'entrer
dans cette rade, elle avait devant elle la *Mer d'Allemagne*,
où elle aurait pu reprendre la cape, si le temps l'avait toujours nécessité.

On fuit aussi devant le temps, lorsque par un très-grand
vent qui permet de porter en route, on espère se dérober
aux coups de mer qui menacent le navire et qu'alors, voulant ne pas perdre de temps à la cape qu'il peut pourtant
devenir indispensable de prendre, on fait toute la toile possible pour augmenter le sillage; il n'est cependant pas indispensable alors de se ranger directement vent arrière;
on croit même qu'il y a de l'avantage à prendre le vent
de 20 à 25 degrés soit à droite, soit à gauche de la quille,
puisque alors le sillage n'en saurait être sensiblement différent, et que le bâtiment pourrait être mieux gouverné,

mieux appuyé et, par conséquent, moins incommodé du roulis.

Pour quitter la *Cape en Travers*, et pour fuir devant le temps, il faut serrer les voiles de l'arrière, hisser, seulement jusqu'à moitié, le petit foc ou la pouillouse, et mettre la barre au vent en profitant d'une embellie ; on peut envoyer des matelots sur les haubans du vent de misaine pour servir de voilure, et sur le gaillard d'arrière au vent pour rendre par leur poids le bâtiment plus gouvernant ; il faut brasser les vergues pour arriver comme si les voiles étaient établies, et si, par impossible à prévoir, on n'arrivait pas et qu'on n'eût pas d'ancre flottante ou autre à jeter par la hanche du vent, il est conseillé de couper le mât d'artimon et même le grand mât. En brassant les vergues, il faut avoir soin de mollir les balancines du vent, les palans de drosse et de roulis et les palanquins ; on roidit ensuite les galhaubans du bord opposé, et l'on donne du mou à ceux du vent s'il y a lieu. On peut fuir vent arrière sous la misaine, ou ses fanons, ou ceux du petit hunier, ou ce dernier au bas ris et sous le petit foc. Le petit hunier a l'avantage de n'être jamais abrité par la lame, mais il tend plus que la misaine à faire plonger l'avant. Étant vent arrière on peut en ces cas, rouler beaucoup, et faire de l'eau.

Dans ces circonstances et les semblables, il faut, à l'avance, serrer soigneusement et fortement toutes les voiles inutiles, il faut prendre tous les ris, même ceux des voiles que l'on doit serrer, afin d'être prêt à appareiller ces mêmes voiles si c'est utile par la suite ; il faut mettre les vergues de cacatois et de perroquet sur le pont, amener la vergue barrée, dépasser les mâts de cacatois et de perroquet, passer les faux bras, amarrer les balancines roides, haler de force sur les palans de drosse et de roulis ; il faut enfin in-

staller les pataras et adopter telles autres mesures de précautions indiquées dans le chapitre de la cape, et qui peuvent s'appliquer ici. On ne négligera pas de placer ses
fausses fenêtres; enfin, on soulagera un peu les vergues de
hune quand leurs voiles seront serrées, à cause du frottement contre le chouquet.

Si la mer est très-grosse, on doit avoir toute la voilure
qu'on peut porter, car il faut faire de la route, **10** nœuds
au moins, afin de se dérober à cette mer qui, en tombant
à bord, endommagerait un bâtiment dépourvu d'air pour
la fuir.

On rapporte que quelques navires ont essayé, en fuyant
devant la lame, de laisser à la traîne un hunier qu'ils re-
tenaient à bord par quelques bouts de filin frappés sur une
de ses ralingues; la voile se développait ainsi et s'éten-
dait sur l'eau, où elle contribuait beaucoup à amortir la
force et à diminuer la hauteur des vagues qui menaçaient
la partie de la poupe.

Selon un capitaine très-exercé, le grand hunier aux bas
ris est une fort bonne voile pour fuir, en ce qu'elle ne
charge pas l'avant, et qu'il n'y a pas ainsi de contre-effet
au gouvernail, lequel conserve toute son action sans exiger
de grands efforts; on est, d'ailleurs, moins exposé à engager. Cependant une bonne voilure pour cette même circonstance est celle de l'avant puisqu'elle prévient les lans, et
par conséquent le petit hunier au bas ris ou aux bas ris
moins un, ou la misaine avec son ris pris et garnie de sa
Croix de Saint-André, ou couverte sur l'avant par une
voile qu'on lui applique, telle qu'un hunier de rechange,
et qui l'empêche d'être emportée; tant que la toile résiste,
il est évident qu'en raison du sillage, il ne reste pas au vent
assez de puissance pour mettre les mâts en danger.

En rapprochant ces opinions ou ces idées, on peut conclure de ce que nous venons d'exposer, qu'un bâtiment fera bonne route et se trouvera sous une favorable disposition de voilure par rapport au gouvernail, lorsqu'il fuira sous la misaine et le grand hunier aux bas ris.

Les meilleurs timonniers doivent être à la barre en bon nombre, car les moindres embardées peuvent être funestes, et si l'on en faisait au point de craindre que les voiles ne ralinguassent bientôt, il faudrait se hâter de brasser celles-ci pour les ouvrir un peu; aussi faut-il que les bras, les faux bras, les cargue-points pour lever les lofs, les amures, les écoutes soient toujours parés ainsi que le petit foc. Les palans, en cas de rupture de la drosse, doivent être disposés, et, s'il survient quelque avarie dans la barre ou le gouvernail, on serrera les voiles carrées qui sont dehors, on viendra au vent en brassant les vergues sous le vent, et l'on mettra à la cape pendant la réparation de l'avarie. Le brasseyage des vergues, encore qu'il n'y ait pas de voiles carrées déferlées, ôte de la prise au vent et peut s'appliquer à toutes les capes. Il nous reste à faire une observation, c'est de ne pas tenir trop roides les ralingues des voiles qui sont établies, afin de moins fatiguer les vergues, la tête des mâts, la toile, les empointures, les écoutes et les mêmes ralingues de ces voiles. Il faudrait aussi venir à la cape et très-promptement, si, comme il est arrivé, un sabord d'arcasse venait à être enfoncé par la lame, et afin de pouvoir mieux réparer l'avarie.

La force du vent est alors immense; nous avons déjà dit (chapitre VII) qu'elle pouvait être de 120 à 150 kilomètres par heure; c'est plus qu'il n'en faut sans doute pour emporter les voiles ou faire démâter; mais dans les tempêtes ordinaires cette rapidité est moindre; d'ailleurs la vitesse avec laquelle le navire s'y soustrait et l'abri des lames, ainsi que celui de la mâture de l'arrière et des œuvres-mortes qui produisent un air ambiant lequel amortit le vent direct, affaiblissent cette force. Il est probable en effet, que si le navire restait à la même place dans l'espace relativement au vent, il en résulterait de très-grands malheurs, et le fait consigné par le vice-amiral *Thévenard* dans ses *Mémoires sur la Marine*, le prouve d'une manière convaincante. Le 1ᵉʳ novembre 1764, un navire de 600 tonneaux, luttant dans le N O d'*Ouessant* contre un courant de 9 nœuds qu'il refoulait à grande peine, et par conséquent fuyant fort lentement le vent très-violent qu'il ressentait, vit par l'effet de ce vent dans ses voiles et les coups redoublés des vagues en opposition, casser les chaînes des haubans; les mâts furent enlevés avec toutes les voiles, et la coque, entraînée dès lors en arrière, fut engloutie en quatre minutes par une mer qui glaçait d'horreur les spectateurs. Parfois on voyait de terre les flots s'élever jusqu'au-dessus des mâts, et le navire tourmenté de la manière la plus effrayante, se trouver presque arrêté malgré son sillage. Au large il peut exister quelques courants qui produisent cet effet ou une partie de cet effet, et l'on ne peut le connaître que d'une manière peu positive par l'agitation de la mer; mais près de terre, la chose est palpable par les relèvements ou par la sonde; l'on doit alors soustraire son bâtiment à des risques aussi grands en mettant à la cape jusqu'à ce que le courant ait molli ou reversé, et que, le vent et la mer ayant pris une direction pareille, la lame soit tombée et la possibilité offerte de fuir réellement devant le temps. On peut encore, sans mettre à la cape, serrer un peu le vent et chercher, en courant plus ou moins largue, un lieu moins agité.

II. Le danger d'une mer très-forte, si elle est courte surtout, se fait sentir non-seulement quand elle vient de l'arrière ou du travers, mais encore quand on *Navigue à son encontre*, car lorsqu'une lame a dépassé le milieu du navire et que l'avant plonge, une autre lame s'approche avant que le bâtiment se soit relevé, et il est choqué par une force égale à la masse de la lame multipliée par les vitesses réunies du navire et de la mer. En supposant une lame de 36 pieds (11^m,70) et la vitesse d'une frégate de 60 canons allant à son encontre, de 10 nœuds; l'élévation des eaux à la proue doit excéder 20 pieds (6^m,49), calcul, dit *Don Juan*, qui manifeste l'impossibilité de porter toutes les voiles dehors dans tous les temps, comme l'a prétendu *Bouguer* dans son *Traité de la Mâture;* alors donc si l'on souffre trop, soit par ce choc, soit par l'eau que ce même choc force à déferler sur le pont, on peut diminuer le sillage, et l'avantage sera encore plus grand si les voiles soustraites pour obtenir cet effet sont des voiles hautes, puisqu'en ce cas ces voiles empêchent de s'élever sur la lame; ou si ce sont des voiles de l'avant, puisque celles-ci font canarder, à l'exception pourtant des focs qui sont fort utiles dans cette circonstance. Quelques personnes, en pareil cas, font mettre la barre dessous, et lancent vers la lame quand ils en voient quelqu'une qui menace le navire. Cette pratique n'offre aucun avantage, car si la mer vient presque de l'avant, il n'y a ni bien ni mal à loffer un peu plus ou à continuer la même route; mais si une forte lame vient à peu près de la direction du travers, il ne peut qu'être fort imprudent de ne pas mettre à l'avance la barre au vent, afin de fuir cette lame pour en diminuer le choc.

On peut encore éprouver, en pareil cas, des tangages

tellement violents, surtout s'il y a vice dans l'arrimage ou la construction, qu'il ne reste de parti pour se soulager et pour préserver la mâture, que celui de ralentir sa vitesse, et par conséquent de réduire sa voilure. La fatigue que les mâts éprouvent en ce moment se trouve alors accrue sur les bâtiments dont les dimensions, la longueur principalement , sont le plus fortes ; en effet, on a calculé que pour les navires de figures semblables , l'effort que la mâture peut supporter est comme les cinquièmes puissances des dimensions linéaires, tandis que les résistances des mâts en sont seulement comme les cubes ; d'où il suit que les mâts sont d'autant plus exposés à rompre dans les mouvements du navire que les dimensions de celui-ci sont plus considérables.

III. Le vent étant très-fort du travers ou des environs du travers, il peut surventer soit par rafales, soit pendant des grains, et dans ces surventes, on voit quelquefois *Engager* son bâtiment ; il est alors *Couché* par ses mâts au point de voir, sous le vent, l'eau atteindre le pont et principalement le gaillard d'avant. Les voiles ne sont plus frappées en ce moment que sous un très-petit angle, et cependant comme le vent agit sur la grande partie des œuvres-vives qui est émergée, et que sous le vent, la mer est montée plus haut que la rentrée et qu'elle a même de la prise en dedans du plat-bord, il s'ensuit qu'il est fort difficile de relever son navire. En filant les écoutes et les drisses de toutes ses voiles en bande, hors celles des focs qu'on doit se contenter de mollir un peu, on y réussit quelquefois, et il ne faut pas oublier de mettre la barre au vent ; mais le gouvernail est presque entièrement hors de l'eau et il n'a plus que peu d'effet, d'autant que l'air est bientôt amorti ; aussi dès que l'on s'aperçoit que le résultat de cette manœuvre est nul, il y a peu à hésiter et il serait à propos d'avoir prévu cette catastrophe et de s'y être préparé ; on coupe le mât d'artimon, quelquefois le grand mât, et l'on jette à la mer ses ancres et ses canons de gaillards.

Il suffit quelquefois de larguer ou couper les rides des mâts de hune de l'arrière, ce qui entraîne la rupture de ceux-ci, pour décider l'arrivée ou l'abattée du bâtiment, et l'on sauve ainsi les bas mâts qui deviennent ensuite fort précieux ; mais il faut un coup d'œil bien exercé pour savoir au juste et aussitôt, si l'on aura assez fait en s'en tenant à ce point : il en est de même pour tous les cas pareils. On lit dans un ouvrage nouveau, que deux vaisseaux et quatre frégates ayant essuyé près de *Manille* un de ces ouragans qui y sont connus sous le nom de *Typhons*, tous les bâtiments furent démâtés, et une des quatre frégates disparut à jamais : cependant un Galion frappé du même ouragan, avait eu, dès le premier indice, la prévoyance de sacrifier ses mâts de hune, et il était parvenu à sauver tout le reste de sa mâture.

Il n'est peut-être pas de marin qui n'ait entendu citer comme une règle fixe de manœuvre, qu'en ce cas la misaine amurée et bordée pouvait seule sauver un bâtiment, et qu'il fallait, s'il y avait lieu, périr sous cette voile. Je n'en conseille pas moins de filer l'écoute de misaine, car il est manifeste que dans cette situation, cette voile prend par l'effet du vent une courbure plus grande, que son effort est porté plus en avant du centre de gravité, et que cet effort tend non-seulement plus avantageusement à pousser la proue sous le vent, mais encore à agir avec les focs pour relever le bâtiment. *Romme* professe la même opinion.

S'il y avait fond, on pourrait se dispenser d'en venir au fâcheux expédient de couper ses mâts, car il serait possible de se redresser en laissant seulement tomber l'ancre du vent, si elle est au bossoir. Si elle était traversée, la chose serait fort difficile, pour ne pas dire impossible, à cause de la bande ; alors on couperait tout ce qui retient la moins engagée de celles qui sont à poste sous le vent, et l'on y étalinguerait en même temps un grelin ; mais il faut en avoir passé le bout par-dessous le beaupré, de sorte qu'après avoir jeté l'ancre au fond, le grelin appelle du vent, seul bord où il tende à redresser le bâtiment. Cette opération peut de même s'employer en pleine mer ; dans tous les cas elle est longue et difficile. On a cité des bâtiments restés ainsi couchés au large jusqu'à ce qu'ils eussent fixé sur une petite ancre des espars, des bordages, des cages et autres objets de grande surface ; ils laissaient, pour la commodité de l'opération, tomber cet assemblage par sous le vent ; à l'ancre était fixé un grelin qui faisait le tour du navire et qui rentrait par un des points de la joue du vent ; en dérivant, le navire se trouvait bientôt sous le vent de cet assemblage ; alors en faisant tête ou même en halant dessus, on avait réussi à se mettre debout au vent et à prendre ensuite le vent de l'autre bord ; on parvenait ainsi à redresser le bâtiment. Il semble que l'ancre flottante peut encore être ici employée avec avantage. Un capitaine doit juger, lui-même, si l'on peut attendre assez longtemps pour faire ces dispositions, et quoique le grand effort soit fait quand le navire est couché et que les écoutes et les drisses ont été filées, cependant le mal peut encore empirer ; et pour sauver ses mâts, on court la triste chance de périr corps et biens.

En filant les drisses et les écoutes, on ne réussit pas toujours à détruire l'effet des voiles. Des gabiers armés de couteaux doivent alors faire brèche dans ces voiles ; cette

manière d'en diminuer l'effort a été appelée par les Anglais
Ris à l'Irlandaise (*Irish reef*), mot à la fois plaisant et
expressif par l'idée, injuste cependant, qu'on se fait pro-
verbialement en *Angleterre* d'un peuple vif, vaillant, ro-
buste et spirituel; mot qui peint le caractère du marin habitué à se jouer des périls les plus pressants, et qui conserve en les bravant, ce sang-froid qui n'exclut pas la
gaieté.

D'autres fois, par un fort vent, la mer étant encore belle et
le navire ayant du largue, on n'engage pas; mais on fait si
grande route que la résistance opposée par l'eau à la joue
de sous le vent devient assez grande pour ne plus pouvoir
arriver. Il est clair que plus, par une route oblique, un bâtiment quelconque va de l'avant, plus il doit être ardent;
mais on pense difficilement qu'il en puisse résulter la privation de la faculté de pouvoir arriver; cependant la chose
existe, et j'en puis citer plusieurs exemples. *Bouguer* rapporte qu'un bâtiment sur lequel il se trouvait, se serait in-
failliblement perdu si M. *de Radouai*, après avoir épuisé
tous les moyens offerts par les voiles et la barre pour le faire
arriver, n'avait fait passer la plus grande partie de l'équipage du côté du vent, afin de faire diminuer l'inclinaison
sur l'autre bord; il cite de plus M. *de Goyon*, qui avait
observé que si l'on veut faire tourner, vers un bord ou vers
l'autre, un navire incliné faisant route et qui ne sent pas
assez son gouvernail, il faut porter du côté opposé quelque
poids considérable dont on peut se servir avec promptitude, tel que celui de l'équipage. Enfin on trouve dans
les mémoires de M. *de Roquefeuille*, lieutenant général des
armées navales, la confirmation de cette difficulté d'arriver
en plusieurs circonstances, et notamment l'exemple d'un
gros bâtiment naviguant avec des vents de S S E dans la

Manche et courant le cap sur les *Casquets* qu'il décou-
vrit dans une éclaircie. Il ventait grand frais, le bâtiment
portait ses quatre voiles majeures (les ris pris) : l'artimon
cargué et la barre au vent ne purent le faire arriver; la
grand-voile fut carguée, et comme on n'arrivait pas encore et qu'on s'approchait toujours des roches, on coupa le
mât d'artimon, puis le grand mât, et le bâtiment n'arriva
qu'en rangeant ces roches à toucher. Si, l'artimon cargué
et la barre mise au vent, on eût diminué considérablement
de voiles pour ralentir le sillage, si l'on eût seulement filé
quelque peu des écoutes et fait légèrement brasser les voiles
au vent pour redresser le bâtiment, je pense que l'on eût
arrivé, et à plus forte raison si l'on eût fait passer quelque
poids de l'avant à l'arrière, ou si l'on eût mis l'équipage
sur la partie arrière du bâtiment au vent, pour faire déjauger l'avant et rendre la résistance du fluide moindre à
la joue de sous le vent. On n'aurait donc pas eu recours à
l'extrémité si rigoureuse de sacrifier la mâture entière de
l'arrière, ce qui d'ailleurs a l'inconvénient de faire déjauger
l'arrière du bâtiment, et par conséquent nuit encore à cette
même arrivée, laquelle ne s'effectue plus que par la grande
force giratoire qu'acquièrent les voiles de l'avant en vertu
de la suppression de tout le grément de l'arrière. Dans cet
exemple, les pressions latérales avaient une très-grande
puissance pour rendre le navire ardent, puisque cette puissance était en raison du carré de la vitesse et de la grandeur
de l'inclinaison; il fallait donc diminuer l'une ou l'autre,
ou toutes les deux si le cas l'exigeait, et seulement laisser
la barre au vent pour y coopérer; mais on n'eut pas cette
idée qui se présente si naturellement, quand on apprécie
les causes qui agissent sur un navire, et nous voyons par
là, combien l'esprit peu habitué à remonter aux principes

est prompt à s'égarer et à substituer des moyens extraordi-
naires à la manœuvre la plus simple ; c'est un rare bonheur
quand les suites n'en sont pas funestes. On pourrait peut-
être encore, en ce cas, trouver une application du procédé
de l'ancre flottante ; il faudrait la jeter sous le vent, la contre-
tenir par le bossoir de ce bord, et il est probable qu'on ne
serait jamais alors dans le cas de couper sa mâture de l'arrière pour arriver.

CHAPITRE XIV.

I. Des Voies-d'Eau et des Radeaux. — **II.** Du Bâtiment Ceintré et Abandonné, et des Canons Jetés à la Mer par un Mauvais Temps. — **III.** Des
Embarcations Insubmersibles, et des Ceintures de Sauvetage.

I. Le résultat de ces luttes d'un navire contre un grand
vent et une mer orageuse, est souvent une *Voie-d'eau*, qui,
toutefois, peut s'affaiblir quand le temps s'adoucit, ou en
naviguant sous une allure différente ou avec une autre voilure. Quand une voie-d'eau s'est déclarée il est fort important et fort difficile d'en connaître le lieu, car alors il devient presque toujours possible de l'aveugler. On peut la
découvrir en délivrant quelques vaigres vers les endroits où
on la soupçonne ; et l'on assure qu'on le peut encore, de
calme ou de petit temps, avec un espars dont on promène
un bout sur divers des points extérieurs des œuvres vives ;
en appliquant l'oreille à l'autre extrémité on entend, si
l'on se trouve près de ce lieu, un grondement qui l'indique ; alors en garnissant de bandes de linge le bout
plongé de l'espars, on sentira bientôt ces bandes entraînées

par l'eau qui s'engouffre, et l'on saura ainsi à très-peu près où se trouve l'ouverture. Cependant ces moyens de découverte sont presque toujours dus au tâtonnement, et comme le raisonnement jette quelques lumières sur ce sujet, cherchons comment il peut nous servir de guide.

Les pressions de l'eau à diverses profondeurs étant comme les racines carrées de ces mêmes profondeurs, il s'ensuit que l'eau qui pénétrera par une voie-d'eau à 1 pied (0^m,32), à 4 (1^m,28), à 9 (2^m,92), à 16 (5^m,20) au-dessous de la flottaison, entrera dans les trois derniers cas avec une vitesse double, triple, quadruple du premier; cependant si l'eau gagnait en dedans, la hauteur d'un des trous de ces voies-d'eau ou qu'elle l'excédât, la vitesse de l'eau qui parviendrait par là à bord, ne serait plus que dans le rapport de la racine carrée de la différence de niveau entre l'eau intérieure et l'extérieure. Il suit de là : 1° que les pompes n'affranchissant pas, et que le poids de l'eau qu'on n'extrait pas faisant caler le navire, la vitesse de l'eau s'accroîtra jusqu'à ce que l'eau intérieure couvre l'ouverture de la voie-d'eau; 2° que si, avec les mêmes moyens de puisage ou d'extraction, on parvient à étaler une voie-d'eau qui augmentait d'abord, c'est que le trou est à une grande profondeur. Supposons actuellement que l'eau s'abaisse à bord en diminuant de voiles, il est alors évident que l'eau devait une partie de sa vitesse à l'action de l'avant du navire, pendant qu'il allait plus rapidement à l'encontre de cette même eau, et que la voie-d'eau est sur l'avant. Au contraire si l'eau s'élève en faisant moins de route, on peut en conclure que l'ouverture est sur l'arrière : s'il y avait de la dérive et qu'on eût mis en panne, elle pourrait être sous le vent; et si enfin une forte dérive fait diminuer la vitesse de l'eau, c'est que cette même voie-d'eau est au vent. Il résulte de ce qui précède que les voies-d'eau les plus dangereuses, sont celles qui se manifestent sur l'avant et sous le vent. On doit alors mettre en panne ou à la cape dans le premier cas, et changer d'amures dans le second; s'il y en avait plusieurs, on pourrait, par analogie, découvrir le lieu présumé de la plus forte ; mais en changeant d'amures, elle pourrait devenir une des plus faibles, et le cas serait très-embarrassant.

Quant aux moyens d'aveugler des voies-d'eau, lorsque la chose n'est pas praticable par l'intérieur, ce qui s'effectue avec des tampons, des chevilles, des coins ou un travail quelconque de calfatage, il est possible qu'on y parvienne en partie, et c'est beaucoup, en étendant au-dessous du navire, ainsi que le fit l'illustre *Cook*, et à l'aide de cordes qui aboutissent aux bouts de vergue, une toile ou une voile goudronnée et garnie d'étoupes, de morceaux de laine, et de fiente d'animaux. Cette voile promenée de l'avant à l'arrière, à petite distance de la carène, doit se présenter à l'orifice de la voie-d'eau, et pressée par l'eau qui pénètre, elle peut s'appliquer à l'ouverture et remédier au mal; dans ce cas, on fera bien d'en mettre une nouvelle sur celle-ci; mais on les retiendra bien toutes les deux par l'avant, car il est très-probable qu'avec un sillage même modéré elles glisseraient vers l'arrière, ce qui annulerait leur effet. Je pense qu'on pourrait fixer chaque voile par deux cordages passant par les sabords d'arcasse, et élongeant la quille de chaque bord par-dessous la voile, pour venir rentrer par les écubiers les moins en à-bord, et de là être virés au cabestan; il y aurait l'avantage que la voile suivrait parfaitement les façons du navire, et que nulle part, près même de la quille, il n'y aurait de vide entre cette voile et la carène.

Quelquefois, la voie-d'eau provient de bordages sous l'eau, qui, en travaillant, jettent leur étoupe, et qui, étant peu loin de la flottaison, se laissent apercevoir ; on y clouera des couvertures de laine goudronnées en dehors, lardées d'étoupes en dedans, et par-dessus, on clouera encore de la toile également goudronnée : si l'on peut calfater, on fera fortement bâiller les écarts en mettant en panne, ce bord même au vent et avec beaucoup de voiles bien effacées ; c'est à cause de ce même bâillement de coutures qu'un navire abattu en carène offre bien plus de garanties qu'un navire calfaté dans un bassin.

J'ai plusieurs fois entendu dire qu'un bâtiment ayant une forte voie-d'eau et se trouvant dans les calmes de la *Ligne Équinoxiale*, fit le long de son bord un radeau qu'il chargea considérablement ; il vira en carène sur ce radeau ; le calme dura et l'on aveugla la voie-d'eau. Il est téméraire sans doute de décharger presque entièrement son bâtiment en mer, mais il est des positions où l'on peut tout hasarder.

Si la voie-d'eau a lieu par suite d'un échouage sur un banc, ou sur une vigie en pleine mer, et qu'on ne puisse ni réparer le navire ni le relever, il reste la triste ressource de se sauver dans ses embarcations si l'on en a assez pour tout l'équipage, ou de construire un *Radeau*.

La base d'un radeau se compose de pièces de drôme, de mâture, de bordages fortement liées ensemble avec des cordages, mais espacées pour présenter plus de développement, et disposées de manière à donner trois ou quatre fois plus de longueur que de largeur, c'est-à-dire que le radeau représentera la configuration à peu près d'une section horizontale de bâtiment. Quelques rangs de barriques vides, mais bondées, seraient très-utiles sous cette base du radeau, pour le tenir un peu élevé quand il sera chargé ; une plate-forme en planches bien clouées doit s'étendre, autant que possible, du milieu aux extrémités ; des chandeliers avec des filières seront très-multipliés, surtout sur les bords où ils pourront servir de tolets de nage; il faut s'efforcer d'installer une mâture, une voilure, et une machine pour gouverner. Il ne faut pas oublier des briquets, de l'amadou, de la poudre, et des bougies. Des perriers, fanaux et pavillons sont nécessaires pour des signaux, ainsi que des boussoles, instruments, cartes, lunettes, avirons, ancres, grappins, câbles, grelins, pour la route, et des ains, harpons, foënes, ou lignes, pour la pêche. On doit surtout, se munir de vin, d'eau-de-vie, de farine, de viande salée et de biscuit en barriques.

Au surplus, on ne peut indiquer que des mesures générales; les circonstances, alors, maîtrisent de la manière la plus impérieuse; et si jamais conseil est peu de saison, c'est assurément ici : tout dépend en effet de ces circonstances; mais elles peuvent être merveilleusement dominées par la force d'âme, la prudence du Commandant et de l'Etat-major, ainsi que par la confiance de l'Equipage dans ses chefs. Je me bornerai donc à ajouter que le bâtiment étant perdu, on doit en extraire tout ce que l'importance du moment, tout ce que la prévoyance exigent, mais rien qui soit inutile : on doit par-dessus tout s'efforcer, quand le désespoir le plus poignant va se trouver en face de tous, de maintenir dans les cœurs les vertus qui ne devraient jamais abandonner l'homme, et qui seules peuvent le faire triompher d'aussi terribles événements. C'est alors qu'on peut voir de quel prix est une haute éducation, et combien elle peut donner de puissance à l'État-major qui y puisera toujours sa véritable force, et souvent y rencontrera les moyens d'assurer le salut général.

II. D'autres fois enfin, le navire est tellement délié et les écarts sont si forts qu'à chaque mouvement de roulis ou de langage, il embarque une grande quantité d'eau. Il faut alors *ceintrer* le bâtiment, opération fort difficile et qui consiste à l'entourer de plusieurs tours de grelin qui passent sous la quille et reviennent par les sabords ou par-dessus le pont s'il n'y a pas de sabords. On vire ces tours au cabestan, on aiguillète, on bride, on garnit de coins pour les mieux roidir; et on lie aussi, s'il y a lieu, les couples du bâtiment entre eux, en passant d'autres tours de grelin de chaque sabord aux suivants du même bord. S'il n'y avait ni sabords ni hublots (dont on aveugle ensuite la partie qui reste vide) on clouerait des mains de fer, de forts taquets, des oreilles d'âne couchées, ou bien l'on placerait des boucles ou crocs pour installer ces grelins.

Le ceintrage a rarement lieu sans qu'on jette à la mer son artillerie, ou au moins celle des gaillards, afin de soulager le navire : pour *Jeter les canons à la mer*, on sait qu'il faut en élever la culasse autant que possible ; on retire alors les susbandes en ne laissant à la pièce qu'un ou deux tours de raban ; on passe une pince sous chaque tourillon, puis deux anspects un peu en arrière, et l'on fait force sur tous ces leviers à la fois, à l'instant où le roulis est le plus favorable ; il n'est pas inutile d'ôter les roues de devant de l'affût lorsqu'on jette un canon à la mer : les canons qu'on jette doivent être sous le vent, et s'ils n'y sont pas, on les y passe avec précaution à l'aide de palans : s'ils appartiennent à la batterie basse on ne les débarque que l'un après l'autre, afin de n'avoir qu'un mantelet à ouvrir, et pour être moins exposé à embarquer de l'eau. Ce mantelet s'ouvre d'ailleurs à l'embellie et avec ménagement.

Il n'est que trop souvent arrivé que des bâtiments où l'eau gagnait malgré les pompes, ont été *Abandonnés*, et que ces mêmes bâtiments ont été par la suite trouvés parfaitement conservés, et flottants quoique pleins d'eau, tandis que l'équipage avait péri le plus souvent dans les canots; il faut être en garde contre les terreurs souvent exagérées qu'inspire une pareille situation. Il est rare qu'il y ait rien de plus sûr à la mer que son propre bâtiment, et un exemple funeste et assez récent d'une frégate évacuée au large sur un banc, où environ deux mois après on trouva encore du monde vivant qui probablement s'était caché lors de l'évacuation, en est une preuve frappante. Nous pouvons ajouter, à ce sujet, avoir vu le vaisseau de la compagnie anglaise *la Sarah* qui, pour se dérober à notre poursuite, se jeta vent arrière en filant huit nœuds, sur la côte dangereuse de *Ceylan*; nous crûmes tout perdu, mais au contraire, ce vaisseau se maintint fort longtemps : il sauva même sa cargaison. On doit donc avant de prendre ce parti désespéré, voir quelle est la position du bâtiment, quelle est sa cargaison et quelle est son artillerie; il faut essayer si en jetant celle-ci et les ancres à l'eau, ou si en laissant jauger le bâtiment, il n'est pas possible qu'il finisse par se soutenir parce qu'il sera chargé, soit de vins, de liqueurs spiritueuses, de farine, de planches, etc., soit d'indigo, de sel, de charbon, de sucre, ou autres objets qui fondent ou diminuent beaucoup de poids. C'est surtout ici que la précaution déjà mentionnée dans le chapitre III, de vider ses pièces et de les bonder ensuite, peut être d'une grande utilité. Un bâtiment coulé jusqu'aux gaillards peut encore naviguer; plusieurs ont fait ainsi de longues routes; et quelle douleur, quelle honte pour un capitaine qui a pu gagner la terre dans ses embarcations, s'il apprend par la suite que son bâtiment a été trouvé à la mer, ou a été sauvé et conduit au port!

Dans tous les cas, on ne quitte son bâtiment qu'autant

qu'on n'a pu réussir à extraire l'eau avec toutes les pompes qu'on peut employer, et en faisant un puisard au milieu du navire d'où l'on jette l'eau à l'aide de chaînes d'hommes munis de seaux. Si les clapets des heuses sont usés, on les supplée, dans un moment pressé, par un boulet du calibre de la pompe; si l'équipage est trop fatigué, on peut le soulager, comme cela s'est vu pratiquer, au moyen d'une pièce de quatre pleine et bondée; on la jette sous le vent en dehors du bord, et elle tient au navire par une aussière, laquelle passant dans une poulie de sous-vergue, aboutit au bout de la bringuebale. Le mouvement des lames et du bâtiment approche et éloigne alternativement cette barrique de la vergue; et comme la bringuebale est rappelée vers le pont par un poids dont elle est chargée, il en résulte un mouvement de va-et-vient qui peut faire jouer la pompe. Rien ne s'oppose à ce qu'on mette ainsi plus d'une pompe en jeu. Il est fort dangereux alors d'avoir à bord du sable ou du charbon en poussière, parce qu'il peut engager les pompes, et il serait imprudent de ne pas l'avoir arrimé de manière à ce qu'il fût contenu soit par des cloisons doublées de feuilles de plomb laminé, soit dans des soutes revêtues de prélats, ou au moins de fourrure; le sucre, quand il est mouillé et qu'il n'est point contenu, peut aussi engager considérablement les pompes, en s'y présentant alors sous la forme de mélasse : nous en fûmes témoins près de la *Nouvelle-Hollande* sur notre riche Prise l'*Althéa*; et plus nouvellement, le navire *le Georges IV*, qui s'est perdu sur la côte d'*Afrique*, en a fait la triste expérience.

Il y a, enfin, des pompes dont le corps consiste en quatre ou même trois planches, et qu'il est facile de construire à bord dans les cas urgents; elles sont décrites dans notre *Dictionnaire de Marine*, page 578.

On ne doit pas négliger dans ces circonstances, de mettre des vivres disponibles dans les hauts, de les y tenir à l'abri, et d'avoir ses embarcations parées; un bon canot, bien armé, habilement conduit, suffisamment pourvu, peut franchir de très-grandes distances et braver quelques mauvais temps. Qui ne connaît en effet le succès, en ce genre, du Capitaine *Bligh* élève et compagnon du célèbre *Cook*, qui, en 1789, dans un bateau portant dix-neuf hommes, traversa 1,200 lieues, et eut encore à braver les tourments de la soif? Il ne dut son salut, d'abord qu'à la force morale de son caractère, et en second lieu qu'à l'expédient de cher- cher un moyen de désaltérer son équipage en en faisant mouiller et tremper les vêtements à l'eau de mer.

Si le bâtiment se soutient, on fait voile vers le port le plus à portée ou vers les parages les plus fréquentés, on tire de temps en temps des coups de canon ou des bordées d'alarme, on lance des fusées pendant la nuit et l'on brûle de fortes amorces; enfin si l'évacuation devient indispen- sable, un capitaine quel qu'en soit le moment, ne doit ja- mais quitter son bord que le dernier : c'est son devoir. Il y va de l'honneur, et l'honneur nous survit!

III. On a souvent demandé que tous les bâtiments fus- sent munis d'un *Canot Insubmersible* soit pour aller porter du secours aux hommes tombés à la mer, soit pour servir à opérer le sauvetage de l'équipage d'un navire jeté à la côte, soit enfin pour les cas fortuits de naufrage au large : cette embarcation serait encore très-utile quand il y a lieu à com- muniquer avec un bâtiment que l'on rencontre en mer. Plusieurs canots ou chaloupes remplissant ce but ont été récemment proposés et essayés avec succès; tel est, entre autres, celui de M. *Lahure*, du Hâvre, qui est décrit dans les *Annales maritimes* de 1846, page 727.

On ne saurait trop recommander également aux marins, les *Ceintures de sauvetage*, expression générique par laquelle on entend les corsets, gilets, vogueurs, cuirasses, nautiles, ceintures de toute espèce, inventés pour être attachés au corps de l'homme et le tenir flottant sur l'eau. L'utilité de ces appareils est d'une évidence palpable, et tous les bâtiments devraient en être abondamment pourvus : il en est ainsi sur la plupart de ceux des *États-Unis d'Amérique*, et on lit dans le rapport du naufrage de *l'Atlantic* qui se perdit en **1846** près de *New-York*, qu'au moment du danger, des ceintures de sauvetage furent jetées en quantité soit sur le pont, soit à la mer ; que les passagers ou autres se les attachèrent au corps ou s'en saisirent, et qu'un grand nombre d'entre eux, flottant sur l'eau à l'aide de cet appareil, furent portés par les lames jusqu'au rivage, et sauvés ainsi d'une mort à laquelle fort peu d'entre eux auraient échappé sans cela.

CHAPITRE XV.

I. Des Grains et des Rafales. — II. Des Orages ; du Feu ou de l'Incendie à bord, et de la Combustion Spontanée. — III. De l'influence de l'Orage, du Temps et du Bâtiment sur les Boussoles. — IV. Moyen de Suppléer l'Aiguille Aimantée.

I. Il est des circonstances où un navire peut se mettre à la cape, ou fuir devant le temps, sans pour cela qu'il soit exposé à souffrir autant et aussi longtemps que pendant ces crises violentes dont nous avons parlé dans les deux derniers chapitres : ces circonstances sont celles des *Grains* et des *Rafales*.

Les *Grains* sont des surventes momentanées quelquefois
très-fortes, mais qui durent peu et qui quoique susceptibles
de se réitérer souvent et à de courts intervalles, permettent
cependant à la mer de se calmer pendant ces intervalles, et
cessent ainsi d'exciter avec la même force l'agent qui contribue le plus à fatiguer le bâtiment pendant les tempêtes ;
on voit d'après cela qu'un grain est en général moins redoutable qu'une bourrasque ou qu'un coup de temps ; mais
comme il vient quelquefois à l'improviste, ou que des officiers imprudents l'attendent avec une confiance trop peu
réfléchie, il en peut résulter des avaries très-graves dans la
mâture ou dans la voilure ; quelquefois même le bâtiment
engage et se trouve dans l'impossibilité d'arriver.

On reconnaît le plus souvent l'approche d'un grain par
un nuage à l'horizon plus foncé que ceux qui l'environnent ; il s'élève avec une rapidité qui peut révéler sa force à
un praticien. A son approche, le jour et la mer se rembru-
nissent, il brise la crête des lames, et quand un sifflement
prononcé se fait entendre, il va fondre sur le navire. D'autres fois les grains s'annoncent par un nuage blanc à l'horizon ; ceux-ci sont très-pesants et sont connus sous le nom
de *grains blancs*. Il arrive encore que les grains passent
par le plus beau ciel, sans qu'aucun nuage les indique ; ils
se nomment alors *grains secs* et ils sont fort à craindre ;
rien en effet ne peut les signaler, si ce n'est un changement
dans l'agitation de la mer vers l'endroit d'où ils viennent,
et qui précède de peu leur arrivée ; mais on peut ne pas
s'apercevoir de cette agitation dans la sécurité où l'on se
trouve, et à laquelle un marin ne devrait jamais s'abandonner.

Le grain augmente quelquefois jusqu'à son milieu seulement, et quelquefois il se fait sentir dès l'abord avec le

plus de force. Il arrive même que le grain paraît finir, et qu'un moment après, on ressent un coup de fouet qu'on appelle la *queue du grain*, mais qui est ordinairement de peu de durée. Le vent qui, assez généralement, a une direction parallèle à l'horizon, souffle quelquefois de haut en bas pendant les grains et autres dérangements du temps ; ce n'est jamais que de quelques degrés, mais cela rend le grain beaucoup plus dangereux. Les grains viennent parfois de sous le vent et en font tout à fait changer la direction ; d'autres fois, après le grain, le vent reprend le cours qu'il avait. On voit aussi des grains qui amènent de violentes sautes de vent ; d'autres sont mêlés d'orage ; d'autres sont coupés par des moments de calme plat, quelques-uns sont très-pluvieux avec ou sans vent, et tous annoncent généralement un changement de temps. Les grains quoique très-caractérisés dans certains parages, près des îles et à certaines époques, sont d'ailleurs de tous les temps et de tous les lieux ; et les divers détails dans lesquels nous venons d'entrer font un devoir, lorsqu'on en soupçonne l'approche, d'user de beaucoup de prudence et d'une vigilance extrême, surtout si le grain s'élève de quelque partie de l'avant ou du côté du bossoir de sous le vent ; dans ce dernier cas, si l'on est au plus-près, il n'y a pas à balancer et il faut mettre sur l'autre bord ou, en général, changer de route afin de ne pas masquer à son approche, afin de le recevoir par l'arrière, et afin même de gagner au vent sur la route précédente, en gouvernant alors au plus-près si la force du grain ne l'empêche pas.

On ne saurait prescrire exactement la manœuvre à faire pendant un grain ; car tout dépend de l'état actuel des choses. La manière dont un capitaine ou un officier de quart l'envisage, peut seule lui servir de règle ; l'un et l'autre sont responsables d'événements qui pourraient être causés par leur inattention ou par leur obstination à conserver trop de voiles. Il est néanmoins convenable de ne pas paraître craintif, car la prudence ne doit jamais porter l'empreinte de ce caractère ; ainsi, dès qu'on voit paraître quelques symptômes positifs d'un grain, il faut se borner à éviter d'être surpris, à rendre son bâtiment manœuvrant, et à avoir moins à faire dans le moment critique, ou plus de monde prêt à agir par la suite : d'après cela, il faut se contenter de serrer toutes les menues voiles y compris les perroquets, ou toutes les voiles gênantes, aussi bien que celles qui pourraient empêcher d'arriver, comme grand-voile, brigantine, bonnette basse, grand-voile d'étai, grand foc. On peut pourtant à cause de l'embarras que donnerait la grand-voile, se contenter de la carguer ; ensuite on s'assure que les bras du vent sont bien appuyés : si l'on croit pouvoir conserver le grand foc on doit le rentrer à mi-bâton, et à cause de la force du vent, il sera probablement nécessaire de le haler bas pour rapprocher son amure ; en rehissant le foc on aura soin de le border à faux frais pour qu'il batte moins. Quant à la bôme, il faut la placer et la bosser sur son croissant lorsque la brigantine a été carguée.

D'ailleurs, on évite de gouverner trop près dans la crainte de faire chapelle ; on répartit promptement son monde sur les cargue-points et autres cargues, sur les drisses, les écoutes des huniers et sur les bras du vent ; et dans cette situation on peut attendre de pied ferme. Le grain à bord, s'il vente assez pour mettre en danger les mâts ou les voiles, on arise ou amène les huniers, suivant la force du vent, en brassant au vent, pesant fortement sur les cargue-points, embraquant le mou de la bouline, et choquant ou

filant les écoutes de sous le vent, s'il est nécessaire, pour déventer ces voiles ou pour soulager le bâtiment. S'il survente,
on laisse arriver et on cargue les huniers ; le grain passé, l'on
revient en route, et lorsqu'on le juge convenable, on prend,
pour les grains à venir, un ou deux ris de plus qu'auparavant : il faut alors que la vergue soit bien assujettie, et si l'on
n'avait fait qu'amener les huniers il faudrait avoir eu soin
que les cargue-points eussent été bien amarrées, car on a
vu faute de cette précaution, des huniers gonflés par le
vent se rehisser par sa seule action. Si l'on faisait quelque
avarie pendant le grain, telle que voile déchirée, écoute,
bras, vergue cassés ou toute autre, on laisserait arriver sur-
le-champ et l'on tâcherait de sauver la voile, ou d'empêcher que l'avarie n'augmentât. Plus tard nous parlerons de
ces avaries avec plus de détails. Lorsque les grains menacent et viennent de l'arrière ou de la hanche, il y a bien
moins de risques et l'on prend moins de précautions.

Les petits bâtiments, dont la brigantine est une des
voiles principales, ne s'assujettissent pas toujours à la carguer pendant un grain ; ce serait trop long, et il pourrait y
avoir du danger ; ils l'abaissent jusque sur la bôme, ainsi
que la corne à laquelle elle est enverguée. A bord des grands
bâtiments où l'on peut la remplacer par l'artimon en cas
d'apparence de grains ou de mauvais temps, la corne est
installée à demeure, et quelquefois même les drisses y sont
suppléées par des suspentes. Les palans de garde auxquels
on commence, sur les grands bâtiments eux-mêmes, à substituer de simples manœuvres immédiatement frappées à
la corne, ne sont pas employés à bord des brigs ; on les y
remplace par un cordage, qui fait aussi fonction de hale-
bas, et qui est passé dans une poulie au pic, lequel est l'extrémité extérieure de la corne ; les bouts de ce cordage des-

cendent sur le pont, et sont liés par un nœud qui empêche
cette manœuvre de se dépasser. A l'aide de ce hale-bas, on
peut encore abaisser ou apiquer la vergue dans un grain,
pour la ramener en dedans du bord, ou bien on peut la
diriger au besoin entre les balancines afin de l'établir. La
drisse de la corne sur ces navires est ordinairement à itague, à cause de son fréquent usage et de la faiblesse de
l'équipage.

On voit des personnes qui, au lieu d'arriver quand le
grain force, lancent dans le vent pour en rendre l'impulsion plus oblique, et afin de soulager ainsi leurs voiles qu'ils
carguent, s'il le faut, quand elles barbeient. On reste ensuite à la cape, et l'on fait moins de chemin sous le vent
qu'en laissant porter; mais cette manœuvre est fort dangereuse, car en allant à l'encontre du vent, son action peut
regagner ce qu'elle doit avoir perdu par sa plus grande
obliquité; et lorsque les voiles barbeient, elles peuvent être
ou déchirées ou emportées. Qui peut même assurer qu'un
lan involontaire ou qu'une déviation du vent ne les fera
pas masquer tout à fait et ne compromettra pas la mâture?
C'est cependant la manœuvre à faire quand, par un temps
à grains, on cherche à se relever d'une côte sous laquelle
on est affalé; encore vaut-il mieux carguer les huniers
avant de lancer au vent ou tout en y lançant, et mettre à
la cape sous l'artimon, le petit foc et les huniers cargués;
toutefois il y a perte de temps, car après le grain il faut reborder les huniers, les rehisser et les réorienter. On ne doit
pas négliger, dans ce cas-ci, de carguer à l'avance la misaine, que sans de grands inconvénients, l'on ne pourrait
exposer à faire faseyer ou masquer, et que l'on doit au contraire conserver lorsqu'on est résolu à laisser arriver, en
cas que le grain vienne à trop peser.

Une *Rafale* est encore une survente momentanée moins pesante en général qu'un grain, mais plus forte qu'une risée. Elle a lieu sans changement apparent de temps, et près d'une côte, elle est souvent due à la configuration des terres. Une rafale est d'autant plus dangereuse pour un petit bâtiment surtout, et encore plus pour un canot, qu'il a moins d'air à l'instant où elle éclate; en effet, l'action du vent sur la voilure est évidemment d'autant plus grande, que chacun des points de la voilure échappe moins à cette action, ou que la vitesse est plus petite.

Quelques navires marchands dont l'équipage est faible, et pendant un temps décidé à grains ou à rafales, particulièrement s'ils ont quelque peu de largue, serrent leurs voiles carrées, restent sous quelques voiles auriques et latines, et sont ainsi très-bien disposés à prendre de courtes capes si le vent force trop.

La manœuvre de lancer au vent, convenable aux petits bâtiments gréés pour le plus-près qui essuient une survente, ne doit s'exécuter à bord de ceux qui ont des voiles au tiers ou à bourcet, et en filant l'écoute de misaine, qu'autant que le vent est du travers ou de l'avant du travers; s'il est un peu plus largue, il faut filer toutes ses écoutes et laisser arriver : à l'égard des canots surtout, il faut en agir ainsi; l'on conçoit que dans le premier cas, le canot est debout au vent et par conséquent sauvé avant d'avoir pu chavirer; dans l'autre au contraire, l'embarcation courrait le plus grand danger, car chargée par sa grand-voile qui porterait encore longtemps et par la partie de l'avant de la misaine qui est amurée, elle aurait sombré avant d'avoir rallié le vent. Il est vrai cependant qu'on peut aussi filer l'écoute de grand-voile et loffer sur l'air que l'on a : le parti le plus prudent en ce cas-là, quand on a du largue, et qu'on navigue sur un bâtiment à voiles latines, auriques ou au tiers, c'est lorsqu'on craint ou prévoit une rafale, de rallier un peu le vent à l'avance pour pouvoir ensuite loffer sans danger. On doit redoubler de prudence si la marée ou le courant porte au vent, puisque alors l'action du courant poussant le navire à l'encontre du vent, les voiles doivent se trouver plus chargées et conséquemment le canot doit se coucher davantage; mais c'est là l'unique effet du courant, et c'est méconnaître cet effet que de dire, comme il arrive quelquefois, que pendant que le vent tend à faire coucher la partie émergée, l'action du courant qui prend par-dessous est de relever la partie immergée vers le bord du vent, et de concourir ainsi avec les voiles et les mâts à faire chavirer l'embarcation. Il est évident en effet que, quelle que soit la force du courant, son seul résultat, en ce cas, consiste dans la translation horizontale des corps qu'il entraîne, sans leur donner aucun degré d'inclinaison par lui-même.

On sait combien les accidents funestes sont fréquents aux canots, on sait que de petits bâtiments peuvent être chavirés pendant un grain, on sait que de grands bâtiments font de fortes avaries et engagent; il ne faut donc jamais perdre de vue les leçons de l'expérience; mais on doit aussi s'appliquer à essayer et à connaître son bâtiment afin de pouvoir user de toutes ses ressources quand l'occasion s'en présente. Certes, je n'aurais jamais cru que des navires du commerce pussent porter les perroquets hauts, pendant une chasse que leur appuyait une frégate sûre de sa marche; et si la corvette anglaise *le Victor* ne fut pas prise vers ce même temps par cette frégate, c'est que la chasse eut lieu à l'époque du changement des moussons par un temps à grains, et que cette corvette, placée dans l'alternative d'être jointe ou de s'exposer à faire des avaries, profita de ces grains pour serrer un peu le vent, ce qui était déjà une fausse route, et pour porter une voilure que la frégate, qui récemment avait eu sa grand-vergue cassée, ne pouvait garder sans courir les risques de faire de nouvelles avaries ; avant de les avoir réparées, la frégate, à son tour, aurait pu être enveloppée, poursuivie, et atteinte par des forces supérieures qui croisaient dans ces parages. Un capitaine qui laisse ainsi s'échapper une pareille proie doit avoir sur lui-même un empire bien puissant et bien digne d'envie ; mais il ne faudrait pas qu'on pût dire avec raison qu'il a outré les précautions.

Les *Temps forcés* dont nous avons parlé dans d'autres chapitres, les *Grains* et les *Rafales* ne sont pas les seuls accidents du temps ; il y en a plusieurs autres et de très-variés. Ceux qui ont le plus de rapport avec la navigation sont les *Orages*, les *Ouragans*, les *Tourbillons*, les *Trombes*, les *Sautes de vent*, les *Brumes*, les *Glaces* et les *Calmes*.

II. On appelle *Orage* une réunion de nuages ordinairement arrêtés par des vents opposés à la direction de ceux qui ont conduit ces nuages. Au point de rencontre, ils s'accumulent, et quand le ciel devient trop chargé, l'orage prend un cours et il éclate en pluie, grêle, vent, éclairs, tonnerre. Les orages sont souvent causés par des chaînes de montagnes ou par des terres élevées qui font face à la direction du vent, et qui y fixent des nuages portés par ces mêmes vents. Ils s'amassent, le vent calmit et l'orage commence. Un orage change ordinairement le temps, il le dérange souvent pour longtemps et il est quelquefois suivi d'un coup de vent. Un orage peut être coupé par du calme et par des changements de vent. En général, il faut alors avoir peu de voiles et n'en garder que de maniables ; si l'orage est violent mais avec peu de vent, il convient même de se mettre en panne pour éviter de déplacer l'air trop vivement; on ne doit pas négliger d'avoir la chaîne du paratonnerre à l'eau si le tonnerre gronde; on peut faire remplir d'eau les seaux, la pompe d'incendie, les bailles de combat, retirer les amorces des canons, et boucher la lumière de ceux-ci avec une mèche garnie de suif; on ne doit pas oublier de fermer les sabords, les hublots, les panneaux, les fenêtres et tout ce qui, par l'effet d'un courant d'air, pourrait offrir à la foudre un moyen de plus de parvenir à bord.

Si l'orage est d'un temps calme, comme aussi pendant les pluies ordinaires, on peut, lorsqu'on a une faible provision d'eau, faire les tentes et les utiliser pour recueillir de l'eau de ces pluies qui, quoique fade, peut servir à la chaudière ou à des usages de propreté.

Lorsque l'orage occasionne le *Feu* à bord, ou s'il s'y déclare par toute autre cause et qu'il prenne un caractère alarmant, il est prudent de faire route vers le port le plus à portée, vers la côte la moins dure si l'on est près de terre, ou de mettre en panne si l'on est au large, afin de n'avoir plus à s'occuper de la manœuvre, et de pouvoir disposer de tout son monde pour éteindre le feu : cependant si une allure quelconque présentait de l'avantage sous le rapport du vent, on la prendrait de préférence ; il faut s'abstenir de conserver, déployée, aucune voile basse qui serait dans le cas de communiquer le feu au grément. Alors, à l'aide de la pompe à incendie dont on a soin d'entretenir le bassin plein, à l'aide de chaînes d'hommes munis de seaux et qui prennent l'eau soit à la pompe d'étrave, soit à une pompe volante qu'on installe sous le vent, ou qui puisent dans la mer elle-même, on cherche à se rendre maître du feu. Des matelas, des couvertures, des voiles, des hamacs, des sacs, des fauberts, des paillets mouillés, sont de puissants moyens d'extinction en ce qu'ils interceptent la communication immédiate de l'air.

Si le Feu se trouvait renfermé entre deux ponts ou dans la cale et qu'il en repoussât les hommes qui le combattent, il faudrait fermer les panneaux et autres ouvertures, et s'attacher à les calfater de manière que la fumée n'eût aucune issue, et que par conséquent il n'y eût aucun contact avec l'air extérieur. Le Feu peut ainsi s'étouffer de lui-même, et s'il ne s'éteint pas, le mal croît lentement et donne le temps de rencontrer un bâtiment ou de gagner la terre. Plusieurs faits arrivés de nos jours, et notammment celui qui est cité par les *Annales maritimes* (2ᵉ partie de 1818, page 2), prouvent que le Feu peut ainsi se concentrer pendant plus d'une semaine. Le bâtiment est alors miné intérieurement; tout s'y est sourdement consumé ou fondu, et les murailles du navire ainsi que les pieds des mâts sont assez endommagés pour donner des craintes à l'égard des chaînes des porte-haubans et de la mâture. On doit prévenir l'arrachement de ceux-là ou la chute des mâts, et leur chercher d'autres points d'appui, tels que des grelins de ceintrage; si l'on suppose que le pied des mâts sera brûlé, on fera sur le pont une sorte de nouvelle emplanture aux bas mâts : alors on les soutiendra comme en sous-œuvre, par des barres de cabestan qui arc-bouteront sur le pont et qui s'appuieront sous un fort bourrelet en bois dont on garnira les bas mâts. Il est important de s'être assuré de quelques provisions dans les hauts, d'avoir noyé les poudres dès qu'elles ont été en danger, et de ne penser à rouvrir les panneaux si l'on peut croire le feu éteint, qu'avec la plus grande circonspection. Dans tous les cas, lorsque le feu est à bord,

il faut décharger ses canons. Si le tonnerre atteint le bâtiment par un de ses mâts et qu'il y mette le feu, il faut se
hâter de couper ce même mât. Généralement parlant, nous
supposons toujours que le navire dont il est question est
seul ; dans le cas actuel, s'il est en compagnie et en rade,
les bâtiments qui en sont ou trop voisins ou sous le vent,
doivent aussitôt changer de place ou de mouillage, et si le
feu devient menaçant, le navire qui en est atteint doit aller
s'échouer près de la côte ; on y trouve en effet plus de
moyens de sauvetage. Si le bâtiment est à la mer, il doit
faire route sous le vent de tous les autres avant de mettre
en panne ; dans les deux cas, il doit se hâter de signaler
l'événement pour recevoir des secours en hommes, en
pompes et en embarcations.

Nous ne saurions parler de l'*Incendie* à bord sans nous
occuper de celui qui est le plus dangereux, peut-être,
parce que rien n'en révèle l'existence, si ce n'est lorsque le mal a acquis un grand développement; c'est celui
qui provient de la *Combustion* ou de l'*Ignition Spontanée* de substances qui ont, généralement, un principe
d'humidité renfermé en elles, lesquelles peuvent s'embra-
ser au moindre contact d'un courant d'air, et qu'on ne
devrait recevoir à bord que dans un état de sécheresse
aussi complet que possible. Cette sorte d'Incendie ne laisse
pas que d'être assez fréquente.

Les substances dont nous venons de parler sont, entre
autres, le charbon de terre (particulièrement l'anthracite),
le coton, le chanvre, le lin, la laine, le foin, le soufre, la
chaux, et la poudre à canon. On a même reconnu que la
graine de lin, le safran, le minerai de cuivre, le charbon
de bois étaient susceptibles d'acquérir une chaleur telle,
que si quelqu'une de ces dernières étant entassée se trou-

vait en contact avec quelque autre d'une nature plus combustible, il en pourrait résulter l'Ignition Spontanée de
celle-ci.

L'Ignition peut, d'ailleurs, se déclarer sans l'effet d'aucun courant d'air, et par la seule cause de la fermentation :
le charbon de terre enflammé par l'effet de la Combustion
Spontanée pourrait être éteint en lui donnant de l'air, mais
sans qu'il y eût de courant établi, c'est-à-dire que dans une
soute, il faudrait en boucher le bas pour que ce courant
ne se formât pas, et en découvrir la partie supérieure, en
sabordant le pont s'il le fallait. On sait, en effet, avec quelle
rapidité un feu de forge brûle quand il fait voûte, et comme
il s'éteint promptement, lorsqu'on le découvre ou qu'il
touche le sol, et qu'on en expose les parties à l'air.

Pour les cas où la cargaison consiste en substances sujettes à la Combustion Spontanée, on a proposé comme
moyen de reconnaître quand il peut y avoir commencement d'Incendie ou disposition à l'Incendie, d'établir
des tubes verticaux en métal qui traverseraient la cale ainsi
que l'entre-pont, et dont l'orifice, débouchant au-dessus,
permettrait d'apprécier avec un thermomètre, s'il y a augmentation sensible de température dans quelqu'une des
parties de la cargaison.

Lorsque l'Incendie par Combustion Spontanée, se déclare sans avoir été pressenti, comme il fait éruption, alors
et immédiatement, avec une grande violence, il n'y a guère
autre chose à faire qu'à noyer promptement les poudres,
monter des vivres sur le pont en quantité, puis on agit
comme nous l'indiquons dans ce même chapitre pour les
cas où le Feu se trouve renfermé entre deux ponts ou dans
la cale. Il faut donc alors boucher, fermer, calfater toutes les
ouvertures, afin d'ôter tout accès à l'air extérieur, et faire

route vers la terre la plus voisine. Si le navire ne peut s'y rendre, il ne reste plus que la ressource des embarcations ou des radeaux pour sauver l'équipage.

L'Incendie peut encore provenir d'imprévoyance, comme de pièces contenant des spiritueux ou des liquides inflammables qu'on met en perce en en tenant une lumière trop rapprochée. On ne saurait donc être trop en garde contre tout ce qui, à bord, pourrait avoir un semblable résultat.

Il peut arriver, et nous en avons eu le douloureux spectacle, que les matelots mêmes du bâtiment où le Feu s'est déclaré, se jettent à l'eau et se hasardent, pour fuir un danger souvent exagéré, à chercher leur salut à bord d'un navire voisin : le mot d'*Incendie* si rarement prononcé à bord de nos bâtiments, la terreur panique dont il peut être la cause, l'envie de se distinguer en voulant se sauver d'une manière qui offre aussi des périls, l'ignorance où sont les matelots des suites funestes de leur désertion, tout porte à concevoir qu'il entre dans cette conduite plus d'étourderie que d'insubordination; mais les chefs sont coupables s'ils tolèrent une pareille violation de l'ordre. Un coup de sifflet doit être donné à cet effet; la peine doit être énoncée, et comme dès le principe, la garde a dû être sous les armes, que les sentinelles ont dû être posées au son de la générale, et que le commandement de prendre son poste conformément aux dispositions du rôle d'incendie, a dû être proclamé, il faut sans hésitation sévir envers les contrevenants. On ne doit aussi, dans ce cas-là, accepter de secours en hommes que le moins possible et ne les laisser monter à bord qu'avec leurs officiers, car en certains cas ce pourrait être une nouvelle source de confusion. Il faut pourtant garder le long du bord un grand nombre de canots en cas d'évacuation à effectuer; et si l'on est réduit à cette pénible extrémité, les officiers ne doivent pas souffrir qu'il soit embarqué un seul sac, une seule malle qui tiendrait la place d'un homme, qui causerait le moindre retard, qui dénoterait une préférence susceptible d'exciter des récriminations. Ce n'est pas en vain qu'un marin, en se soumettant à son devoir avec résignation, se serait confié à l'humanité de ses frères qui l'auraient accueilli, et à la justice du gouvernement.

En 1836, l'on a vu le capitaine du trois-mâts américain l'*Anisoon*, qui devint la proie des flammes, opérer l'évacuation de son bâtiment sur un radeau qu'il construisit à peu près selon le système décrit dans le chapitre précédent. Dans l'exécution de cette mesure, le capitaine déploya le plus admirable caractère. Après les privations les plus inouïes, après avoir épuisé jusqu'au dernier morceau de linge dont on fit sa nourriture en le réduisant en pâte, ces malheureux partis de *Batavia* depuis près d'un mois pour se rendre à *Boston*, furent rencontrés par le *Guilden-Stern*, bâtiment danois qui recueillit quatre-vingts d'entre eux (reste de cent neuf) dans un état qui approchait de l'insensibilité. Le radeau avait conservé la chaloupe et le canot de l'*Anisoon*.

III. Plusieurs circonstances atmosphériques et surtout les Orages et les Aurores Boréales *Influent* sensiblement sur l'étendue des variations de l'*Aiguille Aimantée*, au point même, a-t-on dit, de lui procurer une demi-révolution, c'est-à-dire de voir le Nord dirigé vers le Sud, et l'on a cité un naufrage sur les côtes de *Barbarie* par suite de ce phénomène si extraordinaire. Nous répéterons à ce sujet qu'en raison des diverses masses de fer telles que lest, canons, ancres, etc., que contient un bâtiment, peut-être aussi à cause de sa mâture, il y existe une Attraction Magnétique spéciale qui agit sur les Boussoles principalement vers les Régions Arctiques, que cette attraction affecte l'aiguille d'une déviation qui dépend d'abord de la place du compas sur le navire, et en second lieu de l'air-de-vent auquel on gouverne; enfin que l'effet de cette attraction n'a pas de régularité fixe dans sa marche et, de plus, qu'il est modifié non-seulement par les différences de température ou de densité de l'atmosphère, mais encore par la direction du vent. Pour obvier, autant que possible, à toutes ces déviations, il est recommandé par des navigateurs peut-être trop scrupuleux.

1° Si le bâtiment change de route, d'observer aussitôt la variation; s'il doit louvoyer, de l'observer une fois sur chaque bord; si le vent ou la température change visiblement d'intensité, de direction ou de densité, de l'observer encore;

2° Si l'on prévoit que le temps doive se couvrir et que l'on ait à changer de route, si un orage ou un grain s'approche, d'observer la variation pendant qu'on en a encore la faculté, et même de hâter, si l'on peut, la manœuvre de changer sa route, pour faire son observation sur celle que l'on doit garder;

3° Il est également recommandé de ne pas négliger de multiplier ces observations si l'on est par des latitudes élevées, près de chaînes de montagnes, de volcans, d'îles ou de continents; comme aussi de les réitérer à l'ancre afin d'avoir bon nombre d'indications qui puissent vous diriger, quand les observations seront impraticables;

4° De remarquer toujours avec soin la déviation ou la différence qui existe entre les compas d'observation et chacun de ceux qui sont dans les habitacles; de veiller à ce que les côtés des habitacles soient exactement parallèles à l'axe longitudinal du navire, et les côtés des boîtes à ceux des habitacles; d'avoir des habitacles doubles pour y mieux parvenir, et d'empêcher enfin que pour leur construction ou dans leur voisinage, il n'y ait d'autre métal et d'autres clous qu'en cuivre.

On attribue aussi une grande influence sur les boussoles, à l'électricité et aux rayons du soleil. Le capitaine *Flinders*, dans certains cas, a observé des différences de 8 et 9° entre divers relèvements d'un même objet, surtout quand ces relèvements se rapprochaient plus de la ligne Est-et-Ouest que de la ligne Nord-et-Sud; *Cook* en trouva de 5 à 6° en se servant de différents compas qui s'accordaient auparavant.

Pour pouvoir corriger ces variations accidentelles du compas, *Flinders* chercha à dresser une Table qui dispensât de répéter aussi souvent les observations à cet égard; mais cette table se trouve défectueuse en plusieurs circonstances, et nous ne la citons ici que pour faire remarquer que *Flinders* était, dès lors, sur la voie qui a amené l'invention du *Compensateur Magnétique* et de la *Table de Compensation* dont nous avons eu occasion de parler (chapitre VII) en traitant de l'*Attraction Locale*. L'amiral russe *Krusenstern* a également inventé, pour le même objet, un compas de route garni de fer-blanc.

Les déviations de la boussole prouvent qu'il faut se servir le moins possible de cet instrument pour lever un plan ou pour fixer la position d'un point sur une carte; les angles sont beaucoup plus exactement mesurés avec des instruments à réflexion, en particulier avec le *Cercle de Borda*, et les triangles qu'on résout par suite donnent des résultats plus vrais. Il est toutefois d'autres déviations qui tiennent aussi à l'*Attraction Locale* et que l'on voit affecter les compas ou boussoles suivant qu'on les place ou transporte sur divers points du navire. Comme le compas qui indique le mieux l'air-de-vent du cap du navire est celui de l'habitacle du vent, on a, pour obvier à ces différences, l'ingénieux *Graphomètre Marin* de M. *Duguerchets* dont nous nous dispenserons de donner la description en détail, parce qu'on trouve cette description dans les nouveaux dictionnaires de marine. Nous nous bornerons à dire que ce Graphomètre donne toujours le même air-de-vent que le compas de l'habitacle du vent.

Il est nécessaire lorsqu'on ne se sert pas d'un compas de route, de n'en pas laisser reposer la rose sur le pivot : toutes les roses doivent être serrées ensemble par couples ; la pointe du Nord de l'une touchant la pointe du Sud de l'autre sans être superposées l'une à l'autre ; les aiguilles doivent être toutes les deux dans une même direction, enveloppées d'un épais papier brun, et éloignées de toute autre couple. Avec ces précautions, les aiguilles loin de se détériorer, acquièrent au contraire une augmentation de vertu magnétique.

IV. Il est sans doute fort rare qu'un bâtiment perde tous ses compas et toutes ses aiguilles aimantées ; cependant la chose est physiquement possible par suite même d'un orage et du feu ; d'ailleurs on peut se trouver séparé de son navire à l'improviste et être privé de boussoles ; deux exemples s'en offrent à ma mémoire : celui d'un canot du vaisseau *le Marengo* qui, près du *Détroit de Gaspard* et à cause de la force du vent qui le surprit, ne put rejoindre son bord et ne se rendit à *Batavia* qu'après mille traverses ; et celui d'un *Radeau* dont nous avons tous entendu parler. Voici comment on peut se procurer un agent qui *Supplée* à cette perte en partie, et qui se trouve presque toujours à la disposition des marins : il est peu d'aiguilles à coudre qui n'aient une tendance vers le pôle magnétique, et qui placées délicatement à flot sur l'eau, ne la manifestent en se dirigeant vers ce pôle, la pointe se tournant vers le sud. On peut augmenter cette propriété en présentant l'aiguille au Sud avant de la faire flotter, et en la frottant dans le sens de cette même pointe avec le dos d'un couteau. Posée doucement sur l'eau que peut contenir un vase, une aiguille à coudre surnagera ; mais s'il y a des secousses et que sa partie supérieure se mouille, elle coulera aussitôt ; pour remédier à cet inconvénient qui est majeur à bord, on fait soutenir par un léger morceau de liége, plusieurs aiguilles auxquelles on a soin de donner des directions parallèles ; cet assemblage se range dans le sens du méridien magnétique plus promptement qu'une seule aiguille ne le ferait, et il ne coulera pas quelles que soient les oscillations du navire. La plupart des *Traités de navigation* indiquent les moyens de préparer et d'aimanter une pièce de fer ou d'acier ; et c'est préférable lorsqu'on peut mettre ces procédés à exécution.

CHAPITRE XVI.

I. Des Ouragans. — II. Des Tourbillons et des Trombes. — III. Des Sautes de vent. — IV. Des Brumes. — V. Des Glaces. — VI. Des Calmes. — VII. Considérations sur le Gouvernail.

I. Un *Ouragan* est une tempête extrêmement forte qui s'annonce ordinairement avec fracas à la suite d'un temps calme ou orageux, et dont la violence qui ne peut être contenue, va jusqu'à renverser les maisons, déraciner les arbres, forcer les hommes à se coucher ventre contre terre pour n'être pas entraînés ou pour pouvoir respirer, et faire sortir les eaux de la mer de leur lit habituel. Les ouragans cependant diffèrent essentiellement des tempêtes communes, en ce qu'ils sont sujets à des sautes de vent impétueuses, tourbillonnantes, spontanées, et que la mer tourmentée pendant leur durée, quelquefois de tous les points du compas et d'autant plus que le vent agit souvent alors de haut en bas, prend une agitation et une hauteur très-dangereuses. On a vu dans les Colonies, des bâtiments de trois à quatre cents tonneaux que des ouragans avaient jetés jusque par delà les quais. Nous avons déjà précisé (Chap. VII) quelles étaient, alors, la vitesse et la force du vent.

On peut partout éprouver des ouragans ; mais c'est le plus souvent entre les tropiques, c'est pendant les hivernages, c'est au reversement des moussons que se passent ces grandes révolutions de l'air, qui coïncident parfois avec des tremblements de terre. Un bâtiment libre de sa route doit éviter de se trouver à ces époques dans de tels parages ; et s'il s'y trouve pendant que l'ouragan se dénote, il ne doit pas l'attendre en rade où presque infailliblement il périrait, mais entrer dans le port, s'il est sûr, s'y amarrer à terre, ou appareiller pour le recevoir au large. La prudence seule et les circonstances peuvent alors indiquer la manœuvre convenable.

L'expérience semble indiquer, d'ailleurs, quelle est, dans chaque localité, la direction accoutumée de ces grandes crises de l'atmosphère, selon la manière dont elles s'annoncent à leur début ; d'après ces données, on peut tirer quelques indices relativement à la route à faire pour se retirer le plus tôt possible de la sphère de leur action. Dans le doute de l'air-de-vent à suivre pour y parvenir, la cape, quand elle est tenable, est regardée comme un bon moyen d'être moins longtemps exposé à la violence de l'ouragan : tels sont en abrégé les avis consignés dans les curieux ouvrages du savant Américain *Redfield* et du colonel anglais *Reid*.

Pendant les ouragans, le ciel est remarquable tantôt par la rapidité des nuages, tantôt par l'épaisseur et la rougeur de l'atmosphère ; leur précurseur est souvent une forte houle et quelques signes particuliers dans le temps, que les habitants du pays reconnaissent avec assez de précision. Il paraît que les ouragans se manifestent plus spécialement vers les lieux des zones torrides où se trouvent de hautes montagnes et d'antiques forêts ; mais l'on prétend avoir remarqué que ceux des *Iles Maurice* et de *Bourbon* diminuent de fréquence et de force, depuis que les travaux de la colonisation ont fait abattre beaucoup d'arbres et défricher beaucoup de terres.

II. Les *Tourbillons* sont une vive agitation de l'air tournant sur lui-même, et parcourant en même temps sur une direction constante, de grands espaces avec beaucoup de vitesse. Ils s'annoncent à la mer, en soulevant les eaux sur lesquelles ils se trouvent placés, et en les faisant écumer et voler avec un grand sifflement. Un bâtiment surpris par un tourbillon peut avoir des voiles emportées, perdre des mâts ou engager, et le tourbillon peut jeter de l'eau à bord ; aussi, lorsqu'on en aperçoit un s'approcher, fait-on bien de prendre la route qui en éloigne le plus ; si l'on voit qu'on ne puisse l'éviter, on manœuvre pour ne pas le recevoir par le travers et l'on cargue et serre toutes les voiles qui ne servent pas pour cette manœuvre ; on peut encore se mettre à la cape : dans tous les cas, on doit fermer les panneaux. On peut aussi apiquer les vergues des voiles serrées, ne laisser personne dans les hauts ni dans les hunes, et ne conserver sur le pont que les matelots absolument nécessaires; encore ceux-ci font-ils bien de se tenir fortement et d'être prêts à s'attacher au bord. Quoique la manœuvre de ne pas recevoir le tourbillon par le travers soit généralement indiquée, et qu'elle paraisse bonne lorsque la vitesse du tourbillon est grande et peut faire coucher considérablement le navire, cependant s'il paraissait n'en devoir pas résulter de danger pour le bâtiment, nous croyons qu'on ferait bien au contraire de manœuvrer pour ne pas recevoir le tourbillon en enfilade, puisque alors il agirait successivement sur tous les mâts et sur toutes les voiles, tandis que par le travers il n'exercerait son action que moins longtemps et, peut-être, sur une partie moins considérable du grément.

Une *Trombe* est une masse d'eau qui s'établit en colonne souvent évasée dans sa partie supérieure. Il se développe, dans cette partie, un nuage que l'on voit croître à vue d'œil et qui jette souvent de la pluie et de la grêle. Le milieu de la colonne est d'une couleur blanchâtre, il se compose de l'eau écumante qui se porte en bouillonnant de la mer au nuage, et qui est enveloppée d'une atmosphère plus brune, mais transparente; ces trombes sont ascendantes, il y en a quelquefois de descendantes. La trombe paraît engendrée par l'action d'un tourbillon à laquelle semblent, ainsi que dans la plupart des phénomènes dont nous parlons, se mêler des causes électriques. L'eau qui retombe des nuages a perdu son goût salin. Quoique la plupart des trombes se forment généralement pendant le calme, cependant elles doivent produire à bord les mêmes effets qu'un tourbillon, et y répandre beaucoup d'eau. Il est donc très-prudent de les éviter comme on évite les tourbillons. On a, d'ailleurs, pour usage, quoique ce ne soit pas admis par certaines théories, de chercher à rompre à coups de canon, la communication directe de la mer avec le nuage, et à y introduire, ainsi, un courant de l'air extérieur. On n'en voit guère que dans les lieux et pendant les saisons où la chaleur est assez forte.

Le capitaine *Melling* se rendant des *Antilles* de sous le vent à *Boston*, vit passer une trombe sur l'avant de son bâtiment où il était alors posté. Le docteur *Perkins* rapporte qu'il tomba tant d'eau sur le capitaine et avec une telle violence que celui-ci en fut presque renversé. La trombe passa avec le bruit des fortes lames, et l'eau en était parfaitement douce.

On cite encore la relation de la trombe vue le 6 septembre 1814 par le capitaine *Napier* de la Marine Royale Anglaise, à la latitude et à la longitude d'environ 31° N et 65° O. Elle était à 800 brasses de distance; sa base, d'où l'eau bouillonnait et s'élevait avec un grand sifflement, avait 100 mètres de diamètre ; sa hauteur angulaire de 40° indiquait une hauteur réelle de 1,200 mètres; on y remarqua un mouvement rapide en spirale; le vent était inconstant, assez vif, mais il n'y eut ni éclairs ni tonnerre. Coupée par un boulet, chaque segment flotta séparément; ils se réunirent ensuite, après quoi le phénomène se dissipa, et l'immense nuage noir qui lui succéda, laissa tomber beaucoup de pluie n'ayant aucun goût de sel.

Mais en fait de Trombes, rien n'égale ce qu'on vient d'éprouver dans les parages de la Sicile, à la suite d'une tempête des plus violentes. Deux trombes ayant la forme de deux cônes renversés et passant avec une extrême rapidité, ont traversé la *Sicile* près de *Marsala*, enlevant les toits des maisons, déracinant les arbres, et soulevant les hommes et les animaux qu'elles emportaient dans leurs flancs pour les laisser retomber plus loin soit sur la terre soit dans la mer. La pluie tombait par torrents; elle était accompagnée de grêle et de forts morceaux de glace. En passant par *Castellamare*, près de *Stabia*, les deux trombes ont détruit la moitié de la ville et ont transporté et jeté deux cents personnes à la mer. Plus de cinq cents individus ont alors péri tant sur terre, que dans les ports et sur les navires qui se trouvaient sur leur route. Dans une étendue de plusieurs lieues, le pays a été complétement ravagé. A ce récit, on doit très-bien comprendre la nécessité de diriger la route d'un navire de manière à s'éloigner, autant que possible, des trombes, lorsqu'on en voit se produire ou se former sur l'horizon, et, surtout, à tout faire pour éviter d'entrer en contact avec elles.

III. On appelle *Saute de vent* une variation soudaine et considérable de la direction du vent : lorsque après un calme un peu prolongé, le vent change, il y a changement et non saute de vent; de même, lorsque la direction du vent quitte le rumb d'où il venait et se rapproche d'un autre, en soufflant quelques instants de chacun des points intermédiaires, nous ne disons pas qu'il y a eu saute de vent, mais que le vent est monté vers le Nord ou descendu vers le Sud. C'est ainsi que le vent dans les beaux jours d'été de nos latitudes tempérées, se lève assez ordinairement avec le soleil, souffle du Sud à midi, et vient le soir de la partie du nord-ouest; comme alors il a suivi le cours du soleil, on nomme cette révolution brise solaire. Dans les colonies ou dans les lieux où la chaleur est très-grande, il y a aussi des variations de vent très-marquées, très-soudaines, mais qui, étant régulières, ne sont pas qualifiées du nom de sautes de vent : je veux ici parler des brises de terre et de mer dont la raison physique et principale paraît subsister, comme pour tous les vents réguliers et peut-être même les variables, dans la tendance qu'a l'air de se porter vers les parties de l'horizon où il est le moins condensé. La connaissance de ces brises et de ces vents réguliers, tels que les vents alizés, les vents généraux, les moussons et autres particuliers pendant certaines saisons, ou en certains parages comme la *Méditerranée*, la *Manche*, les divers archipels, golfes ou détroits, est une partie fort utile de la science de la navigation ; elle sert beaucoup pour faire de courts, de bons voyages, et pour attérir ou gagner le port avec succès. Nous n'entrerons pas dans ces considérations qui ne sont évidemment pas du ressort de cet ouvrage ; il nous suffit de les avoir indiquées.

Les sautes de vent comme celles que l'on éprouve assez fréquemment dans la *Méditerranée*, sont fort peu dangereuses, parce que le vent s'affaiblit graduellement, et que l'on aperçoit, d'un autre côté de l'horizon, marquer la nouvelle brise qui peut-être bientôt va vous masquer, mais sans danger. A l'aide de ces brises contraires, il n'est pas rare de voir dans cette mer, deux bâtiments ayant le cap l'un sur l'autre et être chacun vent arrière. Ils s'approchent ainsi jusqu'à portée de voix, alors la plus faible des brises cède, et la plus forte poursuit son cours ou cesse même bientôt. Mais telles ne sont point les sautes de vent pendant les grains ou les orages, quand règnent les ouragans, lors du reversement des moussons, et surtout dans les mers du *Canal de Mosambique*, ou dans celles qui l'avoisinent vers le sud et le sud-ouest. Nous y avons vu gouvernant à l'O S O, filer 11 et 12 nœuds vent arrière ; le soir vers quatre heures, le vent cessait, nous allions encore à 6 nœuds sur notre air, et les vents soufflaient déjà du sud-ouest au point de faire prendre la cape ; le

lendemain à la même heure le vent passait au N E avec
la même promptitude ; et pendant trois autres jours consé-
cutifs ; nous avons été témoins du même phénomène. On
ne saurait alors être trop prompt à carguer ou haler bas les
basses voiles (ou tout au moins la grand-voile), l'artimon, les
perroquets, le grand foc, les voiles d'étai ; à amener les huniers, à les brasser en pointe devant à l'encontre de derrière
et de manière à faire abattre : on gouverne à cet effet, suivant que l'on fait du sillage par la proue ou par la poupe. Nous
avions été également repoussés quelques années auparavant, de la *Baie de False* ensuite de celle de *Lagoa*, par
des sautes de vent très-violentes, après avoir pénétré avec
bon vent jusqu'à moitié baie : il ne serait pas sans exemple
qu'éprouvant de pareilles sautes de vent, un bâtiment se
couchât jusqu'au point d'engager.

IV. La *Brume* est une grande quantité de vapeurs ou
de gouttes d'eau très-déliées, répandues sur l'horizon, et
qui obscurcissent le jour ou troublent la transparence de la
partie de l'atmosphère la plus voisine de la terre, au point
de pouvoir restreindre la portée de la vue à quelques pas
autour de soi. Un bâtiment seul, au large, n'en est incommodé que sous le rapport de l'insalubrité, car alors le vent
est ordinairement faible. Si l'on navigue en compagnie, il
faut, pendant le jour, indiquer sa position par des coups de
sifflet, de tambour, de cloche, de fusil ou de canon ; la nuit
on y ajoute des fanaux, des fusées, des amorces, et dans
l'un et l'autre cas, il faut beaucoup veiller et se préparer
pour manœuvrer ou pour opérer, en cas de danger d'a-
bordage, comme nous allons le voir en traitant du calme.
C'est principalement dans les armées navales, les escadres
ou divisions et les convois, c'est aux points de croisière ou
d'intersection de routes fréquentées, c'est sur les fonds et

les mers des grandes pêcheries et autres, qu'il faut alors user de la plus grande surveillance.

Près de terre, il faut être très-circonspect dans sa route ou ses bordées, appeler des pilotes si l'on vient du large, leur faire connaître sa situation par des fanaux, des fusées ou des amorces, par des coups de canon répétés, et ne naviguer que sous petite voilure et la sonde à la main. Pendant les temps ordinaires de brume, il est sage d'ailleurs de laisser sur le pont le moins de monde possible, de tenir l'intérieur du bâtiment bien fermé, de le chauffer, de le fumiger et de l'aérer, quand le temps redevient beau, au moyen de fourneaux et de ventilateurs ou manches à vent. Il faut aussi interdire à la brume l'entrée des habitacles autant qu'on le peut. Les régions du nord et celles des zones tempérées pendant l'automne et l'hiver, sont sujettes aux brumes. On en voit aussi dans les parages qui avoisinent l'équateur; et faute d'avoir observé les précautions dont on ne doit jamais s'écarter surtout en temps de guerre, dix vaisseaux de la compagnie anglaise des Indes, portant trois mille soldats, seraient facilement devenus la proie de deux bâtiments de guerre français, qui s'en trouvèrent inopinément à portée de canon pendant un temps de brume et vers le tropique du Capricorne ; le vaisseau de soixante-quatorze, *le Blenheim*, qui les protégea en ce moment, put seul les sauver, malgré leur notable supériorité de force; mais, avant de s'être pu reconnaître, ce vaisseau lui-même lutta avec désavantage contre un seul des deux bâtiments qui était une frégate, et il fut très-maltraité.

V. On ne connaît qu'imparfaitement la région occupée au sein de l'Océan par les *Glaces Polaires*. Celles du pôle Sud sont beaucoup plus étendues que celles du pôle Nord, soit à cause du plus petit nombre de terres qui l'avoisinent, soit parce que le soleil réside un peu moins longtemps dans cet hémisphère, et qu'enfin la terre alors est dans son apogée. Celles du pôle Nord sont d'ailleurs moins inconnues; on les trouve souvent sous la forme de montagnes, même pendant le solstice, du 45e au 56e degré de longitude Ouest et jusque par le 41e de latitude ou quelquefois plus près de la ligne équinoxiale. Le capitaine *Gooday* du *Jones* vit, le 31 août, une île de glace de 1 mille et 1/2 de longueur et de 55 pieds (17^m,85) de hauteur, et le capitaine *Skidmore* du *Mississipi* en trouva plusieurs le 12 juin, qui étaient entre 50 et 54° de latitude, et par 42 ou 42° 30′ de longitude Ouest. On a moins de renseignements sur celles qui sont comprises entre l'*Asie* et la partie Nord-Ouest de l'*Amérique*.

L'atmosphère des glaces flottantes est grise et froide; le dégel est suivi de brouillards épais occasionnés par la perte de calorique que l'air éprouve en favorisant la fonte de la glace ou des neiges. Il est du devoir des marins d'éviter soigneusement ces glaces; des navires froissés entre leurs énormes blocs ont été écrasés ou fortement avariés par eux; les exemples en sont nombreux. Il faut donc prendre la route qui en éloigne le plus; il faut ou se faire remorquer par ses canots, ou ramer avec ses avirons de galère, pour se déhaler promptement de dessous les calmes qu'ils occasionnent et qui facilitent leur rapprochement du navire. L'instant où ces masses changent de base par la variation de forme que le dégel leur fait subir, est surtout très-dangereux. En pareille circonstance, le capitaine *Bennet* de l'*Oliver Elsworth* montra une grande prévoyance, en enveloppant son bâtiment de câbles et de pièces de bois en travers; il fut si froissé que les pièces de bois furent toutes réduites en morceaux, et il courut de grands dangers.

La partie d'une île de glace plongée dans la mer est à celle qui est émergée comme 60 est à 50. On voit par là qu'un bloc de glace qui aurait 10 mètres d'élévation au-dessus du niveau des eaux, supposerait une masse cachée de 12 mètres. La partie apparente pourrait facilement être dérobée à un œil même assez attentif par une mer médiocrement agitée, si le temps était brumeux ; or, comme la partie couverte par les eaux serait suffisante pour occasionner de graves avaries, on ne saurait trop recommander la vigilance la plus soutenue. En conseillant cette vigilance, nous avons particulièrement présente à l'esprit, la perte du brig le *Mount-Stone* qui, dans sa traversée de *Plymouth* au *Banc de Terreneuve*, toucha, un 7 de mai, avec un sillage de 8 nœuds, sur une masse de glace que personne n'avait aperçue. Le choc fut si violent que le capitaine *Coleman* et son équipage n'eurent que le temps de mettre la chaloupe à la mer et de s'y retirer avec quelques vivres ; le brig s'engloutit aussitôt, et il restait 100 lieues à faire ; le 17 mai, Coleman et un de ses compagnons étaient seuls existants, lorsqu'un navire les rencontra et les recueillit, mais réduits au dernier degré de faiblesse.

On a conservé le souvenir d'une glace très-considérable portée sur *Belle-île*, et qui ne fut fondue qu'au bout d'une année. On peut être averti de l'approche de ces espèces d'îles mouvantes, par des phénomènes météorologiques aisés à remarquer, entre autres, par une lumière propre que les nuages réfléchissent et qui a quelques-uns des caractères de l'aurore boréale.

Ces glaces ne peuvent provenir que des régions où règne un froid continuel ; on y distingue des zones de diverses nuances régulièrement superposées et jointes ensemble par des lits de neige ; quelques-unes sont diaphanes et blanches, d'autres tirent sur le vert et le bleu. Il est facile de reconnaître ici les produits accumulés de plusieurs hivers ; lorsque ces masses ont acquis beaucoup d'élévation, la force du vent, le dégel, les pluies en détachent quelques parties que les courants, le vent et le gisement des côtes dirigent vers certains parages ; il en arrive, par 50 et 55° de latitude, de 4 milles de circonférence sur 25 mètres de hauteur. Au delà du cercle polaire, il existe des îles de glace de 500 lieues de tour qui perdent moins en été qu'elles ne gagnent en hiver, et qui obstruent des baies et des côtes autrefois praticables. Tel est, entre autres, le passage entre l'île *Disko* et le *Vieux Groënland* que les habitants du *Nantucket* visitaient il n'y a guère plus de 60 ans.

VI. Le *Calme* est une cessation absolue du vent ; le navire ne fait aucun sillage, il ne gouverne pas (du moins par l'effet des voiles), et si, comme il arrive quelquefois, la mer quoique nullement ridée a conservé une forte houle, on roule excessivement puisqu'on n'est pas appuyé, et l'on souffre beaucoup. C'est le cas de bien peser les palans des drosses, ceux de roulis, de mettre les canons à la serre et de serrer les voiles qui, sans cela, seraient exposées à se beaucoup détériorer par les divers frottements qu'elles auraient à subir. Si l'on navigue avec d'autres bâtiments, on doit être paré à armer ses avirons de galère, à défendre les abordages avec des espars, à brasser les vergues en pointe pour être moins engagé, et à mettre les embarcations à la mer : les courants, quelque faibles qu'ils puissent être, et il y en a dans presque tous les parages, pourraient agir sur tel bâtiment plus ou moins que sur tel autre en raison de leur différence de tirant-d'eau, occasionner des abordages, et les canots les préviendront en remorquant au large le plus léger des bâtiments qui s'approchent. Pendant le calme on remarque des brises folles qui marquent au loin sur la surface de la mer et qui souvent n'arrivent pas jusqu'au navire; cependant lorsque ces brises se succèdent à de moins longs intervalles, elles annoncent le terme du calme. Dès qu'on en voit paraître quelqu'une à l'horizon, il faut établir ses voiles et les orienter pour la recevoir; et si elle vient jusques à bord, forcer de voiles et surtout de voiles hautes et légères.

Quand le côté d'où ces brises peuvent souffler est douteux, on brasse les huniers à l'encontre l'un de l'autre afin qu'ils s'usent moins en battant, et pour qu'il y en ait au moins un de plein de quelque côté que la brise vienne à souffler. Cette attention de veiller le vent, et celle de mouiller ses voiles avec une pompe à incendie pour qu'elles le retiennent mieux, est de la plus grande utilité; un mille seul que l'on fait de plus en route, peut permettre de recevoir quelque autre brise qui n'aurait pas atteint le navire, et occasionner dans la traversée une différence de plusieurs jours. Devant l'ennemi elle peut vous sauver, et le vaisseau *le Jason* que montait *Duguay-Trouin*, en fournit une preuve glorieuse : il prima de manœuvre, il eut même le talent et le bonheur de canonner un de ses adversaires, et il se déroba à une escadre entière qui l'entourait.

Si l'on navigue, de calme, sur des mers où le fond laisse la faculté de mouiller, on jette un plomb de sonde à la mer, ou bien l'on prend des relèvements pour s'assurer si l'on perd, et en ce cas, s'il n'y a pas trop de houle, on mouille, toutes voiles hautes, une ancre à jet, dite, alors, Ancre de Détroit, et qu'on installe sous le beaupré en orin de galère; on peut, ainsi, et nous l'avons vu au milieu des *Iles de la*

Sonde, en nous rendant dans les *Mers de Chine* à contre-mousson, faire jusqu'à vingt mouillages par jour sans
trop fatiguer son équipage. Dans la zone torride, pendant
l'été des latitudes tempérées, il fait souvent calme durant
la nuit sous la terre, et s'il vente alors, c'est en général
moins fort que pendant le jour.

Les calmes les plus constants sont ceux de l'équateur ; plusieurs fois nous y en avons éprouvé de plus de douze jours
sans ressentir la moindre agitation de l'air ; nous avons fait
d'ailleurs dans le *Golfe du Bengale*, lors de la mousson du
Nord-Est, une croisière de soixante-douze jours pendant
laquelle nous ne pûmes jamais atteindre trois nœuds ; et
une autre fois, un voyage des *Iles Séchelles* à *Sumatra*, qui
dura un peu plus de deux mois et lors de la saison la moins
défavorable ; sur les côtes du *Pérou*, les brises sont souvent
aussi très-faibles, et le vent n'y acquiert le plus ordinairement qu'une force médiocre.

Un bâtiment léger peut avoir la ressource de se faire remorquer pendant le calme par ses embarcations ou canots ;
on doit alors avoir soin de les couvrir de leurs tentes de
nage et d'en faire relever les hommes de temps en temps ;
mais cette ressource est très-insuffisante et ne peut guère
être employée au large, surtout si la capacité du bâtiment
est quelque peu considérable ; un moyen se présente cependant de franchir ces parages et de chercher des latitudes
peu éloignées où les calmes soient moins fréquents. Il a été
employé avec succès par le capitaine *Porter*, qui a été l'un
des Directeurs du service maritime aux *États-Unis d'Amérique* et qui commandait pendant les années 1812, 1813,
1814, la frégate *l'Essex* croisant dans l'*Océan Pacifique*.
Cette opération, ainsi que plusieurs autres du même genre,
telles que roues latérales mues par le cabestan ou par d'au-

tres agents, est certainement fatigante ; mais ne jugeât-on utile de l'employer que quatre heures le matin et quatre heures le soir, ce serait encore fort avantageux ; d'ailleurs près de l'ennemi, d'un danger ou aux attérages, elle peut tirer un bâtiment d'un mauvais pas ; en voici le détail : le Capitaine *Porter* construisit deux ancres flottantes dont le côté du carré était de 2 mètres, et il les plaça tribord et babord en dehors de la frégate ; le grelin de chaque ancre appelait de l'arrière et le hale-à-bord de l'avant ; quand on halait sur celui-ci, l'ancre, glissant sur la surface de l'eau, se rendait de l'avant ; là, elle prenait sa position verticale ; et en faisant force sur le grelin, le navire allait de l'avant. Un équipage de 300 hommes peut, par ce procédé, faire filer 2 nœuds à une frégate. Une conséquence de cette expérience est qu'on pourrait employer l'ancre flottante dans les touages en la faisant haler de l'avant par un canot ; il faut cependant supposer le courant nul et le vent calme.

On peut profiter du calme pour reprendre ses étrives de haubans et pour rider ceux-ci ainsi que les galhaubans. A ce sujet nous citerons les *Crémaillères* et les *Vis* de *Ridage* en fer, dont le mécanisme est connu de tous les marins. Les Crémaillères sont de l'invention de M. *Painchaut*, mécanicien de Brest ; mais M. *Huau*, autre mécanicien du même port, y a apporté une amélioration notable, en y adaptant le mouvement du cric, par l'effet duquel, une roue dentée jointe au levier produit un mouvement continu qui n'existait pas, et qui donne une puissance considérable. Les Crémaillères sont cependant dispendieuses, elles donnent un ridage inégal à cause de l'intervalle des dents, elles sont plus fragiles que le ridage avec du filin, cependant elles se recommandent par une grande promptitude d'effet, et elles s'opposent au pointage des bouches à feu moins que les rides ordinaires et leurs caps-de-mouton. Quant aux vis de ridage, elles donnent plus de précision dans le ridage que les crémaillères, mais malgré les étuis ou les boîtes en fer qui les recouvrent, elles craignent davantage l'oxydation. Toutefois, essayées sur la frégate *l'Érigone* pendant deux de ses campagnes, l'une aux *Antilles* sous les ordres de l'Auteur de ce Manœuvrier, l'autre dans les mers de *Chine* sous ceux de M. *Roy*, Capitaine de Vaisseau, elles ont été l'objet de rapports, dans lesquels ces officiers déclarent avoir eu à se louer de leur emploi. Depuis lors, elles ont été perfectionnées par M. *Huau* précédemment cité, et essayées, ensuite sur *le Caraïbe* commandé par M. *Bouët-Willaumez*, Capitaine de Vaisseau; cet officier a également attesté dans un rapport, que l'emploi en avait été favorable, et que les modifications de M. *Huau* procuraient, à cet égard, épargne de soins, de temps et de travail. On voit que ces mécanismes pourraient être fort utiles pour roidir les haubans dans le cas dont nous avons parlé au commencement du chapitre XII.

Mais pour en revenir au Calme, nous ajouterons que pendant qu'il règne, un bâtiment peut aussi en profiter pour changer quelque vergue ou quelque pièce de mâture si elle est douteuse; ou enfin pour faire telle autre opération de conservation d'objets ou de précaution qui alors n'occasionne aucune perte de temps, qui entretient l'activité dans l'équipage ou que la circonstance permet. Il faut faire ses tentes et arroser le corps de son bâtiment pour le conserver en bon état; il faut roidir les palans de drosse du gouvernail pour diminuer le jeu de celui-ci; il faut aussi visiter le navire à l'extérieur et en nettoyer le cuivre le plus bas que l'on peut, s'il en a besoin.

Une des occupations les plus importantes pendant le calme doit être celle d'étudier les courants ; l'on peut parvenir en général à en déterminer la force et la direction avec quelque précision, en faisant beaucoup d'observations astronomiques et en comparant, entre eux, les changements de position qu'elles indiquent ; on peut aussi faire plonger à diverses profondeurs, des corps d'assez de volume pour offrir quelque résistance ; ceux qui sont le plus à la surface de l'eau ressentent davantage l'influence de courants qui seraient superficiels. Enfin, on peut jeter par l'avant d'un canot, le fort plomb de sonde ou un grappin, et faire ajût d'une autre ligne. Le canot se met debout au courant ; il est moins entraîné par lui, qu'un autre canot ou qu'une bouée qu'on laisse aller en dérive pendant quelque temps. S'il y a fond, on prend dans tous les sens, avec des embarcations, autant de sondes que l'on peut, et l'on en garde note. On est aussi dans l'usage de jeter à la mer, de temps en temps, des bouteilles bouchées, cachetées et portant enfermé un morceau de parchemin ou de papier indiquant par une écriture forte, le point du navire et la date de ce point. Ces bouteilles trouvées par la suite, peuvent donner d'importantes notions sur la direction des courants, en comparant les différences d'époques et de parages, car pour qu'on puisse établir ces comparaisons, on est dans l'usage de publier toutes ces circonstances dans les journaux de diverses nations. Quand un canot s'éloigne du bord, il ne doit pas négliger de donner un coup d'œil sur le bâtiment ; il verra si rien au dehors n'est à la traîne, ou déplacé ou dégradé ; et il pourra rendre compte à son retour de quelque arc ou déformation de la mâture ou des vergues s'il y a lieu. Toujours un bâtiment doit concentrer les pensées, l'attention, les vœux de ceux qui sont destinés à y naviguer.

VII. Si de calme ou de petit temps, on donne dans une passe et qu'on craigne de mal gouverner, il faut faire clouer des planches en queue-d'aronde sur la partie supérieure du gouvernail, afin d'augmenter sa surface et pour lui donner plus d'action.

Passant à d'autres *Considérations sur le Gouvernail*, nous remarquerons que d'après *Bouguer*, l'angle le plus favorable de cette machine avec le plan longitudinal, est de 54° 44'; *Don Juan* l'établit de 45° sans dérive, c'est-à-dire, de 45° moins la dérive s'il s'agit d'arriver, de 45° plus la dérive s'il s'agit de loffer, et c'est sur ces données que l'on peut calculer son plus grand effet; mais pour obtenir cet angle, la largeur des bâtiments n'est pas suffisante, elle ne permet pas à la barre de s'éloigner assez de l'axe longitudinal du navire, et il faudrait la faire plus courte : pendant les petits temps, cette disposition serait avantageuse; mais dans les brises qui ne seraient même que modérées, il en résulterait l'inconvénient d'exiger l'application d'une très-grande force pour gouverner, et peut-être des drosses de plus de diamètre; or, comme l'angle de 35° suffit dans la pratique, on combine la longueur de la barre à cet effet, et d'ailleurs le gouvernail en est mieux maintenu.

Quelques personnes ont proposé de donner au gouvernail moins d'épaisseur à la partie qui avoisine l'étambot qu'à celle qui en est le plus éloignée, les deux autres surfaces qui, dans les gouvernails actuels, sont, lorsque la barre est droite, parallèles au plan longitudinal qui partage le bâtiment en deux parties égales et passe par l'axe de la quille, feraient alors avec ce même plan et de chaque côté, un angle de **8 à 10°**. Par là, on aurait sans raccourcir la barre, un angle de 45°; mais le gouvernail deviendrait plus lourd; il le serait vers les extrémités les plus éloignées des points de rotation ou de suspension; en culant, l'eau ne pourrait plus le frapper que sous un angle de 25 à 27° au plus; et quand le gouvernail serait droit ou à peu près, il tendrait davantage à diminuer le sillage. Ces obstacles empêcheront probablement cette forme de prévaloir. On a aussi proposé de se servir d'une barre plus courte, et d'installer une barre brisée pour obtenir l'angle de 45°.

Cette occasion de parler du gouvernail nous conduit à ajouter les développements suivants. La force du gouvernail ne doit pas être employée sans nécessité, car cette machine ne peut agir qu'en portant préjudice à la marche du navire; elle doit seulement venir au secours de quelques-unes des autres puissances qui seraient trop faibles, ou prévenir et corriger les lans produits par les coups de mer. Cette force est très-considérable en général; pour me servir des expressions de *Don Juan*, elle devient excessive à l'égard des autres, dans le cas où l'on court grand largue ou vent arrière; par conséquent une très-grande obliquité du gouvernail suffit alors pour obliger le bâtiment à tourner, et c'est ce qui rend si délicate l'opération du timonnier sous ces allures. A angles égaux et quand il y a de la dérive, la force du gouvernail est plus grande pour faire arriver que pour faire loffer, et cela s'explique par cette même dérive en vertu de laquelle la première de ces impulsions est augmentée. Un navire à la bande sent d'autant moins son gouvernail qu'il est plus couché; s'il veut arriver et qu'il éprouve à cet égard quelque difficulté, la barre étant au vent, la position du gouvernail tend elle-même à faire plonger l'avant et peut contribuer, comme l'observe *Romme*, à augmenter cette même difficulté ; c'est un effet immédiat de la direction des forces qui agissent sur lui en ce moment. La figure du corps du navire peut altérer très-considérablement non-seulement la direction, mais aussi la vitesse avec laquelle l'eau frappe le gouvernail. Il paraît que l'étambot sans quête donnerait plus de puissance à cette machine puisqu'elle pourrait être plus directement opposée au choc de l'eau ; enfin, la recherche des lignes d'eau les plus favorables à la marche et au gouvernail, doit sans cesse occuper les officiers qui désirent les progrès de leur art.

Pendant le cours des explications des manœuvres qui ont été jusqu'ici l'objet de notre attention, nous avons généralement supposé la voilure et la mâture exemptes d'avaries ; mais malheureusement, il n'en est pas ainsi dans la pratique ; la science du navigateur est non-seulement de faire évoluer son navire, mais encore de prendre des précautions pour prévenir ces avaries, et quand elles ont lieu, de savoir les réparer. Celle de la perte du gouvernail demande particulièrement qu'on entre dans plusieurs détails pour expliquer les manières proposées ou usitées de remplacer cette machine, ou d'en installer une autre non adhérente elle-même au corps du bâtiment, et qui puisse la suppléer au moins en partie. Notre tâche serait donc incomplète si nous négligions de parler de ces points essentiels ; nous y consacrerons quelques pages avant de passer aux manœuvres dont il nous restera à nous occuper.

Nous allons commencer par traiter des moyens de prévenir les avaries, en réduisant la voilure lorsque le temps est mauvais.

CHAPITRE XVII.

Établir, Carguer, Serrer les Voiles, de Mauvais Temps.

J'ai dû supposer jusqu'ici que nous savions tous comment on *Établissait*, *Carguait* et *Serrait* une voile; on a pu l'apprendre, même avant d'avoir fait campagne, soit pendant l'armement, soit en participant aux exercices des rades, ou enfin lorsqu'il y avait lieu à mettre les voiles au sec; mais ceci ne comprend que les cas ordinaires de la navigation, et en le détaillant, je n'ajouterais rien qui ne fût superflu. Il n'en est pas ainsi, lorsqu'on passe aux cas *de Mauvais Temps*; les avis sont même partagés, sur certains points, parmi des Officiers de mérite. Après avoir pesé le pour et le contre avec beaucoup de soin, j'ai adopté le parti qui m'a paru le mieux fondé en raisonnement et le plus avantageux. Je l'exposerai avec les raisons qui ont déterminé mon opinion, opinion que j'ai fortifiée par de nombreuses expériences.

Je supposerai en outre que le vent est du travers ou du plus-près, parce que lorsqu'il est de l'arrière on opère sur les deux points à la fois, et qu'il n'y a de risques à courir qu'autant que l'on filerait, quand on veut établir, plus des cargues qu'on n'embraque des écoutes; ou lorsqu'on veut carguer, que l'on filerait plus des écoutes qu'on n'embraque des cargues, en un mot qu'on se laisserait gagner. Observons aussi qu'en général dès que les voiles sont carguées, il faut mettre beaucoup de promptitude à les serrer. Par un temps ordinaire les hommes doivent être éloignés, l'un de l'autre, de 2 pieds (environ 67 centimètres) pour serrer une des voiles majeures d'un vaisseau ou d'une frégate.

ÉTABLIR ET CARGUER UNE BASSE VOILE, DE GRAND VENT. — Il faut que les bras et les balancines soient bien roides pendant que les gabiers sont sur la vergue ; dès qu'ils ont largué les rabans, ils les cueillent sur l'avant de la vergue et l'on travaille à amurer la voile. On ne file les cargues qu'au fur et à mesure que l'amure appelle, ensuite on borde avec vivacité en achevant de filer les cargues à la demande. Pendant ce temps, il faut gouverner et brasser de manière à tenir la vergue telle que la voile soit à peine pleine, c'est-à-dire que le vent la gonfle le moins possible et qu'elle faseie même par intervalles. Dès que l'écoute est à poste, on brasse pour orienter, et l'on hale la bouline ; on appuie ensuite les bras du vent. S'il ventait assez pour faire ouvrir la voile et la faire orienter par le seul effet du vent, on se contenterait de filer le bras du vent en le contre-tenant à retour. Cette opération est la même lorsque le vent est moins fort, puisqu'on commence par le point du vent et qu'on finirait par celui de sous le vent ; la seule différence qu'on y remarque c'est que l'on prend plus de précautions ; et cela afin que la voile batte moins, qu'elle ne s'applique pas contre l'étai, et pour ne pas se laisser gagner. Si l'amure et l'écoute sont en simple, il devient peut-être nécessaire de frapper un palan pour les haler à poste, mais il faut auparavant en embraquer autant qu'on le peut à la main.

Pour carguer une basse voile, pesez sur la cargue-point et autres cargues de sous le vent, en filant l'écoute à la demande ; brassez un peu au vent en choquant la bouline du grand hunier s'il est dessus, ou bien loffez un peu pour diminuer l'action du vent ; halez toutes ces cargues autant à

joindre qu'il est permis de le faire, afin que lorsqu'on vient
à carguer au vent, il y ait le moins possible de toile libre
qui puisse s'appliquer contre l'étai ; disposez du monde
sur la cargue-point du vent et sur celles de fond ou de bouline qui ne sont pas à joindre ; larguez l'amure en douceur ; carguez jusqu'à ce que seulement la bouline commence à résister, alors filez-la à retour pour contre-tenir la
toile et achevez de carguer partout à joindre. Aussitôt roi-
dissez les drosses, les bras, les balancines, les palans de
roulis, et envoyez autant de monde qu'il est nécessaire pour
serrer la voile soigneusement et promptement. La promptitude est toujours une convenance du service ; dans ces
cas-ci et les semblables, il y a de plus l'intérêt majeur de la
conservation des hommes, des voiles, des vergues et de la
mâture.

Au lieu de loffer, comme nous l'avons dit, pour diminuer l'action du vent, quelques personnes, pensant que
cette oloffée peut devenir dangereuse, conseillent de filer
un peu de la bouline de grand-voile ; cette manœuvre nous
semble judicieuse, mais il y faut employer des hommes
bien entendus qui ne filent que ce qui leur est prescrit et
qui ne se laissent pas gagner. Dans ce cas en effet, les battements de la voile seraient très-forts et il faudrait laisser
arriver sur-le-champ.

Lorsqu'on serre une voile majeure, de mauvais temps,
il serait difficile de soulever les bouts-dehors ou de les pousser ; alors, au moyen des rabans, on saisit la toile par-dessus ; mais on observe avec soin de ne pas engager en même
temps les écoutes de la voile supérieure. On ne doit pas
trop relever les fanons de la grand-voile en la serrant, à
cause du frottement du grand étai. Si le vent était grand
largue, on pèserait sur toutes les cargues en même temps,

et l'on brasserait la vergue le plus en ralingue possible, pour pouvoir serrer la voile plus facilement.

ÉTABLIR ET CARGUER UN HUNIER, DE GRAND VENT. — On largue un hunier comme une basse voile; il faut aussitôt travailler à haler sur l'écoute de sous le vent qu'on hale à poste en ne filant encore les cargues qu'à la demande; il faut ensuite border de même au vent en se servant de palans s'il le faut, hisser la voile et haler les boulines. Il faut avoir soin de gouverner ou de brasser toujours de manière à ne mettre que très-peu de vent dans la voile. On ne négligera pas d'appuyer fortement le bras du vent, et il est prudent alors de soutenir les vergues par des faux bras. Ici l'opération est différente de celle où le vent est trop peu fort pour mettre la voile en danger, puisqu'on commence par fixer le point de sous le vent; nous en verrons tout à l'heure la raison.

Pour carguer un hunier, halez sur le bras du vent afin de diminuer l'action du vent sur la voile et celle de la vergue sur les haubans de sous le vent; amenez la vergue sur ses balancines en pesant sur les cargue-points et en embraquant le mou de la bouline; filez l'écoute du vent et de la bouline à la demande des cargues du vent; conservez alors un peu de vent dans la voile, et il en résultera que son action sur le fond de la toile sous le vent et par-dessous le point du vent, facilitera l'opération. Dès que toutes les cargues du vent et même une partie de celles de sous le vent sont autant halées que possible, on file l'écoute sous le vent en douceur, on pèse en même temps la cargue-point et les autres cargues de sous le vent, et comme alors rien ne retiendrait plus la voile sur l'avant et ne l'empêcherait de battre très-fortement, on la masque, mais peu, car elle **pourrait trop s'appliquer contre les haubans. Dans cette** partie de l'opération, l'action du vent qui prend par-dessous le point de sous le vent, la facilite encore, ou pour mieux m'exprimer, lui nuit beaucoup moins que si l'on avait commencé par carguer le point de sous le vent pendant que la voile aurait été pleine dans cette partie. Il y a d'ailleurs, en débordant au vent premier, l'avantage que la voile bat fort peu, et celui de pouvoir aisément brasser au vent, ce qui est presque impraticable lorsqu'on veut carguer sous le vent avant de carguer au vent. Le timonnier doit être très-attentif à gouverner et à ne point donner de faux coups de barre qui puissent ou trop masquer ou trop remplir les voiles.

Cette manière de procéder, entièrement opposée à celle dont on se sert pour une basse voile, rencontre quelques improbateurs qui prétendent qu'il faut agir pareillement dans les deux cas, et toujours commencer par établir au vent et par carguer sous le vent. Il serait certainement à désirer qu'il y eût uniformité entre les basses voiles et les huniers sous ce rapport ; mais alors ce seraient les basses voiles qu'il faudrait carguer comme on doit carguer les huniers, et non pas les huniers comme on cargue les basses voiles, et on l'exécuterait sans doute si la nature des choses le permettait et sans quelques autres causes qui s'y opposent ; nous allons développer ces idées.

Avant de carguer un hunier, on amène la vergue de hune sur le ton, les fonds de la toile sont fort loin de l'étai, et il y a peu de distance du point du vent à la poulie de cargue-point ; rien n'empêche donc que l'on ne cargue ce point, et l'opération ne peut durer longtemps : remarquons encore qu'un hunier s'établit sur deux vergues que l'on peut brasser à volonté, et de manière à déventer la voile s'il le faut ; enfin quand on vient à déborder le point de sous le vent d'un hunier, on peut masquer la voile ainsi amenée, et il n'y a aucun danger à le faire. Au contraire, une basse vergue ne s'amène point ; les fonds de la basse voile, si l'on carguait au vent premier, s'appliqueraient avec une force considérable contre l'étai dont ils sont fort près, et il y a beaucoup de distance du point à la poulie de cargue-point ; l'opération serait par conséquent fort longue. Observons qu'une basse voile s'établit par en haut sur une vergue, il est vrai ; mais si le hunier est dessus, on ne peut guère brasser cette vergue ; dans tous les cas, les points inférieurs sont des points du bord, fixes de leur nature et qui ne permettent pas de déventer la partie basse de la voile ; enfin dans ces circonstances, on ne saurait masquer une basse voile sans les plus grands inconvénients : pour citer un des moindres, la vergue ne s'amenant pas, la voile dans toute sa hauteur serait très-fortement appliquée contre les haubans.

Je me résume donc et j'établis ces points principaux : par un grand vent on doit carguer un hunier en commençant par le point du vent ; il faut moins de force, conséquemment moins de temps et la voile bat moins que si l'on commençait par le point de sous le vent. Une basse vergue ne devant pas s'amener, et une basse voile ne pouvant être, dans toute sa hauteur, brassée au vent et ne devant pas être masquée, l'étai étant de plus un obstacle insurmontable qui empêche de la carguer le point du vent premier, on doit commencer, pour une basse voile, par carguer le point de sous le vent, ce qui d'ailleurs soulage beaucoup le navire.

Il s'ensuit évidemment qu'on a dû manœuvrer à l'inverse quand on a voulu établir une voile, et qu'ainsi avec les mêmes précautions et les emplois analogues de bras, de cargues, d'amures, d'écoutes, de boulines, on commence, pour une basse voile, par fixer le point du vent ; et pour un hunier, par fixer celui de sous le vent. De beau temps, on pourrait en agir ainsi à l'égard des huniers, mais comme il n'y a aucun danger pour la vergue ni pour la voile, et qu'alors on cargue ces voiles non pour les mettre à l'abri, mais pour détruire leur effet, on déborde, pour y parvenir plus promptement, le point de sous le vent le premier, ou mieux encore les deux points à la fois, afin de pouvoir plus facilement brasser au vent. Il suffit donc de savoir reconnaître si l'on serre sa voile par précaution de sûreté ou pour cause d'inutilité. De même, pour border, on commence par le point du vent, parce qu'alors on peut exposer la voile à battre, et qu'une fois ce point rendu et la voile étant en ralingue, il devient très-facile de border à joindre sous le vent. Il est évident que le contraire serait plus pénible en ce cas-ci. Nous avons vu, d'ailleurs (chapitre XV), que lorsqu'on craint pour un bâtiment dont l'inclinaison devient trop forte, on doit dans tous les cas, filer les écoutes, surtout celles de sous le vent.

ÉTABLIR, CARGUER ET SERRER DES VOILES MOINS IMPORTANTES QUE LES VOILES MAJEURES, ET DE GRAND VENT. — Lorsque ces voiles sont établies, il est possible que le temps devienne assez mauvais pour qu'on doive les serrer avec des précautions, mais comme lorsqu'on les a établies, une des conditions nécessaires était, en général, celle d'un temps maniable, nous passerons tout de suite à l'opération de les carguer et de les serrer.

Un Perroquet : Les vergues de perroquet sont si peu assujetties, si élevées, si frêles, la toile en est si fine, il y a d'ailleurs si peu de force à employer et il faut si peu de temps, que le plus pressé est de soulager le mât et la vergue ; aussi cargue-t-on partout à la fois pour un perroquet et cela en l'amenant, le brassant au vent, et ne filant les écoutes et la bouline qu'à la demande des cargues; si on se laissait gagner et que la voile se capelât sur le bout de vergue ou s'engageât dans l'étai, il faudrait laisser arriver. On voit aussi carguer les huniers de la sorte par un mauvais temps, sans faire de différence entre le point du vent et celui de sous le vent : avec beaucoup de monde cette méthode est bonne, mais je crois qu'il y a plus de sûreté à agir de l'autre manière.

Lorsque, par suite, on dégrée les perroquets et qu'on les met sur le pont, on doit aussitôt passer la drisse en guinderesse pour être prêt à caler le mât; et si l'on vient à caler ce mât ou un mât de perroquet de fougue, ou même un mât de hune, on peut, si on le juge convenable, faire vent arrière, on doit installer un bon braguet, établir une cravate qui empêche le mât que l'on cale de trop s'éloigner au roulis du mât inférieur, et ne mollir les rides qu'au fur et à mesure que l'on vire ou palanque sur la guinderesse.

LE PETIT FOC : Pesez sur le hale-bas en larguant la drisse; quand la voile est bas, il faut la mettre dans le filet, l'y étouffer et la serrer; on file l'écoute avec beaucoup de précaution afin que le point ne batte pas, ce qui, d'ailleurs, serait dangereux pour les gabiers de beaupré; si l'on craignait que le foc ne fît trop de force ou ne battît trop, on pourrait laisser un peu arriver. Comme il peut y avoir lieu à établir cette voile de gros temps, nous dirons pour cette voile et pour les voiles latines ou auriques en général, qu'il faut les border avant de les hisser et ne filer de l'écoute, si cela devient nécessaire, qu'à la demande de la drisse.

LA GRAND-VOILE D'ÉTAI DE HUNE : Carguez sous le vent meilleur, halez bas en même temps, embraquez le mou des cargues du vent, filez l'écoute à la demande, larguez le point d'amure quand la voile est bas ; aussitôt étouffez et serrez la voile.

L'ARTIMON : Carguez sous le vent meilleur et particulièrement les cargues d'en bas où il y a le plus de toile afin de l'étouffer promptement; en même temps halez bas s'il s'agit d'une brigantine ; embraquez le mou des cargues du vent, filez l'écoute à la demande, et dès que la voile est rendue contre le mât, étouffez-la par quelques tours de raban et serrez-la soigneusement. Il est utile de loffer pendant cette opération.

UNE BONNETTE BASSE : Pesez sur le lève-nez en halant la toile dedans par en bas et en filant à retour la patte d'oie ; quand le lève-nez est assez pesé pour que la voile puisse se rentrer, filez la drisse d'en dehors, filez toujours la patte d'oie, rentrez alors la vergue d'en bas, et lorsqu'il n'y aura plus que la drisse d'en dedans qui fera force, filez-la mais seulement à la demande et à retour, car si vous vous laissiez gagner, le vent emporterait au loin le haut de la voile et la ferait déchirer ou engager quelque part. Si l'on craint pendant cette opération que la bonnette ne masque, il faut laisser arriver sans hésiter, et le timonnier doit être très-attentif à sa barre jusqu'à ce que la bonnette soit rentrée.

UNE BONNETTE DE HUNE : Il faut agir comme de beau temps si l'on veut la mettre dans la hune ; seulement il faut plus de monde qu'à l'ordinaire, et avoir soin de ne pas la masquer, ni de ne pas filer la drisse avant que la queue soit toute dans le hunier, ni enfin de ne pas la laisser emporter sur l'avant du hunier. Si l'on veut la mettre sur le pont, et c'est préférable par un gros temps à cause de la plus grande aisance qu'ont ceux qui la manœuvrent, du nombre plus considérable d'hommes qu'on peut y employer et de la direction presque verticale qu'acquiert alors la voile en descendant, il suffit d'envoyer une écoute en bas, et de haler dessus en filant l'amure et en tirant en dedans pour que la voile soit promptement déventée; on file alors la drisse et l'on rentre la bonnette.

CHAPITRE XVIII.

Prendre et Larguer des Ris.

L'action de *Prendre des Ris* consiste à réduire la surface de la voile en la repliant sur elle-même; pour y parvenir on fixe sur une vergue, ou quand il s'agit de voiles latines ou auriques on roule sur la ralingue de fond, successivement ou par portions, une ou plusieurs bandes de toile dont la hauteur est marquée par une rangée d'œils de pie. Le grand et le petit hunier ont quatre, et le perroquet de fougue trois de ces bandes dont la hauteur totale est les 3/7 ou plus exactement les 23/56 de la voile. Quelquefois, les ris de chaque hunier sont égaux entre eux; plus souvent le ris de chasse est de 10 ou 12 pouces ($0^m,27$ ou $0^m,33$) moins haut que les autres. La grand-voile, la misaine, les perroquets, l'artimon, doivent en avoir un dont la hauteur est le quart de la hauteur de la voile, ou de la chute au mât pour l'artimon. La brigantine n'en a qu'à bord des brigs; à bord des trois-mâts, ce n'est pas une voile de mauvais temps. Lorsque le ris se prend sur une vergue haute, la vergue s'amène, se trouve ensuite placée plus bas qu'auparavant, et le centre d'effort de la voile est abaissé; s'il se prend sur une des basses vergues (qu'on n'amène pas), ce centre se trouve élevé et c'est moins avantageux; cependant les vergues hautes en descendant vers le plus grand écartement des haubans de hune, ne sont plus susceptibles d'être aussi bien brassées ni aussi bien orientées ; et les basses voiles, avec un ris pris, ont l'inconvénient d'avoir alors les points d'amure et d'écoute très-hauts, ce qui les empêche de bien établir. On est peu dans l'usage de prendre des ris aux perroquets et aux basses voiles; nous pensons cependant qu'à l'exception de la grand-voile qui doit être serrée de mauvais temps, la chose serait fort utile; encore cette voile peut-elle être d'un très-grand secours pour se relever d'une côte; or, avec un ris pris elle serait plus maniable et moins exposée. Quant aux perroquets on pourrait les porter ainsi presque de tous les temps, ils établiraient bien et la tête du mât se trouverait soulagée. La misaine enfin non-seulement prendrait moins de vent, serait plus facile à manœuvrer, mais surtout à bord des petits bâtiments, elle aurait sa ralingue de fond plus élevée, et par là elle serait moins sujette à recevoir des coups de mer. Les bonnettes de hune ont quelquefois un ris qui se prend avant de les établir, quand la circonstance l'exige.

PRENDRE DES RIS a un Hunier. Il faut amener le hunier en pesant sur ses cargue-points, et amarrer celles-ci quand il est bas, de peur que l'effort du vent ne fasse rehisser la vergue; il est toujours plus prudent d'amener le hunier tout bas sur le ton, que de le laisser un peu haut et que de se fier à la résistance de la drisse et des balancines : on brasse ce même hunier au vent en larguant la bouline jusqu'à ce qu'il soit en ralingue, afin que, pour la conservation des hommes ou de la voile, ce même hunier batte peu ou fasse moins de résistance. On pèse suffisamment les palanquins suivant le nombre de ris que l'on veut prendre, et celui du vent premier comme étant le plus difficile à haler; on amarre bien les bras afin que la vergue ait moins de mouvement et l'on envoie du monde sur cette même vergue. On prend les empointures, celle du vent la première, car la toile tend toujours à se rendre sous le vent; ensuite on ramasse la toile par plis sur l'avant de la vergue pour le premier ris en la portant vers le vent, et l'on noue fortement les garcettes en commençant par celles du bord du vent. Avant que l'on croche dans la toile, quelques personnes font roidir les cargue-fonds pour faire plisser la toile, et quand l'empointure est prise, elles font aussi haler un peu sur la bouline pour tenir la voile plus fixe; elles y trouvent plus de facilité et plus de sûreté pour les hommes qui sont sur la vergue. On peut prendre des ris aux huniers, tout en ayant les perroquets dehors : dans ce cas on file les écoutes de ceux-ci, et quand les huniers ont été assez amenés, on amarre les drisses, les balancines, les bras, et l'on embraque et tourne les écoutes de perroquet pour en faire porter les voiles.

On souque, en général, le premier ris sur l'avant de la vergue, le second sur l'arrière pour que la toile ne se trouve pas nouée toute en paquet sur la même ligne; par la même raison, on prend le troisième sur l'avant ou entre les deux premiers, et le quatrième sur l'arrière. Il y a cependant de l'avantage à ce que le dernier ris pris soit souqué sur l'arrière, parce que la voile établit mieux, que les ris précédemment pris soutiennent le dernier, et que si les garcettes ont ou prennent du mou, la toile s'éloigne moins de la vergue; aussi, comme le premier ris est fort peu important pour la sûreté de la voile, qu'il est le plus facile à bien prendre, qu'il est ordinairement moins grand que les autres et qu'il est presque toujours pris, surtout quand les voiles ont un peu rendu, et afin qu'elles établissent mieux, on peut le souquer sur l'avant, particulièrement si l'on prévoit que bientôt on en aura quelque autre à prendre; le second en acquerra par la suite plus de solidité. Il est vrai que le troisième se trouverait en avoir moins, mais on peut porter le second sur l'avant et souquer le troisième sur l'arrière, ou prendre à la fois le second et le troisième et les souquer ensemble sur l'arrière : quant au quatrième, il faut user de prévoyance et de combinaisons semblables, afin qu'il soit également pris sur l'arrière, car il est important qu'il en soit ainsi, puisqu'on ne réduit la voile à ce point que lorsque le temps est très-mauvais.

Les garcettes étant toutes nouées on s'assure qu'elles sont souquées également, que les nœuds sont convenablement alignés afin que la voile risque moins à être déchirée, que la toile soit bien lisse et bien pliée, surtout qu'il n'y ait pas de nœud de vache ou susceptible de se défaire. On largue les cargue-points, on hisse le hunier en contre-tenant le bras du vent et on le réoriente. Un bâtiment de guerre doit, en général, prendre les ris à tous les huniers à la fois; c'est plus militaire et il y a moins de temps de perdu. Il en est de même de toute opération qui exige la même manœuvre pour des voiles pareilles; il est dans l'ordre qu'elle commence et finisse en même temps. En prenant les ris inférieurs, les galhaubans volants ont été mollis; une estrope à cosse qui entoure les mâts de hune et où passent ces galhaubans, est amenée jusqu'au point où viendra la vergue quand on la rehissera, de sorte qu'alors en roidissant les galhaubans du vent, ils fassent force au portage de la vergue. Lorsqu'on pèse les palanquins pour prendre le dernier ris, on est quelquefois forcé de filer quelque peu des écoutes des huniers.

Si le vent est trop de l'arrière pour qu'on puisse brasser le hunier en ralingue ou sur le mât, on brasse en pointe autant que possible à l'encontre du vent, après quoi l'on prend le ris comme nous venons de le décrire; alors et dans les cas particuliers, pour conserver de l'air au navire et diminuer l'impulsion du vent sur la voile, on peut ne prendre les ris aux huniers qu'une voile après l'autre, et si cette impulsion était encore trop forte, il faudrait ou serrer le vent ou carguer le hunier pour faire cette opération.

Ordinairement, avant de prendre des ris aux huniers, les vents étant du travers ou du plus-près, on cargue la grand-voile et l'on reste sous la misaine, le petit foc, l'artimon; c'est une sorte de panne; cependant, si l'on était pressé pour sa route, il n'y aurait pas d'inconvénient pour la voilure, à avoir dehors la grand-voile et des voiles d'étai; mais il faudrait gouverner avec bien de l'attention à cause des hommes, et ne pas lancer de manière que les huniers fussent tantôt pleins et tantôt masqués; on peut encore dans ce cas ne prendre les ris aux huniers que l'un après l'autre; si cette opération est faite avec soin et diligence, la vitesse du sillage s'en ressent fort peu. Quand le ris doit être souqué sur l'avant, peut-être convient-il de brasser de manière que la voile soit un peu pleine; si au contraire on doit le souquer sur l'arrière, peut-être convient-il qu'elle soit légèrement masquée; on peut même dire en général, qu'on ne voit que de l'avantage dans presque tous les cas, à tenir son navire gouvernant, et par conséquent à avoir un peu d'air en prenant des ris; on règle sa voilure en conséquence; et cet effet peut facilement être obtenu, fallût-il faire usage des voiles auriques ou latines qui appuient d'ailleurs le bâtiment.

A bord de quelques bâtiments, les palanquins servent

d'écoutes de perroquets; le grément peut en être plus léger, mais cette installation nous paraît vicieuse en ce qu'ils
empêchent ainsi d'amener facilement les huniers. Excepté
quand on prend des ris ou qu'on serre un hunier, les palanquins ne doivent pas être tournés parce qu'il faut toujours être paré à amener vivement les vergues si le temps
l'exige : quant aux balancines, elles doivent avoir été tournées à demeure avant que le hunier ait été hissé; le mou
qui en provient alors, se perd en lui faisant faire l'esse
dans les haubans; elles doivent s'amarrer sur les mêmes
haubans que les cargue-points et, quand on amène un
hunier pour prendre des ris ou pour le serrer, la roideur
seule de la balancine doit faire connaître s'il est sur le ton;
on doit peser sur les cargue-points jusqu'à ce que les balancines fassent force.

Pour la sûreté des hommes, il faut éviter de prendre des
ris pendant un grain; d'ailleurs il est impossible de les
bien prendre alors; il vaut mieux amener ou même carguer le hunier, faire vent arrière si le vent pèse trop, et
attendre la fin du grain. On cargue également le hunier
pour prendre des ris si, par un temps fait, la force du vent
rend l'opération inexécutable à cause de la difficulté de
crocher dans la toile et de la haler contre la vergue : il
faut préalablement l'avoir amené. On laisse de même arriver vent arrière pour prendre le ris, si l'impulsion du
vent est encore trop forte. Le hunier doit être bien cargué
à joindre; c'est une précaution essentielle à ne pas négliger avant d'envoyer du monde sur une vergue, soit
qu'on y prenne des ris ou qu'on les serre le vent dedans.
La toile sans cela pourrait se coiffer par-dessus la vergue et
jetterait à la mer les matelots qui sont dessus. Dans ces
mêmes cas, on ne saurait trop rappeler qu'il faut s'assurer

que les drosses, les bras et les balancines sont tournés bien
roides, et que généralement pour prendre un ris, il faut
mettre la voile en ralingue ; l'on y parvient en la brassant
au vent, ou ce qui revient au même pour cet effet, en venant du lof : il faut embraquer ensuite la bouline de revers
pour empêcher la toile de se capeler sur la vergue et de
s'engager dans les taquets de sous le vent des bouts de
vergue. On peut encore mettre le bâtiment à un quart de
largue, peser à joindre les cargue-points et les cargue-fonds
de sous le vent, carguer ensuite à moitié le point du vent,
larguer la bouline et amener le hunier en achevant de carguer ; on embraque enfin le bras du vent, et on loffe pour
faire ralinguer les voiles.

On prétend qu'il est avantageux d'avoir toujours un ris
pris aux huniers parce qu'ainsi ces voiles établissent mieux ;
je demande alors à quoi ce ris est nécessaire ; et si l'on
avance que c'est pour que la voile puisse être bien tendue
avant qu'elle ait rendu, c'est-à-dire avant qu'elle ait vu
croître sa surface par l'usage, je pense qu'il faut avoir prévu
cet accroissement quand on taille la voile, ou qu'il est plus
convenable de la réduire si l'on n'a eu cette prévoyance.

M. *Béléguic*, officier de marine, a proposé une nouvelle
manière de prendre des ris qui a été expérimentée avec
beaucoup de succès, et qui est adoptée à bord d'un grand
nombre de bâtiments, surtout du commerce, parce qu'elle
exige moins de monde que l'autre. Il y a un palanquin de
plus au milieu de la bande du ris, et les garcettes s'amarrent
sur elles-mêmes au moyen d'un œillet et d'un cabillot,
après les avoir simplement passées autour d'une filière tendue au-dessous de la vergue ; la toile du ris pend alors en
double au-dessous de cette filière : c'est une amélioration,
surtout pour les ris des basses voiles qui, ainsi que nous

allons le voir, demandent beaucoup de temps et d'efforts
en employant l'autre manière.

A UNE BASSE VOILE : On établit des faux palanquins qui
passent par une poulie aux bouts de la vergue ; les drisses
des bonnettes peuvent servir pour cet objet. On cargue la
voile et on la brasse en ralingue : outre les bras et les balancines, on roidit de plus les drosses et les palans de roulis. On agit ensuite comme pour le premier ris d'un hunier ;
quand le ris est pris, on établit la voile. Autrefois, on n'in-
stallait pas de palanquins aux basses voiles et l'on prenait
ce ris à force de bras en crochant dans la toile ; il en était
de même du perroquet de fougue ; ce serait encore praticable sans doute, mais ce doit être plus long et plus dangereux pour les hommes. Quelques bâtiments pour la plupart étrangers, amènent leurs basses voiles quand le ris est
pris. Par là, le point d'amure arrive aussi bas que lorsque
la toile est toute développée et la voile établit mieux. Mais
l'installation actuelle s'y oppose, chez nous, car elle fait disparaître les poulies de drisses et n'admet plus que des suspentes ; d'ailleurs il y a tant d'écartement entre les grands
haubans que la vergue ne peut plus bien s'orienter : on
voit que l'inconvénient surpasse l'avantage. On peut encore
employer le moyen suivant : on se sert de garcettes simples portant un œil à l'une de leurs extrémités ; ces œils
sont passés dans ceux de la bande de ris de l'avant à l'arrière ; une filière les traverse tous et elle est fixée bien roide
sur les ralingues de chute près des cosses d'empointure
des ris. On prend les empointures comme à l'ordinaire,
puis chaque homme s'empare de sa garcette, et la toile
comprise entre la bande de ris et la toile, reste pendante
sur l'arrière. Cette méthode est plus prompte, et elle sauve
la difficulté que la grosseur des vergues apporte à l'opé-

ration telle que nous venons de la décrire; toutefois la méthode *Béléguic* que nous avons expliquée en traitant des ris pris aux huniers, est préférable en ce cas.

A un Perroquet : Les vergues de perroquet sont si hautes, si légères, si volages, leurs bras et leurs balancines sont si faibles, des palanquins pour ces voiles seraient si élevés, si gênants, si désagréables à l'œil, qu'il est prudent et convenable d'envoyer ces vergues sur le pont ; là on prend le ris très-bien et sans aucun risque. On regrée ensuite le perroquet, on l'établit et on l'oriente. Si cependant on croit, sans inconvénient, pouvoir faire prendre les ris sur la vergue, à force de bras et après avoir amené et cargué la voile, l'opération est beaucoup moins longue : c'est au capitaine à en juger.

A l'Artimon : Il faut le carguer, amener la corne parallèlement à elle-même de la hauteur du ris et un peu plus, donner du mou aux cargues d'en bas pour laisser la bande libre, et rouler cette bande le plus uniformément possible en souquant les garcettes bien et également; on étarque ensuite la voile en rehissant la corne. Nous pensons qu'il vaut mieux avoir pour le mauvais temps, comme nous l'avons dit chapitre XI, une voile triangulaire qui se hisse au mât jusqu'au trelingage, s'amure près du collier de la bôme et se borde à 2 ou 3 mètres du couronnement.

LARGUER DES RIS. — Il s'agit pour *Larguer des Ris*, de défaire l'opération en vertu de laquelle on a pris ces mêmes ris, et il suffit de dire qu'on brasse la vergue en ralingue, qu'on roidit et amarre les palanquins si c'est un hunier, et qu'on l'amène afin de donner du mou à la partie de la ralingue comprise entre les empointures et la patte du palanquin. Lorsqu'on ne largue qu'un ris, les gabiers, après l'opération, ne doivent rentrer à bord qu'autant qu'ils se sont assurés que toutes les garcettes du ris supérieur, qui reste pris, sont bien amarrées. Si c'est une basse voile, on la cargue et l'on pèse sur les palanquins avec un palan pour donner également du mou à la partie supérieure de la toile ; ensuite pour l'une comme pour l'autre de ces voiles, on dénoue les garcettes en allant du milieu vers les empointures, et l'on n'en oublie aucune car elle ferait déchirer la voile ; on largue les deux empointures ensemble en se donnant le mot, et l'on établit sa voile. Quant aux perroquets, on les cargue pour larguer les garcettes. Dans toutes ces circonstances, si l'on était vent arrière ou largue, on brasserait préalablement en pointe autant que possible à l'encontre du vent afin qu'il agît moins fortement sur la toile, ou bien on lancerait sur un bord pour opérer comme nous venons de le dire ; et enfin si, ce qui arrive quelquefois, il fallait, de gros temps, larguer un ris à un hunier pour fuir à la lame, on mettrait une autre voile dehors qui en remplacerait momentanément l'effet, et on le carguerait afin de larguer les ris, après quoi l'on établirait le hunier, et l'on serrerait l'autre voile.

En général, quand on serre une voile ou qu'on prend des ris, il est à propos que les matelots destinés pour cette opération soient rendus dans les hunes ou sur les barres avant que la voile ait été amenée ou carguée ; il faut aussi recommander avec soin aux gabiers de veiller à ce que les rabans de ferlage ou les garcettes de ris n'engagent ni ne brident les écoutes de la voile supérieure ou le jeu des bouts-dehors. Les matelots ne doivent pas non plus faire force sur les garcettes pour haler la toile plis par plis sur la vergue ; la garcette peut se dépasser ou se larguer, et l'homme alors pourrait tomber à la mer. Enfin il paraît

14

utile de faire peser les palanquins de ris lorsqu'on serre un hunier, pour en faciliter l'opération.

Nous ajouterons aussi que les grand-voiles à bord de quelques petits bâtiments à mâts nus ou à voiles latines ou auriques, ont quelquefois un ris diagonal qui se prend comme les ris transversaux sur la ralingue de fond ; la corne est alors plus apiquée ; et la voile ainsi diminuée de surface, ne sert plus que pour la cape. Dans tous les cas, on borde préalablement la voile avec force, savoir sur la bôme pour les ris transversaux en y bridant le point extérieur de la bande du dernier ris pris, et au coin du navire pour le ris diagonal. Nous ne pensons pas qu'une brigantine réduite à ce ris diagonal, vaille pour la cape une voile taillée en foc telle que celle qui est citée au chapitre XI que nous venons de rappeler, et qui permet d'amener et de rentrer le pic.

CHAPITRE XIX.

Réparer des Avaries ou y Remédier. — I. Avaries dans les Manœuvres Courantes. — II. Dans les Manœuvres Dormantes. — III. Dans la Voilure. — IV. Dans la Barre du Gouvernail et dans sa Drosse. — V. Dans la Mâture, et en supposant le Bâtiment en relâche dans une baie, démâté et dépourvu de presque toutes ressources.

I. AVARIES DANS LES MANOEUVRES COURANTES.

— POUR UN BRAS DE BASSE VERGUE : *Si c'est au vent*, loffez pour déventer la voile ; amenez et carguez le hunier ; carguez la basse voile en pesant fortement sur la cargue-point du vent meilleur afin de tenir la vergue du bord du vent, et passez un autre bras ou épissez l'ancien. *Sous le vent,* on change ou on épisse le bras sans toucher aux voiles.

Pour un Bras de Hune : *Au vent,* amenez et carguez le perroquet; loffez pour déventer la voile ; amenez le hunier sur les balancines en pesant fortement sur la cargue-point du vent meilleur, et changez ou épissez l'ancien. *Sous le vent,* on amène la vergue en brassant au vent, et l'on change ou épisse le bras avarié.

Pour un Bras de Perroquet : On agit d'une manière analogue ; et dans toutes ces opérations, si l'on était grand largue ou s'il y avait du danger à loffer et que la voile fût trop chargée, il serait plus court ou plus prudent de laisser arriver vent arrière.

Quelques capitaines installent à demeure les faux bras aux vergues des quatre voiles majeures; c'est embarrassant à la vérité, c'est même dangereux pour les vergues dans les virements de bord vent devant et autres manœuvres vives; mais il y a sûreté contre les avaries dont nous venons de parler, l'on brasse plus facilement et l'on oriente mieux.

Pour une Itague : Amenez la vergue sur ses balancines ; il n'est pas nécessaire de carguer la voile pour changer ou épisser l'itague.

Pour une Bouline de basse Voile : *Au vent,* laissez arriver de manière à ce que la voile porte ; passez subitement un bout de manœuvre dans les branches de la patte pour remplacer à faux frais cette même bouline, et changez-la ou épissez-la sans carguer la voile ; si l'on tient le vent et qu'on ne doive pas laisser porter ou si le vent est frais, carguez la voile pour réparer l'avarie. *Sous le vent,* et en ce cas pour la bouline d'une voile quelconque : cette manœuvre ne peut s'être cassée que pendant un combat ou qu'en se trouvant engagée lors d'un virement de bord; et comme elle n'empêche nullement la voile d'établir aussi bien, il est rare que l'on cargue la voile pour y remédier; on se contente d'affaler un homme comme il va être dit.

Pour une Bouline de Hunier : *Au vent*, amenez et carguez le perroquet; amenez le hunier; masquez celui-ci légèrement pour mettre le point et partie de la ralingue du vent dans la hune, et changez ou épissez cette bouline : par un beau temps ou quand on ne veut pas diminuer son sillage, on affale un gabier au moyen d'une chaise suspendue par la drisse de bonnette de hune, et il refrappe une autre bouline, ou la même après qu'elle a été épissée ou rafraîchie.

Pour une Bouline de Perroquet : *Au vent*, amenez, carguez la voile, et réparez l'avarie.

Pour une Amure ou Écoute de basse Voile : Carguez la voile et bossez le point sur le premier hauban pour l'empêcher de battre et pour remplacer plus facilement la manœuvre cassée, ou pour remettre la même après l'avoir épissée.

Pour une Écoute de Hune : Amenez, carguez le hunier, masquez-le; mettez le point dans la hune, et bossez-le s'il est disposé à battre. Si l'écoute épissée ou neuve doit être en simple, faites un nœud d'écoute; si elle doit être en double, passez le courant dans la poulie.

II. AVARIES DANS LES MANŒUVRES DORMANTES. —Nous dirons peu de chose sur les avaries des manœuvres dormantes, car à l'exception des Étais, des Drosses et des Racages, aucune avarie partielle dans toute autre partie du grément n'est, pour la mâture ou les vergues, d'un danger pressant; nous nous bornerons en conséquence à voir quels sont les moyens usités de réparation pour les avaries que nous venons de mentionner.

POUR UN ÉTAI : Il faut faire vent arrière, prendre le bout supérieur de l'étai dans la hune ou sur les barres de perroquet, l'épisser avec l'autre bout auquel on a donné le mou nécessaire, et rider ensuite. Si le vent n'était pas assez fort pour gonfler les voiles et les empêcher de retomber et de battre sur le mât, il faudrait serrer les voiles du mât qui est dépourvu d'étai et celles des mâts qui le surmontent; et si l'on voulait mettre en place un étai neuf, on ne dérangerait rien à la tête du mât, on ferait un dormant ou un collier d'étai sur le capelage, et l'on roidirait ensuite l'étai convenablement.

POUR LES DROSSES ET LES RACAGES : Il faut carguer la voile; brasser la vergue carré ou sur le mât après l'avoir amenée sur le ton, roidir les bras, les balancines, les palans de roulis, croiser les cargue-points sur l'arrière du mât, faire plusieurs tours et réparer l'avarie.

III. AVARIES DANS LA VOILURE. — Après la visite journalière que font les gabiers et les voiliers, ils doivent rendre un compte exact de l'état du grément et particulièrement des manœuvres courantes et des voiles. Les élèves doivent également s'assurer que cette visite a été faite avec soin; et pour la sûreté des hommes, ils doivent porter leur attention aux étriers, aux marchepieds et aux enfléchures.

Il est essentiel de bien faire cette visite, car une manœuvre, une voile peu endommagée et radoubée aussitôt, ne cause aucun retard, ne coûte que peu de réparation ; mais le mal, quand il est négligé, devient quelquefois très-considérable. Il y a deux manières de réparer les avaries dans une voile : elles consistent à carguer la voile ou à affaler un voilier. Le temps, le lieu de l'avarie, l'adresse des voiliers guident pour le choix. Si l'avarie est trop forte, on dévergue la voile et on la remplace, ou si on ne peut remplacer cette voile, on se hâte de la réparer et on la renvergue aussitôt. Si le temps est trop mauvais, il est plus facile de serrer la voile que de la déverguer, alors on prend ce parti jusqu'au beau temps; et si la voile est maltraitée jusqu'à être partagée et qu'on ne puisse la serrer en totalité, on en serre ce que l'on peut et l'on fait ses efforts pour sauver promptement ce qui reste, et pour empêcher que ce reste ne s'endommage davantage. Si en carguant une voile, ou si après quelque avarie, la toile se capèle sur le bout de la vergue ou s'applique contre l'étai, il faut laisser arriver vent arrière s'il est nécessaire, prendre même le vent de l'autre bord et la dégager, mais n'envoyer des gabiers pour cette opération que lorsqu'il ne peut y avoir aucun risque pour eux. En général, il faut porter une grande attention à ne pas faire chapelle, à ne pas empanner, à ne pas masquer les bonnettes, car les bouts-dehors ne sont nullement soutenus par l'avant; et si l'un de ces événements a lieu, il faut aussitôt gouverner pour remettre le vent dans les voiles. Si l'avarie avait lieu entre les bandes des ris, et qu'on ne pût la réparer d'en haut, ni déverguer la voile à cause du temps, d'une chasse ou de quelque autre circonstance, on prendrait autant de ris qu'il le faudrait pour que la partie avariée y fût renfermée.

Enfin, pour les cas où il devient nécessaire de déverguer une voile majeure et de la remplacer, nous dirons qu'il existe une manière de serrer les voiles de rechange dans leurs étuis, telle qu'il n'est nullement nécessaire de les déplier en les sortant de ces étuis pour les envoyer en haut, et que les itagues, cartahus ou cargues qui auraient servi à descendre la voile avariée, puissent se frapper aussitôt aux mêmes endroits de la voile de rechange, et reservir à la hisser à sa place : cette manière de serrer ces voiles se comprend aisément ; d'ailleurs, la pratique et l'expérience l'enseignent plus vite que ne pourraient le faire les plus longues descriptions.

Il est utile d'ajouter que s'il s'agissait d'enverguer un hunier par un gros temps, on ferait bien, à l'avance, de prendre tous les ris sur la ralingue de têtière ; la voile, ainsi réduite, éprouverait moins de battements, et pourrait s'établir aussitôt sans inconvénient.

IV. AVARIES DANS LA BARRE DU GOUVERNAIL ET DANS SA DROSSE. — Si le tenon de la barre joue dans la mortaise de la tête du gouvernail, il faut coincer ce tenon pour empêcher que les secousses ne fassent casser la barre ; si la barre casse, il faut aussitôt mettre en panne ou à la cape et coincer ou assujettir la tête du gouvernail. On installe ensuite la barre franche de grand-chambre qui se place dans la mortaise supérieure. On travaille à arracher avec des palans le tronçon qui tient au tenon, et pour points de halage, on peut percer dans ce tronçon des trous de tarière et y pousser des boulons en fer qui dépassent l'épaisseur de ce tronçon : on établit ensuite la barre de rechange. Quelques bâtiments embarquent des barres franches en fer, mais elles ont l'inconvénient de trop tendre à faire éclater la tête du gouvernail.

Si la drosse du gouvernail casse *sous le vent*, mettez la barre au vent, virez lof pour lof et prenez la panne de l'autre bord. Si c'est *au vent*, poussez la barre dessous et mettez en panne sur le bord où vous vous trouvez. Quand on est en panne, on change ou répare la drosse cassée. Si l'on est pressé ou si la roue est cassée ou démontée, gouvernez en bas avec les palans destinés à cet usage, portez-y un compas de route, et faites passer la voix.

Depuis quelque temps, on a eu l'heureuse idée, à bord

des bâtiments à batteries couvertes, d'installer des roues de gouvernail supplémentaires qui sont à demeure dans ces mêmes batteries.

V. AVARIES DANS LA MATURE. — GRAND MAT : Dans un combat, un abordage, un échouage, une tempête, on peut perdre son grand mât; il faut aussitôt couper tout ce qui le tient au bord, car il pourrait le heurter fortement et l'endommager; si la circonstance le permet, il est cependant utile de frapper sur quelques-unes de ses parties une longue et forte aussière qui permette de le conserver à quelque distance, afin de pouvoir, par la suite, sauver plusieurs objets qui en font partie, tels que mâts de hune et de perroquet, vergues, barres, grément, hunes, voiles. Il est surtout important de couper promptement les manœuvres appliquées au grand mât qui tiennent à d'autres mâts ou qui y aboutissent, afin de ne point fatiguer ceux-ci ni les laisser en danger; aussitôt on leur cherche de nouveaux points d'appui s'il y a lieu; en même temps on fait vent arrière, ou bien l'on se met à la cape, et l'on travaille à installer un nouveau mât. A cet effet, on coince bien le tronçon; on fait deux coulisseaux qui y conduisent, qui sont disposés dans le sens de la longueur du navire, et qui sont destinés à diriger le pied du nouveau mât et à lui servir de carlingue; on y pose un grand mât de hune tout garni, ou mieux encore le mât d'artimon que l'on démâte au moyen de bigues; on rouste solidement ce mât contre le tronçon; on y installe des barres et un mât de perroquet si l'on s'est servi d'un mât de hune; ou bien la hune et la mâture de perroquet de fougue et de perruche si l'on a fait usage du mât d'artimon, et on les consolide assez pour pouvoir y déployer de la voile. Si l'on s'est servi du mât d'artimon, on installe en lieu et place du mât d'artimon, un mât de hune, des barres et un perroquet; pendant ces opérations on prend l'allure et l'on porte les voiles qui les favorisent le plus et qui appuient le mieux le navire. Il a fallu préalablement épontiller les baux pour que les ponts résistent au pied du nouveau mât; et il ne reste plus qu'à achever l'emplanture de celui-ci, au moyen de deux pièces de bois transversales dont l'une touche le mât, et l'autre le tronçon; on remplit les vides par des bouts de cordage ou par des coins.

Si après le remâtage, les haubans se trouvaient trop longs, et qu'on n'eût pas le temps de les reprendre, on les raccourcirait au moyen de l'amarrage appelé *Jambe de Chien.*

MAT DE MISAINE : Il n'y a de différence entre cette avarie et la précédente, que la nécessité de mettre à la cape, car il n'est guère possible de gouverner alors, faute d'équilibre entre la voilure et le gouvernail.

MAT D'ARTIMON : La perte de ce mât est une avarie peu considérable si on la compare à celles dont nous venons de parler; on remplace ce mât par un mât de hune.

MAT DE BEAUPRÉ : Il faut dès qu'on a coupé toutes les manœuvres qui peuvent mettre le reste de la mâture en danger, faire vent arrière pour que la mâture du mât de misaine puisse mieux se passer de ses étais; il faut ensuite assujettir le mât de misaine avec ses caliornes en les croisant par l'arrière du mât et les frappant sur les bossoirs ou le plus possible de l'avant; on choisit aussitôt un mât de hune qu'on fait saillir en dehors, qu'on garnit, qu'on rouste au tronçon, qu'on assujettit fortement, et qui doit remplacer le mât de beaupré. Il est prudent de dépasser le petit mât de perroquet pour tout le voyage et de caler le petit mât de hune pendant l'opération : faute de cette précaution, nous avons vu le vaisseau *le Dix-Août* perdre ce même petit mât de hune; sa chute fit casser la vergue et éclater le mât de misaine. L'avarie, dès lors, devint trop forte pour que ce vaisseau continuât à pouvoir tenir la mer, il fallut rentrer au port; c'était en temps de guerre, et sa mission fut manquée.

Quand un bas mât n'est qu'éclaté ou s'il n'est qu'endommagé par un boulet, on le consolide par de nouvelles jumelles, on multiplie les roustures, et l'on ne force pas de voiles sur ce mât. Si le mât est craqué dans sa partie supérieure, et qu'il n'en doive résulter qu'une faible diminution de longueur en en raccourcissant la tête, on dégrée les mâts supérieurs, et l'on décapèle ou descend la hune : on bride ensuite au tronçon inférieur, un mât de hune garni d'un appareil funiculaire à l'aide duquel on soutient la partie supérieure qu'on achève de séparer par un trait de scie. Les bas haubans, les basses voiles (par leur ris) sont ensuite réduits en conséquence.

Tous les bas Mats : On sauve le plus de débris que l'on peut, et l'on travaille à mettre en place des mâtereaux ou des mâts de hune et de perroquet; le plus fort sert pour le grand mât, ceux qui le suivent pour le mât de misaine et successivement pour le beaupré et l'artimon. Pendant l'armement, on commence par mâter le beaupré; mais dans le cas actuel, il y a de l'avantage pour la voilure et pour faciliter les opérations subséquentes, à mâter le grand mât le premier, puis le beaupré, ensuite le mât de misaine et enfin le mât d'artimon. Toutes les fois que l'on veut substituer un mât de hune à un bas mât, on ne doit pas négliger d'y adapter préalablement son chouquet. Il faut au surplus se hâter dans ces opérations non-seulement à cause du mauvais temps qui peut arriver, mais parce que le bâtiment démâté n'étant plus appuyé, se trouve entièrement abandonné à l'agitation de la mer, et que les violentes oscillations qui en résultent, entraînent ordinairement la perte du gouvernail.

Un bâtiment démâté de tous les mâts doit souffrir considérablement étant en travers, position où il se range naturellement alors ; on le soulagera beaucoup en prenant la cape sous l'ancre de cape ou en y substituant, si l'on en est dépourvu, une ancre ordinaire chargée de quelques bordages ; ainsi l'on pourra beaucoup plus facilement travailler à se remâter. Afin de tenir le navire mieux gouvernant, quelques marins opinent pour mettre le mât d'artimon ou le plus fort mât de hune que l'on ait, à la place non du grand mât, mais de celui de misaine : c'est au commandant à prononcer sur cette disposition.

On peut se trouver en *Relâche* dans une *Baie* après un démâtage total et n'y avoir, à peu près, de ressources qu'en soi-même : nous supposerons qu'il existera à terre des bois d'une longueur convenable pour des bas mâts, mais que le diamètre de ces bois n'excédera pas celui du bout-dehors de foc : nous pouvons encore ajouter pour difficulté trop ordinaire en pareil cas, que le bâtiment manquera de cordages essentiels. Il faut alors installer ses bas mâts en bigues, car un seul bout-dehors de foc vertical pour chaque bas mât serait insuffisant ; on acquiert par là de la force, et l'on peut, ainsi, se passer de bas haubans du travers ; enfin les basses vergues se hisseront jusqu'à la croisure des bigues, ce qui leur permettra une quantité suffisante d'orientation. Cependant il faut des étais à cette mâture : or on pourra en fabriquer avec des torons de câbles. Nous avons entendu parler d'un brig de Nantes dont la mâture était en bigues et à charnière, de sorte que le grand mât pouvait s'incliner sur une fourche près du couronnement, et le mât de misaine sur le grand mât ; ce bâtiment avait des hunes, des mâts de hune, et des mâts de perroquet. On imagine, par analogie, que ce moyen est susceptible de fournir de bonnes idées et d'heureux résultats.

Mat de Hune ou de Perroquet : Si le mât a seulement consenti ou qu'il soit éclaté, si l'avarie est près de la noix et que l'on n'ait pas de quoi remplacer ce mât, on cale et on dépasse le mât supérieur s'il y en a un, et l'on ne hisse jamais la voile qu'avec des ris et jusqu'à la hauteur de l'avarie. Quand au contraire l'avarie est dans la partie inférieure, on abaisse le mât jusqu'à ce que cette avarie se trouve au-dessous du chouquet ; on lie, bride et rouste le mât au ton du mât inférieur ; on garnit les vides de coins ou languettes, on reprend les haubans, galhaubans, étais, et l'on porte la voile avec des ris. Peut-être vaut-il mieux substituer à ce mât un autre mât de dimensions plus petites, mais nous ne pouvons donner ici que des notions générales ; la nature, le lieu de l'avarie, les ressources du bord permettent seulement de décider en dernier ressort. Lorsqu'on prend le parti d'abaisser le mât avarié, si la caisse descend trop et qu'elle gêne la vergue inférieure, on peut brider ce mât, puis scier la caisse et enfin passer un braguet. Il est rare qu'un démâtage de quelque pièce de la mâture du grand mât, surtout, ne fracasse pas les embarcations qui sont sur le pont ; il faut faire ce qu'on peut pour éviter ce surcroît d'avaries ; on sent d'après cela l'avantage d'avoir, en ce cas, des embarcations placées à poupe ou près des porte-haubans.

CHAPITRE XX.

I. AVARIES DANS LES VERGUES, ET AVARIES GÉ-
NÉRALES. — C'est particulièrement aux vergues qu'il faut
faire attention lorsque l'on démâte d'un mât supérieur, car
la conséquence ordinaire en est la rupture de quelque vergue : il faut donc dégager la mâture le plus possible de manière à ce qu'elle ne heurte aucune d'entre elles, et il faut
apiquer celles-ci, les brasser, ou les amener pour diminuer
le choc s'il est inévitable. Lorsqu'une vergue n'est qu'écla-
tée, on la répare ordinairement, à moins que ce ne soit
une vergue de perroquet, sans la mettre sur le pont et au
moyen de jumelles, de bridures et de roustures. Si l'avarie
est trop forte, on bride la vergue aux haubans, s'il est nécessaire, pour déverguer la voile ; on dégrée ou dégarnit la
vergue, on la met sur le pont, on la remplace aussitôt si
l'on est pourvu, et l'on travaille en bas à la radouber en
cas de besoin à venir. On y parvient ordinairement en rapprochant les parties brisées, après y avoir inséré des boulons, des pinces de fer ou des languettes, et en les conso-
lidant par des jumelles, des chevilles, des cercles et des
roustures : on y parvient encore en se servant d'un bordage ou d'une vergue plus petite qu'on saisit avec les tronçons pour replacer et fixer ceux-ci dans leur position pri-

mitive. Dès que la vergue est cassée, il a fallu en brider les
tronçons aux haubans, carguer ou étouffer la voile et la déverguer. On peut aussi diminuer l'épaisseur des deux bouts
cassés dans une longueur de 2 à 3 mètres, et de manière
que la vergue étant droite sur ses balancines, les deux parties réduites soient placées pour offrir plus de résistance à
l'effort du vent, non l'une à côté de l'autre, mais bien l'une
sur l'autre ; l'assemblage rétablit ainsi la vergue dans sa
grosseur primitive ; on a soin de pratiquer, à ces parties,
des écarts ou entailles pour donner plus de liaison, et l'on
renforce le tout comme nous l'avons dit ; j'ai ainsi vu réparer une grande vergue de frégate et nous n'eûmes qu'à
nous en louer. Cependant il y a raccourcissement, et affaiblissement à la portée des écarts, ou si les jumelles com-
pensent cet affaiblissement, il en résulte une grosseur tout
à fait hors de proportion et qui empêche de bien orienter.
Pour obvier à ces défauts on peut faire usage d'un procédé
que nous allons détailler, et dont le seul défaut est d'être
un peu long à mettre en usage.

Sciez dans le sens de la longueur chacun des bouts cassés
en deux parties égales par un trait de scie qui sera horizontal si nous supposons la vergue en place ; prenez les
deux plus longues moitiés, mettez un boulon au point qui
était le milieu de la vergue ; faites tourner ces deux moitiés
autour du boulon comme un compas sur sa charnière, et
jusqu'à ce qu'après s'être dédoublées elles se trouvent sur
une même ligne droite qui représente la longueur primitive
de la vergue. Ainsi les deux gros bouts de ces moitiés se
redoubleront réciproquement, et l'on doublera chacune de
leurs extrémités avec chacune des plus petites moitiés. Ce
procédé reproduit la même longueur, la même grosseur, et
il offre d'autant plus de solidité que la vergue a été cassée

en parties plus inégales ; or, à cause du point de portage des vergues quand elles sont orientées, à cause de l'inégalité d'effort du vent sur les diverses parties de la voile, à cause de la plus grande force de la vergue vers son milieu, à cause enfin de l'abri des hunes, des barres et des haubans ou autres manœuvres, il est rare que le plus long morceau n'ait pas au moins les deux tiers de la longueur totale de la vergue. Quand nous avons dit qu'il fallait placer un boulon, faire tourner les deux moitiés de la vergue autour de ce boulon, etc., on aura sans doute compris qu'il était impossible d'opérer ainsi à bord, et que nous n'avons adopté ce langage que pour rendre l'explication plus sensible ; il s'agit de travailler à bord de manière à obtenir le même résultat.

Il nous reste une observation générale à faire ; c'est de surveiller scrupuleusement la tenue de ses mâts et de ses vergues, et de ne point les fatiguer par des tensions inverses de cordages appliqués à des points divers, à moins que ce ne soit absolument nécessaire ; sans cela on voit les mâts et les vergues acquérir de très-grands arcs et des torsions considérables, et il est fort difficile d'y remédier par la suite. Si même on fait revenir le mât ou la vergue et s'ils sont d'assemblage, ce n'est probablement qu'en faussant d'autres écarts et non en replaçant ceux qui avaient cédé : s'ils sont d'une seule pièce, la fibre longtemps allongée se détache des voisines, d'autres se sont aussi séparées pour se prêter à ces déformations et il y a affaiblissement. Nous nous sommes servis de mâts de hune d'assemblage pendant la dernière guerre ; c'est surtout cette espèce de mâts qu'il faut maintenir suivant la rigidité que le constructeur leur a donnée et qu'il faut fortement appuyer, car toute leur force consiste dans cette même rigi-

dité ; et si le mât est dans le cas d'en dévier pendant longtemps ou de beaucoup fléchir, c'est un mât perdu. Si jamais on emploie encore de pareils mâts, il est à désirer que
les roustures et les cercles soient façonnés ou incrustés de
manière à éprouver moins d'entraves au passage du chouquet, et à moins gêner lorsqu'on hisse ou qu'on amène
leurs vergues. On essaye, enfin, d'employer des mâts de
hune en fer ; il y a même longtemps qu'on en a eu l'idée,
et qu'on l'a mise en pratique à bord du vaisseau anglais *le
Séringaptnam.*

Dans le nombre des avaries dont nous venons de parler,
nous n'avons pas mentionné celles qui peuvent avoir lieu
dans les *Chaînes de haubans,* les *Porte-lofs,* les *Bossoirs,*
le *Taillemer,* l'*Éperon,* les *Pompes,* les *Jottereaux,* les
Élongis, les *Traversins,* les *Chouquets,* les *Cercles de bout-
dehors,* etc.; ce n'est pas que ces avaries ne soient importantes pour la plupart, mais elles n'ont qu'un rapport indi-
rect avec la science du manœuvrier ; sa seule coopération
consiste à, peut-être, diminuer de voiles, changer d'allure,
mettre en panne ; et la réparation de ces mêmes avaries
s'effectue toujours par des moyens mécaniques employés
par les maîtres du bord, mais toujours, cependant, sous la
direction du commandant et des officiers. Pour la rupture
des chaînes de haubans, par exemple, on diminue entièrement de voiles sur le mât qui était tenu par ces chaînes, on se
sert de herses ou de caps-de-mouton à croc dont il est utile
de s'être bien pourvu à l'armement, et on les croche le long
du bord pour appuyer le hauban ou le galhauban qui corres-
pondait à la chaîne cassée ; si l'on prévoit que le fer des chaînes de haubans puisse être vicié, on doit s'en assurer à l'a-
vance en ridant quelques coups de force avant de partir ; on
se munit alors, s'ily a lieu, d'un surplus de caps-de-mouton

tels que ceux que nous venons d'indiquer. Nous citerons
encore l'avarie de la rupture des Porte-haubans : on y remédie en les suppléant par des espars ou par des arcs-boutants poussés latéralement et fortement installés ; si les
points d'appui pour les caps-de-mouton manquaient le long
du bord, on tiendrait les mâts au moyen de grelins qu'on
ferait passer sous le navire, qui serviraient d'estropes à des
caps-de-mouton, ou qui, eux-mêmes, iraient se fixer aux
mâts sous les hunes, après avoir embrassé le bâtiment dans
le sens des couples.

II. FAIRE PARER OU DÉGAGER DEUX BATIMENTS ABORDÉS. — Un bâtiment peut être tellement chargé sur un autre par le courant, le vent ou la mer, qu'il devient fort difficile de les séparer. S'ils sont sur un fond où l'on puisse mouiller, celui qui est le plus vers le courant, ou vers le vent, ou vers celui des deux qui a le plus de puissance, doit mouiller; l'autre doit pouvoir alors se dégager. Au large, le bâtiment du vent doit mettre en panne en gardant ses voiles le plus carré possible pour moins dériver ; l'autre doit parer, en brassant ses voiles de manière à faire beaucoup d'effort dans la direction la plus favorable au dégagement. On coopère à cet effet en poussant avec des espars ou avec des mâtereaux; et l'on affale ou même on sacrifie quelques manœuvres engagées qu'il devient nécessaire de filer ou de couper. Si cela ne suffit pas, le bâtiment du vent doit laisser tomber, du bord, un assemblage d'objets de grande surface amarrés sur une ancre à jet. On doit manœuvrer la corne, la bôme, les vergues, le bout-dehors de beaupré, de manière à faire le moins d'avaries qu'on le peut; il faut surtout rentrer la batterie et fermer les sabords pour préserver les mantelets. Si l'on apique ses vergues, ainsi que cela se pratique généralement, il faut observer que c'est du bord

où l'on est abordé que le bout des vergues doit être levé.

En temps de paix, les bâtiments qui se trouvent dans des parages où ils sont susceptibles d'en rencontrer d'autres dont les routes joignent ou croisent les leurs, agiraient prudemment, en allumant, pendant la nuit, dans leur mâture, des fanaux disposés de manière à bien indiquer ou marquer leur position, afin d'éviter des abordages.

III. PRENDRE ET DONNER LA REMORQUE. — Lorsqu'un bâtiment a besoin d'acquérir un accroissement de vitesse, soit à cause d'avaries ou de l'ennemi, soit pour moins retarder ceux qui naviguent de conserve, on le fait remorquer et l'on choisit le remorqueur parmi les navires les plus forts et qui marchent le mieux. Celui-ci se place sur l'avant et sous le vent du bâtiment avarié ; il laisse tomber et il file une bouée sur laquelle on a fixé une petite aussière ou plusieurs drisses de bonnettes formant une centaine de brasses ; cette aussière servira de conducteur à un câble ou plus ordinairement à un fort grelin qui fait dormant au grand cabestan et qui passe par une des fenêtres de l'arrière, ou par un des sabords de cette partie du navire : on lui fait faire patte d'oie, s'il le faut, pour que le grelin appelle de la direction du milieu de la poupe : ce sabord ou cette fenêtre sont ensuite garnis de paillets : quand l'aussière est filée, ce bâtiment met en panne ; alors le navire avarié fait voile vers la bouée, il met en panne à son tour de manière à dériver dessus, et avec une gaffe ou un grappin, il saisit ce bout de l'aussière avec laquelle il hale le grelin de remorque ; il en garde à bord assez pour pouvoir rafraîchir de temps en temps au portage ; il le prend par l'écubier du vent pour que la dérive ne le fasse pas étriver, et il le fixe au petit cabestan ou à ses bittes. En cas de virement de bord, il peut aussi préparer une embossure pour empêcher l'étrive, ainsi que nous l'avons expliqué chapitre II, en parlant de l'amarrage d'un bâtiment dans une rivière. Ces opérations par un gros temps sont délicates et difficiles.

Quand les deux navires sont en route, ils doivent être très-attentifs à leurs manœuvres réciproques, s'entre-avertir à la voix, gouverner très-exactement au même air-de-vent; mais cependant exécuter tous les changements de route par la contre-marche. Si l'un d'eux n'a plus de quoi filer pour rafraîchir, il doit faire ajût d'un autre grelin. Si l'on suppose le premier grelin usé vers le milieu, les deux navires doivent mettre en panne en venant au plus-près, et celui de l'arrière le premier, mais avec lenteur; alors le grelin usé sert de va-et-vient pour en replacer un autre. Si le grelin paraissait trop forcer et que le bâtiment remorqué ne pût augmenter de voiles, le remorqueur devrait en diminuer : pendant la nuit surtout, il est prudent de ne pas s'exposer à la rupture de ce grelin. Si le temps est beau, le grelin de remorque peut se donner au moyen d'embarcations; et même un bon manœuvrier sûr de son bâtiment et fort de son savoir, passe à ranger le navire qui doit recevoir la remorque, et il la lui jette à bord : c'est une très-belle manœuvre, surtout dans un combat.

S'il faut virer vent devant, le bâtiment remorqué laisse arriver, ainsi il hale la poupe du remorqueur sous le vent, ce qui l'aide à virer; celui-ci étant abattu de quatre quarts, l'autre loffe pour virer à son tour; le remorqueur achève son évolution pendant ce temps et il décide le mouvement du bâtiment de l'arrière. Quand le virement doit être fait vent arrière, le navire remorqué doit forcer de voiles parce qu'il a un plus grand tour à faire, et l'autre doit en diminuer. Si l'on prévoit du calme, on doit larguer la remorque

et s'éloigner convenablement ; le poids seul du grelin suffirait pour déterminer un rapprochement et pour occasionner un abordage. Nous en avons vu un exemple dans
une escadre ; deux vaisseaux surpris ne purent larguer assez tôt la remorque ; ils n'eurent pas le temps de se séparer d'assez loin ; ils s'abordèrent, la houle était très-
forte, ils ne pouvaient se servir que d'espars et de mâtereaux pour se dégager, et ils se firent beaucoup de mal.
Nous pensons que le moyen adopté par le capitaine *Porter*, et dont nous avons parlé chapitre XVI, serait bon à
employer ici, pour éloigner les deux bâtiments pris de
calme, avant qu'ils fussent trop rapprochés. Il faut enfin,
dans les circonstances de la remorque, être très-vigilant
pour manœuvrer pendant les sautes de vent ; et si elles deviennent fréquentes, on fait bien de larguer la remorque :
il en serait de même par un gros vent, si un fort bâtiment
en remorquait un petit, car celui-ci pourrait sombrer en
certains cas. C'est toujours alors le bâtiment remorqué qui
coupe ou largue la remorque ; l'autre la hale à bord. Si
le temps devient mauvais et qu'il faille fuir vent arrière,
la remorque ne pourrait qu'être dangereuse en ce qu'elle
tient les navires très-rapprochés, et celui de l'arrière dans
une direction à abriter l'autre ; en ce cas, on largue encore la remorque afin de s'éloigner ; mais le remorqueur ne
doit jamais perdre de vue le bâtiment avarié. Dans les virements de bord vent devant, si la mâture du remorqué
est endommagée et qu'il craigne de démâter en coiffant ses
voiles, il doit les carguer ou les serrer, le remorqueur suffira pour le faire virer ; celui-ci doit seulement gouverner
avec l'air qu'il a, et comme nous l'avons déjà dit. Dans un
convoi, les bâtiments de guerre ou les meilleurs voiliers
peuvent remorquer, chacun, jusqu'à cinq et six bâtiments.

En traitant, ici, de la Remorque, nous ne faisons pas intervenir les bâtiments à vapeur, et nous nous bornons à faire observer que, ainsi qu'on le verra dans la seconde section de cet ouvrage, cette manœuvre est beaucoup plus prompte, plus facile et plus efficace, quand elle est effectuée par des navires de cette sorte : nous renvoyons donc, pour cet objet, à cette seconde section ; il en est de même pour plusieurs cas qui ont leurs analogues dans les deux marines à voiles ou à vapeur, tels que les ancrages, les manœuvres des câbles-chaînes ainsi que de tout ce qui y est relatif. Ces manœuvres et plusieurs autres concernant les évolutions du navire, la route, la voilure, etc., doivent, en effet, trouver leur complément dans la seconde section de ce manœuvrier ; aussi le lecteur fera-t-il toujours bien d'y recourir, quand il désirera avoir de plus amples renseignements sur les points traités dans cette première section.

IV. GOUVERNER UN BATIMENT QUI A PERDU LE MAT DE MISAINE. — Nous avons établi que lorsqu'on perdait le mât de misaine, il fallait mettre à la cape. Il est pourtant des cas où il est désirable ou nécessaire de faire vent arrière ; mais privé de voiles de l'avant il est fort difficile de gouverner ainsi, sans faire des embardées considérables ou sans empanner. Il faut alors augmenter la force du gouvernail ou contre-tenir le bâtiment par l'arrière ; on peut y parvenir ainsi : jetez en dehors, et droit par l'arrière, vingt ou trente brasses de câble qu'il faut faire flotter par des bouées ; poussez vers le couronnement deux arcs-boutants de 2 à 3 mètres de saillie latérale, et fixez-les par divers cordages bien roidis. Le câble doit tenir à l'extrémité de ces arcs-boutants par des palans frappés à quatre ou cinq brasses en dehors sur ce même câble ; il semblerait que l'action serait plus considérable, si au lieu

de jeter un câble de l'arrière on en filait un de chaque bord
de l'avant, et qu'on agît sur l'un ou sur l'autre, en frappant les palans sur les bossoirs. Quand le bâtiment est bien
balancé, aucun des palans ne doit faire force ; mais s'il lance
sur un bord, palanquez de l'autre, et vous tendrez à arrêter ce lan. Si le temps le permet, il faut clouer sur le gouvernail quatre fortes planches qui débordent en queue d'a-
ronde, et qui augmentent sa puissance. Nous expliquerons
au commencement du chapitre suivant, comment on peut
accroître la résistance du câble dont nous venons de parler.

V. GOUVERNER, AU MOYEN D'UN AUTRE NAVIRE,
UN BATIMENT QUI A PERDU SON GOUVERNAIL. —
Cette manière de remédier à la perte du gouvernail tenant
davantage au cas de la remorque qu'aux moyens dont nous
parlerons bientôt de remplacer le gouvernail, nous l'avons,
par ce motif, classée dans le présent chapitre. Le navire
désemparé doit prendre l'autre à la remorque, et faire de
la toile. Sur le grelin de la remorque doivent être frappées,
à quelques brasses, des drosses qui passent par des arcs-
boutants installés latéralement en dehors, et près du couronnement. On conduit ces drosses sur la roue, en les faisant passer par plusieurs poulies disposées convenablement.
Le bâtiment remorqué doit faire la même route que celui
qui est de l'avant, mais avoir un peu moins de vitesse,
afin que le grelin de remorque soit roide sans cependant
trop fatiguer. Le bâtiment trouvant ainsi une résistance
qui vient du dehors, gouverne avec sa roue comme s'il
avait son gouvernail. Il ne faut en cette position négliger
aucune des précautions indiquées précédemment à l'article
de la remorque. A défaut de navire à la remorque, on pourrait y suppléer par une embarcation, et qui aurait encore
plus d'effet si elle emplissait étant à la traîne, et si elle coulait.

Ce moyen est très-expéditif; il peut donc être employé lorsque l'on perd le gouvernail à l'attérage, à l'entrée d'un port, et qu'on n'a pas le temps d'installer un autre gouvernail.

Si le navire au moyen duquel on veut se faire gouverner était comparativement de forte dimension, il vaudrait mieux lui demander une remorque et se faire conduire par lui.

CHAPITRE XXI.

I. De la Perte du Gouvernail. — II. Moyens Provisoires de Gouverner, d'Arriver et de Virer de Bord. — III. Des Gouvernails de Fortune : du Pilote Olivier; de la Corvette *le Duc-de-Chartres;* de l'Amiral Willaumez; du Capitaine Peat ; du Capitaine Packenham; du Capitaine Bassière, et du perfectionnement de Molinari.

I. Un échouage, de fortes lames, le feu de l'ennemi, les oscillations précipitées d'un navire démâté sur une mauvaise mer, la difficulté de coincer solidement le gouvernail dans la jaumière après la rupture de la barre, sont les causes qui entraînent ordinairement la *Perte du Gouvernail.* Cette avarie est très-grave et peut compromettre le bâtiment; aussi les marins sont-ils étrangement surpris que l'auteur d'un ouvrage très-estimé et très-digne de l'être sous d'autres rapports, ait avancé qu'à la rigueur les manœuvres de toute espèce pourraient s'exécuter sans le secours de cette machine et par la seule action des voiles. Il n'en est point ainsi dans la pratique : on ne peut faire évoluer un navire au moyen de ses voiles que dans un très-petit nombre de circonstances, en les manœuvrant suivant leur effet connu et d'après le résultat qu'on veut obtenir ; mais alors, c'est délicat, fatigant, et il n'en demeure pas moins vrai que la perte du gouvernail doit toujours être regardée comme très-funeste.

Aussitôt que le gouvernail est démonté, la première manœuvre à faire est de mettre en panne avec peu de voile à l'avant, ou à la cape s'il vente grand frais ; et la première précaution à prendre est d'aveugler le gousset de la jaumière afin d'empêcher l'introduction de l'eau, car cette introduction serait nuisible à bord et dangereuse sur l'esprit de l'équipage. Si le gouvernail n'est que démonté et qu'il tienne encore à ses chaînes ou sauvegardes, on travaille à le remettre en place ; si la mer est trop forte, on le prend à bord pour le remonter dès que ce sera possible ; et si seulement quelques aiguillots cassés embarrassent leurs roses et contrarient l'opération de remettre le gouvernail en place, on peut les dégager avec une gueuse de 25 kilogrammes suspendue à un bout de corde qu'on passe dans chacun de ses trous : on la laisse couler le long de l'étambot au-dessous de chaque ferrure, et en halant avec force de bas en haut, on frappe le bout inférieur de l'aiguillot et on le fait sauter par-dessus le femelot.

II. Dans le chapitre précédent, nous avons fait voir comment on pouvait se faire gouverner au moyen d'un autre bâtiment ; mais on sent combien la chose est difficile, pénible et même dangereuse ; on peut tout au plus la mettre à exécution quand on perd le gouvernail en touchant lors d'un attérage, et qu'il faut entrer dans le port sans prendre le temps d'installer une autre machine pour le remplacer. Nous avons encore indiqué le moyen de recevoir la remorque, qui est en partie sujet aux mêmes inconvénients ; d'ailleurs il faut dans ces deux cas, la présence et le secours d'un autre bâtiment ; enfin nous avons vu comment encore, par un *Moyen Provisoire de Gouverner*, on augmentait la puissance du gouvernail quand il fallait faire vent arrière après avoir perdu le mât de misaine, en filant une portion de câble et en palanquant d'un bord ou de l'autre sur ce câble ; mais cet expédient serait de même insuffisant, si l'on n'avait pas, d'ailleurs, le gouvernail monté. Cependant on a utilisé cette idée et on l'a rendue profitable, en ajoutant au bout du câble plusieurs bordages, affûts, ou autres objets volumineux chargés de quelques saumons qui augmentent la résistance, en faisant couler le tout ; on peut aussi substituer à cet appareil, un système de six ou huit tronçons de câble longs de 3 à 4 brasses, amarrés près à près et contenus par des planches ou bordages placés transversalement ; on en fait l'installation ainsi qu'il suit :

Après avoir fait sortir le câble par l'arrière, on le reprend en dehors de tout, par le passavant de sous le vent ; à 5 ou 6 brasses du bout, on fixe ce système dont le bas est garni de saumons, et la partie opposée de bouées ou d'espars, de telle sorte qu'il se place entre deux eaux dans une position verticale. On y adapte deux aussières ou faux bras frappés en pattes d'oie sur chacun des grands côtés ; ils rentrent par chaque hanche ou par des poulies placées à l'extrémité d'arcs-boutants qu'on pousse latéralement vers le couronnement et que l'on appuie avec force ; on enveloppe enfin ces cordages sur la roue, en les y faisant parvenir suivant les directions les plus favorables, au moyen de plusieurs poulies ; s'ils sont trop forts pour être enroulés, on leur substitue des garants de palans. On jette le système à l'eau, on file 15 ou 20 brasses de câble à cause du remoux, et l'on gouverne comme à l'ordinaire. Les affûts sont préférables à ce système dans un cas pressé, mais celui-ci, qui pourrait encore être remplacé par l'ancre flottante, est plus avantageux pour bien gouverner ; cependant la forte dimension du système nuit beaucoup au sillage ; et ce qu'il y a d'important et de fâcheux, c'est qu'elle y nuit d'autant plus que les faux bras agissent plus également ou que la barre est censée être plus droite. Par ces motifs on ne l'adopte que provisoirement, ou jusqu'à ce qu'on ait mis en place un des gouvernails artificiels inventés pour suppléer le véritable, et qu'on appelle *Gouvernails de Fortune :* nous donnerons la description de ceux-ci après deux observations préalables.

La première est au sujet des coins du gouvernail ; le *Capitaine de Frégate Bassière,* inventeur d'un gouvernail de fortune, assure que si après le démâtage d'un vaisseau sur lequel il était embarqué, il avait pu coincer son véritable gouvernail de manière à ce qu'il fût effacé au lieu d'être droit, la dérive l'aurait moins fatigué et il ne l'aurait pas perdu ; il demande, en conséquence, qu'il soit fourni des coins à cet effet, outre ceux qui peuvent fixer le gouvernail dans son plan d'élévation.

La seconde porte sur le virement de bord vent arrière que le même capitaine, ne pouvant effectuer avant d'avoir mis en place son gouvernail de fortune, et en se servant d'un câble filé, exécuta en liant ensemble deux affûts chargés de seize saumons de 25 kilogrammes qu'il plaça base contre base ; il les poussa sous le vent dans la direction du maître-bau, il les maintint par divers cordages, et ce surcroît de résistance sous le vent détermina l'évolution.

III. DES GOUVERNAILS DE FORTUNE. — Plusieurs gouvernails de fortune ont été proposés et exécutés, et ils ont leurs avantages et leurs inconvénients particuliers ; nous nous occuperons successivement de ceux qui sont le plus connus.

GOUVERNAIL DE FORTUNE du Pilote Olivier : Ce gouvernail se compose d'une vergue fixée à une main de fer sur l'étambot ou filée de l'arrière dans le sens de la quille, position dans laquelle le sillage la place naturellement, et où elle est maintenue au bord par un grelin qui sort de la jaumière, et par deux itagues faisant dormant aux deux bords de la poupe. La vergue est garnie vers son extrémité de deux ou quatre affûts chargés de gueuses ou de boulets, et à cette extrémité qui est la plus éloignée du bord, sont frappés deux faux bras qui y reviennent par des arcs-boutants, et qui servent à gouverner comme nous l'avons expliqué tout à l'heure. On peut faire supporter cette extrémité, si elle plonge trop, par une aussière ou balancine qui appelle du couronnement. On prétend que ce gouvernail résiste mal à une grosse mer ; mais malgré cet inconvénient, et quoiqu'il ne puisse pas servir quand on cule, qu'il faille même alors le filer préalablement de l'arrière pour que le navire ne le détruise pas, ou pour qu'il n'endommage pas le bord, cependant sa simplicité et son effet éprouvé sont tels qu'il doit être cité avec la plus grande recommandation. Rien ne s'oppose à ce qu'on se serve, au lieu d'affûts, de bordages ou de bailles installées avec des cartahus, de manière à pouvoir offrir plus de résistance. Je crois cependant les affûts plus faciles et plus prompts à fixer, et l'on y parvient avec des chevilles, des clous, des gournables, des roustures, des bridures et des bordages. On peut aussi comme l'a imaginé le maître d'équipage *Davé* du port de *Toulon*, accroître la puissance de ce gouvernail à l'aide d'un fort grelin lové sur lui-même ; il est placé à peu près verticalement en dessous de l'extrémité arrière de la vergue. Deux fortes croix en bois parallèles l'y maintiennent par leurs montants verticaux, et quelques haubans le saisissent à la vergue.

Le gouvernail de fortune du *Pilote Olivier* fut introduit

chez les Anglais par *Gower*. Depuis lors, on l'a perfectionné en en faisant supporter l'extrémité de l'avant par une balancine capelée au bout d'un arc-boutant, saillant de l'arrière du navire dans le sens de la quille. Cet arc-boutant est solidement fixé au pont, et cette installation empêche que cette extrémité ne vienne jamais en contact avec la poupe. La machine a cependant ainsi plus de jeu, et il en résulte le désavantage que les flasques ou bordages conservent moins bien la situation verticale nécessaire pour produire le plus grand effet, quand d'un bord ou de l'autre, on présente la machine à l'action du fluide.

DE LA CORVETTE *le Duc-de-Chartres* : L'auteur du *Précis des Pratiques de l'Art Naval* relate la construction d'un gouvernail de fortune installé à bord de cette corvette. Le gui fut passé dans la jaumière ; l'extrémité plongée dans la mer était chargée d'une ancre à jet lestée de six saumons de 25 kilogrammes. Deux retenues et une bridure au bitton d'écoute de grand-voile et aux boucles de retraite assujettissaient la machine. L'autre extrémité du gui se relevait en dedans du bord à une hauteur de 2 mètres du pont, et à une distance de 4 mètres du couronnement. Au bout, on avait frappé deux palans croisés aux boucles des sabords opposés, et à l'aide desquels six hommes gouvernaient. La corvette naviga fort bien avec ce gouvernail, et elle put virer de bord. L'auteur du *Précis* pense qu'il est convenable d'ajouter à la partie inférieure plongée dans l'eau, en imitation d'une pelle d'aviron, une caisse triangulaire de 1 à 2 mètres de longueur chargée de lest, et dont la base serait égale au bras inférieur de l'ancre. Cette installation a de l'analogie avec l'aviron dont quelques patrons de barques se servent dans la plupart de nos rivières. Elle ne paraît pas susceptible d'être usitée à bord de grands bâtiments.

De l'Amiral Willaumez : Le vaisseau de cet amiral ayant perdu son gouvernail, on s'aperçut que quelques ferrures s'en étaient détachées, et qu'elles tenaient aux femelots. Il les dégagea avec des laguis, en les heurtant avec des gueuses. Ensuite, au moyen du gabari que possède chaque vaisseau, et avec ces ferrures, avec un espar pour mèche, avec des tronçons de câble recouverts de planches pour safran, il construisit un gouvernail de fortune qu'il parvint à monter, et qui le conduisit de la *Caroline du Sud* jusqu'à *la Havane*.

Du Capitaine Peat : Son gouvernail est composé d'une vergue de hune passant par-dessus le gaillard d'arrière, sur l'extrémité duquel elle s'appuie par un de ses bouts ; à l'autre bout, sont cloués des bordages formant une pelle du côté qui doit être dirigé vers l'eau. Ces bordages sont abattus en chanfrein pour opposer moins de résistance à l'action du fluide dans le sens vertical. Le bout extérieur est soutenu, à la hauteur qui convient pour que la pelle plonge, par un bout-dehors saillant aussi du gaillard d'arrière dans la direction de la quille. A l'extrémité de ce bout-dehors se trouvent une balancine ou un palan qui supporte la pelle, et d'autres balancines qui retiennent le bout-dehors vers le mât d'artimon. A l'extérieur, la vergue a un épaulement qui l'empêche de rentrer à bord, et qui s'appuie contre un châssis placé sur le couronnement pour porter cette pelle. Le châssis dont nous venons de parler est surmonté d'un croissant qui reçoit la pelle, et qu'on a soin de garnir de cuir, et d'huiler, ainsi que la vergue au portage, pour diminuer les frottements. Deux palans, un de chaque bord, soutiennent la vergue, pressent l'épaulement contre le croissant, et deux faux bras frappés chacun sur la pelle dans un fort piton, rentrent à bord en passant par l'extrémité d'arcs-boutants, et servent à gouverner. Cette machine n'a besoin d'être lestée que lorsqu'on file plus de huit nœuds. On peut alors, avec un nœud coulant, laisser glisser le long de la vergue un sac chargé de 60 ou 80 kilogrammes de lest. Au moyen d'un bout de corde qu'on y laisse frappé, on rehale ce sac à bord à volonté. Ce gouvernail assez ressemblant à la pagaye des sauvages, est très-simple, mais cependant il l'est moins que celui du *Pilote Olivier;* et quoiqu'il puisse se relever hors de l'eau si l'on cule ou s'il risque à être brisé ou démonté, il ne laisse pas alors que d'être aussi inutile que celui d'*Olivier*. Il oppose d'ailleurs peu de résistance au sillage, et il possède des qualités éminentes pour faire gouverner. Le *Capitaine Peat* obtint une médaille d'or de la Société britannique d'Encouragement pour l'industrie, et depuis, il a été fait sur son gouvernail de fortune, des essais et des rapports fort avantageux.

Du Capitaine Packenham : Ce gouvernail se compose des pièces suivantes : d'un mât de hune coupé en trois parties, suivant une longueur fixée dans la description que nous en faisons; d'un bâton de foc coupé en deux parties; d'une jumelle de mât; d'un chouquet; d'un jas d'ancre et de bordages. La partie inférieure du mât devient la mèche, la caisse est la tête, le trou de la clef sert à recevoir la barre. Deux liens de fer détachés du jas cerclent la caisse au-dessus et au-dessous du trou. Cette nouvelle mèche est introduite dans un chouquet qu'on fait correspondre au milieu de la hauteur que doit avoir le safran, et ce chouquet est échancré dans toute son épaisseur vers son arrière, de manière à ce que l'étambot puisse s'emboîter dans cette échancrure. Le safran se compose des deux autres parties du mât de hune appliquées contre la mèche, l'une au-dessus, l'autre au-dessous du chouquet; des deux moitiés du bâton de foc placées l'une contre l'autre; de la jumelle fixée sur la surface arrière du tout, et de bordages de revêtement. La machine est bien assemblée, chevillée, boulonnée et clouée. On voit déjà que ce gouvernail a l'avantage d'être mû par une barre intérieure, et c'est très-important surtout devant l'ennemi, à qui la découverte de faux bras extérieur donnerait beaucoup de confiance, en lui faisant connaître l'avarie.

Quand on veut mettre ce gouvernail en place, on en charge le talon pour donner à la machine une position verticale, et l'on se sert pour y parvenir, d'une ancre ou de poids faciles à décrocher et à haler à bord par la suite. On fait embrasser la mèche au-dessous de la tête par deux jas d'ancre entaillés de manière qu'en les réunissant, le gouvernail puisse tourner dans cette entaille. Les jas d'ancre sont cloués et chevillés entre eux après que la mèche a été présentée : à la hauteur de la première ferrure on perce un trou à l'étambot qui sert de passage à une bague en corde, laquelle embrasse la mèche au-dessus du safran. Avec des palans et des guides, on fait présenter l'échancrure du chouquet à l'étambot, et aussitôt on vire de force sur deux aussières qui sont frappées de chaque bord à deux pitons sous le chouquet, et qui passant par-dessous la carène, viennent se garnir au cabestan en rentrant à bord par les écubiers ou par des poulies de conduite. Deux autres aussières enfin embrassent toute la partie inférieure du gouvernail, sont bridées ensemble au talon et rentrent à bord comme les précédentes; si par suite, ces aussières prennent du mou il ne faut pas négliger de les roidir.

Quelque ingénieuses que soient ces dispositions et cette machine, on ne peut se dissimuler que ce gouvernail doit être difficile à construire et à mettre en place; le trou à percer dans l'étambot doit exiger du beau temps et nécessiter

beaucoup de peine ; le safran et le chouquet perdent beaucoup de solidité, l'un par la solution du mât de hune au-
dessus et au-dessous du chouquet, l'autre par l'échancrure
qu'on a pratiquée dans ce même chouquet, et par l'obligation qu'elle impose de le décercler ; il faut enfin y sacrifier des pièces fort importantes si même on les possède encore en ce moment. Aucune de ces objections n'existe
contre le gouvernail d'*Olivier* qui a bien quelques inconvénients, mais que, pour sa simplicité, on ne saurait trop
conseiller d'employer en attendant qu'un gouvernail plus
parfait soit construit ou mis en place.

A l'appui de ces réflexions, nous citerons le navire *la
Clio* de *Dieppe*, qui employa trois jours à construire un
gouvernail à la *Packenham*, et qui ne put l'établir à poste
que onze jours après. Il y avait à peine deux heures qu'il
était installé qu'il disparut. On en construisit un autre avec
la grand-vergue : il fut emporté en peu de temps et il avait
fallu un jour entier pour le monter ; enfin pour troisième
essai, on coupa exprès le mât d'artimon, mais on éprouva
le même sort. Le bâtiment, réduit à l'état d'une carcasse
flottante, fut, par une continuation fortuite de vents de
Sud, jeté sur le *Cap Lézard*, où des bâtiments anglais le
prirent à la remorque et le firent entrer à *Falmouth*. *La
Clio* fut ainsi sauvée comme par miracle, mais sa relâche
lui coûta 100,000 francs.

Le *Capitaine Packenham* conseille de plus, lorsque les
ferrures du gouvernail sont brisées, et que le gouvernail
tient encore à l'étambot, de former sur le pont supérieur à
celui sous lequel se trouve la barre ordinaire, un châssis
qui entoure la mèche, et de telle hauteur qu'en introduisant une clef dans le trou supérieur de cette mèche, elle
porte sur le châssis et soutienne le gouvernail sans l'empê-

cher de tourner sur le châssis ; on peut clouer des taquets ou des linguets susceptibles de maintenir cette clef, et par conséquent le gouvernail, dans la position qu'on veut lui donner. Cette installation rendrait inutiles les coins demandés par le *Capitaine Bassière*.

DU CAPITAINE BASSIÈRE. Le gouvernail de fortune du *Capitaine Bassière* est plus léger que le précédent, il est plus facile à monter, il ne se compose que de pièces dont on peut se passer à bord ; mais il est plus exposé aux coups de mer, et il a l'embarras et l'inconvénient déjà indiqués de ne se mouvoir qu'à l'aide de faux bras.

Dans la description de son gouvernail, le *Capitaine Bassière* insiste d'abord sur la nécessité d'avoir à bord de tous les bâtiments, un gouvernail de fortune ou de rechange, et il démontre cette nécessité par l'exemple d'un grand nombre de bâtiments qui ont péri faute d'avoir pu ou su remplacer cette machine. Il dit ensuite que le vaisseau *l'Impétueux* sur lequel il était embarqué en qualité d'officier chargé du détail, ayant perdu cette même machine, ses idées se tournèrent d'abord vers le gouvernail de fortune du *Capitaine Packenham*, mais qu'il n'avait pas de chouquet disponible, que ses mâts de hune étaient réclamés pour les besoins urgents du démâtage, et qu'il fut obligé de renoncer à son projet.

Avec les galeries du faux pont et la cloison de l'archipompe, il construisit, 1° un plateau dont la figure était un triangle isocèle allongé, et 2° un demi-cercle faisant suite à ce triangle, ayant pour diamètre le petit côté du triangle ; les côtés égaux avaient chacun les 2/3 de la longueur du tirant-d'eau ; le diamètre du cercle ou le petit côté était les 3/5 d'un des autres côtés ; l'épaisseur était la soixantième partie de la profondeur de ce même tirant-d'eau ; les planches d'une face étaient placées et clouées dans une direction parallèle à un des côtés égaux du triangle, et celles de la face opposée étaient parallèles à l'autre côté. Aux deux faces, un bordage fut assujetti sur le petit côté du triangle ; un autre bordage allait du milieu de ce côté au sommet de l'angle opposé, et un troisième, parallèlement au premier, s'appuyait sur ce dernier bordage aux 3/7 du sommet de l'angle ; il débordait un peu la machine vers la partie qui devait être de l'arrière. L'épaisseur de chacun de ces bordages était la moitié de celle du plateau.

Une rosette en cordage bien fourrée ayant une ouverture de 16 centimètres de diamètre et embrassée par un grelin mis en double, servit à laisser passer un autre grelin de suspension qui faisait dormant sur les extrémités d'en dedans des bordages cloués sur le diamètre ; ces extrémités intérieures devaient faire l'office du talon, cette rosette devait donc servir de ferrure d'étambot. Trois cordages, dont on conserva les doubles pour les pouvoir dépasser, furent introduits dans la rosette ; l'un appelait du milieu de la dunette ; les autres, des deux fenêtres en à-bord de la grand-chambre, et ils devaient servir à diriger cette rosette pendant qu'on en passait les grelins sous le vaisseau pour les faire rentrer et pour les roidir par l'avant. A l'aide de ces cordages, la rosette fut fixée au tiers inférieur du tirant-d'eau ; les grelins de sous le vaisseau, comme tous ceux qui sont destinés à pareil emploi, étaient garnis de pommes pour être eux-mêmes à l'abri de plusieurs frottements, et le grelin de suspension passait aussi dans un œillet en corde qui était placé sur le bordage au sommet de l'angle rectiligne.

Ce grelin rentrait à bord par la jaumière qu'on avait garnie de paillets, et il était écarté de l'étambot par un coussin en bois qui empêchait le frottement sur les femelots.

Un autre grelin appelé balancine, passant dans un trou sur
le même bordage vers le sommet du même angle, rentrait
à bord par une poulie aiguilletée à l'extrémité d'un espars
saillant, droit de l'arrière, de 2 mètres. Cette balancine ser-
vait à diriger le gouvernail, et donnait des points de tenue
et d'appui à deux hommes placés sur la tête de la machine
pour faciliter l'opération. Enfin deux faux bras en patte d'oie
étaient frappés, un de chaque bord, sur l'extrémité arrière
des deux bordages parallèles et ils s'enroulaient ensuite
sur la roue, en passant par des poulies frappées à l'extrémité d'arcs-boutants qu'on avait poussés latéralement jusqu'à 3 mètres en dehors du couronnement.

Cette même machine fut facilement et promptement mise
en place et établie, sans qu'on fût obligé de se servir d'aucun poids étranger; d'abord elle monta un peu d'elle-même,
quoique le grelin de suspension passât dans la rosette de
dessous en dessus, ce qui aurait dû s'opposer à ce déplacement; mais la pesanteur spécifique de ce gouvernail n'é-
tait que les 5/8 de celle de pareil volume d'eau, et sa tendance à monter fit rendre les grelins. On replaça la machine, et pendant tout le temps qu'on en fit usage, c'est-à-
dire pendant 40 heures, elle se maintint parfaitement. Le
grelin de suspension manque au gouvernail de *Packenham*,
et constitue, selon nous, un grand avantage en faveur de
celui du *Capitaine Bassière*. Lorsque la mer est belle, et que
ce gouvernail de fortune est totalement immergé, son peu
de pesanteur rend le grelin de suspension inutile; mais dans
une mer forte, l'eau manque souvent au gouvernail et il
pèse alors sur les points d'attache; dans celui du *Capitaine
Packenham*, ces mêmes points paraissent moins bien combinés pour résister dans ce sens.

Tout annonce dans l'invention que nous venons de dé-

crire, une rare présence d'esprit; le *Capitaine Dussueil*
dit que les combinaisons savantes de ce gouvernail furent
admirées de tous les navigateurs; au résultat, son effet fut
tel que le vaisseau évolua parfaitement. Le *Capitaine Bassière* eut même la jouissance bien vive de passer devant
un ennemi très-supérieur en nombre, et de s'applaudir
que, grâce à son génie actif, le vaisseau qu'il avait en quelque sorte ranimé, aurait pu se mesurer avec lui.

Le *Capitaine Bassière* propose ensuite diverses améliorations à son gouvernail et surtout d'embarquer, avant le
départ, des étriers et une ferrure qui serait destinée à fixer
la rosette à l'étambot. Ces détails seraient superflus ici,
puisque son invention a été surpassée comme nous le verrons dans le chapitre suivant, et nous avons dû nous borner à en rapporter ce qui est praticable à la mer lorsque
l'avarie a lieu, et que, dans le port, on n'avait pas été mis
à même d'y remédier plus facilement.

Le gouvernail du Capitaine *Bassière* et celui du Capitaine
Packenham peuvent s'installer sur un contre-étambot volant que l'on prépare et entaille à bord au moyen du gabari de cette partie du navire; des grelins le retiendraient
appliqué contre l'étambot, et des œillets, des pentures l'empêcheraient de descendre ou de monter. Sur ce contre-
étambot volant, et sur le gouvernail de fortune, doivent
être des ferrures, telles que gonds et pentures, ou pitons
et boulons, faits avec des tolets ou des pailles de bitte, re-
tenus en dessus par une tête, et en dessous par une clavette. Ce gouvernail de fortune doit être ajusté avec le contre-étambot volant avant de sortir du bord, et l'un et l'autre
peuvent ensuite se mettre en place, comme nous avons vu
qu'on le faisait pour le gouvernail de fortune lui-même.
Cette idée si ingénieuse est de *Molinari.*

Cependant les améliorations du *Capitaine Bassière* ne font pas disparaître les faux bras, et si son gouvernail devait rester longtemps en place, il est possible que les cordages et le plateau lui-même ne conservassent pas la solidité convenable ; si donc on en prenait un pareil à bord lors de l'armement, il ne remplirait pas le but proposé par le *Capitaine Bassière* lui-même, celui de suppléer entièrement le gouvernail perdu ; mais il n'en est pas moins un titre très-respectable que cet officier a acquis à la reconnaissance générale ; et cette machine lui fait d'autant plus d'honneur qu'il la conçut au milieu des embarras et des travaux d'un démâtage. Elle peut servir en mille circonstances, et peut être lui sommes-nous redevables de l'invention du *Capitaine Dussueil*.

CHAPITRE XXII.

Des Gouvernails de Rechange et, entre autres, de celui du Capitaine de Frégate Dussueil.

Les machines que nous venons de citer prouvent de grandes ressources dans l'esprit de leurs inventeurs, et le succès justifia souvent leurs conceptions. Aucun auteur ne s'était occupé d'offrir les moyens d'obvier à la funeste avarie de la perte du gouvernail; il fallut que les marins y portassent leurs réflexions pendant le danger, et c'est ce qui en augmente le prix et l'éclat; cependant ces inventions présentent toutes des inconvénients plus ou moins graves, le mieux était possible, et les méditations des hommes de mer se portèrent vers cette partie intéressante.

Le meilleur moyen de remédier à la perte du gouvernail

est sans contredit, comme l'a judicieusement exprimé le *Capitaine de Frégate Bassière*, d'en pouvoir construire un à bord ou d'en embarquer un tout prêt qui puisse se monter avec promptitude, qui résiste à l'épreuve, qui ne détourne aucune pièce importante de sa destination première, qui facilite sur le bâtiment en route toutes les évolutions possibles, et à quoi l'on doit ajouter, qui ne laisse rien pénétrer à l'ennemi. On reconnaît un esprit droit à cette manière de poser un problème où l'on n'élude aucune difficulté, où on les prévoit toutes, et où, libre de toute préoccupation étrangère, l'esprit n'a plus que le soin de la solution.

Le gouvernail que ce Capitaine inventa et installa à bord de *l'Impétueux* était sans doute aussi parfait qu'on pouvait l'espérer en cette situation; il sauva le vaisseau, et une prédilection certainement très-excusable pour cette machine préservatrice, est probablement ce qui, seul, empêcha le *Capitaine Bassière* de réfléchir ensuite que les perfectionnements qu'il avait indiqués pouvaient être surpassés, et de proposer un gouvernail qui remplît toutes les conditions voulues. Le *Capitaine Dussueil* en put juger avec moins de partialité; il s'appliqua à combiner ses plans pour arriver à un résultat plus complet; et nous allons le suivre pas à pas dans l'ouvrage qu'il a publié sur son *Gouvernail de Fortune* ou plutôt de *Rechange*.

Deux raisons s'étaient opposées jusqu'ici à ce qu'on embarquât un gouvernail de rechange semblable au véritable. La première, peu admissible, consistait dans l'encombrement et l'embarras que produit cette pièce à bord; la seconde était la seule valable : c'était la difficulté de monter ce gouvernail; or M. *Dussueil* selon nous, répond parfaitement à ces deux objections.

Lorsque la rupture ou la disjonction du gouvernail arrive, et qu'elle est occasionnée par la grosse mer, cette
perte entraîne toujours celle d'une partie des ferrures; mais
en admettant que les femelots ne fussent ni enlevés ni bri-
sés, il suffirait qu'un seul de ceux qui sont submergés se fût
dérangé de 3 ou 4 millimètres de son axe, pour empêcher
de pouvoir remonter, même avec un beau temps, un gouvernail de rechange ordinaire muni de toutes ses ferrures.
Pour vaincre cet·obstacle on a imaginé une seule ferrure
susceptible de remplacer toutes celles qui sont établies tant
sur le gouvernail que sur l'étambot.

Cette ferrure doit être en fer forgé d'une bonne qualité;
elle doit avoir deux branches de l'épaisseur d'un quart en
sus des ferrures du gouvernail du bâtiment ; leur largeur
est égale à celle des femelots, et leur longueur varie suivant
le bâtiment, de 1^m à $2^m,30$; les extrémités des branches
sont en forme de pitons, et contiennent chacune une cosse
pour garantir du frottement le bout d'un grelin ou d'une
aussière qui doit y être épissé. La distance où cette ferrure
se placera du talon sera de $0^m,60$ à $1^m,60$ suivant que le
navire aura les varangues plus ou moins rapprochées du
fond, et cela, pour qu'il y ait concordance avec la direction
des grelins destinés à la mettre en place. Il serait désirable
que cette ferrure fût confectionnée sur le gabari de la carène à l'endroit où elle doit se fixer; mais comme pour
mettre en place le gouvernail de rechange, il est indispensable de le faire monter le long de l'étambot, afin de permettre l'entrée des deux aiguillots supérieurs dans les femelots placés au-dessus de la ligne de la charge, on s'écar-
tera de cette précision pour que la ferrure puisse faciliter
ce mouvement ascendant. L'espace de l'étambot, que dans
ce cas, la ferrure devra parcourir, sera déterminé sur le

faux étambot par une entaille qui égalera en profondeur, l'épaisseur que l'on aura donnée au collier du femelot de la ferrure à branches. Cette dernière disposition est absolument indispensable pour que les ferrures du nouveau gouvernail passent par le même axe. Cette ferrure sera maintenue en place à l'aide de grelins établis tribord et babord.

La ferrure à branches avant d'être mise en place sera adaptée au gouvernail de rechange, par le moyen d'un aiguillot particulier dont les branches sont clouées sur ce gouvernail ; le bout de cet aiguillot se dirigera de bas en haut et n'aura en longueur que l'épaisseur du femelot de la ferrure à branches, plus un épaulement. Cette dernière ferrure est d'une dimension plus forte que les autres de son espèce ; de cette manière, le collier se trouvera renfermé, et l'aiguillot sera mieux consolidé, sans que cette disposition puisse nuire en aucune manière aux mouvements de rotation du gouvernail.

La mèche du gouvernail de rechange est de deux pièces à adents ; on les réunit, par le moyen de chevilles à écrou, aux pièces qui doivent former le safran. Le long de la mèche, on détermine tous les emplacements des femelots de l'étambot, et l'on y pratique des lanternes, pour lui permettre d'accoster l'étambot dans le cas même où les aiguillots de l'ancien gouvernail seraient restés dans les femelots. La tête de la mèche est cerclée, et le trou de la barre y est pratiqué.

Ce gouvernail devant être suspendu aux deux ferrures qui se trouvent toujours au-dessus de la ligne de charge, il est nécessaire de déterminer l'emplacement des deux aiguillots correspondants destinés à être cloués sur la partie supérieure de la mèche. Sans cela, le gouvernail ne serait plus supporté par deux ferrures, ni même par une seule à bord des petits navires, car il ne doit nullement agir sur la ferrure à branches, l'unique but de celle-ci étant de le maintenir, et de lui donner assez de solidité pour résister aux efforts de la grosse mer : or, comme il est indispensable d'aider ces ferrures à soutenir un si grand poids qui ne serait plus en rapport avec leur force, on perce un trou dans la mèche ; la partie supérieure de ce trou doit avoir la forme d'un demi-réa et une rainure doit être pratiquée tribord et babord, pour y loger une guinderesse qui formera suspente, et qui supportera, conjointement avec les ferrures, le poids du gouvernail sans nuire en aucune manière à ses mouvements de rotation. La portion de cette guinderesse destinée à rester dans la mèche sera fourrée et garnie en forte basane. Pour donner plus de facilité à monter le gouvernail de rechange, on pourra placer de chaque bord deux organeaux.

Ici, le *Capitaine Dussueil* énonce ses observations et son opinion sur la forme la plus avantageuse du gouvernail, et sur les lignes d'eau qui agissent le plus sur lui ; se croyant en droit d'assurer que celles qui frappent le plus bas sont à peu près les seules qui méritent quelque considération, il veut apporter une diminution dans l'aire du safran, d'autant, 1° que l'excédant auquel il fait allusion constitue un volume qui surcharge la machine d'un poids totalement inutile et essentiellement nuisible à tout le système ; 2° que son développement au-dessus de la ligne de charge offre une grande surface sur laquelle la lame peut exercer ses efforts pour la destruction du gouvernail ; 3° enfin, qu'en diminuant la surface supérieure de la partie du gouvernail, on donne moins de prise aux boulets de l'ennemi. Cet ex-

cédant est en effet supprimé dans son gouvernail de rechange.

Les deux bouts de grelin destinés à être épissés sur la
ferrure à branches seront fourrés en cet endroit, et pour
obtenir une direction favorable ils élongeront la quille et ils
rentreront à bord par les écubiers, en y employant deux
poulies de retour placées sur l'étrave du bâtiment, un peu
au-dessus de la ligne de charge; il conviendra de percer
en ce lieu, un trou que l'on bouchera seulement à faux
frais pour pouvoir s'en servir au besoin.

Tous ces objets doivent être logés à bord sous la main,
et l'espace d'une heure doit suffire à la mer pour monter
cette machine; la gabarre *la Durance* avant de partir de
Rochefort, en a fait l'essai, dans le port il est vrai, et l'opération n'a pas duré plus de vingt-cinq minutes. D'ailleurs,
on peut en faire un point des exercices de la rade, afin que
chacun soit au fait, avant qu'on soit dans le cas de la mettre en pratique à la mer. On peut augmenter la solidité de
ce gouvernail par deux ou trois traverses.

Voici comment au large et d'une grosse mer, on monte
ce gouvernail : un mâtereau est fortement installé en dehors du couronnement de manière à remplacer le gui dans
le cas où celui-ci ne pourrait pas servir à cette opération;
sous le bout, on frappe une poulie de retour dans laquelle
passe une aussière introduite dans la boucle, et qui remonte pour faire dormant sur l'extrémité du mâtereau. Cette
aussière forme palan de retenue; on peut même en établir
une seconde, avec les boucles de sauvegarde. Ces deux retenues permettent de n'accoster le gouvernail de l'étambot
qu'à volonté. Des saisines et autres moyens d'usage et de
précaution dont on ne peut bien concevoir l'utilité qu'à

bord du bâtiment même où l'on se trouve, et qu'il est d'ailleurs superflu d'indiquer à des marins, sont aussi mis en usage pour empêcher la machine d'éprouver de fortes oscillations. ‘

Toutes les dispositions de la mise en place doivent être prises pendant qu'on assemble ou monte le gouvernail, afin qu'en le mettant dehors il soit facilement conduit jusqu'à l'arrière du bâtiment. On l'y suspend au mâtereau par une caliorne; une itague sera introduite d'avance dans le trou de la guinderesse dont nous avons déjà parlé; on fera remonter les deux bouts de cette itague par le trou de la jaumière, et on les établira perpendiculairement à cette dernière sur une des traverses; l'un des bouts fera dormant, et l'autre passera dans une poulie coupée, de manière à pouvoir monter le gouvernail comme on guinde un mât de hune. Pendant cet intervalle, les grelins de la ferrure à branches seront disposés tribord et babord, afin que le bout de chacun d'eux soit conduit extérieurement sur l'avant du bâtiment pour être passé dans les poulies de retour établies sur l'étrave. Ces bouts de grelin rentreront à bord par les écubiers, ou par le trou percé à cet effet un peu au-dessus de la ligne de charge, ou enfin par-dessus le plat-bord au moyen d'une autre poulie. Il sera important d'établir, des deux bords, des étriers, afin de pouvoir conduire les grelins à la place qu'ils doivent occuper sans qu'ils se chevauchent sous la quille. Ces étriers doivent être employés dans tous les cas pareils, notamment dans la circonstance de la voie-d'eau, dont nous avons parlé chapitre XIV.

Quand tout sera paré, on roidira les grelins, en filant à mesure la retenue et le palan, et en amenant en même temps le gouvernail jusqu'à ce que sa partie supérieure

soit un peu plus bas que la jaumière, et que les extrémités
de la ferrure à branches soient presque contre l'étambot.
L'itague sera dès lors embraquée, et dans cette position, on
attendra la première embellie pour achever l'installation.
Le moment en sera saisi avec célérité. On hissera la tête du
gouvernail dans la jaumière ; on filera avec précaution les
retenues, et l'on rembraquera les grelins, jusqu'à ce que la
partie intérieure de la ferrure à branches soit bien emboî-
tée dans l'étambot. On le reconnaîtra par une marque faite
d'avance sur les deux bouts des grelins, ou par la position
du gouvernail que l'on continuera de hisser jusqu'à ce qu'on
puisse faire entrer les aiguillots dans les femelots. On mettra
la barre en place le plus tôt possible, afin de mieux maintenir le gouvernail jusqu'à parfaite installation. Il est même
utile d'avoir deux forts coins pour concourir à cet effet, et
que ces coins soient combinés avec la mèche et le trou de
la jaumière, de manière à remplir le vide sans s'opposer
au mouvement d'ascension du gouvernail, nécessaire pour
le mettre en place. Dès que le gouvernail sera accroché à
ces deux ferrures, on filera les grelins : il descendra et il
se reposera sur les femelots. Aussitôt, on roidira les grelins, afin que la ferrure à branches, en prenant sa place,
y reste fixée par la tension de ces mêmes grelins, qu'il
faudra roidir avec précaution toutes les fois que l'on jugera
la chose nécessaire, c'est-à-dire que les grelins auront
rendu.

L'itague de suspension doit être tenue constamment
roide, surtout dans les mauvais temps, et il faut souvent la
visiter. Il en est de même des grelins de la ferrure à branches et des autres parties du gouvernail, principalement
vers l'attérage, ou si l'on avait eu du mauvais temps. On
profiterait pour cela d'un beau jour, et l'on mettrait en

panne pour démonter la machine, et pour en considérer scrupuleusement tous les éléments.

On voit d'après ce qui précède que le gouvernail de rechange du *Capitaine Dussueil* se rapproche, autant que possible, du gouvernail véritable ; mais il est considérablement plus léger, par conséquent plus maniable ; il n'a que deux ferrures au plus, et cela, dans sa partie supérieure, afin de pouvoir être facilement adapté ; la place des autres ferrures est marquée par des vides qui permettent le rapprochement de l'étambot aux points où sont les ferrures correspondantes de ce même étambot ; enfin, l'extrémité inférieure en est garnie de la ferrure à branches, laquelle est tenue adhérente contre le talon de la quille, au moyen des deux grelins qui sont frappés aux deux branches de la ferrure, et qui se roidissent au cabestan après avoir prolongé la quille de chaque côté, et être rentrés à bord par les écubiers.

Des figures auraient peut-être rendu plus claire, la description que j'ai donnée de ce gouvernail de rechange ; mais pour ne pas augmenter le prix de cet ouvrage, et pour qu'il soit accessible à tous, je me suis interdit cette espèce de luxe qui ne m'a pas paru indispensable : toutefois, mon Dictionnaire de marine contient (planche VII) sous les numéros 16, 17, 18, 19, 20 et 21, toutes les figures relatives à ce gouvernail. La figure 22 montre, aussi, le gouvernail de rechange proposé par *M. Mancel* dont nous parlerons un peu plus loin ; et la figure 15 est la représentation du gouvernail de fortune du *Capitaine Bassière* que nous avons décrit dans le chapitre précédent.

Ce fut en 1818 que le capitaine Dussueil communiqua sa conception au gouvernement ; et que des essais furent aussitôt ordonnés. Une commission avait été préalablement

nommée; elle déclara que ce gouvernail suppléait *complétement et convenablement* au gouvernail perdu. L'expérience
s'ensuivit. Elle eut lieu en tête de la rade de *Brest*, sur la
goëlette *la Colombe*, avec un bon frais de S O et O S O, par
une mer houleuse, et pendant un fort restant de flot.

La goëlette mit en panne, et l'on procéda à l'installation.
Malgré quelques retards inévitables apportés lors d'un premier essai, par le défaut d'habitude, l'opération ne dura
qu'une demi-heure. Aussitôt on fit servir sous toutes voiles,
et la goëlette courut plusieurs bordées en virant vent devant et lof pour lof, avec le même succès que si l'on se fût
servi du véritable gouvernail.

Telle est l'analyse des points les plus importants de l'ouvrage du *Capitaine Dussueil*. On voit d'après ce résumé,
que son gouvernail réunit tous les avantages, et qu'il satis-
fait à toutes les conditions. L'ennemi ne peut s'apercevoir
de l'avarie; la machine est bien supportée et parfaitement
adaptée à l'étambot; elle obéit facilement à l'effort de sa
barre; elle est fortement assemblée; on peut la monter de
presque tous les temps; elle tient le navire bien gouvernant; enfin le mécanisme, et particulièrement la ferrure à
branches, sont le fruit d'idées extrêmement ingénieuses
qui ont, comme tout ce qui porte en général ce véritable
caractère, l'avantage d'être à la portée de tout le monde.

Mais, tout en rendant hommage et justice à cette utile
invention, surtout à l'heureuse idée de la ferrure à branches qui est l'âme du système, je ne négligerai pas de revenir sur l'assertion du *Capitaine Dussueil* relativement à
la nullité d'effet des parties élevées du safran, en ce qu'elle
paraît contraire à l'opinion générale des marins, laquelle
est unanimement d'accord sur ce point : qu'il faut clouer
des planches en queue d'aronde à la partie la plus haute

du gouvernail pour en augmenter la puissance, quand on craint un très-petit temps, et qu'on a à se diriger en des passes étroites et difficiles. Je puis même apporter pour preuve de l'effet de ces planches, que, sur la corvette de charge l'*Adour* (qui lors d'un appareillage et par une très-belle mer, ne filait pas au delà de trois nœuds), j'ai vu la percussion contre le fluide être suffisante pour faire casser ces planches. Or cette percussion ne pouvait que tourner à l'avantage du gouvernail, et que tendre à lui donner plus d'action. On sait aussi que les bâtiments ont toujours un tirant-d'eau plus fort de l'arrière que de l'avant, et que parmi les avantages qu'on y trouve, on cite celui d'avoir moins de la partie supérieure du safran émergée; cependant alors cette plus grande différence de tirant-d'eau, qui se joint à la quête, rend l'impulsion de l'eau sur le gouvernail peut-être trop oblique. Je ne nierai pas que plusieurs grands géomètres veulent que les parties supérieures du gouvernail contribuent peu à son effet, et qu'on a longtemps insisté pour qu'elles fussent extrêmement diminuées. Tel était l'avis de *Romme*, et l'on a surtout attribué à ces parties élevées l'inconvénient d'être exposées aux lames, d'en être violemment choquées par un gros temps, et d'ébranler les ferrures de l'arrière du vaisseau. Les calculs et les hypothèses de *Don Juan*, que nous voyons cependant contredits sur ce point par les calculs et les hypothèses de M. le *Marquis de Poterat*, prescrivent également, pour cette machine, la figure du triangle comme devant être la plus favorable; mais on a persisté, malgré ces autorités, à conserver l'ancienne forme, et ce doit être parce que l'expérience y a fait reconnaître des avantages.

Je ne prétends pas, en définitive, blâmer la diminution proposée par le capitaine *Dussueil*, car son gouvernail de-

meure encore pourvu d'assez de puissance ; mais je crois
que les trois motifs qu'il cite subséquemment justifient assez la forme qu'il a adoptée, et je n'ai en vue que son assertion, laquelle me paraît peu conforme aux idées généralement reçues.

Nous ne terminerons pas ce chapitre sans mentionner
un autre gouvernail de rechange de M. *J. L. B.* annoncé
dans les *Annales Maritimes* du mois de mai 1821. Ce
n'est pas à nous qu'il appartient de décider s'il mérite
la préférence sur celui de M. *Dussueil ;* des expériences
seules peuvent résoudre la question : en attendant ce moment, nous nous bornerons à la seule mention de celui de
M. *J. L. B.*

Nous avons encore entendu parler d'un faux étambot de
rechange garni d'un gouvernail aussi de rechange ; cet
étambot est construit de manière qu'avec les deux grelins
qui élongent le navire par en dessous et rentrent par les
écubiers, et qu'à l'aide de moyens faciles à imaginer pour
en appliquer et fixer la partie supérieure à celle de l'étambot véritable, on puisse remplacer la machine avec promptitude et sans aucune perte d'avantages.

Il a été également question d'appliquer aux étambots ordinaires quelques ferrures intermédiaires en supplément,
et pour lesquelles le gouvernail serait entaillé afin de n'être
point gêné dans son jeu. Le gouvernail de rechange que
l'on aurait à bord serait garni de rosettes qui correspon-
draient à ces ferrures supplémentaires, et par ce moyen, il
serait peut-être possible de se passer des deux grelins qui
appliquent le talon du gouvernail au pied de l'étambot, et
qui sont loin de donner autant de garanties de solidité et
de facilité que des ferrures.

Enfin M. *Mancel*, Lieutenant de Vaisseau, a proposé un

gouvernail de rechange qui ressemble plus encore au gouvernail véritable que celui de M. *Dussueil* puisqu'il n'y est pas fait usage de la ferrure à branches ; et M. *Fouque* en a également proposé un qui, comme celui de M. *Mancel*, paraît mériter toute confiance. Plusieurs essais et plusieurs rapports ont constaté l'efficacité de celui de M. *Mancel*, ainsi que des moyens qu'il emploie pour le monter ; et il en résulte que son gouvernail remplit parfaitement le but qu'il s'est proposé. Nous avons indiqué précédemment où l'on pouvait voir la figure qui le représente.

CHAPITRE XXIII.

De la Sonde, et de son Utilité pour l'Attérage.

Le but de la *Sonde* a deux objets bien distincts ; l'un celui de sonder sur de grands fonds lorsqu'on arrive à l'*Attérage* pour rectifier son point, en comparant le brassiage et la nature du fond que le plomb rapporte, au brassiage et à la nature du fond exprimés sur les cartes à pareille latitude et sur cet attérage. Il en résulte la convenance de faire cette opération à midi, immédiatement après ou avant l'observation de la hauteur méridienne du soleil, ou si l'on n'est pas encore sur le fond ou bien qu'on ait déjà sondé, de computer les routes faites entre ce moment et midi, avec la plus grande attention. Le second objet de la sonde est de se servir de son résultat pour chenaler ou se diriger entre des passes, dans des rivières, sur des bancs ou hauts-fonds, et de reconnaître sa route par le changement de brassiage. La navigation sur les *Brasses* dites du *Bengale* par exemple, se fait presque tout entière la sonde à la main, et il y a là des sondeurs fort experts. Si l'on est dans le cas de sonder dans des circonstances mixtes ou dans des termes moyens, on fait participer la manœuvre des deux cas que nous venons d'établir, ou bien l'on modifie l'un ou l'autre pour arriver au résultat désiré. Nous allons expliquer ces diverses opérations; mais nous ferons préalablement observer que la grosseur de la ligne de sonde et la pesanteur du plomb sont déterminées suivant la quantité supposée du fond.

Pour sonder à de grandes profondeurs, telles que 200, 100 et même 80 brasses, il faut remettre le plomb à un homme placé sur le bout de la vergue de misaine sous le vent, avec une forte glène de ligne de sonde qu'il tient à la main, ou près de lui sur le bord de la vergue ; une pareille glène est remise à un homme sur les porte-haubans de misaine sous le vent; une autre à deux hommes placés chacun dans la poulaine près de chaque bossoir, et ainsi de suite à deux hommes sur les porte-haubans de misaine au vent, et à deux ou plusieurs autres sur les grands porte-haubans; il faut que la ligne soit passée en dehors de tout par-dessous le beaupré, et qu'on soit encore paré à en filer d'une baille que l'on dispose sur le gaillard, vers le premier grand hauban de l'arrière au vent, et qui contient le reste de la ligne. On met alors en panne sous petite voilure, et l'on balance ses voiles, qu'on présente le moins possible au vent pour moins dériver, de manière à ne plus aller que très-peu de l'avant; alors on fait lancer le plomb dans la direction du bossoir de sous le vent, et le plus au large possible, en l'agitant pour lui donner de l'élan dans le sens où l'on doit le jeter. A mesure qu'il descend, chaque homme file sa glène à la demande, avertissant son voisin lorsque sa glène va finir, pour que celui-ci se prépare également à filer la sienne. Cependant le bâtiment dérive, il passe par-dessus le plomb, et comme, sur le reste de son air et à cause de ses voiles auriques ou latines il va en même temps un peu de l'avant, il s'ensuit ordinairement que par un fond de 100 à 150 brasses, c'est un homme des grands porte-haubans du vent qui trouve le fond et qui le trouve verticalement; alors, avec une petite galoche frappée sur le premier grand hauban de l'arrière au vent, on rentre promptement la ligne de sonde sur laquelle on tape de temps en temps avec un cabillot pour en faire égoutter l'eau, et aussitôt on fait servir; la ligne de sonde est ensuite mise au sec et cueillie. On voit que, par ce procédé, bien que le plomb soit jeté sous le vent, cependant on le retire par le bord du vent, sans que la ligne soit engagée ni sous le navire, ni par ses manœuvres; or, cette condition est nécessaire pour obtenir la verticalité de la ligne de sonde à l'instant où le plomb touche le fond. Si le cuivre ou la fausse quille étaient endommagés, et qu'on craignît que la ligne ne s'y engageât, ce qui toutefois me paraît fort douteux, on jetterait le plomb par l'avant un peu au vent.

Si l'on veut chenaler, il suffit de réduire sa voilure, de sorte qu'un homme placé sous le vent pour avoir plus d'aisance, pour être plus à l'abri, et pour mieux juger de la direction de la ligne, puisse en jetant le plomb vers l'avant après l'avoir agité, le sentir arriver au fond à l'instant qu'il est lui-même verticalement au-dessus de ce même plomb. Quelquefois, surtout grand largue ou vent arrière, on emploie deux sondeurs à la fois, un de chaque bord; l'un jette le plomb quand l'autre le retire, et ils crient le fond l'un après l'autre à intervalles à peu près égaux; on sait toujours ainsi quelle est la route à faire. On relève ces hommes de temps en temps, et ils ont, à hauteur de ceinture, un bout de corde, qui va d'un hauban à son voisin pour les empêcher de tomber à la mer et pour les soulager. J'ai vu envoyer de cette manière le plomb assez de l'avant pour pouvoir obtenir, verticalement, au delà de 20 brasses de fond, en filant 3 et 4 nœuds.

Si l'on veut sonder à de moyennes profondeurs, il faut masquer le perroquet de fougue et loffer jusqu'à ralinguer. mais sans filer les écoutes des focs de peur de coiffer toutes les voiles, ou peut-être de virer de bord; on met d'abord la barre dessous, on la rencontre ensuite si l'on craint de prendre le vent trop de l'avant : lorsque l'air est amorti, on jette le plomb du bout de la vergue de civadière sous le vent ou de dessus le violon du beaupré, et on dispose des glènes en dehors de tout, soit en allant directement de l'arrière jusqu'aux porte-haubans d'artimon sous le vent, soit en faisant le tour par l'avant jusqu'aux porte-haubans de misaine au vent. Les hommes munis de glènes ne filent également qu'à la demande; quand le plomb atteint le fond, celui qui s'en aperçoit tient également bon, fait tour mort s'il est nécessaire; et l'on évalue la longueur de la ligne plongée dans l'eau.

Dans tous les cas ci-dessus mentionnés si, lorsque le plomb est au fond, on remarquait quelque obliquité dans la ligne, il faudrait en estimer l'angle avec le renard ou tel autre instrument, et résoudre le triangle pour en avoir le côté vertical; mais là où est le vaisseau, le fond est peut-être différent de celui de ce même côté, puisque le triangle peut ne pas être rectangle ; ainsi, quoique cette différence ne puisse être supposée que légère, il faut s'efforcer d'obtenir la verticalité elle-même. Pour avoir un fond exact, nous répéterons que la ligne ne doit jamais être filée qu'à la demande : à de petites profondeurs, on doit soulever un

peu le plomb et le laisser retomber, pour être bien assuré
que la ligne est tendue, et pour que le creux pratiqué par
la base dans l'intérieur du plomb et qui est garni de suif,
puisse forcer une partie du fond à adhérer à ce suif, afin
de faire connaître ensuite quelle est la nature du fond.

On peut aussi faire usage d'une bouée disposée à cet effet
pour obtenir le fond verticalement, et ce moyen de nouvelle
invention paraît promettre du succès : on jette la bouée à
l'eau en même temps que le plomb ; la ligne passe par un
réa placé vers l'extrémité de la bouée, et, à son issue, elle
fait écarter une lame de fer taillée en biseau qui presse la
corde, et dont le ressort peut être renforcé ou soutenu par
un cercle de fer. Du bord, on file la ligne de sonde jusqu'à
ce qu'elle ait cessé de demander, c'est-à-dire jusqu'à ce que
le plomb soit au fond : la lame de fer ne s'y oppose pas,
mais en halant sur la ligne, les hélices de celle-ci sont arrêtées par la pression du biseau de cette lame ; on retire
ainsi la bouée et l'on a obtenu évidemment un fond vertical qui se compte à partir de l'endroit où l'hélice de la
ligne est pressée. Le vaisseau *le Jean-Bart*, pendant son
voyage du *Brésil* et sa station des *Antilles*, a sondé ainsi
avec beaucoup d'exactitude sur des fonds de **20** à **25** brasses et en filant **5** et **6** nœuds. Si le fond était très-considérable, il faudrait beaucoup de ligne pour sonder avec
une telle vitesse ; on réduirait alors le sillage en diminuant
de voiles ou en loffant ; il est facile de voir que même avec
cet inconvénient, cette manière de sonder présente beaucoup d'avantages sur les autres. On ne peut cependant nier
qu'on ne risque ainsi de perdre ou d'user plus de plombs
ou de lignes, et qu'on n'a pas le fond du point où l'on est,
mais de celui où la bouée a été jetée à la mer.

Cette bouée qui est en quelque sorte mouillée par le

plomb de sonde peut servir à deux autres objets : **1°** à recueillir quelques notions sur les courants en jetant en même temps un loch ordinaire, et en comparant leur éloignement respectif du bord ; **2°** à produire l'effet d'une bouée de sauvetage, en faisant une demi-clef sur la ligne du plomb.

On a imaginé, pour sonder, divers moyens mécaniques qui sont généralement fondés sur le rapport qui peut exister entre la hauteur du fond et le temps que le plomb met à descendre ; et particulièrement une machine à ailettes tournantes lesquelles prennent et conservent un mouvement circulaire horizontal pendant que le plomb descend, et jusqu'à ce qu'il touche le fond. Une aiguille indique le rapport entre le nombre de leurs tours et la quantité dont la machine s'abaisse au-dessous de la surface de la mer. Quand cette machine, qu'on a appelée *Sondeur*, touche au fond, le mouvement de son mécanisme cesse naturellement, et la profondeur de la mer reste marquée par l'aiguille sur les divisions de la machine. Cet instrument a été essayé et il a réussi, il est vrai, mais il faut qu'une longue expérience prouve que le mécanisme ne s'en altère pas pendant plusieurs campagnes faites sous des latitudes diverses ; ce Sondeur serait, en effet, alors, d'une grande utilité, en abrégeant et facilitant considérablement l'opération ou la manœuvre de la sonde qui, avec le plomb ordinaire, a le grand inconvénient d'exiger beaucoup de temps et de présenter de plus grandes difficultés d'exécution.

Les hydrographes font quelquefois usage pour la sonde, de lances de **1** à **2** mètres de longueur, dont le milieu est garni d'un poids ou d'un plomb de **20** à **25** kilogr. La partie inférieure en est pointue, entaillée comme une râpe et elle est garnie de suif. Par ce moyen on connaît non-seulement la qualité du fond à la superficie, mais encore quelle est la nature d'un fond dur qui serait recouvert de vase ou de substances molles.

La sonde est une opération fort importante, aussi faut-il la pratiquer avec beaucoup de soin ; les gouvernements doivent, de leur côté, s'occuper sans cesse à faire exactement placer les observations de ce genre sur les cartes, et à constamment vérifier et corriger celles-ci ; tout bâtiment, sans avoir d'ordres exprès à cet égard, prendra même à l'occasion autant de bonnes sondes qu'il le pourra et il les publiera par la suite : avant de sonder ou à l'approche des côtes, on fait vérifier les mesures des lignes de sonde et préparer tout ce qui est nécessaire pour sonder.

La sonde est, presque toujours, une des principales garanties d'un bon *Attérage*; et l'*Attérage* ou la manière de s'approcher de la terre lorsqu'on vient du large, exige de la part d'un bâtiment les plus grandes précautions; mais elles ne doivent pas être poussées jusqu'à la timidité qui est certainement l'opposé de la prudence. Cependant on ne peut jamais compter sur son point à 10 lieues près, parce qu'il faut, même pour un court intervalle, donner quelque chose aux courants dont l'influence est quelquefois assez considérable pour occasionner, comme nous l'avons éprouvé, 80 lieues d'erreur sur l'estime, dans un voyage de dix-sept jours des *îles Canaries* à *Cayenne*; or, c'est souvent plus considérable encore près de la terre, surtout s'il se trouve quelque embouchure de fleuve dans le voisinage. Si l'on n'a pas vu la terre le soir, et qu'on ait cru possible, à la rigueur, de la voir, ou qu'on pense que l'on ferait pendant la nuit plus de chemin vers elle qu'il ne faut, pour en être au point du jour à moins de 10 ou 15 lieues, il est convenable de mettre en panne et toujours sur le bord qui permet le plus de faire servir et de s'éloigner en cas de surprise. Si par exemple la côte court N N O et S S E, et qu'avec des vents de O N O la route soit à l'Est, il est évident qu'il faut mettre en panne tribord amures ; en effet, on présente ainsi du S O au S S O, et sur l'autre bord, on présenterait du Nord au N N E. Or, si l'on est drossé sous le vent par les courants, et si l'on veut faire route au large ou se relever, le premier de ces caps comparé à la direction de la terre offre beaucoup plus de ressources que l'autre. Lorsque le gisement de la côte le permet, on cherche à se placer 40 ou 50 lieues à l'avance en latitude pour attérir, ou même davantage si l'on croit son point plus fautif, parce que si, par la suite, le temps venait à se couvrir, et les observations de hauteur méridienne à manquer, on aurait au moins obtenu les moyens de savoir qu'on est sur le parallèle voulu, et de s'y conserver plus facilement, comme aussi l'on serait mieux en mesure contre les erreurs du point s'il y en avait en avance. Si la côte qu'on attaque est Est-et-Ouest ou à peu près, on attérit obliquement sur elle, à 30 ou 40 lieues au moins vers le point d'où l'on suppose que soufflent les vents les plus fréquents ; on reconnaît au plus tôt quelque cap ou montagne, et l'on se dirige ensuite vers le port.

Les règlements prescrivent de sonder aussitôt qu'il y a lieu de penser que le fond est accessible à la sonde ; et lorsque la profondeur n'excédera pas 30 brasses, il y aura, dans les porte-haubans de chaque bord, des hommes qui sonderont alternativement, et qui crieront le fond qu'ils auront trouvé.

CHAPITRE XXIV.

I. Précautions au sujet de l'Attérage et Exemple. — II. Emploi du Thermomètre pour l'Attérage, et Thermomètre Marin.

I. A l'Attérage, il faut, pendant le jour et surtout vers le soir, faire tous ses efforts pour découvrir la terre, quelque navire ou quelque pilote, afin d'en retirer des inductions pour la route à suivre; dans cette intention, on cherche les positions les plus favorables, et l'on se règle sur le vent régnant et sur les probabilités qui en résultent relativement à la route des bâtiments qui peuvent être récemment sortis du port; si l'on voit un pilote et qu'il ne vous aperçoive pas, il faut se diriger sur lui, tirer du canon pour exciter son attention, et s'il vous accoste il faut mettre en panne pour le recevoir, lui lancer des amarres de loin par sous le vent, ou avoir filé, pendant qu'on allait encore de l'avant, sa bouée de sauvetage avec une aussière ou une drisse de bonnette, afin que lorsqu'il s'en est saisi, on puisse le haler à bord : il est cependant arrivé que des forbans ou pirates se sont mis dans des embarcations pareilles à celles des pilotes, et qu'accostant de petits navires comme tels, ils s'en sont emparés; c'est un point sur lequel un capitaine de commerce doit se tenir en garde. La nuit, on met en panne comme nous l'avons dit, ou si l'on est sûr de sa latitude et qu'on coure sur un feu, on peut laisser aller avec une voilure maniable, mais en veillant ce feu avec beaucoup d'attention pour mettre en travers avant d'être dans les passes : si le temps est brumeux ou l'atmosphère grasse, et si la côte n'est pas saine, il est peu prudent de chercher à découvrir ce feu, et la panne, le cap au large, est ce qu'il y a de mieux.

Il n'est pas, toutefois, sans exemple que, sans être influencé par les nécessités de la guerre, on ait essayé de faire son attérage pendant la nuit, et qu'on ait réussi à obtenir connaissance d'un feu, ou à opérer son entrée dans un port : nous pouvons citer un bâtiment (la goëlette *la Provençale*) qui y est plusieurs fois parvenu, qui, notamment, arriva ainsi en rade de l'*Ile d'Aix*, et qui depuis quarante-cinq jours écoulés depuis son départ de la *Guadeloupe*, n'avait eu aucune vue de la terre, ni aucune information sur la côte. Il est certain que rien ne pénètre plus un équipage de confiance que cette assurance d'un capitaine; mais un capitaine ne doit s'abandonner à de telles opérations, dont la responsabilité pèse sur lui seul, que lorsque de son côté il a un équipage sur l'intelligence duquel il peut compter, et que ses calculs et toutes les probabilités lui promettent le succès : or, c'est parce que j'avais toutes ces garanties, que j'ai pu entreprendre d'opérer, pendant la nuit, mon entrée à *Brest* sur la frégate *l'Érigone*, alors sous mon commandement : il est vrai qu'il faisait clair de lune, mais le vent était à l'Est ou droit debout, et la frégate, en louvoyant, effectua son mouillage près d'un des corps-morts de la rade, à trois heures du matin.

On doit d'ailleurs être très-attentif aux signaux de la côte, en temps de guerre. Il y a des lieux où indépendamment des signaux ordinaires, il y en a de particuliers : à *Bayonne*, par exemple, où l'entrée n'est permise que lorsqu'il y a assez d'eau sur la barre, et où des pavillons l'indiquent ainsi que l'air-de-vent où l'on doit porter; il y en a d'autres, comme une grande partie de nos ports de la *Manche*

et comme les sables d'*Olonne,* qui assèchent de basse mer
et où il faut seulement essayer d'entrer quand tel ou tel signal en fait connaître la possibilité. Quelques-uns, comme
Calais, ont des tambours ou des cloches qu'on fait réson-
ner en temps de brume; beaucoup comme *Flessingue,* ont
des balises ou des bouées qui sont ou la limite des écarts
que l'on peut faire, ou la trace de la route à suivre; certains ont cette route désignée par des amers, par des relèvements ou alignements, et de ce nombre est, comme un
point remarquable, notre petit port de *Benaudet* en *Bre-
tagne.* Quant aux phares, il y en a de tournants et à éclipses
comme celui de la *Tour de Cordouan,* il y en a de fixes
comme ceux de *Chassiron* et de *Dungeness;* il y en a de
doubles comme à *Northforeland,* il y en a même de triples
comme *les Casquets;* et l'on peut ainsi éviter de confondre
aucun d'eux avec ses voisins, ainsi que cela était arrivé si
souvent et d'une fâcheuse manière, à l'égard des feux de
Chassiron et de la *Baleine* (îles d'*Oléron* et de *Ré*), avant
qu'il y eût un signe pour les distinguer.

   Les pilotes se tiennent ordinairement à l'entrée des rades,
ou bien ils ont des vigies à terre qui les avertissent quand
il paraît un bâtiment; mais on prend ces pilotes quelquefois très-loin du port; nous en avons rencontré sur les
Brasses du Bengale qui croisaient fort au large, pareillement, si l'on se rend à *Bélem* (PARA) dans le *Brésil,* c'est
à 25 lieues dans l'Est, c'est-à-dire devant *Salinas* que l'on
va pour en trouver. Il est arrivé à l'Auteur de ce *Manœuvrier,* et en venant de *Cayenne,* de ne pouvoir remonter
contre le vent et le courant jusqu'à ce port de *Salinas,* et
de prendre le parti d'entrer, sans pilote, dans le fleuve des
Amazones dont la navigation, surtout à son embouchure,

est si dangereuse à cause des bancs qui y sont semés. Il y dressa, par suite, une carte de ce fleuve.

On consulte aussi les vents régnants, les brises du large ou de terre et celles dites solaires, afin de pouvoir s'en servir avec avantage; ainsi, lorsqu'on est pendant la nuit sur une côte, avec une brise de terre, et qu'on présume que cette brise ne peut pas vous conduire jusqu'à l'ouverture du port, on cesse de serrer la côte, on laisse un peu arriver en portant vers le point central de la direction ordinaire de la brise du large, et quand celle-ci vient, on est moins affalé. Pareillement il faut calculer les heures des marées et les mettre pour soi autant que possible. Si par exemple, pour entrer dans l'*Océan*, vous sortez de la *Manche* avec des vents d'Est, et que vous ayez le dessein d'aller à *Brest*, il faut régler votre voilure pour vous trouver rendu à *Ouessant* à l'heure de la basse mer; les courants sont très-forts en cette partie, et vous seriez drossé au large par le jusant si vous n'y arriviez qu'à moitié, ou qu'au quart de cette même marée. Au contraire, le flot vous y prend dès votre arrivée, et quoique le vent soit défavorable, vous êtes presque certain d'atteindre, avec ce flot, *Berteaume* au moins, ou *Camaret*. Nous avons vu deux bâtiments en cette position; l'un ménagea sa voilure et l'autre la voulut forcer; au résultat, le premier gagna sur l'autre une demi-journée, et souvent en marine, une demi-journée, je pourrais presque dire une demi-lieue est une perte irréparable. Pareillement, en allant de *Bayonne* à *Rochefort* avec des vents d'amont, on traversera l'embouchure de la *Gironde* avec le flot, pour s'élever au vent; on se tiendra sous *Oléron* tant que l'on craindra que les eaux sortant du *Pertuis d'Antioche* ne drossent le bâtiment au large, et l'on ira chercher ces mêmes eaux quand leur rentrée devra le favoriser. Les effets des grands fleuves se font sentir quelquefois très au loin, notamment quand ils ont des courants très-rapides, tels que le *Zaïre* et les mêmes *Amazones* dont nous parlions tout à l'heure, et que nous avons remarqués, l'un sur la côte orientale de l'*Afrique*, l'autre sur la côte occidentale de l'*Amérique*. Le marin expérimenté se sert quelquefois de ces effets, ou évite de s'y exposer, suivant l'exigence.

Si l'on attérit de brume, il faut redoubler de *Précautions*, et si aucun motif urgent ne vous détermine, il est préférable d'attendre une éclaircie pour s'approcher de terre; mais si l'on est pressé par un ennemi supérieur en forces, on peut tout affronter. Nous avons vu le Capitaine du lougre *la Fouine*, sur lequel nous étions embarqué, chassé par une frégate anglaise, donner dans la passe de *Monmusson* pendant que le flot était encore favorable. La houle était très-forte, l'horizon très-raccourci, et il réussit; mais ce fut une action bien hardie. Si le temps est sombre et si le point est incertain, il faut prendre ses mesures à l'avance et se mettre de bonne heure à la cape pour attendre le retour d'un temps maniable; cependant il ne faut pas ainsi se laisser affaler en dérivant sous le vent de l'entrée présumée du port, et en un lieu où il n'y aurait plus de ressources; il vaut mieux lutter contre le temps avec la voilure qu'on peut porter, tirer du canon, et chercher à prendre connaissance de terre, de manière à pouvoir, par la suite, changer un peu de route si l'on s'aperçoit de quelque erreur.

En temps de guerre, et si l'on craint les croisières, il faut éviter d'attérir en latitude parce que c'est un point important qu'elles gardent le plus fréquemment; il vaut mieux,

si l'on n'est pas très-sûr de son estime, attendre au large
qu'un bâtiment ou de bonnes observations vous aient donné
de sûrs indices ; alors on attaque le port par une route
éloignée de la direction de ce parallèle ; avec un vent favorable qu'on attend aussi, on donne dans les passes ; et
s'il faut essuyer quelques volées, on les brave pour gagner
le port. On peut encore se présenter vers les saisons et les
époques ordinaires des grands coups de vent, en attendre
le moment un peu au large, et si l'ennemi conserve la croisière, on doit peu s'en inquiéter ; je suis persuadé que par
une brise très-forte, mais favorable, une escadre entière
ou une passe fortifiée ne saurait s'opposer à l'entrée d'un
bâtiment résolu, et qu'elle ne pourrait l'endommager que
faiblement : à l'appui de cette opinion je puis citer la corvette l'*Écho* qui, dans la guerre de l'indépendance de la
Grèce, passa et repassa, sans daigner tirer un seul coup de
canon, sous les batteries du golfe de *Lépante*. Cette corvette
fut endommagée, il est vrai, mais elle accomplit glorieu-
sement sa mission. D'ailleurs on peut faire route la nuit et
se trouver au point du jour à l'entrée d'une des passes. Si
l'on escorte une prise, et si l'on apprend que le port où
l'on se rend soit bloqué, on change de destination, ou si
on ne le peut pour soi-même, on le prescrit pour la prise
et on l'arme en conséquence. On peut aussi, lorsqu'on a
une belle marche, paraître de jour devant le port et se faire
chasser ; la prise s'approche à un instant fixé en se faisant
manger par la terre ; alors si les croiseurs ne sont pas nombreux, elle peut trouver l'entrée du port libre : mais ce
sont des manœuvres fort douteuses et contre lesquelles il
est probable que l'ennemi sera en garde. Quoi qu'il en
soit, dans tous ces cas et les semblables, on s'abstiendra
rigoureusement d'avoir des feux apparents, à moins que

ce ne soit comme ruse de guerre pour se faire chasser un peu avant le point du jour, et faciliter ainsi l'entrée à d'autres bâtiments.

Les positions où l'on se trouve fournissent aussi quelquefois des idées heureuses, mais ce n'est qu'aux hommes d'un esprit pénétrant et réfléchi qu'elles se présentent; j'en citerai un *Exemple* très-remarquable. Un bâtiment se rendait à *l'Ile-de-France* en temps de guerre, et il avait pris connaissance de *Rodrigue*. Un officier de ce bâtiment avait, dans trois voyages précédents, trouvé par ses observations, que la longitude de *Rodrigue* était probablement mal posée sur les cartes, et qu'il devait y avoir, selon lui, 20 milles de plus de chemin qu'elles n'en indiquaient entre ces deux îles. Une croisière anglaise était supposée devant *l'Ile-de-France*, et il s'agissait de se trouver au point du jour à une lieue au plus de l'ouverture du *Grand-Port*, afin d'y entrer malgré cette croisière si elle s'y trouvait, ou de faire route pour le port *Nord-Ouest* si le passage était libre. Le commandant du bâtiment mit en panne vers minuit quand il se crut assez près de l'île. L'officier dont nous avons parlé lui fit part de ses remarques précédentes, produisit ses observations et l'ébranla un moment; mais la crainte de se compromettre le retenait encore, lorsque cet officier ajouta : « La lune va « se coucher et elle se couche aujourd'hui dans l'O N O ; « gouvernons pour mettre la terre, placée où le point la « fait présumer, à ce même air-de-vent; si à son coucher « la lune nous est dérobée nous pourrons croire que c'est « par les mornes; mais si nous la voyons jusqu'à l'horizon, « nul doute que nous ne sommes pas dans la direction con- « venable, et que, par conséquent, la terre est plus loin. » Cette conclusion était irrécusable, on agit d'après ce raisonnement, et la lune parut en effet, jusqu'à l'horizon; on courut 18 milles de plus que ne le permettaient ces mêmes cartes. Au point du jour, on entra au *Grand-Port*, et les éclaireurs de la croisière, dont le corps se tenait devant le port *Nord-Ouest*, étaient eux-mêmes au large du bâtiment. Ce concours de quatre vérifications pareilles de la distance de *Rodrigue* à *l'Ile-de-France* attira l'attention du gouvernement; un hydrographe fut envoyé à *Rodrigue*, et il trouva que sa longitude devait être portée **19** minutes plus Est.

Quand le temps est très-mauvais, et qu'on est forcément porté à la côte sans pouvoir trouver de port ni d'abri, il faut préparer toutes ses ancres en en disposant une pour être empennelée, couper sa mâture un peu à l'avance, et avec des bouts de filin, la retenir de loin si on le peut, pour s'en servir par la suite comme moyen de sauvetage, ou pour la retrouver après le mauvais temps; on se dispose ainsi à mouiller et à donner moins de prise au vent. Nous avons vu précédemment ce qu'il y avait ultérieurement à faire, si l'on était forcé de s'échouer.

En s'approchant du mouillage, il est essentiel, si même on ne l'a fait plus tôt, de faire déboucher les écubiers, de passer et étalinguer les câbles, de dessaisir les ancres, de les mettre en mouillage sur la serre-bosse et la bosse de bout, de frapper les orins, de prendre les bittures convenables et d'être prêt à faire peneau et à mouiller. L'installation de la bosse de bout demande quelques précautions, à cause du coup de fouet que donne son courant et qui peut être funeste à quelques matelots voisins; il y a une manière de la disposer telle que ce soit le dormant qui s'échappe et qui laisse filer l'ancre. Cette opération est, au surplus, extrêmement facilitée quand on est muni à bord de la sorte de machine ou de mécanisme en fer que l'on nomme

Mouilleur, et dont la description se trouve dans la plupart des nouveaux dictionnaires; il en est de même de l'*Homme de Bois,* relativement à la candelette de misaine qu'il remplace fort avantageusement pour traverser les ancres.

Si le temps est doux et si l'on doit mouiller dans quelque lieu très-abrité, ou dans quelque rivière et seulement en passant, il suffit de se pourvoir d'une ancre dite de détroit ou installée sous le beaupré en orin de galère. Ces ancres se lèvent facilement, et si l'on ne doit faire dans ce lieu ou dans cette rivière qu'un mouillage de peu de durée, ou que plusieurs mouillages répétés à de courts intervalles pour attendre le retour de brises réglées ou de nouvelles marées favorables, les appareillages seront plus prompts et moins fatigants. D'ordinaire cependant, on tient deux ancres de bossoir prêtes en cas d'événement. S'il vente grand frais, on en dessaisit une troisième qu'on étalingue, on prend de longues bittures que rien ne gêne ni n'embarrasse, on se tient paré à filer du câble, et l'on dispose des bosses cassantes pour amortir la secousse et le coup qui auront lieu lorsque le câble fera tête à la bitte. Il faut d'ailleurs veiller à ce que le tour y soit bien pris, et s'il y a lieu, que la paille de bitte soit bien placée. Une corvette entrant à *Flessingue* avec bon courant, et de plus filant dix nœuds à sec de voiles, vit son câble décapeler, et si ce câble n'avait pas été étalingué au pied du grand mât, elle était probablement perdue. Une autre ancre fut mouillée, mais déjà le premier câble était à moitié filé, et sur la longueur de celui-ci, elle aurait inévitablement touché sur le *Caloot.*

II. Au sujet des atterrages et même de la direction des courants ou du voisinage des hauts-fonds, écueils, îles de glace ou dangers, il a été publié par le géographe américain *Edmond Blunt* un ouvrage contenant le détail des

Observations Thermométriques de *Franklin*, du colonel *Jonatham Williams* au corps des ingénieurs des *États-Unis*, et de plusieurs navigateurs. Il résulte de ces observations :

Que dans les mers sans fond, l'eau est moins froide que sur les bancs ; et que sur les bancs voisins de la côte, elle est moins froide que sur ceux qui en sont plus éloignés, mais plus froide qu'en pleine mer ;

Que l'eau est moins froide sur les petits bancs que sur les grands, comme aussi elle est moins froide sur ceux qui sont séparés de la côte par un canal profond que sur ceux qui y tiennent par quelque langue de terre ;

Qu'enfin cette règle ne s'applique pas à l'eau des rades et des rivières qui sont soumises à plusieurs influences locales.

Il s'ensuivrait que le *Thermomètre* peut indiquer le passage d'une eau profonde à celle d'un banc, et par conséquent être utile pour l'*Attérage* ; plusieurs journaux thermométriques tenus à cet effet ont confirmé cette assertion. Pour utiliser le thermomètre dans ces sortes d'opérations, on l'amarre à un plomb de sonde que l'on fait plonger dans l'eau, au moyen de sa ligne, à telle profondeur voulue.

Toutefois, M. *Clément*, mécanicien de *Rochefort*, a inventé un instrument qui a l'avantage d'indiquer, à tout moment, quelle est la température de la mer dans la zone parcourue par la quille du bâtiment. Cet instrument, qu'il a nommé *Thermomètre Marin*, se compose d'une spirale métallique susceptible d'une très-grande sensibilité de dilatation et de contraction, et qui, par conséquent, peut indiquer des variations très-faibles dans la température d'un fluide où cette spirale est plongée. La spirale métallique traverse le navire en dessous, au moyen d'un petit

puits et d'un tube très-étanches qui empêchent l'eau de
s'introduire dans le corps du navire, et dans lequel elle est
librement contenue : elle remonte, ainsi, plus haut que le
plan de flottaison et elle est surmontée par une légère
tringle droite, également métallique, dont le sommet about-
tit à une échelle ou à un cadran de graduation.

CHAPITRE XXV.

Du Mouillage et de Plusieurs Cas Particuliers du Mouillage.

L'opération du *Mouillage* consiste à laisser tomber l'ancre en un lieu déterminé pour y retenir le bâtiment, et où
l'on soit, le plus possible, à l'abri du vent, sur le meilleur
fond, hors de la direction des courants les plus violents, et
loin du passage ordinaire des navires. Le bâtiment reste
ensuite sur cette ancre, ou s'affourche, ou bien il s'amarre
sur d'autres ancres, ainsi que nous en avons vu le détail
dans les chapitres I et II, et que nous l'expliquerons dans
le cours de celui-ci. Il ne suffit cependant pas de se rendre,
directement et sans précautions, au mouillage et d'y jeter
l'ancre ; il faut encore prévoir l'effet des courants, et de
leur action toujours plus considérable dans les passes ou
dans les lieux resserrés. Il faut éviter tel danger, tel haut-
fond ou tel navire ; il faut surtout manœuvrer pour ne pas
surjaler, et pour rendre la secousse du câble nulle ou légère, afin qu'il puisse résister à ce choc lorsqu'on vient à
faire tête.

Il peut se présenter pour le mouillage, Plusieurs Cas Particuliers : nous allons les analyser. Nous remarquerons préa-

lablement, qu'un bâtiment qui se rend au mouillage y va
le plus souvent sous une voilure maniable, telle que les
huniers, l'artimon, le foc d'artimon, le petit et le grand
foc; toutes les autres voiles sont serrées, à moins qu'on
n'ait à louvoyer, ou qu'on ne craigne un changement de
marée, une accalmie, l'arrivée prochaine de la nuit, causes
qui retarderaient le mouillage ou qui y nuiraient : on re-
marquera que la voilure que nous venons d'indiquer, à
laquelle on peut ajouter les perroquets et la misaine (qui à
l'exception des autres, ne doit jamais être serrée, mais seulement carguée pour pouvoir prêter ses grandes ressources
au manœuvrier), est très-heureusement combinée pour
faire évoluer un bâtiment. En effet, il est sensible que la
suppression, le changement, ou le déventement de telle ou
telle partie de cette voilure, influera beaucoup sur la vitesse, ou aidera puissamment à la barre. La marche du
navire et l'air qu'on veut lui conserver, s'estiment alors,
non par le sillage le long du bord, mais par des remarques
à terre, par la sonde, et par la manière dont on dépasse
d'autres bâtiments à l'ancre, ou dont on s'en approche.
Quelques instants avant d'arriver au lieu du mouillage, on
a achevé de disposer ses ancres, on frappe ses bouées et
l'on fait peneau.

Il paraît convenable que l'État-Major et l'Équipage soient
en tenue lorsqu'on se rend au mouillage, que les canons
soient déchargés si l'on entre dans un port de sa nation,
que les mantelets des sabords soient à moitié ouverts, et
qu'on soit prêt cependant à faire un salut et des signaux;
on peut aussi débarrasser à l'avance son grément, de manœuvres dormantes ou courantes, de poulies, de paillets,
de voiles même qui étaient utiles à la mer, mais qui ne
doivent pas figurer sur une rade où il faut présenter le plus

tôt possible l'aspect de l'ordre et de l'élégance. Par la même raison, on dressera la mâture et les vergues dès que le bâtiment sera mouillé; on installera les tangons, et l'on s'empressera de donner au bâtiment l'apparence de propreté et de bonne tenue qui ne doit jamais l'abandonner dans les plus petits détails.

MOUILLER SANS COURANT, VENT ARRIÈRE; GRAND LARGUE; OU AU PLUS-PRÈS. — *Vent arrière* : Quand on relève le lieu du mouillage par un des bossoirs, à deux ou trois longueurs de bâtiment, on met la barre du bord de l'autre bossoir, on hale bas les focs, on amène le petit et le grand hunier en les carguant en même temps; on brasse le perroquet de fougue tout à fait en pointe pour qu'il se trouve bientôt sur le mât, et l'on borde l'artimon à plat dès qu'il peut porter. Lorsqu'on va commencer à culer, il faut laisser tomber l'ancre, filer la bitture, dresser la barre, brasser carré le perroquet de fougue, le carguer et serrer toutes les voiles. L'artimon peut rester quelque temps dehors pour maintenir le bâtiment debout au vent.

Grand largue : On peut en réduisant la voilure à l'approche du mouillage, carguer aussi le grand hunier, le serrer, et il restera encore assez d'air. Il faut gouverner un peu sous le vent du lieu du mouillage, et quand il vous reste presque par le travers, à une ou deux longueurs du navire, halez bas les focs, et mettez la barre dessous. Amenez et carguez le petit hunier, bordez l'artimon, ouvrez le perroquet de fougue au plus-près; et lorsqu'il est sur le point de ralinguer, brassez-le sur le mât. Lorsqu'on va commencer à culer, il faut agir comme nous venons de le dire.

Au plus-près : Il s'agit seulement de gouverner un peu au vent du lieu du mouillage, et de manière à compenser la dérive. Quand on est parvenu à une longueur de navire de ce lieu, on loffe et on manœuvre comme nous l'avons dit précédemment. On voit d'après cela, ce qu'il y aurait à faire si l'on était entre le grand largue et le plus-près.

MOUILLER AVEC DU COURANT, ET SELON QUE LA MARÉE VIENT DU VENT, OU DE SOUS LE VENT. — *Du Vent :* Si la marée vient précisément du lit du vent, la manœuvre est comme les précédentes ; cependant il faut faire attention que quand on est vent arrière, la vitesse du navire se trouve augmentée de celle du courant ; et seulement d'une portion de cette dernière, si l'on est grand largue, l'autre tendant à porter le navire sous le vent. Si le vent vient du travers, toute la vitesse du courant porte alors le bâtiment sous le vent. Enfin au plus-près, une portion de cette vitesse diminue celle du bâtiment, et l'autre le porte sous le vent. Il faudra donc faire entrer toutes ces considérations en ligne de compte, et modifier l'air-de-vent de sa route, ainsi que l'instant où il faudra lancer au vent pour atteindre le lieu du mouillage, suivant la force du vent et celle du courant.

Si la marée tout en venant du vent croise cependant sa direction, il faut, pour arriver au lieu du mouillage, gouverner de manière à ce que lorsqu'on voudra lancer au vent, on le fasse du côté d'où vient la marée, parce qu'alors on aura moins de chemin à faire pour atteindre le lieu où l'on fera tête, et qui sera entre la direction du vent et celle du courant. Ainsi, par exemple, si le vent vient de l'arrière, et que la marée prenne par la hanche de babord, il faudra que la route ait été telle que lorsqu'on voudra lancer, le lieu du mouillage soit dans la direction du bossoir de babord, mais à un peu plus de deux ou trois longueurs du bâtiment, parce que lorsque nous avons mentionné cette distance, nous supposions qu'il n'y avait de courant ni pour entraîner le bâtiment au delà du lieu du mouillage quand il venait à être pris en travers par ce même courant, ni pour augmenter la route quand on était grand largue.

De sous le vent : Il faut encore que la route soit telle qu'en lançant au vent pour prendre le mouillage, on embarde du bord de la marée. La raison en est qu'ayant alors moins de chemin à faire après le mouillage, pour prendre la direction de l'évitage laquelle participera de celle du vent et de celle du courant, le câble recevra une secousse moins forte lorsque le navire viendra à faire tête en lançant sur l'autre bord. Il y a même telle position où le bâtiment, après avoir perdu son air en venant debout au vent et laissé tomber son ancre, pourrait être porté sur celle-ci et la surjaler.

S'il vente grand frais, les voiles carrées seront serrées à l'avance, et l'on ira au mouillage sous quelques voiles auriques et latines qui suffiront sans doute, à cause de la marée qui relève le bâtiment, pour lui faire atteindre le point où il prendra la direction de son évitage. Si la marée venait droit de l'avant, il suffirait de serrer ces voiles à mesure qu'on s'approcherait du lieu du mouillage, de manière à ne gagner que très-peu sur le courant. Parvenu à ce lieu, on diminue encore de voiles; quand on voit par ses remarques, que l'on ne gagne plus, on mouille, on achève de serrer les voiles, et par l'effet de cette manœuvre, l'on fait tête sans secousse. Si l'on prévoit, ou si l'on remarque par l'évitage d'autres navires, que l'on aura à faire tête au courant seulement, et que le vent sera de l'arrière ou de travers quand on sera mouillé, il faut en arrivant au lieu du mouillage même, n'avoir que ce qu'il faut précisément de toile pour étaler le courant, en mettant le cap dans la direction de celui-ci. Alors on diminue successivement de voiles; et quand, par le plomb de sonde ou par des remarques, on voit que l'on cule sur le fond, on mouille.

C'est généralement, le cap des navires qui sont à l'ancre dans une rade, qu'il faut remarquer, lorsque l'on veut y mouiller; et l'on peut résumer les manœuvres précédentes, en disant que l'on doit alors manœuvrer pour se trouver au lieu du mouillage en ayant le même cap que ces navires et qu'il faut laisser tomber l'ancre, dès que l'on commence à culer.

Dans ce cas comme dans tous les autres, si l'on se sert d'un câble-chaîne, il faut observer que celui-ci, tombant avec beaucoup plus de rapidité qu'un câble ordinaire, on a dû prendre une bitture exacte, et que si l'on ne veut pas surjaler, on ne filera qu'à la demande.

Mouiller sans venir debout au vent, faute d'espace. — Il est évident que la meilleure manière de mouiller est de laisser tomber l'ancre quand on n'a plus d'air qui puisse être nuisible au câble, et qu'on y parvient en venant debout au vent et en mouillant dès que le navire est étale : mais l'espace peut manquer; alors il faut attendre le jusant pour entrer, ou tâcher d'arriver au lieu du mouillage en se trouvant debout au courant; l'on peut ainsi, en manœuvrant comme nous venons de le dire dans le cas précédent, ne conserver, en diminuant successivement de voiles, que l'air qu'il faut pour atteindre ce lieu; en ce moment, si l'on en diminue encore, on se trouvera étale et l'on mouillera; c'est aussi ce que nous venons d'expliquer. Mais s'il n'y a pas de courant qui puisse arrêter le navire, si au contraire on est forcé d'entrer de flot, et que cette marée charge le bâtiment au lieu de le retenir lorsqu'on mouillera, si

enfin il y a assez grand vent pour faire refouler tout courant, il faut diminuer de voiles afin de ralentir l'air le plus
possible; on multiplie les bosses cassantes, on se tient paré
à filer du câble après qu'elles ont fait leur effet, on mouille
ainsi une, deux et trois ancres à peu d'intervalle l'une de
l'autre ; mais il ne faut, dans tous les cas, filer du câble
qu'en raison de la distance des bâtiments qui vous avoisinent. On peut avoir mis des bailles à la traîne.

Si l'on entrait alors dans un port où il n'y a pas d'évitage, on prendrait le câble par l'arrière, on laisserait tomber l'ancre à l'avance, et l'on se retiendrait par la poupe
sur ce câble, où l'on aurait disposé des bosses cassantes si
le temps l'avait exigé.

MOUILLER SUR UN CORPS-MORT. — On va se mettre en
panne, ou s'il y a grand courant on va mouiller une ancre
à jet ou de détroit, très-près du corps-mort, et du côté vers
lequel on sera évité quand on aura pris les câbles; une
chaloupe de rade ou une des embarcations du bâtiment
porte à bord les bouts que l'on passe par les écubiers avec
des cartahus et des palans. S'il vente grand frais, on mouille
une grosse ancre pour attendre les bouts des câbles ; l'ancre qu'on a mouillée, quelle qu'elle soit, est ensuite re-
levée par les chaloupes. C'est une manœuvre très-rude
quand il fait mauvais temps, et à laquelle il ne faut employer, en dehors, que de bons matelots et d'excellents
officiers mariniers. Dans le cas où le bâtiment reste sous
voiles, si les chaloupes couraient des risques étant chargées
par les bouts des câbles, elles frapperaient une aussière sur
ces bouts, et à l'autre bout de l'aussière serait une bouée ;
on jetterait le tout à la mer et le courant entraînerait la
bouée au large ; s'il n'y avait pas de courant, on l'y halerait avec des embarcations ; le navire saisirait cette bouée

et les câbles, comme s'il prenait la remorque. *Voyez* Chapitre XIX.

MOUILLER D'UN TEMPS FORCÉ, QUAND ON N'A QUE LA MISAINE OU LE PETIT HUNIER. — Il faut serrer cette voile à l'avance et se rendre au mouillage à sec de voiles; on doit supposer, en ce cas-ci, le vent de l'arrière ou largue; mais s'il était un peu de travers en serrant ces voiles, on mettrait à une distance convenable du mouillage le petit foc et l'artimon; lorsque ensuite le moment de lancer vers le vent est venu, on serre le petit foc et l'on borde l'artimon à plat. Le navire se range vers le plus-près, on mouille une ou plusieurs ancres avec des bosses cassantes, on a pris auparavant un double tour de bittes, et l'on file beaucoup de câble en faisant tête en douceur : on peut alors, si le fond n'est pas trop considérable, avoir étalingué à l'avance une ancre à jet sur l'orin d'une des grosses ancres; cette ancre à jet se mouille quand on est sans air; bientôt on cule, et avant que l'orin soit tout à fait roide, on laisse tomber la grosse ancre qui, par là, se trouve empennelée. Si l'on ne mouille qu'une ancre, ce doit être celle du bord sur lequel on doit lancer, pour que le bâtiment, en réabattant, ne prenne pas le câble sous le taillemer; et si l'on a une ancre de bossoir plus forte que l'autre, il faut prendre ses mesures quand la chose est possible, pour lancer au vent du bord où elle se trouve.

CHAPITRE XXVI.

I. Suite des Cas Particuliers du Mouillage. — II. Observations sur le
Mouillage, en général.

I. MOUILLER TOUTES VOILES DEHORS. — Quelquefois, on
est forcé de se rendre au mouillage toutes voiles dehors
parce que le vent est faible, parce que le courant contraire
est trop fort, ou par défaut de temps et d'espace ; il faut
alors venir au vent pour mouiller en carguant et serrant
tout ensemble. D'autres fois, on conserve aussi toutes ses
voiles jusqu'au lieu du mouillage pour la beauté de la manœuvre, pour montrer la discipline et l'adresse de l'équipage, ou pour lui procurer la satisfaction et la récompense
d'être mis en évidence. Dans ces circonstances, il faut un
équipage très-exercé, et le mouillage n'est vraiment beau
qu'autant que rien ne manque, que l'ordre et la précision
sont remarquables, qu'en un clin d'œil les voiles sont
serrées, les vergues brassées carré, les manœuvres rem-
braquées comme si depuis longtemps on était au mouillage
et qu'on ne fût occupé que d'un exercice. Toutefois il est
si difficile et si rare d'atteindre ce point de perfection sans
lequel cette manœuvre et toutes celles de cette espèce perdent leur prix, il y a tant d'autres choses à faire et à prévoir lorsqu'on arrive de la mer, il est si utile d'avoir toujours une partie de son monde disponible, il est si avantageux d'être toujours parfaitement maître de son navire,
qu'il vaut peut-être autant réduire sa voilure à l'avance, en
mettant cependant de la simultanéité dans les détails, et
serrer de bonne heure les voiles que l'on peut prévoir

n'être plus nécessaires pour achever l'évolution. Le câble de l'ancre mouillée en est d'ailleurs moins fatigué, et l'on court moins de risque de chasser. Nous avons vu des bâtiments arriver ainsi au mouillage, et à peine y étaient-ils, qu'on eût pu croire, à bord, être à l'ancre depuis nombre de jours; mais ce n'est pas aussi brillant que de tout faire à la fois, surtout si l'on veut s'attacher davantage à satisfaire les spectateurs et les juges du dehors, qu'à agir avec méthode et prévoyance.

Si, d'ailleurs, on devait atteindre à la bordée un mouillage sous un morne ou près d'une côte élevée, on ne pourrait pas se permettre de se rendre jusqu'au lieu du mouillage avec toutes ses voiles; car, à cause de l'abri, les voiles, quand on les masquerait, n'auraient aucune action, et malgré elles, le bâtiment sur son air dépasserait ce point. Les voiles ont cependant alors un effet qui tend à réduire le sillage bien qu'elles ne soient pas frappées par le vent, puisqu'elles frappent elles-mêmes l'air calme dans lequel on navigue, avec une force égale à celle d'un courant d'air dont la vitesse serait celle que le navire a conservée; mais cette force pourrait être insuffisante dans le cas dont il s'agit. Nous avons vu, en louvoyant entre l'île de la *Martinique* et le rocher le *Diamant*, et entièrement à l'abri de celui-ci, le peu d'effet de voiles masquées par l'air du bâtiment; plusieurs crurent la brise changée; dans cette accalmie profonde, ce fut un spectacle bien imposant, que celui de ce bâtiment comme abîmé sous la masse énorme qui le dominait, allant sur son air et avec ses voiles coiffées, chercher, au delà du rocher, le retour de la brise qui devait tout à fait le dégager et le conduire au mouillage de l'anse du *Marin*.

MOUILLER EN AFFOURCHANT. — Cette manœuvre est aussi

fort belle, mais il faut un emplacement convenable ; elle épargne, d'ailleurs, bien des longueurs et des peines. Le bâtiment mouille alors l'ancre qui doit se trouver le plus au vent, la première ; il fait ensuite route en filant du câble et en faisant ajût d'un grelin s'il le faut, sur la ligne où les deux ancres doivent se relever ; mais dans cette route, on doit tenir compte de la dérive ou de l'effet des courants ; à la distance voulue, on laisse tomber l'ancre en faisant tête sur le premier câble ; on vire enfin sur celui-ci en filant du second, et cela, jusqu'à ce qu'on soit convenablement éloigné de chacune des deux ancres.

MOUILLER EN LAISSANT TOMBER TOUTES SES ANCRES DE LA MANIÈRE LA PLUS FAVORABLE. — Quand un bâtiment affalé ne peut pas se relever d'une côte en faisant toute la voile que le temps permet, il faut préparer toutes ses ancres et leurs câbles ; on serre toutes les voiles carrées le plus promptement possible, on s'approche de la côte sous les voiles auriques ou latines afin d'y trouver moins de fond ; alors on serre un peu le vent, et on laisse tomber une ancre en filant rondement du câble ; après un peu de route, on en mouille une seconde et de même jusqu'à la dernière, mais en cherchant à se conserver le vent par le travers ; il ne reste plus qu'à serrer les voiles auriques ou latines moins l'artimon, et à mettre la barre dessous ; le bâtiment étant venu debout au vent on serrera l'artimon ; si les câbles, deux à deux, ne font pas d'angle plus ouvert que 10°, ils appelleront suffisamment de la direction de la quille ; et, en chassant, les ancres risqueront peu de s'entre-nuire. Il faut s'efforcer de faire travailler tous les câbles également, ce qui s'effectue en leur donnant une touée convenable ; si l'on a pu empenneler quelqu'une de ses ancres, il aura été très-prudent de le faire ; quand on est étale, on amène sur le pont tout ce qu'on peut amener du gréement, on se dispose à couper les mâts (si le cas est pressant, on les coupe tout d'abord ou à l'avance afin de ménager les câbles), on pare les autres ancres de bossoir si l'on en a de réserve à bord, et l'on allége un peu l'avant du bâtiment, en pompant l'eau des pièces de cette partie pour la soulager, lorsque le poids et l'effort des câbles fatiguent assez pour faire craindre de sancir.

MOUILLER EN PRÉSENTANT LE CÔTÉ A UN FORT OU A UN OBJET QUELCONQUE. — Passez une aussière ou un grelin par l'arrière et vers le bord que vous voulez présenter, portez-en le bout de l'avant en dehors de tout, et amarrez-le sur la boucle de l'ancre que vous devez mouiller; quand l'ancre est au fond, filez ou embraquez le câble ou le grelin, et vous vous effacerez ainsi à volonté. Il est préférable de passer deux grelins, un de chaque bord, parce qu'en filant le premier et embraquant l'autre, on peut présenter l'autre bord à l'objet. D'ailleurs si c'est un fort vers lequel on veuille s'effacer, le premier grelin peut se trouver cassé pendant l'action, les canons de ce bord peuvent être démontés, et ce double grelin donne les moyens de remédier à ces inconvénients et de présenter l'une ou l'autre batterie au feu.

MOUILLAGES DIVERS. — On appelle *Mouiller en Pagale*, amener toutes ses voiles précipitamment quand le vent manque ou refuse dans une passe, ou que la brise change; alors on laisse tomber l'ancre le plus promptement possible : *Mouiller une ancre en créance*, lorsqu'on se met en panne sous petite voilure, qu'on fait porter une ancre par sa chaloupe à un lieu voulu et qu'elle reporte à bord le bout du câble; on dit encore qu'on est Mouillé en Créance, pendant que la chaloupe travaille à porter et mouiller l'ancre d'affourche : *Mouiller en Croupière*, lorsque le câble d'une seconde ancre, au lieu de rentrer par l'écubier, revient par un des sabords de l'arrière ; il s'agit alors de présenter la poupe vers un endroit déterminé qui est dans la direction de la marée ou du vent régnant : *Mouiller en patte d'oie*, lorsqu'on jette ses ancres au fond, de la manière que nous l'avons dit tout à l'heure en parlant d'un bâtiment affalé sous la côte ; quelquefois, on mouille encore ainsi dans les rades où l'on passe l'hivernage : *Mouiller en barbe*, lorsqu'on jette, comme nous l'avons encore dit, deux ancres en même temps, en entrant dans une rade par un coup de vent, ou quand on a la crainte de chasser avec une seule ancre.

Au surplus, dans tous les mouillages possibles, il faut manœuvrer pour éviter de courir sur son ancre ou de revenir dessus si on l'a dépassée, et cela de crainte de surjaler ou de toucher dessus s'il y a peu de fond. Il faut se souvenir qu'une bonne ancre avec une grande touée vaut souvent mieux que deux ou plusieurs ancres dont la direction peut être moins favorable et la touée plus courte ; si le fond est fin et mou, et si l'on suppose que le bec n'offrira pas assez de résistance, on le recouvrira d'une pièce de bois fortement assujettie et qui est plus large que ce même bec ; il vaut encore mieux alors faire empennelage avec une ancre à jet ou un grappin de chaloupe ; on fera également empennelage avec un fort grappin, sur un fond de roche ou de galet où l'ancre de bossoir ne trouverait pas à mordre : au sujet des mouillages sur les fonds de vase, nous n'omettrons pas d'indiquer qu'il est de ces vases si molles que le vent n'a nullement le pouvoir d'élever la mer qui les recouvre et qui se mêle aux parties qui s'en détachent. Au large et à 2 et 3 lieues de la côte, il y a de pareils bancs où l'on peut aller enfouir son bâtiment sans le moindre danger; dès qu'on les approche par six brasses de fond, la mer s'apaise, et l'on y est bientôt dans la plus parfaite tranquillité. Telle est, dit-on, la fosse du *Cap Breton* à quelques lieues dans le Nord de la barre de *Bayonne;* et tels sont quelques-uns des points de la côte de la *Guyane Française.* A 2 lieues d'*Iracoubo* surtout, nous y avons fait mouiller, par 2 mètres d'eau rapportés avec la sonde, la goëlette de guerre *la Provençale* qui en tirait 3 et 1/2 et qui passa soudainement d'une mer agitée à l'état le plus calme; la mer était basse, et au demi-plein de l'eau la goëlette flottait, mais sans éprouver ni roulis, ni tangages sensibles.

II. Après avoir traité des principaux cas particuliers, il ne nous reste plus qu'à énoncer quelques *Observations sur le Mouillage en général :* dès qu'on est à l'ancre, on dresse les vergues, on serre ses voiles le plus soigneusement possible, on embraque le mou des manœuvres courantes, on les cueille proprement, on en dépasse plusieurs; et quand on est affourché ou amarré à poste, on prend des relèvements et l'on sonde pour constater sa position par rapport à la terre.

Il faut d'ailleurs, en allant au mouillage, adopter toutes les précautions dont nous avons parlé lors de l'appareillage, et qui peuvent s'appliquer à ce nouveau cas; si, sans pilote, on entre dans un port que l'on ne connaisse pas, ou si la rade est nouvellement découverte ou peu fréquentée, il est prudent de mettre en panne, d'envoyer sonder partout avec des embarcations pour se faire tracer la route, ou au moins d'avoir un canot en éclaireur qui soit beaucoup de l'avant pour faire des signaux à temps, et de tenir des hommes en vigie sur la vergue de misaine, aux bossoirs et sur les barres de petit perroquet. Cette précaution est d'autant plus utile que souvent on navigue longtemps dans un port sans en connaître tous les dangers : il peut s'y former des bancs là où il n'en existait pas, et ces bancs peuvent prendre un accroissement très-rapide : il peut encore s'y trouver une roche de forme conique, sur laquelle le plomb de sonde a pu longtemps glisser sans l'indiquer. Pareille roche fut heurtée par *le Marengo*, vaisseau de 74, entrant au Port *Sud-Est* (Ile-de-France); depuis soixante ans, la Passe de ce port était fréquentée, et nul ne se doutait certainement de l'existence de ce danger. Le vaisseau coula, par la suite, dans le *Trou Fanfaron* au Port *Nord-Ouest* après avoir conservé quelque temps, à la voile, la crête de la roche dans le flanc, et on eut beaucoup de peine à le remettre à flot. Quelle ne doit donc pas être l'incertitude à l'égard des lieux dont il s'agit ici !

Avant de faire peneau, on s'assure soigneusement que l'orin est bien paré ainsi que la bouée, que la bitture est convenablement prise et disposée, et que le tour de câble sur les bittes n'a pas été négligé, non plus que la mise en place de la paille de bittes, s'il y a lieu.

En arrivant au mouillage, on hisse sa couleur dès qu'on est à portée des forts au plus tard, on se fait reconnaître par son numéro, on est prêt à faire les saluts d'usage, à répondre aux stationnaires ou aux canots envoyés par eux; quand on est mouillé, on met ses embarcations à la mer, on prend les ordres du commandant de la rade ou du port, mais on ne communique pas avec la terre sans avoir rempli tous les devoirs établis par la coutume ou par la politesse, sans en avoir reçu l'autorisation et, surtout, sans que le bâtiment soit parfaitement affourché ou amarré.

Si l'on entre en louvoyant et que la marée vous serve, il faut virer de bord avec prudence, et au delà ou en deçà du lit de la marée relativement à tout bâtiment placé au vent, à moins qu'il n'y ait une encâblure ou plus à courir pour l'at-

teindre; car, et une corvette nous en a fourni la preuve,
le courant peut faire assez gagner au vent pendant l'évolution, pour occasionner un abordage ; le bâtiment mouillé
doit alors filer du câble, et le bâtiment sous voile, s'il s'aperçoit à temps de sa bévue, doit tout masquer en plein. Il faut
d'ailleurs s'enfoncer en baie pour laisser le passage libre
aux bâtiments qui viendraient au mouillage par la suite;
s'il y a beaucoup de navires en rade, il faut avoir très-peu
de voiles pour être maître de sa manœuvre, ou mouiller à
faux frais au premier endroit convenable; quand on prend
son poste, il faut éviter, en cas de chasse ou de rupture de
câbles, de s'amarrer au point d'où l'on relève quelque bâtiment sur l'avant, dans la direction du vent le plus à craindre; si l'on remonte quelque rivière où les eaux soient faibles après le jusant, on doit se mettre sans différence de
tirant-d'eau et même plutôt sur nez, parce qu'ainsi la mer
en achevant de perdre, ne peut plus faire venir le bâtiment
en travers, ce qui aurait lieu si l'arrière touchait le premier, à cause du mou que prend le câble à mesure que le
bâtiment s'abaisse sans culer. Si enfin, l'on est dans une
rade mal défendue et qu'on puisse craindre l'ennemi, on
le surveille avec des embarcations de ronde ou mouillées
sur des bouées; l'on se prépare contre les abordages, les
brûlots, les péniches; et l'on emploie les moyens que nous
détaillerons dans notre dernier chapitre, où nous traiterons
de l'embossage; alors on ne néglige pas de s'embosser, et
l'on prépare son mouillage pour cet objet, ainsi que nous
l'exposerons par la suite.

Dans le cours de cet ouvrage, nous avons toujours cherché à inspirer une juste méfiance envers l'ennemi; cependant, s'il est vrai qu'il faille toujours se tenir sur ses gardes,
ce ne doit pas être en se montrant pusillanime; il faut donc

éviter ce nouvel excès, et prendre ses précautions seulement comme garanties nécessaires. Nous avons, assez fréquemment, cité des exemples, parce que, comme nous en avons déjà fait l'observation, nous avons pensé que, par là, nous impressionnions mieux le jeune lecteur, et que nous aidions à sa mémoire : nous croyons, en ce cas-ci, donner en agissant encore ainsi, des preuves de l'utilité des précautions, particulièrement dans des circonstances où l'on pourrait se croire parfaitement à l'abri ; or, dans ce chapitre du mouillage, où après s'être amarré, on devrait peut-être se croire exempt de toute crainte fondée, nous ne croyons pas moins nécessaire de citer un nouveau trait, qui fera voir que l'esprit d'un marin ne doit jamais être ni assoupi, ni trop confiant dans les apparences : une division française dont nous faisions partie était, vers la fin de la paix de **1802**, mouillée à *Pondichéry* ; les forces anglaises s'étaient aussitôt rassemblées, mais sans affectation, à *Goudelour* ; il y avait 3 lieues de distance entre les bâtiments des deux nations, et rien ne paraissait hostile. Cependant l'amiral anglais nous envoyait, sous divers prétextes d'égards ou d'affaires, un aviso qui le plus souvent passait la nuit auprès de nous ; un jour nous apprenons, par le brig *le Bélier* expédié de France, exprès pour nous en apporter la nouvelle, que la guerre est sur le point d'éclater, que la rupture a déjà peut-être eu lieu en *Europe*, et que nous devons nous replier sur l'*Ile-de-France*. L'ordre est donné en secret d'appareiller la nuit, et l'appareillage est exécuté ; aussitôt l'aviso se couvre d'un feu à artifices, très-divergent, très-lumineux, à fusées, à pétards, et il fait sans discontinuer de nombreuses décharges d'artillerie. Les Anglais appareillent aussi de *Goudelour* ; ils nous poursuivent avec des forces bien supérieures, mais ils eurent la douleur de ne pas nous atteindre !

CHAPITRE XXVII.

Des Rendez-Vous.

Jusqu'ici, nous n'avons uniquement parlé que de la science de la *Manœuvre* du navire. C'est bien le premier de tous les points ; car avant tout, il faut, n'en doutons pas, savoir et bien savoir manœuvrer et faire évoluer son bâtiment. Mais notre tâche serait incomplétement remplie, si nous négligions de nous occuper des *Manœuvres Militaires*. Nous allons donc entreprendre de les traiter, et ce sera le sujet de nos derniers chapitres. Cette partie est en effet tellement liée à la précédente, que le navigateur qui, parcourant la carrière des armes, ne connaîtrait et ne voudrait connaître que la première, ne posséderait que des connaissances incomplètes, et ne devrait nullement prétendre au titre d'officier d'une marine militaire : ces réflexions ne perdent pas de leur force, en les appliquant aux Capitaines de la Marine du Commerce, puisqu'ils sont, à chaque instant, dans le cas d'être employés à bord des bâtiments de guerre en qualité d'Officiers ; et que pour la sûreté même d'un bâtiment marchand, il est indispensable qu'ils connaissent, au moins, les principes de la Chasse ou de la Retraite, et, quand ils sont attaqués, comment ils peuvent se mettre en défense ou éviter le danger.

L'art des manœuvres de guerre ne se compose pas toujours, comme celui que nous venons d'exposer, d'évolutions fixes dont la base et le développement, s'appuyant sur des vérités de fait ou sur une théorie positive et sur des doctrines avouées, ne donnent lieu qu'à quelques dis-

sentiments en général peu importants. Il n'est ordinairement, au contraire, que le fruit ou le résultat de l'observation, de circonstances plus ou moins difficiles à apprécier,
et de conjectures plus ou moins douteuses. Aussi n'est-il
donné qu'aux Capitaines doués de beaucoup d'aptitude à
réfléchir, d'une grande sagacité, d'une expérience con-
sommée ou d'un génie élevé, de sentir la manœuvre qui
convient à toute combinaison de ce genre et de l'exécuter
à propos. Ceux-là fournissent des exemples, non précisément pour l'avenir, car il est rare que ces mêmes combinaisons se représentent exactement; mais pour servir à poser quelques règles qui montrent le but à certains esprits
heureusement organisés, et dont le caractère est de lier habilement les faits, ou de trouver entre quelques-uns d'entre
eux qui peuvent paraître sans analogie quelconque, des
rapprochements qu'il n'était accordé qu'à leur supériorité
de découvrir.

D'après cet énoncé, on prévoit déjà que, dans l'objet qui
va nous occuper, nous devons nous borner à indiquer les
préceptes les plus généraux, ceux qui sont le plus féconds
en conséquences, ceux qui sont reconnus ou regardés
comme irrécusables; à faire connaître les précautions utiles
ou les mesures en usage, et à fortifier les assertions par des
exemples. Nous continuerons cependant à nous renfermer,
autant que possible, dans la question considérée sous le
rapport d'un seul bâtiment; et si nous en citons quelquefois plusieurs, c'est que leur position pourra s'appliquer à
un seul, ou qu'entre tous il n'y aura de marquant que la
manœuvre d'un seul. Entreprendre davantage serait entrer
dans le domaine de la tactique navale, et nous ne confon-
drons pas deux objets aussi distincts et aussi importants.

Un *Rendez-vous* est un point de la mer désigné pour se

retrouver ou se rallier en cas de séparation à la voile. Il sert encore à réunir plusieurs vaisseaux armés en divers lieux, lorsque l'on trouve plus court ou plus utile de les diriger vers ce point, que de les faire appareiller pour les rassembler dans un même port, et avant l'expédition principale. Ce fut ainsi qu'en 1802, la formidable armée navale, commandée par l'amiral *Villaret*, sortit, à peu près simultanément, par escadres, corps d'armée, divisions et même bâtiments isolés, de presque tous les ports Français ou Espagnols de l'*Océan* et de la *Méditerranée*, et se rassembla sous *Samana* (île *Saint-Domingue*), pour ensuite aller forcer le passage du fort *Picolet* et entrer dans la rade du *Cap-Français*. Le rendez-vous est alors assigné à l'avance, et il l'est ordinairement soit dans des paquets fermés, soit dans des instructions qu'on ne peut décacheter ni lire qu'après un temps voulu, ou que lorsqu'on a atteint des parages déterminés. Dans la supposition de bâtiments partant et naviguant de conserve, le rendez-vous peut également être prescrit de la même manière ; mais il peut aussi l'être à la mer par des signaux qui nomment précisément le lieu du rendez-vous, ou qui fixent sa latitude et sa longitude.

Outre son lieu, le Rendez-vous a encore sa durée, laquelle se fait connaître de la même manière que le lieu, et se compte par nombre de jours ; enfin pour prévenir tous les événements, on donne ordinairement deux et trois rendez-vous, afin que les bâtiments qui ne peuvent atteindre le premier se retrouvent à l'un des suivants ; et en cas d'impossibilité à y parvenir, il y a des ordres ultérieurs qui indiquent aux uns la route à tenir, et à ceux qui ont accompli la durée du rendez-vous, quelle est leur destination définitive. Les derniers rendez-vous sont ordinairement calculés sur le but de l'expédition, ou d'après les difficultés que l'on peut rencontrer à chercher ou à conserver les premiers de ces rendez-vous. C'est ainsi que le vaisseau de compagnie *le Brunswick* pris sous *Ceylan*, en 1805, reçut un premier rendez-vous à la baie du *Fort Dauphin* (*Ile Madagascar*); mais s'il éprouvait ou craignait des vents du Sud et S S E, s'il apprenait que les croiseurs de l'*Ile-de-France* fussent en position de l'inquiéter, il avait la faculté de renoncer à ce premier rendez-vous et d'en chercher un second à *Simon's Bay*; c'est ce qu'il eut lieu et raison d'exécuter.

Lorsque le Rendez-vous est à vue d'une terre, il est ordinairement fort aisé de satisfaire à toutes ses conditions; mais il n'en est pas ainsi quand ce point est en pleine mer; de sorte que non-seulement rien ne garantit absolument que vous ayez fait la route nécessaire pour le gagner; ni, lorsque vous l'aurez atteint, que les courants ne vous en éloignent pas. Par ces raisons, il est du devoir de chaque bâtiment de s'y rendre très-directement afin de diminuer les erreurs de cette même route, d'interroger d'autres bâtiments, s'il en rencontre, sur leur point et sur les probabilités de l'exactitude de ce point, de reconnaître quelques terres si cela lui est permis ou si le vent le porte dans leur voisinage, d'apporter à son estime, à sa variation, à ses observations, à ses montres, l'attention la plus scrupuleuse, d'attaquer le rendez-vous par sa latitude, de se maintenir au moins en celle-ci; et à cet effet, le rendez-vous doit présenter, s'il est possible, l'avantage d'avoir plus de développements sur la ligne Est-et-Ouest que sur la ligne Nord-et-Sud; encore, avec tous ces secours ne peut-on pas toujours être sûr d'avoir réussi, même lorsqu'on possède une montre, et je le prouverai par un exemple.

Une division partie d'une de nos colonies, y avait laissé

un de ses bâtiments en réparation. La division devait faire
une première croisière sur un point, et retrouver sur un second point ce même bâtiment, qui avait ordre de s'y rendre
dès son radoub fini. Ce rendez-vous était à 25 lieues dans
le Sud-Est du cap *Comorin*; et excepté vers le Nord, il n'y
avait, comme on sait, aucune autre terre à grande distance
de ce cap. Suivant ses instructions, le bâtiment isolé prit
connaissance du cap afin de rectifier les erreurs ordinaires
d'une longue route, et il se rendit au lieu de la croisière
où il arriva avant la division. Il devait croiser trente jours
et il croisa effectivement pendant ce temps; mais sans voir
ni les bâtiments qu'il attendait, ni malgré la fréquentation
habituelle de cette pointe comme lieu de reconnaissance,
aucun navire quelconque. La latitude était bien conservée,
la montre était à peu près d'accord avec l'estime pour la
longitude, il n'y avait pas lieu à sonder, la variation ne
pouvait être que d'un secours incertain dans ces parages;
mais il restait les observations de distances lunaires. Celles-ci
purent être prises vers le quatrième jour, et elles indiquè-
rent que la montre paraissait se déranger et que l'estime,
en raison des courants, pouvait être défectueuse; elles an-
noncèrent même que le bâtiment s'éloignait régulièrement
tous les jours vers l'Est. Le commandant, qui avait une
grande confiance en sa montre, rejeta les probabilités présentées par cette suite d'observations; cependant, les distances redevinrent susceptibles d'être prises, mais de l'autre
côté du soleil : l'observateur se proposa alors de rechercher celles qu'il avait précédemment observées, et de s'en
rapprocher le plus possible dans les nouvelles observations.
Le temps et la mer favorisèrent cette opération, et le résultat manifesta que le bâtiment avait encore été porté vers
l'Est, et qu'il y avait entre cette translation et les précé-

dentes, le même rapport qu'entre le nombre de jours correspondants : il en conclut nécessairement que la montre avait varié ; en effet, les arcs des distances étaient à peu près les mêmes dans les deux positions ; et, puisque dans l'une, elles allaient en augmentant, et dans l'autre, en diminuant, il était visible que si l'instrument avait eu, en ces parties de la graduation, le défaut de donner des angles trop grands ou trop petits, on aurait eu une longitude dans ce dernier cas, plus occidentale que celle de la montre supposée la véritable, et une plus orientale dans l'autre cas ; or toutes les deux étaient plus orientales, et il en résultait que cette graduation n'était point fautive. Mais ces raisonnements ne purent ébranler le commandant ; il persista, et ce ne fut que lorsqu'il voulut retrouver le cap pour prendre un point de départ et retourner au port, qu'il se convainquit qu'il était à 70 lieues du rendez-vous. Les courants de ces parages sont assez connus, et peut-être une des conditions du rendez-vous eût-elle dû être de prendre quelquefois connaissance du cap, mais d'y procéder avec prudence pour ne pas donner l'éveil, et en ne s'avançant que de très-beau temps, pour pouvoir s'assurer de loin, qu'on ne risquait pas d'être découvert. Dans ce cas-là, on aurait remis la reconnaissance à un autre jour.

Cet exemple fait en outre sentir la nécessité d'avoir plus d'une montre ; deux suffisent à peine, car si elles diffèrent, en laquelle se confiera-t-on ? lorsqu'on en a trois, il y a de grandes chances de sûreté à prendre le terme moyen entre les deux qui se suivent le mieux.

Un bâtiment au rendez-vous, doit être très-vigilant ; il doit, à moins d'instructions positives, se laisser peu entraîner à chasser un bâtiment qui l'éloignerait trop ; s'il est chassé lui-même, il doit, tout en faisant fausse route, se ménager la possibilité de rejoindre bientôt son poste. Lorsqu'il sait que l'on n'a pas l'ordre d'éluder une action, et si les chasseurs sont plus forts que les bâtiments qu'il attend, il doit exciter ces mêmes chasseurs à s'éloigner le plus possible du lieu de la croisière, en se laissant voir longtemps à dessein, et en faisant prolonger la chasse; si au contraire, les chasseurs ennemis sont plus faibles que ces bâtiments, la retraite doit être vers les lieux où il suppose qu'il les rencontrera.

Un bâtiment au rendez-vous, doit être très-méfiant; des bâtiments amis peuvent avoir été capturés, le secret avoir été connu, et l'on pourrait être surpris par ces mêmes bâtiments ou par de semblables, montés par les ennemis. Aussi dans ce cas et tous les pareils, faut-il mettre son numéro, faire des signaux et ne point composer avec le doute quel qu'il soit. Nous avons vu une de nos frégates aller au rendez-vous dans une baie, et y trouver même nombre de bâtiments ennemis qu'elle devait y trouver de bâtiments français, et pareillement peints et placés : elle mit son numéro, on ne répondit point; elle crut que c'était négligence et elle continua sa route. Cependant un officier qui regardait ces bâtiments avec sa lunette, remarqua un changement dans le grément d'un vaisseau qu'il croyait reconnaître comme étant Français, et il en fit tout haut l'observation. Le commandant saisit ce propos qui paraissait insignifiant, il fait aussitôt pousser ses bouts-dehors au vent, préparer ses bonnettes et larguer les rabans de toutes les menues voiles. Il quitte alors le plus-près, et laisse arriver de deux quarts. L'ennemi était venu en forces supérieures, il avait contraint nos bâtiments à la retraite, et prenant des renseignements à terre, il s'était disposé à surprendre la frégate; cependant il croit sa ruse découverte, il file ses câbles et il appareille.

La frégate, prête à forcer de voiles, laisse arriver en grand, et se dérobe à la poursuite de ces bâtiments.

En temps de paix, les précautions peuvent être moins nécessaires; mais ce qui est toujours de rigueur, c'est de douter de l'état de continuation de la paix, d'éviter les rencontres de forces supérieures d'une autre nation, et de ne s'approcher d'un bâtiment d'égale force qu'avec toutes les dispositions prises pour le combat. On ne doit pas se mettre dans le lit du vent et au vent d'un bâtiment pour lui parler, mais on ne doit pas souffrir qu'il vous l'abrite non plus; on ne doit lui parler que le pavillon haut, mais on l'amènera et on ne répondra pas si, lui-même, en adressant la parole, n'arbore pas le sien; et lorsque ce défaut de procédés, quand des manœuvres louches dénotent quelque chose de suspect, il faut prendre une position favorable ou une attitude guerrière, et ne pas différer l'explication. C'est ainsi qu'agit, avec un à-propos si heureux, cette frégate dont nous avons parlé chapitre XII. D'ailleurs l'attaque et la prise, pendant la dernière guerre, de quatre frégates *Espagnoles* richement chargées et trop pleines de sécurité, celles de centaines de nos bâtiments, qui précèdent ordinairement toute rupture, la surprise de la frégate *la Volontaire* au cap de *Bonne-Espérance* en 1806, celles du brig *le Rolla* vers ce même temps et du navire Anglais *la Ressource*, l'arrestation d'un canot de la frégate *la Canonnière* à *Falsebay*, la corvette *le Mohawk* qui vint, d'elle-même, se livrer aux vaisseaux de l'amiral *Ganteaume* dans la *Méditerranée* en 1801, et mille autres exemples, font une loi de la plus grande réserve dans ces circonstances et les semblables.

Si tout s'est passé dans l'ordre et si l'on juge convenable d'entamer une conversation, ce qui dénote le plus souvent de l'incertitude, de la curiosité ou de la lassitude, il faut qu'elle soit brève, significative; surtout, en ce cas, il faut respecter les droits des bâtiments en état d'hostilité si, soi-même, on est neutre.

CHAPITRE XXVIII.

I. Les *Croisières* sont des stations militaires que font un ou plusieurs bâtiments armés, soit dans l'attente d'autres bâtiments de guerre, qu'ils veulent rencontrer et forcer au combat sur un des points de leur route présumée ou connue, soit avec l'espoir d'arrêter des convois ou des navires isolés vers les lieux qu'ils fréquentent dans leur navigation. Il est aussi important de maintenir exactement sa croisière, que de conserver le point d'un rendez-vous. Les meilleures croisières dirigées contre les bâtiments du commerce, se tiennent sur les lieux du passage d'une grande quantité de ces navires, comme à l'entrée des détroits de la *Sonde*, de *Malac*, de *Gibraltar*, ou comme à l'ouverture de la *Manche* ou de la mer *Rouge;* sur les côtes où sont plusieurs baies et comptoirs, comme celles d'*Afrique* sur l'*Océan* et celles de *Sumatra;* sur les latitudes d'attérage de ports très-commerçants, tels que ceux des *Antilles;* près des points de reconnaissance adoptés, comme *Pulo Aor* pour le détroit de *Malac*, l'Ile *Rodrigue* pour l'*île Maurice;* aux intersections de routes de navires ayant diverses destinations, telles que les environs des *Açores*, des *Canaries*, du *Banc des Aiguilles*, du *Cap Bon* dans la *Méditerranée*, du *Cap Co-*

morin; près des Pêcheries, aux Débouquements, etc. Il est vrai que l'on a lieu d'y craindre les escadres ou vaisseaux et autres bâtiments de guerre qui protégent leur pavillon; mais alors il faut redoubler de surveillance; aussi, par cette raison, choisit-on quelquefois des croisières très-lointaines et tout à fait inattendues, comme sur les mers qui avoisinent la *Chine*, ou comme celle dont nous avons parlé (Chapitre **XVI**) du Capitaine *Porter* dans l'*Océan Pacifique*, où il prit un grand nombre de bâtiments.

Quand on tient croisière près de terre, on se sert de cette position pour être vu de moins loin, et l'on s'y place de manière à être mangé par elle ou à être masqué par quelque pointe. Si l'on peut y mouiller et quand la chose est praticable, outre ses vigies de bord on en établit encore à terre dont les signaux ne doivent être apparents que pour le croiseur; on sait à cet égard, combien de succès les flibustiers et, depuis lors, les corsaires des *Antilles* ont dû à cette manière de croiser, et avec quels faibles esquifs ils ont surpris les bâtiments les plus grands et les plus riches. Cependant, si l'on craint l'ennemi en forces supérieures ou égales, il est dangereux de mouiller sous la terre, car on y a le désavantage de ne plus pouvoir disputer le choix d'une position favorable.

En général, un croiseur doit avoir ses canots armés d'hommes aguerris et disposés à partir en cas de rencontre d'un bâtiment accalmi; s'il y a lieu à attaquer ce bâtiment avec ces mêmes canots, il faut éviter son travers, le prendre à la fois par l'avant et l'arrière et monter à bord avec audace. Si un croiseur a affaire à un bâtiment d'égale marche ou à peu près, il ne doit pas l'abandonner parce qu'il ne le gagne que très-peu ou pas du tout; il peut au contraire espérer de recevoir un renfort, ou d'avoir un changement de temps, de vent, d'allure ou de marche : c'est ainsi que par suite d'une diminution de vent, nous avons vu prendre le cutter *le Sprightly*, après dix heures de chasse sans avantage de marche pendant huit heures ; cependant on ne doit pas s'obstiner contre toutes les apparences, ni quitter ainsi de trop loin, un point de croisière qu'on ne pourrait regagner que longtemps après, et qui promet de plus heureuses chances.

Un croiseur doit souvent renouveler ses vigies, les multiplier, les récompenser ; et de grand matin surtout, leur faire observer ce qui se passe au large et sous la terre : ses batteries seront toujours dégagées, principalement la nuit et par un temps de brume ; son équipage sera inopinément exercé à faire branle-bas à toutes les heures ; les fanaux, les bailles de combat, les palans de retraite, l'armement des pièces, les fusils ne seront jamais hors de portée, et les autres dispositions de combat dont nous parlerons bientôt plus en détail, seront toujours faites ou faciles à faire. Un croiseur ne prendra des ris et ne dégréera ses perroquets qu'autant qu'il y sera forcé ; ses voiles serrées seront sur les fils de caret, celles qui seront établies seront parfaitement bordées. Au point du jour, il sera prêt à mettre à la fois toutes ses voiles dehors, mais à moins de quelque découverte, il n'aura pas de voiles hautes afin d'être vu de moins loin ; il laissera donc approcher un bâtiment dont il verra les parties élevées, et il continuera ainsi à faire route sur lui jusqu'à ce qu'il soit dans le cas d'en être aperçu. En ce moment, il hissera ses perroquets seulement, pour ne pas donner de soupçons, et s'il voit qu'on change de route, alors il commencera la chasse sérieusement. D'ailleurs, on se livrera assidûment en croisière à tous les exercices, et au simulacre d'abordage ; on croisera surtout sur la ligne Est-et-Ouest, comme étant celle sur laquelle les erreurs du point doivent être le plus fortes, soit pour le croiseur, soit pour les navires qui peuvent chercher le point le plus fréquenté, qui sera celui où la croisière a dû être établie; la nuit, on s'éloignera moins du lieu central de cette même croisière; c'est par conséquent le cas de faire toutes les observations qui peuvent assurer un bon point, et même, pour le rectifier d'une manière certaine, de prendre connaissance de quelque terre, quoique pourtant en thèse générale, on doive s'abstenir d'un pareil voisinage que des temps défavorables peuvent rendre très-fâcheux par la suite; encore dans le cas dont il s'agit ici, il est souvent imprudent de se montrer : ainsi l'on ne doit s'approcher de la côte que lorsqu'on le peut avec quelque espoir de rester ignoré; on y réussit soit par un beau temps et quand la terre est assez élevée pour paraître de plus loin qu'on n'en peut apercevoir un navire, soit lorsque le soleil est directement opposé à cette même terre; qu'on peut par conséquent, en se mettant dans sa direction par rapport aux vigies présumées, la voir de très-loin comme étant frappée en face et parfaitement éclairée par cet astre, et qu'on peut enfin n'être pas vu soi-même comme étant absorbé par l'éclat de ses rayons sous lesquels on se trouve relativement à la côte.

Nous avons ainsi pris connaissance de l'Ile *Sainte-Hélène* sous le vent de laquelle nous avons croisé pendant vingt jours; précédemment, après être sortis de l'*Ile-de-France*, nous avions débuté par une portion de croisière dans les mers de l'*Inde*; en revenant sur nos pas nous en fîmes une autre vers les parages du Nord-Ouest de la *Nouvelle-Hollande* pour les bâtiments qui, à contre-mousson, font route d'*Europe* au *Bengale*, et une nouvelle à l'entrée du *Canal de Mosambique*; après une courte relâche au

Cap de *Bonne-Espérance*, aux attérages duquel nous nous arrêtâmes encore, la croisière fut continuée et portée près des établissements de la côte Sud-Ouest de l'*Afrique* jusqu'à l'*Ile-du-Prince* située à peu près sous la ligne, là nous prîmes de l'eau et nous partîmes pour chercher *Sainte-Hélène* que nous ne pûmes atteindre qu'après avoir couru un bord jusqu'au Tropique du Capricorne, et qu'en nous y élevant à l'aide de quelques brises variables. La longueur de cette bordée, les courants, la privation d'observations possibles rendirent notre point fort douteux; il était indispensable pour ne pas croiser en vain, de voir l'Ile sans en être vu; mais avec les précautions indiquées, nous réussîmes complétement, et nous nous tînmes ensuite dans le V formé par les routes extrêmes des bâtiments qui partent de cette île pour l'*Angleterre* et les *Antilles.*

J'ai cité cette croisière où partout nous fîmes des rencontres, parce qu'elle est remarquable par son étendue, et qu'elle peut donner une juste idée de l'activité avec laquelle on doit harceler son ennemi; en effet, il faut alors paraître partout et n'être vu nulle part, comme le firent, dans les dernières guerres, la plupart de nos croiseurs et particulièrement une escadre sous les ordres de l'Amiral *Ganteaume,* et une division sous ceux de l'Amiral *Linois.* S'il y a des forces supérieures dans les ports voisins, il faut abandonner la croisière dès qu'on a été vu et en entreprendre une nouvelle; mais il faut tromper sur ses desseins par une ou plusieurs fausses routes que l'on cherche à faire passer pour véritables; quand on est hors de vue et qu'on le juge convenable, on se dirige vers un autre point.

Ces explications et autres analogues en indiquant le danger et sa cause, sont autant d'avertissements et de guides pour le bâtiment qui peut craindre ce même péril et ses effets ; et elles montrent, en général et spécialement ici, avec quelle prudence un navire seul doit naviguer, même en temps de paix ; comme il doit être vigilant, et comme tous ses moyens de défense ou de salut doivent être prêts à être mis en usage, surtout vers les lieux où il suppose des croisières établies. Il est également prudent de ne couper la latitude de ces lieux que de nuit en faisant grand chemin, et de s'éloigner autant que possible de la longitude présumée du milieu de l'étendue de la croisière.

Toutefois, un croiseur doit être sur ses gardes et ne pas se laisser tromper par des navires qui déguisent, masquent ou salissent leur peinture, ou qui peignent un bord différemment de l'autre ; qui donnent à leur grément et à leur voilure, un air de négligence qu'on trouve rarement chez des bâtiments de guerre ; qui fuient pour vous attirer dans quelque piége ; qui diminuent leur sillage en mettant à la traîne des affûts et des bailles, afin de se donner l'apparence de bâtiments marchands ; qui emploient tout autre stratagème pour faire tourner contre le chasseur, des avantages qu'ils ont dérobés à sa connaissance ; ou enfin, qui ne se laissent voir que debout, pour qu'on ne puisse pas juger de l'entre-deux de leurs mâts, de la coupe de leurs voiles et de leur envergure ; car ce sont à peu près les seuls moyens de porter un bon jugement basé sur la vue, ou de la retenir hors des illusions grossières et des écarts prodigieux que tout autre aspect du navire joint à la distance, à l'obscurité de l'horizon, à l'état du ciel, à l'effet du soleil, au défaut de comparaison, au mirage, à la brume, à l'imperfection des lunettes, ont si souvent occasionnés.

D'un autre côté, des bâtiments très-faibles peuvent jouer ces ruses, et les jouer de manière à être pris pour de forts navires qui veulent vous attirer ; ces mêmes bâtiments peu-

vent aussi, par une belle contenance, avoir l'air rassuré
et vous tromper sur leur faiblesse : trois grands bâtiments
de commerce ont réussi, sous mes yeux, à se faire abandonner par deux frégates, en feignant ainsi de jouer au
plus fin, et de chercher à se faire approcher par ces frégates, qui supposèrent effectivement que le désavantage de
marche de ces bâtiments ne leur permettait que la ruse pour
opérer une jonction. Peu de temps auparavant, un très-riche
et très-célèbre convoi venant de *Chine*, et escorté par un
seul brig de guerre, en se divisant en deux pelotons qui
figuraient, l'un une escorte, l'autre la masse du convoi,
était aussi parvenu à défier, à intimider même, des forces
ennemies considérables et à se sauver par l'effet de ce stratagème. Que faut-il en conclure? Qu'il faut citer ces faits
pour qu'ils servent de leçon, que l'art de la guerre ne saurait être trop médité, que ses préceptes offrent peu de règles positives; que les instructions données aux capitaines
ne doivent jamais être trop tranchantes, et que les meilleurs guides en marine, sans en exclure les talents acquis
et la science qui me paraissent indispensables, sont le coup
d'œil, le sang-froid, l'expérience et un bon jugement.

II. Nous ne terminerons pas ce chapitre, sans y ajouter
quelques considérations d'un ordre moins technique que
celles qui précèdent.

La guerre maritime peut être effectuée par une nation,
de trois manières qui ont, toutes les trois, leurs partisans et
leurs adversaires, et qui sont : la Guerre d'Armées Navales
ou d'Escadres, la Guerre de Croisières ou de Course, et une
Descente à main armée sur le sol ennemi.

La Guerre d'Armées Navales ou d'Escadres eut sa raison
d'être en France lorsque la liberté des mers devait être assurée, lorsqu'il y avait lieu à fonder de vastes ou de puissantes

colonies, lorsque, enfin, il était urgent de former des matelots, et de protéger le commerce maritime dont ces colonies étaient destinées à fournir l'aliment principal. Aucune de ces causes n'existe plus aujourd'hui ; or, ce serait, certainement, sans aucun résultat favorable, que nous nous livrerions aujourd'hui à cette guerre d'armées navales ou d'escadres qui serait au moins fort dispendieuse, et qui, même, couronnée par des victoires éclatantes, ne servirait nullement à la satisfaction ou l'accroissement de nos vrais intérêts nationaux. On l'a dit avec infiniment de justesse : « Suivons une marche opposée à celle de l'Angleterre ; la stratégie navale qui lui est favorable est celle qui nous est contraire ou que nous devons éviter ; la guerre d'escadres ne convient plus à la France, et il faut donner à nos forces maritimes, une organisation qui soit plus en rapport avec les ressources de notre personnel naviguant. » (Rapport de l'amiral *de Hell* lu dans la séance de la chambre des députés, du 14 avril 1846.)

La Guerre de Croisières ou de Course, au contraire, peut nous être très-avantageuse, car l'Angleterre a un commerce maritime fort étendu comparativement au nôtre, et il y a, pour nous, tout à gagner en sapant, en ruinant ce commerce qui fait la richesse de notre rivale, qui en approvisionne les flottes, et qui instruit ou forme des matelots pour armer ces mêmes flottes ; mais cette guerre doit être poursuivie de notre part sur la plus grande échelle et avec autant d'énergie que de persévérance ; les frégates sont les bâtiments qui y conviennent le mieux, et qui peuvent croiser le plus efficacement ou le plus longtemps, surtout depuis l'invention des cuisines à appareil distillatoire lesquelles peuvent leur donner de l'eau douce ou potable en abondance. On a dit, il est vrai, que les croisières des frégates, pour être fructueuses, devaient être appuyées par des escadres ; mais nous croyons cette assertion purement gratuite : en effet et entre autres, ceux de nos bâtiments qui, lors de la dernière guerre, ont croisé avec tant de succès dans les mers de l'Inde, pendant des années entières, n'étaient soutenus par aucune force de leur nation, et ils ne s'appuyaient que sur leur courage et sur leur activité.

Reste enfin la Descente à main armée sur le sol ennemi. Or, c'est un moyen de guerre tellement convenable à la France, et tellement simplifié depuis l'application de la vapeur à la navigation , qu'un ex-ministre de l'Angleterre (*Lord Palmerston*) a été jusques à affirmer, en plein parlement, que « des soldats peuvent être embarqués dans nos ports, aussi facilement qu'ils pourraient entrer dans leurs casernes ; que la vapeur *a positivement jeté un pont sur la Manche,* et qu'une nuit suffirait pour jeter sur le sol de l'Angleterre, une armée de Français ! » C'est donc dans ce genre de guerre que nous concentrerons probablement nos forces lorsque la lutte s'établira ; mais ce ne serait pas une raison pour ne pas nous adonner, en même temps, à la guerre de croisières ou de course qui nous promettrait de si beaux résultats.

Quant à la guerre maritime en général, les règles actuelles et les principes de la tactique navale seront inévitablement très-modifiés par cette application de la vapeur à la navigation dont nous parlions tout à l'heure : or, nous ne saurions anticiper sur le temps ni sur les faits ; ainsi, dans les chapitres suivants de cette section, nous nous bornerons , comme nous le devons, à ne parler que de ce qui existait lors des dernières hostilités, et nous ne traiterons de la stratégie navale, qu'en ce qui concerne les bâtiments qui sont mus par l'action seule du vent.

CHAPITRE XXIX.

Principes de la Chasse et de la Retraite.

Quoiqu'une égalité et même une légère infériorité de marche ne soient pas, ainsi que nous l'avons dit dans le chapitre précédent, une raison suffisante pour toujours s'abstenir de chasser, il est cependant très-utile d'éprouver dès le commencement d'une *Chasse*, lequel des deux bâtiments, le chasseur ou le chassé, a l'avantage de marche ; nous le supposerons, en général, dans ce qui va suivre, en faveur du chasseur. Quant aux moyens de connaître cette supériorité, nous remarquerons qu'il peut se présenter trois positions à considérer : le chasseur peut naviguer *dans les Eaux* du chassé ; ils peuvent faire des *Routes Parallèles* ; ils peuvent faire des *Routes Croisées*.

Si le chasseur est *dans les eaux* du bâtiment en *Retraite*, il s'apercevra qu'il gagne ou qu'il perd, 1° par l'accroissement ou la diminution apparente du chassé dans toutes ses dimensions, qui devient bientôt sensible à l'œil ; 2° par tel objet de ce bâtiment, comme les barres de perruche ou la hune d'artimon, que l'on voyait en les regardant de tel point de la mâture de l'avant, et qu'un peu plus tard on voit d'un point moins élevé ou qu'on cesse de voir du premier point ; 3° en mesurant, avec un instrument à réflexion, l'angle sous lequel apparaît la hauteur totale du bâtiment chassé, et en concluant le rapprochement ou l'éloignement du chasseur, de l'augmentation ou de la diminution de cet angle mesuré à diverses périodes de la chasse.

Ce dernier moyen est sûr, mais il est rare que le premier ne suffise pas.

Si les bâtiments font des *routes parallèles*, il faut relever au compas le grand mât du bâtiment en retraite; si ce bâtiment perd, on ne relèvera bientôt plus ce mât que de l'arrière du premier point, et ce sera le contraire s'il gagne : cette épreuve est infaillible, mais il faut bien se garder de faire ce relèvement sans compas, et en prenant des alignements avec des points de son propre bâtiment, parce qu'il est évident qu'à la moindre embardée, ce dernier genre de relèvements donnerait des résultats très-fautifs. Il se présente cependant une objection, c'est que, même, lorsque les bâtiments sont au plus-près sur le même bord, il est impossible d'être certain qu'ils fassent des routes parallèles, quelque exercé que l'on soit à en juger par le coup d'œil, par la direction des girouettes et par l'orientement des voiles; mais le doute est facile à lever, quant à la question finale du rapprochement ou de l'éloignement : il suffit de gouverner de manière à toujours relever le bâtiment en retraite au même air-de-vent; c'est-à-dire de croiser un peu plus la route, si l'on dépasse assez le bâtiment pour qu'il se trouve sur l'arrière du premier relèvement, ou de l'ouvrir un peu plus s'il s'en trouve sur l'avant. Lorsqu'on ne peut conserver ce même relèvement, on marche moins bien que le bâtiment en retraite : en effet, il est clair qu'on ne peut parvenir à le conserver qu'autant 1° que les routes sont parallèles et qu'il n'y a d'avantage de marche d'aucun côté; alors, en mesurant l'angle sous lequel apparaît la hauteur totale du chassé, cet angle ne varierait pas; 2° que ces marches étant inégales, celui qui croise la route du chassé, marche mieux que lui, car dans ce cas, il doit faire assez de sillage pour conserver ce même relèvement quoiqu'il croise la route du chassé ; alors l'angle sous lequel apparaît la hauteur totale du chassé, irait en augmentant. Dans la pratique et dans ce cas-ci, le coup d'œil suffit ordinairement ; et il est rare qu'on se serve d'un instrument à réflexion pour se fixer à cet égard à moins que l'on ne soit fort éloigné, ou qu'il y ait assez peu de différence de marche pour que la route du chasseur croise fort peu celle du chassé.

Si les bâtiments font des *routes* plus ou moins *croisées* que dans le cas particulier qui vient d'être mentionné, la question peut quelquefois être résolue, mais il faut prendre des positions qui ne conviennent nullement à un bâtiment chasseur dont le but est de ne jamais perdre de temps ; or, comme à moins de vouloir chasser un bâtiment ou de vouloir s'essayer avec un autre avec qui l'on convient de l'air-de-vent pour faire des routes parallèles, il importe fort peu de connaître la marche de ce bâtiment ; comme, d'ailleurs, en prenant les positions convenables ou nécessaires, on ne doit pas courir sous la même allure que lui, et qu'enfin la solution de ce problème demande qu'on entre dans plusieurs développements, et n'est, suivant ceux même qui l'ont approfondi, qu'un objet théorique de pure curiosité, nous nous abstiendrons de donner cette inutile solution.

Il est encore deux points sur lesquels il est à propos d'être fixé : celui de décider lequel des deux bâtiments [a la position du vent, et quelles sont les dimensions du bâtiment poursuivi : le premier est facile à décider en relevant celui-ci. Si on le relève à huit quarts du vent ou sur la perpendiculaire à sa direction, on est également au vent ; si l'angle est plus ouvert, le navire poursuivi est sous le vent ; enfin il est au vent, si l'angle est plus fermé. Si les bâtiments couraient largue, la position du vent dépendrait peut-être d'avoir plus promptement rallié le plus-près. Observons ici que lorsque deux bâtiments sont au plus-près à contrebord, leurs routes sont croisées, mais que, dans cette circonstance, l'avantage de marche est facile à reconnaître; en effet, en thèse générale, les deux bâtiments doivent gagner au vent sous ce pareil orientement du plus-près; celui qui marche le moins bien y gagne le moins, et il finira par rester à celui qui marche le mieux, sous le vent de la perpendiculaire du vent, et cela de plus en plus.

Quant aux dimensions du bâtiment on ne peut s'en rapporter à la vue qui, à cet égard, a fait très-souvent commettre des erreurs étranges aux yeux les plus exercés, et l'on ne connaît aucun moyen vraiment positif de les déterminer de loin. Le seul qui puisse donner un léger indice et auquel le savant Capitaine *Verdun de la Craine* a procuré quelque crédit, en dressant une table fondée sur les détails suivants, consiste à monter dans les haubans jusqu'à ce qu'avec une lunette on aperçoive, distinctement au ras de l'horizon, une vergue, des barres, une hune ou tel autre point remarquable du chassé; on descend alors ou l'on monte jusqu'à ce qu'on voie nettement et encore au ras de l'horizon, un autre point appartenant au même mât; on mesure ensuite la hauteur verticale de l'espace compris entre ces deux stations; or, ce serait la différence exacte de hauteur des deux points observés, s'il était possible que l'opération fût parfaite. Si donc on a vu au ras de l'horizon, d'abord la vergue de hune et ensuite la grand-vergue, on a le guindant du hunier déduction faite des ris supposés pris, et l'on peut en conclure la hauteur du mât de hune, la largeur du bau et les autres dimensions du navire. Par analogie, on peut connaître la distance des deux bâtiments, car la hauteur du bâtiment en retraite au-dessus de l'eau est facile à déterminer d'après son bau; or, elle est le petit côté d'un triangle rectangle dont l'angle opposé est celui sous lequel apparaît, à bord du chasseur, cette hauteur du chassé au-dessus de l'eau ; les deux lignes ou côtés qui des extrémités de cette même hauteur aboutissent à l'œil où se mesure l'angle, seront facilement connues par la résolution du triangle ; mais elles sont à peu près égales, et l'une d'elles est la distance des deux bâtiments. Observons cependant que dans ces opérations, si l'on est à la bande ou que la mâture soit inclinée, il faut faire entrer cette inclinaison en ligne de compte, en l'estimant d'après la comparaison de celle de sa propre mâture. Un homme que l'on verrait dans la hune du chassé pourrait aussi, par comparaison de sa taille présumée à la hauteur du ton, ou par toute autre comparaison, fournir des indices sur la grandeur de ce bâtiment : il faut donc alors éviter, autant que possible, de donner ces indications à l'ennemi, ou essayer de le tromper en y faisant paraître des personnes de très-petite taille, pour se donner l'apparence d'être plus fort qu'on ne l'est réellement, et réciproquement. Cela posé, voici quels sont les *Principes de la Chasse et de la Retraite.*

Si le Chasseur est au Vent : Il doit, après s'être mis autant qu'il l'a pu au même air-de-vent que le chassé, relever ce bâtiment. Aussitôt il laisse arriver en dépendant, mais jamais assez pour que le chassé, quelque route qu'il fasse, lui paraisse sur l'avant du relèvement, car alors les routes seraient évidemment trop croisées et il faudrait loffer un peu ; si les routes n'étaient pas assez croisées, le chasseur s'en apercevrait, car le chassé paraîtrait bientôt sur l'arrière du relèvement ; alors le chasseur arriverait un peu plus. Ainsi il trouvera le point où il devra gouverner en cherchant à relever constamment le bâtiment en retraite au même air-de-vent, et il atteindra, ensuite, ce bâtiment, en conservant le même cap, sans autre circuit ni route brisée.

Lorsqu'on a trouvé le cap favorable et qu'on a un peu de largue, on peut essayer de laisser encore arriver avec l'espoir de conserver le même relèvement; ce serait un avantage car la route étant encore plus croisée, le point de jonction serait plus rapproché. Il est clair qu'en laissant ainsi arriver, on peut acquérir un surcroît de vitesse qui doit abréger la chasse, et qui par conséquent permet de croiser la route un peu davantage. Au reste à moins que le bâtiment en retraite ne soit borné sous le vent par la terre, par d'autres chasseurs, par quelque cause particulière, à moins que ce ne soit un bâtiment qui ne craigne pas la jonction, la chasse n'aura probablement pas lieu ainsi, car il est un parti plus avantageux pour le bâtiment en retraite et que nous indiquerons incessamment.

Dans tous les cas, si le chassé faisait une route qui, comme nous allons en voir la possibilité, forçât le chasseur à une allure plus défavorable que la sienne, celui-ci s'écarterait du principe général, il se rapprocherait un peu plus s'il y trouvait de l'avantage, de la route parallèle à celle du bâtiment en retraite; il pourrait ainsi en passer à portée de canon, et d'ailleurs il aurait bientôt acquis par sa supériorité de marche, la faculté de revenir à l'application du principe.

Si le Batiment en Retraite est sous le Vent : Ce bâtiment doit faire la route qui l'éloignera le plus du chasseur, éviter tout croisement de route qui puisse lui être désavantageux; et pour y parvenir, il le mettra dans ses eaux. Cependant si le chasseur est dans le lit du vent, le bâtiment en retraite peut essayer de gouverner à quatre quarts du vent par l'arrière, parce que le chasseur suivant le principe

général ci-dessus énoncé, doit gouverner à moins de quatre
quarts pour croiser la route, et qu'ainsi ses voiles portant
moins que celles du chassé, il est possible qu'il perde une
partie de son avantage. Nous avons indiqué précédemment
ce qu'avait alors à faire le chasseur, mais il ne peut qu'atténuer le désavantage qu'il subit, car il en éprouvera probablement un quelconque par l'effet de cette manœuvre,
puisqu'il est au moins forcé de briser sa route.

Si le Chasseur est sous le Vent : Quel que soit le bord
que prenne un bâtiment, dès l'instant qu'il est au plus-
près par un temps maniable, il gagnera au vent et il y gagnera d'autant plus qu'il perdra moins de temps en virements. Mais pour atteindre promptement un bâtiment au
vent, ce n'est pas le tout de gagner ainsi; il faut encore y
gagner vers ce même bâtiment et par conséquent ne faire
que des routes qui en approchent, ou qui interdisent au
chassé de changer, lui-même, de route avec avantage. Afin
d'y parvenir, le chasseur serre le vent sur le bord qui fait
le plus porter le cap sur le bâtiment en retraite. En faisant
route, il l'amène par son travers ou sur la perpendiculaire
à sa quille; c'est généralement, alors, que, sur chaque
bordée, le chasseur se trouve au moment de sa plus courte
distance avec le chassé, et s'il continuait à courir ainsi, il
s'éloignerait de celui-ci. Soit donc que le chassé ait, ou
non, chargé d'amures, le chasseur doit, en ce moment,
virer, pour ne pas s'éloigner de lui. Il agira de même sur
le nouveau bord; et, en continuant de la sorte, il parviendra à se trouver à portée, et il pourra engager l'action.

Cette manœuvre se modifie cependant selon les circonstances et en général de la manière suivante : de très-loin,
le chasseur suit la règle générale : lorsqu'il s'est rapproché des deux tiers de la distance, les bordées deviendraient

trop fréquentes et l'on perdrait trop de temps en virements répétés : on continue alors la bordée parallèle, jusqu'à ce qu'en virant de bord, on mette le cap sur le chassé ; s'il vire de bord, on le poursuit en allant chercher ses eaux, mais en évitant, lorsqu'on est à portée, de se tenir dans la direction de ses canons de retraite : il vaut mieux alors se placer par l'une ou l'autre hanche ; si par suite le bâtiment qui fuit, *laisse arriver*, on le chasse comme nous l'avons dit précédemment ; mais l'avantage du chasseur diminue, puisque s'il croise la route du bâtiment en retraite, il portera plus vent arrière que lui, et s'il ne la croise pas il parcourra une ligne brisée pour le joindre. Lorsque le chassé *ne laisse pas arriver*, il verra, par suite, le chasseur lui passer à contrebord, et celui-ci ne virera plus que pour engager sérieusement l'affaire au vent ou sous le vent selon ses vues.

Quelquefois on préfère se rapprocher un peu plus encore du chassé en suivant la règle générale ; ensuite l'on poursuit la bordée parallèle jusqu'à ce qu'on relève le bâtiment en retraite sur la perpendiculaire du vent ; alors en virant de bord, on lui coupe la route puisqu'on marche mieux que lui ; et si le chassé vire, on manœuvre comme il a été dit précédemment.

Nous avons, dans ce qui précède, supposé que les deux bâtiments faisaient des routes parallèles, quand ils étaient sur le même bord, ce qui peut ne pas exister quoiqu'ils soient tous les deux au plus-près. Le moment de la plus courte distance peut, alors, n'être pas celui où le chassé est exactement par le travers du chasseur ; mais il n'y aurait lieu à tenir compte de cette erreur, qu'autant qu'elle mettrait dans le cas de trop allonger ou de trop raccourcir la bordée du chasseur, et, par là, de permettre au chassé de virer de bord avec avantage. Toutefois, en suivant la règle donnée, il ne peut jamais en résulter un véritable inconvénient, à cause de la limite très-bornée qui peut marquer la différence entre les routes des deux navires tenant chacun le plus-près. Mais lorsque les marches sont inégales, ce qui est le cas supposé, le moment de la plus courte distance n'est pas, non plus, réellement, celui où le chassé est exactement par le travers du chasseur; ainsi comme, alors, le chasseur doit marcher mieux que le chassé, il y a rigoureusement avantage à prolonger les bordées jusqu'à ce qu'on ait amené celui-ci quelque peu sur l'arrière du relèvement du travers.

Ces manœuvres ont l'assentiment général; cependant comme *Bourdé* les condamne dans son *Manœuvrier* et que son assertion est d'un très-grand poids, nous croyons devoir les motiver. Cet auteur dit, expressément et avec force, qu'il y a de l'avantage à souvent virer de bord, et il se fonde sur ce qu'on gagne en virant; or, il est démontré par les faits que, dès que la mer est un peu forte, c'est seulement le très-petit nombre des trois-mâts qui possèdent cette qualité; et il est encore démontré par les faits que ces mêmes bâtiments s'élèvent davantage en continuant leur bordée. Aussi ne vire-t-on de bord que pour croiser une route et pour gagner dans une direction voulue : nous en avons souvent fait l'expérience sur deux bonnes frégates dont la voilure égalisait la marche, louvoyant dans les eaux l'une de l'autre, et placées à deux longueurs de navire de distance; celle de l'avant avait évidemment le vent et elle virait seule; pendant cette évolution l'autre poursuivait sa bordée; or, après ce virement, la première lui restait sous le vent de la perpendiculaire du vent. D'ailleurs, d'après les calculs irrécusables posés dans le chapitre VIII, un bâ-

timent filant 4 nœuds 1/6 avec un quart de dérive, et la
supposition est peu favorable à notre opinion, gagne par
jour 19 milles et 1/2 ou environ 37,000 mètres dans le vent.
Par ce sillage, le virement ne peut durer moins de huit minutes, pendant lesquelles en conservant la même bordée,
la proportion fournit plus de 200 mètres, ou plus d'une encâblure de gagnée dans la direction du lit du vent ; or un
bâtiment, et on peut le voir à la mer par le remoux, ou
près de la côte en louvoyant et même dans une rade, n'a
jamais gagné une encâblure en virant de bord.

Le même auteur dit, en second lieu, que si le chasseur
courant à contrebord, était assez maladroit pour ne pas
virer avant d'être dans les eaux du chassé, celui-ci à cause
de la grande distance qui les séparerait, devrait revirer
quand son ennemi aurait atteint ses eaux ; or, cette manœuvre me paraît opposée aux intérêts de ce bâtiment,
particulièrement à cause de cette même distance, par la
raison qu'elle servirait à réparer la faute que le chasseur
pourrait avoir faite en cherchant les eaux du bâtiment qui
fuit, ce qui laisserait à celui-ci la faculté de laisser arriver,
et parce qu'elle dédommagerait le premier, du temps qu'il
aurait employé à s'en éloigner. Je crois pouvoir affirmer
que tout bon chasseur s'épargnerait beaucoup de virements,
et qu'il manœuvrerait, en commençant la chasse, pour se
placer dans les eaux du bâtiment en retraite, s'il pouvait
compter sur le virement de bord en ce moment de ce dernier bâtiment. Dans tous les cas, une raison puissante pour
ne faire que le moins de virements possible, consiste dans
le danger des avaries en virant, même par le plus beau
temps ; un bras, une amure, une écoute, une bouline qui
viendraient à casser, pourraient faire beaucoup perdre à
un bâtiment ; il peut encore arriver, même au meilleur na-

vire, de manquer son évolution, et c'est une raison de plus pour virer moins souvent.

Sɪ ʟᴇ Bᴀᴛɪᴍᴇɴᴛ ᴇɴ Rᴇᴛʀᴀɪᴛᴇ ᴇsᴛ ᴀᴜ Vᴇɴᴛ : Ce bâtiment prendra la bordée qui l'éloigne le plus du chasseur et il s'y tiendra constamment. Si cependant le chasseur prolonge sa *bordée parallèle* beaucoup au delà de ce que prescrit la règle générale, alors le chassé virera en même temps que son ennemi; et, profitant de sa faute, il s'en trouvera à une distance considérable. Si c'est la *contrebordée* qui est prolongée et que le chasseur laisse, de cette manière ou de toute autre, la faculté au chassé de laisser arriver, celui-ci doit en saisir subitement l'occasion, d'autant qu'il s'est déjà vu gagner au vent, et qu'il est dans une position à ne pouvoir que difficilement se garantir d'être observé pendant la nuit.

Quand le bâtiment en retraite est chassé par un navire de plus grandes dimensions que les siennes, et qui est sous le vent, il y a avantage pour lui à virer souvent de bord; il le peut, par exemple, lorsque le chasseur vire pour courir la même bordée que lui; par là, il force son ennemi à la même manœuvre; et comme il est supposé être plus petit que le chasseur, il doit employer moins de temps et gagner davantage au vent, pendant ces virements. Il doit aussi, dans le commencement de la chasse, retarder autant qu'il le pourra l'instant où son ennemi pourra juger de l'infériorité de ses dimensions par l'entre-deux de ses mâts, et se montrer, par conséquent, dans la direction de l'arrière à l'avant, autant et le plus longtemps possible.

CHAPITRE XXX.

Considérations Particulières et Exemples sur la Chasse et sur la Retraite.

Pour compléter le sujet que nous venons de traiter, nous ajouterons quelques *Considérations Particulières*, et nous continuerons à leur prêter l'appui de plusieurs *Exemples*.

On ne saurait être trop attentif en *Chasse ou en Retraite*, à s'étudier réciproquement et à profiter des fautes qui peuvent être faites ou des circonstances favorables, quelque minutieuses qu'elles soient. Un très-petit nombre d'encâblures peut suffire en effet pour sauver un bâtiment; la nuit, la brume, un grain, du calme, du mauvais temps, un changement de vent peuvent survenir; des voiles peuvent être aperçues, et le salut du chassé peut en dépendre.

Si le vent change pendant la chasse, il faut manœuvrer comme si ce vent existait depuis longtemps et que l'on commençât à se découvrir : si, en raison des parages, on connaissait certaines variations de vent réglées ou ordinaires, comme vents de terre et de mer, brises solaires, ou bien quelques parties plus ou moins exposées à certains courants ou reversements de marées, comme ouvertures de rivières, ras, entrées de pertuis ou de détroits, il faudrait profiter habilement de cette circonstance locale et tâcher de s'en prévaloir aux dépens de l'ennemi. Si le bâtiment en retraite espère trouver des protecteurs à tel air-de-vent, il doit tout tenter pour se rendre vers eux; s'il a un meilleur bord ou une allure favorite, il doit éviter de s'en départir; si la mer ou la houle n'a pas tout à fait la direction du vent, il y a un bord plus avantageux et l'on doit chercher à le prendre ; si l'on est brig ou côtre, et qu'on soit gagné dans le vent par un trois-mâts, on agira pour amener l'ennemi droit vent arrière ; alors la voilure des deux bâtiments se réduit à la valeur de celle d'un de ses mâts. Le bâtiment contre lequel on emploie un de ces moyens doit, de son côté, se conduire de manière à n'en pas être la dupe. Si, étant sous le soleil, on voit à l'opposé, un navire que l'on veuille fuir ou chasser, il faut profiter le plus longtemps que l'on peut, de la difficulté d'être aperçu ; il en est de même si l'on est sous la terre. En chasse ou en retraite, il ne faut pas négliger d'entretenir l'attention des vigies. Si le bâtiment qui fuit découvre des voiles, il doit chercher à entraîner le chasseur vers elles, lorsqu'il les croit de son pavillon ; si ces voiles sont ennemies, il doit au contraire engager l'action à forces même inégales, avant d'être joint par ce surcroît de forces, car il peut démâter son ennemi et se sauver ainsi à la faveur de la nuit. Le vaisseau anglais le *Swiftsure*, que j'ai vu prendre dans la *Méditerranée* en 1801, essaya cette manœuvre ; ce fut inutilement il est vrai, car il fut pris après avoir été fort endommagé par le vaisseau français *le Dix-Août* sur lequel il avait laissé arriver dans l'espoir de s'en faire abandonner et, ensuite, de se sauver des autres bâtiments de la division qui étaient, alors, encore assez loin de lui ; mais il fut très-loué de sa tentative, et il le fut par ses ennemis, ce qui devient très-honorable. Me sera-t-il permis d'ajouter que ce fut dans ce combat du *Dix-Août*, et pendant, même, l'action, que je fus nommé Enseigne de Vaisseau ? Le chasseur doit compter sur sa marche, mais il doit être prudent, quand il paraît de nouveaux navires.

On doit avoir étudié son bâtiment à l'avance, pour savoir quels changements utiles on peut faire en cas de chasse ou de retraite, afin d'accélérer sa marche. On sait que le vaisseau *le Solitaire*, commandé par l'illustre *Borda*, se détacha ainsi d'une escadre anglaise qui l'avait surpris au point du jour, et qui le gagnait ; mais un de ses ennemis soupçonnant la vérité et voulant aussi faire un essai, fit descendre son équipage dans le faux pont ; aussitôt il dépassa toute l'escadre, atteignit le *Solitaire*, le combattit, souffrit beaucoup, mais retarda sa marche par quelques boulets heureux, et facilita la jonction du gros de ses forces. Ces moyens consistent à s'alléger en jetant à la mer plusieurs objets et même des ancres, ou en vidant des caisses ou pièces à eau ; à se charger au contraire, si l'on est à la fin de la campagne et qu'on se croie trop lége, en remplissant les caisses ou pièces à eau vides ; à placer l'équipage en repos sur un point du navire, à ôter les épontilles pour affaisser les ponts et abaisser le centre de gravité ; à ne pas charger trop tôt les bastingages du poids des hamacs, et à les laisser au contraire en bas jusqu'au dernier moment ; enfin, à changer le lest volant de place. Mais nous le répétons, il ne faut pas attendre au dernier moment pour chercher de telles améliorations, il faut avoir éprouvé son navire sous toutes les allures, sous toutes les voilures, avec tous les changements possibles de poids, et savoir, sans balancer, ce qui convient à tout moment. Les moyens que nous venons d'énumérer ont un effet physique sur le centre de gravité et sur les lignes d'eau à la flottaison, ainsi leur influence sur la marche en bien et en mal est une vérité irrécusable.

Telles ne sont pas, toutefois, les pratiques capricieuses et bizarres de scier des baux et de les entamer, ainsi que des courbes ou bordages ; de suspendre des bouées ou des cages aux étais ; de décoincer les mâts, de mollir les rides et d'en larguer les genopes, ou autres pareilles ; et nous conseillerons d'autant moins de les adopter, que si elles procurent un désavantage, il devient toujours presque impossible d'y remédier pendant la chasse. Il faudrait auparavant s'être assuré de leur effet, et alors quoiqu'on ne pût en rendre raison, l'expérience serait sans réplique; on a cependant essayé de justifier ces mêmes pratiques, par la prétendue réputation de marche avantageuse des vieux bâtiments qui, dit-on, sont déliés, et avec lesquels il faut, par des traits de scie donnés à de neufs ou autrement, effectuer cette ressemblance; mais il est aisé de voir qu'un bâtiment vieux, s'il marche mieux qu'un neuf, ce qui n'est pas toujours vrai, le doit à ce que le bois des œuvres mortes est plus sec; que les ponts étant plus affaissés, le centre de gravité de la coque du navire en est moins élevé, et que ces vaisseaux ayant fait plusieurs campagnes, leur devis est plus parfait et l'arrimage ou le grément mieux disposé. Au surplus, ce qui, par-dessus tout, doit le plus contribuer à la marche, c'est d'avoir les voiles bien orientées, bien établies, bien balancées; de les arroser, surtout de calme et de petit temps; de gouverner avec soin; de n'avoir rien à la traîne ni au sec; de ne laisser ni hommes, ni aucun objet inutilement exposés au vent; d'avoir les sabords du vent fermés pour prendre moins de vent au plus-près; et d'adopter telles autres mesures dont nous avons parlé (Chapitres VII, VIII, IX et X) au sujet du bâtiment en route et tenant le plus-près, ou certaines qui sont indiquées par la pratique, comme de lacer la ralingue de fond de la brigantine à la bôme, afin de lui donner la plus grande tension et le plus de développement possible; de lacer encore, à la ralingue inférieure des basses voiles, des bandes de toile disposées à l'avance pour cet objet et nommées Bonnettes Maillées, à l'effet de recueillir le vent qui peut s'é-

chapper sous ces même voiles ; de mettre en simple si le
temps le permet, et pour plus de vivacité dans les évolutions, quelques manœuvres courantes qui étaient en double ; de dégager le grément de toutes poulies, manœuvres
dormantes ou autres objets dont la suppression ne nuira
pas aux vues du manœuvrier ou à la solidité qu'exige alors
la mâture, et qui, en place et si l'on est au plus-près, peuvent recevoir, à contre, l'action du vent ; de balancer les
voiles de manière à donner à la barre, la direction qui expose le moins le gouvernail au choc de l'eau ; et sur cela,
nous rappellerons que lorsqu'il y a de la dérive, le gouvernail n'est réellement sans effet que quand il se trouve
dans la direction de la route corrigée de la dérive ; c'est-à-
dire, lorsque la barre est sous le vent, d'une quantité angulaire égale à cette dérive.

C'est, surtout, pendant une chasse, qu'il serait utile d'a-
voir à bord un de ces *Sillomètres*, tel que celui qui a été inventé par M. *Clément*, mécanicien de *Rochefort*. Je con-
viens qu'une proportion exacte est extrêmement difficile à
établir entre l'espace, quelquefois assez grand, parcouru
par le navire en un temps donné toujours assez court, et le
champ très-restreint où l'aiguille indicatrice se meut pendant ce temps. D'ailleurs, les mécanismes de ces instruments s'altèrent ; on ne peut les régler ou vérifier quand
on est en pleine mer, et ce doit être une source d'erreurs
pour l'estime de la route du navire. On peut donc leur
préférer le loch, tout imparfait qu'il est pour cet objet,
d'autant que la position du bâtiment est souvent rectifiée
par les observations astronomiques, les montres marines,
les vues de terre ou les sondes. Mais, comme ces sillomètres, par leur installation permanente, donnent des indications perpétuelles sur le sillage du navire et sur ses va-

riations accidentelles, il s'ensuit qu'ils peuvent permettre de comparer, de moment en moment, la vitesse relative du bâtiment, et de mettre à même de constater l'effet instantané que peut produire, sur cette vitesse, un changement quelconque d'intensité ou de direction dans le vent, une modification de voilure, de poids, d'allure, d'orientation de voiles ou tout autre. Rien ne serait donc plus précieux qu'un sillomètre, dans une chasse, dans les évolutions navales, dans la plupart des manœuvres, ainsi que dans la recherche de la meilleure assiette et des meilleures dispositions ou installations d'un bâtiment.

Un bâtiment gréé pour bien ouvrir ses voiles, peut porter plus près qu'un autre et le gagner considérablement au vent, sans virer de bord ; nous en avons eu fréquemment la preuve, notamment lors de la prise de la frégate anglaise *le Success*. Le vaisseau *le Jean-Bart*, au capitaine duquel on doit la suppression des poulies de drisse des basses vergues, gagna au vent toute l'escadre dont il faisait partie ; et quoiqu'il eût démâté de son mât de grand perroquet pendant la chasse, il atteignit le premier la frégate. Ce fut une chose admirable que la promptitude et l'adresse avec laquelle ce mât de grand perroquet fut remplacé ; mais aussi dois-je dire que quelques personnes attribuèrent l'avarie, à l'extrême orientement des voiles, et à la plus grande obliquité des bras appuyés au vent.

Qu'on réfléchisse bien à la portée de ce fait, d'un vaisseau gagnant une frégate au vent, en serrant le vent plus qu'elle, tout en conservant une marche suffisante pour la tenir au même relèvement, et l'on verra que souvent le moyen le plus prompt, le plus sûr, le plus marin de mener la chasse à bonne fin, doit être de gouverner très-près et de s'élever au vent sans virer de bord ! Au surplus, il m'est, plusieurs fois, arrivé d'en faire l'expérience, étant chef de quart sur une frégate qui faisait partie d'une division en croisière : le plus souvent, pendant le jour, la division se déployait, pour embrasser un plus vaste horizon. Le soir, au signal de ralliement, quand notre frégate se trouvait sous le vent du commandant de la division, et avec l'assentiment du capitaine de cette frégate, je faisais orienter au plus strict plus-près, je tenais le vent le mieux possible en portant la plus grande attention à faire gouverner ; et, ainsi, nous gagnions toujours assez au vent (2 ou 3 lieues) pour rallier le commandant de la division sans virer de bord, et pour avoir repris notre poste avant la nuit.

Si le chassé est au vent et si la terre est en vue à bout de bord, il faut que le chasseur prolonge la bordée parallèle, jusqu'à relever son ennemi sur la perpendiculaire du vent ; le chassé virera probablement alors, et la chasse sera très-longue ; mais l'essentiel est de ne pas la rendre inutile par sa faute, en laissant au chassé la faculté d'entrer dans un port à bout de bordée ou de se jeter à la côte et de se brûler. Je le dis à regret, mais un vaisseau de la compagnie anglaise nous est ainsi échappé, parce que les signaux du chef de l'expédition enjoignirent au capitaine du bâtiment chasseur de virer de bord, suivant la règle générale, toutes les fois que, sur le nouveau bord, ce vaisseau nous restait par le travers.

Le chasseur étant ordinairement supposé plus fort que le bâtiment en retraite, il peut se dispenser de faire des signaux ; si le chassé lui en fait, il doit y répondre, ne fût-ce qu'au hasard, mais en plaçant ses pavillons, les pliant, ou les engageant de manière qu'on ne puisse les bien distinguer ; on peut ainsi prolonger l'erreur, et l'on gagne toujours du temps. Un jour, la corvette anglaise *le Victor* nous

fit de très-loin des signaux avec ses voiles; notre capitaine
y répondit en serrant son grand perroquet; cette manœuvre ne montrait aucun empressement, et, comme signal,
elle réussit; la corvette s'approcha et fit d'autres signaux
avec des pavillons; nous en fîmes aussi comme nous venons de le dire et en choisissant les dessins les plus analogues à sa série. Elle en renouvela; nous aussi; enfin ce
ne fut qu'à portée et demie de canon qu'elle nous reconnut; le temps vint malheureusement à changer, et j'ai dit
(Chapitre XV) quelle fut la cause qui la sauva.

Un bâtiment atteint doit mépriser et braver quelques
bordées, s'il fait route vers un port ou s'il espère rallier la
côte pour s'y échouer ou pour se faire protéger par un fort.
Dans ce cas-ci, il cherchera les passes les plus difficiles
pour y engager l'ennemi. La frégate *la Charente* pendant
la guerre de 1790, causa ainsi, aussi bien que par son feu,
des avaries, devant *Bordeaux*, à deux vaisseaux (dont un
rasé) et à une frégate commandés par l'amiral *Warren,*
qui depuis eut la noblesse d'en féliciter lui-même le commandant. Cette frégate réussit à entrer en rivière, et, par
sa manœuvre habile, le commerce de *Bordeaux* fut pendant deux mois, délivré de cette incommode croisière. Si le
bâtiment atteint se trouve enveloppé par plusieurs ennemis,
il peut compter un peu sur leur confiance, et les tromper
par de faux préparatifs de mettre en panne ou de les braver avec audace; l'*Europe* a longtemps retenti de la valeur d'un chébec *Barbaresque* qui échappa au feu successif
de six des vaisseaux de l'armée de l'amiral *Bruix* en 1799,
et qui se serait sauvé sans un nouveau vaisseau qui reve-
nait de découverte et qui lui coupa la retraite. Si l'on est
joint par le bord du vent, on peut, avant d'amener, si l'on
est trop faible pour une défense sérieuse, essayer de loffer

ou d'envoyer vent devant, en profitant pour cela d'une embardée sous le vent du chasseur; on lui envoie alors une volée de long en long, et l'on se sauve si on le dégrée ou le démâte; un bâtiment, quelque faible qu'il soit, ne doit même pas amener, sans essayer de se faire chasser de manière à pouvoir primer de manœuvre quand il est joint, à présenter le travers à l'avant de l'ennemi, et sans lui tirer au moins une volée pour essayer de le démâter.

On laisse arriver pour atteindre le même but, si l'on est joint par la bordée parallèle de sous le vent. *L'Héroïne*, brig anglais, capturé par nous et confié à un aspirant, fit mieux encore, car sans canons, elle échappa à un vaisseau anglais de 74 qui près d'*Achem*, se trouva au point du jour à petite portée de canon sous le vent à elle. Le vaisseau assura son pavillon; *l'Héroïne* arriva et manœuvra comme pour se mettre en panne par le bossoir de sous le vent, pour la commodité des embarcations. Le vaisseau mit en travers pour la laisser passer, mais à peine fut-elle sous son beaupré, qu'elle établit toutes ses voiles et sailla de l'avant. Le vaisseau laissa arriver en la canonnant; l'aspirant fit descendre tout le monde, excepté son second, aspirant comme lui, qui se mit à la barre; pour lui, il se tint fièrement debout sur le couronnement, la drisse du pavillon à la main; il reçut plusieurs boulets à bord et dans sa voilure; mais il ne fut ni coulé ni même dégréé. Le vaisseau donna la chasse, *l'Héroïne* jeta à la mer cent cinquante ou deux cents sacs de riz de sa cargaison, et le succès couronna une conduite si courageuse, si hardie et si parfaitement calculée. Cet aspirant, dont le nom mérite si bien d'être connu, était M. *Rozier*, alors détaché de la frégate *la Belle-Poule* et né à *Nantes*. Rien ne peut égaler la chaleureuse et cordiale réception que les colons si enthousiastes et si chevaleresques de notre ancienne *Ile-de-France* lui firent à son arrivée, ainsi qu'à son digne et intrépide second, M. *Lozach*, de *Saint-Pol-de-Léon*, et qui atteignait à peine, alors, sa seizième année. Chère *Ile-de-France!* faut-il t'avoir vue dans ces beaux jours, et faut-il que le gouvernement impérial ne t'ait pas mieux mise à même de repousser l'agression qui te ravit à la France que tu aimais tant !

Quand la nuit est venue, si le chassé n'est pas joint, il doit faire des *Fausses Routes*; la première se dénotera de manière à être aperçue, tout en feignant de la vouloir cacher; les autres seront subordonnées au vent, à la mer, au temps, et aux instructions du commandant; toutefois, une des meilleures est de prendre une contrebordée, et de passer à la distance du chasseur strictement nécessaire pour n'en être pas vu. Avant de faire la dernière fausse route, on peut laisser un feu mal masqué au haut du mât d'une embarcation qu'on abandonne, ou sur une bouée de sauvetage qu'on jette à la mer, et se faire ainsi soupçonner de négligence. En général cependant, il ne faut pas trop multiplier les fausses routes, parce qu'en outrant ce moyen de déception, on s'éloignerait moins du lieu où l'on est; et c'est un point essentiel. Lorsqu'on se fait chasser par feinte et qu'on est aussi fort que le chasseur, l'instant de faire fausse route est très-favorable pour aller droit à lui, et pour l'attaquer avec impétuosité.

Le chasseur n'a d'autres moyens pour découvrir les fausses routes que de calculer les probabilités existantes sur le vent régnant, l'allure supposée la plus avantageuse au chassé, le voisinage des ports ou des croisières; mais ces probabilités peuvent aussi être affrontées par le chassé afin de les faire tourner contre son ennemi.

Un bâtiment vu de nuit doit être accosté et interrogé

aussitôt, si l'on se voit de force à le combattre; si l'on a du doute, il faut l'observer toute la nuit en conservant une bonne position telle que celle du bossoir du vent; si l'on se juge trop faible, il faut fuir ce fâcheux voisinage soit en diminuant de voiles tout à coup, soit en se montrant debout pour être moins vu; on disparaît ainsi ou par l'effet de toute autre manœuvre pareille et fondée sur les principes de la retraite; on profite, si le cas se présente, d'un surcroît d'obscurité produit par quelque grain ou par quelque épais nuage. Si cependant, l'on avait une très-belle marche et qu'on ne vît pas d'autre bâtiment, on pourrait passer le reste de la nuit en observateur prudent, et au jour on s'assurerait de la vérité.

Les principes de la chasse s'appliquent à la plus prompte manière de passer à poupe, qui consiste généralement à aller se placer à portée de voix dans la hanche de sous le vent d'un autre bâtiment, et à se régler alors sur la marche de celui-ci : ils enseignent encore le moyen de se joindre en se chassant réciproquement quand on le désire des deux parts, et si ayant le cap l'un sur l'autre, deux bâtiments sont indécis sur la route à faire au point de rencontre, ils doivent se souvenir qu'il est prescrit à chacun de lancer sur tribord; si celui qui est tribord amures est strictement au plus-près, il doit se disposer à faire faseyer ses voiles et même à envoyer vent devant; l'autre doit laisser arriver davantage. La manœuvre peut même être marquée quelque temps à l'avance par les Deux Bâtiments : l'un, en filant ses écoutes de foc, indique qu'il se dispose à tenir le vent; l'autre fait connaître le contraire, en carguant son artimon. Sous nos yeux, et pendant le siége de l'*Ile d'Elbe*, la corvette *l'Héliopolis* faillit à être coulée dans un abordage, parce que les deux bâtiments oublièrent cette règle, en s'occupant trop de vaines formalités de préséance, dont la violation aurait dû être référée à l'autorité supérieure par qui elle aurait été plus raisonnablement jugée.

CHAPITRE XXXI.

I. Des Avantages et des Désavantages du Vent et de Sous le Vent. — II. Des Préparatifs pour le Combat.

I. Il est très-important sans doute de connaître l'art d'atteindre ou d'éviter un bâtiment, mais toutes les manières de le joindre ne sont pas également avantageuses ; il n'est pas indifférent non plus lorsque la jonction est opérée, de se défendre dans telle ou telle position et à telle ou telle distance. La force du vent et de la mer, la hauteur de batterie, l'échantillon, la stabilité du navire, son armement, ses qualités, la proximité de la côte, l'approche de la nuit sont autant de motifs puissants qu'il faut considérer. Dans ce chapitre et les suivants, nous aurons occasion de peser les principaux, et nous indiquerons ce qu'il convient de faire dans les situations relatives. Nous commencerons par énoncer quels sont les Avantages et les Désavantages des positions du vent et de sous le vent.

AVANTAGES DU VENT. — On est plus maître d'accepter ou de différer le combat ; l'abordage est plus facile ; la ligne de flottaison est noyée du bord où l'on se bat ; les boulets reçus vers cette partie sont peu dangereux pour le navire, et l'on a rarement besoin de détourner des hommes du service de l'artillerie pour celui des pompes ; le feu de l'artillerie est moins dans le cas d'être porté sur les bastingages

par le vent; la fumée est peu incommode; on est plus à
même de profiter de l'épaisseur de cette fumée pour prendre une position d'où peut dépendre le succès. Tous ces
Avantages constituent autant de *Désavantages* de la position de *Sous le Vent*.

AVANTAGES DE SOUS LE VENT. — On peut tenter des mouvements pour s'éloigner, si les chances du combat deviennent défavorables : si l'on perd un mât de l'arrière, on
peut prendre le vent en poupe, et n'avoir pas de désavantage de marche sur l'ennemi; au vent, on peut l'essayer,
mais il est difficile d'y réussir : les huniers ne masquent
pas le service des armes à feu des hunes : on est moins exposé sur les gaillards à cause de la bande, et par cette considération et la précédente, un bâtiment au vent devrait
éviter de se battre de trop près : les canons se rentrent
d'eux-mêmes et sont plus faciles à charger, mais il est vrai
qu'il est plus pénible de les mettre en batterie : une avarie
peut faire casser un mât, une vergue, des manœuvres, ou
déchirer une voile qui tombant sous le vent, n'obstruent
que la batterie qui ne fait pas feu : le service de la batterie
basse n'est interdit ni par l'inclinaison du bâtiment sous
une bonne brise, ni par l'agitation de la mer, tandis que
le bâtiment du vent trouve quelquefois impossible de se
servir de cette batterie, même avec ses fargues. Tous ces
Avantages constituent autant de *Désavantages* de la position *du Vent*, et l'on peut ajouter à ceux-ci que, s'il survient un grain, il est difficile de fermer les sabords de la
batterie basse, et l'on est obligé de profiter du recul pour
laisser tomber et saisir les mantelets; il faut aussitôt abaisser
la culasse pour que la volée porte en serre contre la muraille du navire : au recul des pièces, il faut être très-exercé
pour les maintenir avec le palan de retraite, et ne pas les

laisser rouler en batterie avant de les avoir rechargées : si les pompes jouent, l'ennemi peut s'en apercevoir par l'eau qu'elles jettent : si la bande est forte, les canons ne peuvent porter qu'en les pointant à toute volée, encore cela ne suffit-il pas quelquefois, et l'on est obligé d'ôter les roues de derrière, ce qui rend le service des pièces très-fatigant.

On voit que ces avantages et ces désavantages sont très-balancés ; quelques marins les trouvent égaux ; d'autres craignent de prononcer entre eux ; il en est enfin qui observent que les avantages les plus importants de sous le vent ne sont décisifs que par un temps assez mauvais pour priver le bâtiment ennemi de l'usage de sa batterie basse ; ceux du vent au contraire qui consistent dans l'attaque, dans la position et dans les secours que prête la fumée pour s'en prévaloir, sont de tous les instants : au résultat, on donne en général la préférence à la position du vent, sauf les cas où la brise est forte, la mer grosse, et surtout lorsque la batterie basse a peu de hauteur. Le vaisseau *le Blenheim,* trois-ponts anglais rasé d'une batterie, ne put la guerre dernière, envoyer un seul boulet à une de nos frégates qui lui fit beaucoup de mal ; l'action commença grand largue ; la frégate força de voiles, gagna de l'avant par sa supériorité de marche et loffa ; le vaisseau pour ne pas recevoir une volée d'enfilade loffa également, mais étant nécessairement au vent, son feu fut tout à fait paralysé ; il n'était pas seul, et la frégate après l'avoir harcelé, le dépassa, laissa arriver et s'éloigna.

Cette position d'enfilade que peut plus facilement prendre le bâtiment du vent et en quoi il est favorisé par la fumée, est sans contredit ce qu'il y a de plus avantageux dans un combat, surtout si l'on est de l'arrière ; c'est en effet la partie où se trouve le gouvernail et celle où le navire est entièrement ouvert. L'attaquant est ainsi très-peu exposé aux canons de l'ennemi, et les boulets qu'il lui envoie parcourant son bâtiment dans toute sa longueur, ont beaucoup plus de chances pour exercer de grands ravages. Si, d'ailleurs, le bâtiment sous le vent a des avaries préjudiciables à l'activité de sa batterie sous le vent, si l'on voit qu'il ne peut gouverner ou, en un mot, qu'il y ait de l'avantage à lui passer sous le vent, on s'y rend en lui envoyant une ou plusieurs volées d'enfilade, et l'on profite de la gêne où il se trouve.

La nuit, lorsque la lune paraît, il est aussi une position qui peut présenter quelques avantages et dont on peut tirer parti si, d'ailleurs, d'autres combinaisons ne s'y opposent pas. Cette position se trouve du côté éclairé du bâtiment ennemi; ainsi les canonniers pointent mieux, l'on distingue plus clairement les manœuvres de son opposant, l'on peut plus facilement se dérober à lui si l'on est le plus faible, et on ne lui présente qu'une masse confuse. Cette considération peut être fort importante dans les croisières, les chasses, lorsqu'on veut observer un bâtiment, et j'en rapporterai un exemple : une escadre anglaise croisait et fut rencontrée de nuit par deux de nos bâtiments; ils coupèrent la queue de l'escadre, l'un d'eux passa vers le bord éclairé d'un trois-ponts et il le reconnut pour tel. Le chef de l'expédition qui était sur l'autre bâtiment, exprima à celui-ci qu'il se croyait dans un convoi escorté par un bâtiment de guerre et qu'il l'attaquerait au point du jour. Le capitaine qui avait été en position de voir, rendit compte de ce qu'il avait vu, il ajouta qu'un trois-ponts n'était pas ordinairement chargé d'escorter un convoi, que ce corps de bâtiment avait ses ris pris, et qu'ils tenaient tous un cap qui n'annonçait, par le vent régnant, aucune route probable

pour un convoi. Cet avis ne fut point écouté et la position
de ce capitaine était fort difficile : insister eût été montrer
de la crainte ; il se permit seulement de répéter avec modération ce qu'en honneur il croyait avoir vu, et la suite
prouva qu'il avait eu raison. L'escadre regardait nos bâtiments avec beaucoup d'indifférence, et généralement elle
les croyait neutres ; mais si, n'ayant pu les distinguer, leur
sécurité avait trompé l'ennemi, l'impassibilité du gros de
l'escadre confirma le chef de l'expédition dans sa croyance ;
au point du jour le feu commença, les forces anglaises
étaient décuples des nôtres, on fit des prodiges de valeur,
mais il fallut succomber. Jour fatal pour l'auteur de ce *Ma-*
nœuvrier, car alors commença, pour lui, une captivité de
huit mortelles années !

11. Avant d'avoir saisi la meilleure position qu'un bâtiment ait pu choisir, ou que son ennemi lui ait permis de
prendre si celui-ci a l'avantage de la marche, il faut que
les *Préparatifs* aient été faits pour le *Combat*. Un bâtiment
de guerre doit toujours être prêt au combat, en ce sens
que s'il arrive une rencontre fortuite de l'ennemi pendant
la nuit, pendant une brume, près de la côte ou au point
du jour, un branle-bas prompt doit être le fruit de l'habitude ; chacun doit savoir ce qu'il a à faire pour être bientôt
à son poste ; et ce qui concerne le service de l'artillerie, de
la mousqueterie et autres armes, doit toujours être à portée. Dans ce cas, les deux bâtiments étant surpris, sont sur
un pied d'égalité, à moins que l'un des deux n'ait aperçu
l'autre avant d'être vu, et n'ait pu en acquérir le très-grand
avantage de primer sur lui. Hors ces circonstances et quand
l'ennemi est vu de loin, il est des dispositions plus particulières à faire pendant la durée de la chasse ; elles consistent à prendre ses mesures, à faire ses dispositions, et à

adopter les précautions qui peuvent donner au feu plus de durée et de vivacité, rendre celui de l'ennemi moins funeste, placer ses propres ressources sous la main, et accroître la confiance de l'équipage ; en voici le détail.

Excepté lorsque, pour la marche du bâtiment pendant la chasse, les hamacs doivent rester dans l'entre-pont jusqu'au dernier moment, on commence par les placer dans les bastingages ; ceux-ci acquièrent ainsi la force nécessaire pour arrêter ou amortir la petite mitraille ou les balles de mousqueterie, et l'on peut, par la suite, travailler plus commodément aux autres préparatifs.

Au premier coup de baguette de la générale, le maître canonnier, chargé de la surveillance des soutes à poudre, ouvre ces soutes et allume les fanaux ; les pièces sont préparées des deux bords, les mèches sont allumées ainsi que les fanaux de combat si l'on doit se battre la nuit, et l'on envoie dans les hunes, des mousquetons, grenades, pistolets et munitions. Le capitaine d'armes fait en même temps distribuer les armes et les cartouches aux personnes à qui elles sont destinées.

On double les manœuvres courantes les plus importantes, on double aussi les suspentes de basse vergue ou même on en ajoute de nouvelles en fer ; on place, en outre, des fausses balancines aux basses vergues et des faux bras aux quatre voiles majeures ; on bosse les écoutes de hune, les itagues, les fausses itagues, les balancines, les dormants des bras, les étais et faux étais sur lesquels, ainsi que sur les haubans, on met des serpenteaux pour qu'ils n'engagent rien et qu'ils ne blessent personne s'ils viennent à être cassés et à tomber ; on peut aussi installer les pataras et des étais supplémentaires ; on place des bourrelets sous les racages pour que les vergues restent hautes, même après la rup-

ture des itagues et de leurs bosses; on genope les écoutes
des huniers sur plusieurs points des basses vergues, ainsi
que toutes les manœuvres qui avoisinent les hunes sur les
bords de cette hune, afin d'empêcher ces manœuvres, si
elles sont coupées, de tomber jusque sur le pont; on passe
un cabillot sur le courant de l'itague des balancines des
basses vergues au-dessus de la poulie du chouquet; on
adapte des pommes ou des cabillots sur les dormants des
bras et des faux bras pour les empêcher de se dépasser,
s'ils sont coupés du côté du dormant; on donne du mou
aux manœuvres fausses ou doubles, pour qu'elles ne soient
pas coupées en même temps que les manœuvres principales; on dégage les barres de perroquet de rechange; on
bosse la têtière des focs, si ces voiles sont dehors; un gabier se tient sur les barres de petit perroquet, prêt à larguer ces bosses au premier ordre; on met dans les hunes, des bosses de toutes les espèces, des pièces de cordage de rechange pour manœuvres courantes, de la ligne,
des haches, des épissoirs, du suif, du merlin, des palans,
des poulies, des cosses, des cabillots et une mèche allu-
mée; les grappins d'abordage sont parés des deux bords
avec leurs chaînes, on peut aussi en avoir de plus légers
dans les hunes et sur les gaillards; des bordages en planches ou des ponts volants sont placés dans les embarcations
ou sur le pont, pour s'en servir à passer d'un bord à l'autre
en cas d'abordage; des bouts de corde sont amarrés de distance en distance sur les ralingues, pour empêcher que
la voile ne se déchire de travers en travers, si la ralingue
vient à manquer; les voiles qui ne sont pas établies, sont
sur les fils de caret; on peut même en avoir quelques-unes
des plus importantes placées à l'ouverture des soutes ou
dans un coin du faux pont, qui soient toutes garnies, et

22

dont on puisse disposer en cas qu'elles aient à servir en remplacement.

Les armes blanches ou de mousqueterie doivent être en bon état et sous la main, mais non pas en faisceau à cause des éclats, et de crainte qu'un boulet ne les atteigne; elles doivent être réparties sur divers points, surtout près des pièces où sont les hommes destinés à l'abordage; des cartouches doivent être à portée; mais celles-ci ne seront, ni toutes dans la même caisse, ni en tas à cause des accidents du feu.

Les galeries ou le tour de l'entrepont sont tenus libres pour les calfats et les charpentiers qui veilleront surtout à la flottaison; l'intérieur de l'entrepont sera bien dégagé pour les pansements; et les chirurgiens ainsi que les servants disposeront les médicaments, les instruments de chirurgie, les lits, le linge et tout ce qui concerne le poste des blessés; les pompes seront prêtes à jouer; celles à incendie seront garnies; on préparera les sangles, ceintures, mannes, havresacs, pour affaler les calfats en dehors, ainsi que les tampons de bois, pelotes de suif ou œufs d'autruche, échafauds, placards, pélardeaux et plaques de plomb pour aveugler les trous de boulet, ou rondelles pour le même objet : les pompes à incendie et autres pompes du bâtiment seront garnies par les calfats et prêtes à jouer.

La barre franche de grand-chambre, la barre de rechange et leurs palans, les fausses drosses, les palans de barre pour la sainte-barbe, les coins de gouvernail seront parés.

Le service des poudres sera bien entretenu et fait par des gens sûrs et exercés; les batteries seront munies de tout ce qui est nécessaire pour faire feu des deux bords sans ralentissement, et notamment, de pinces, anspects et roues de rechange, de crocs, boucles ou herses pour les remplacer, de poulevrins, percuteurs, dégorgeoirs, palans et autres objets pareils ; mais ceux de rechange seront placés dans le milieu de la batterie pour ne gêner ni le service des canons, ni le passage des officiers et des blessés. Chacun saura parfaitement ce qu'il aura à faire et où il devra se placer, si sa pièce est avariée ou démontée, si le chef ou tel ou tel chargeur ou servant est blessé ou tué, s'il faut se battre des deux côtés ou s'il faut seulement passer de l'autre bord ; on observera, si l'on quitte une pièce, de laisser toujours assez de monde pour la recharger et la mettre en batterie. Les personnes désignées pour enlever les gens mis hors de combat, sauront que ce service doit être fait sans proférer une parole inutile, et avec promptitude afin de ne pas laisser ce spectacle sous les yeux de leurs frères d'armes, ou d'ailleurs pour ne pas gêner les canonniers et ne pas exciter de découragement. Des fauberts, des bailles d'eau en cas d'incendie seront aussi dans les batteries, sur les gaillards, dans les porte-haubans, et dans ceux-ci il y aura aussi des espars pour repousser les bâtiments abordeurs si, ce qui doit être fort rare chez notre nation, on juge ce genre d'attaque désavantageux en ce moment. Avec l'eau de ces bailles et avec les fauberts, on rafraîchira de temps en temps les pièces avant de les recharger ; on peut encore avoir la précaution, pour le même cas d'incendie, de faire remplir d'eau une embarcation de dessus le pont, et les seaux à incendie seront placés dans les postes qui auront été désignés. Il arrive souvent des accidents très-funestes en sortant les gargousses de leurs boîtes ; ils proviennent de ce que le service des batteries exigeant une grande promptitude, les gargousses sont peu ménagées, et il s'en échappe de la poussière de poudre qui bientôt est assez considérable pour être dangereuse; elle s'attache en effet aux gargousses qui sont mises plus tard dans la boîte, et une flammèche de valet refoulée par le vent, une pièce voisine qui fait feu ou telle autre cause l'enflamme quand on ouvre la boîte ou qu'on approche les gargousses de la bouche du canon, ce qui produit une explosion violente. Il est donc nécessaire que les chefs, dans les batteries, visitent souvent les gargoussiers, qu'ils fassent secouer les boîtes au-dessus de bailles pleines d'eau, et passer dans leur intérieur des faubert mouillés. Les fanaux de combat pour la nuit seront garnis de leurs bougies, ils seront sous la main en cas de besoin, ainsi que des sacs peints pour les couvrir si l'on veut les tenir allumés à leur poste, et les dérober quelque temps à la vue de l'ennemi.

Toutes les écoutilles doivent être fermées, excepté celles du passage nécessaire pour les poudres, et du grand panneau pour les pansements; mais il faut y poser des sentinelles qui ne laissent descendre que des gens de service ou vraiment blessés; les officiers doivent être très-surveillants et très-sévères à cet égard : la valeur est sans doute très-exaltée parmi nos matelots, ils l'ont souvent prouvé; mais on ne doit ouvrir aucun accès à la faiblesse, et il faut que ceux qui se sentiraient quelques moments de pusillanimité sachent qu'elle serait réprimée et punie sur-le-champ. C'est dans cet esprit qu'un capitaine qui a la réputation connue de ne jamais se rendre à forces égales pourra beaucoup plus compter sur son équipage, que celui dont la fermeté n'a pas encore été éprouvée. On voit, sans pousser ce raisonnement plus loin, de quel intérêt il est que la discipline soit d'une rigidité inflexible. Cette rigidité est nécessaire dans toutes les circonstances du service, mais on ne peut l'établir convenablement sans une extrême justice, et, dans les cas les moins importants, elle peut être tempérée. Elle ne peut d'ailleurs subsister sans être soutenue par des récompenses, des faveurs, des encouragements, des adoucissements, des soins continuels pour la santé, la nourriture, le bien-être, le payement, l'habillement de son équipage, et toujours par un langage réservé et par de bons exemples : on ne peut douter que la négligence absolue et coupable de la presque totalité de ces moyens, n'ait été, pendant la guerre de notre révolution, l'une des causes des revers que notre marine y a éprouvés : en un mot, les règles et les sévérités de la discipline ne doivent jamais, et tout au plus, que sommeiller. Toutefois, un chef doit faire tous ses efforts pour n'avoir à les employer que le moins possible ; or, il en sera ainsi quand il sera parvenu, par sa justice, par sa bienveillance, par sa bravoure et son instruction, par un ton de noblesse et de dignité, à s'attirer la confiance, l'attachement et le respect de ses subordonnés : alors et seulement alors, son équipage sera tout à lui, il pourra tout faire, tout oser, surtout en présence de l'ennemi ; et là seront ses gages les plus certains de la victoire ou du succès ! Mais revenons aux préparatifs matériels pour le combat.

Diverses haches seront placées en plusieurs endroits pour accélérer la réparation de certaines avaries, ou pour se débarrasser d'objets atteints par les boulets et devenus incommodes. Un moment avant le combat, on tournera le sablier de quatre heures ; un élève de confiance qui ne prendra d'ordres que du commandant, sera toujours placé près de la drisse du pavillon, et il y aura des drisses de rechange toutes prêtes, ou d'autres passées sur une poulie à plusieurs réas. Il est des Capitaines qui ont fait clouer leur pavillon à la corne ; la conséquence en est parlante et peut seule occasionner la victoire ; on a vu aussi, et j'en puis produire un exemple en la personne du chef de timonnerie *Couzannet*, de la frégate *la Belle-Poule*, que la drisse étant coupée, des hommes se dévouaient à se porter au bout du pic et à y tenir le pavillon à la main : dans la circonstance dont je viens de parler, l'officier de manœuvre montra *Couzannet* à l'équipage, et l'équipage répondit qu'il était prêt à se faire couler.

On ne doit jamais négliger la science et les évolutions habiles, car on s'exposerait souvent à être vaincu par suite de cette négligence ; mais il est des élans généreux qui surpassent tout, qui renversent tout. On sait ce qu'avec le nom et le seing de *Louis XIV*, *Tourville* fit éclater d'énergie, d'audace et de dévouement parmi les Capitaines de son armée rassemblés à son bord, et qui retournèrent sur leurs vaisseaux pour se battre un contre deux. On sait aussi ce que *Nelson* dut à ce signal devenu historique : « *L'Angleterre compte que chacun fera son devoir !* » Quelques années auparavant, *la Mothe-Piquet* en avait hissé un qui avait électrisé tous les équipages : on aperçut des voiles au moins égales en force, et sans savoir si elles accepteraient ou non le combat, il mit le cap sur elles en signalant d'*Amariner les prises !* Sir *T. Duckworth*, avant le combat de *Santo-Domingo*, suspendit à l'étai d'artimon un portrait de *Nelson* au-dessus de sa tête et, par la voie du télégraphe marin, il hissa ce signal : « *Ceci sera glorieux.* » *Suffren* à qui aucune inspiration belliqueuse n'était étrangère, ayant eu son pavillon emporté et entendant des cris de joie à bord des vaisseaux qu'il combattait, fut irrité qu'on pût le croire amené : « *Des pavillons blancs partout, s'écria-t-il, couvrez mon vaisseau de pavillons blancs !* » Ici le geste, le ton, le jeu de la physionomie, tout exprimait à la fois et propageait le noble enthousiasme de l'amiral. On ne peut disconvenir que ces mouvements ne soient sublimes, aussi sont-ils irrésistibles.

De si grandes inspirations ne sont cependant pas les seules qui puissent émouvoir un équipage; il suffit, en général, à nos marins qu'ils voient leurs chefs animés d'un bon esprit et d'une forte résolution, qu'ils leur trouvent la contenance sereine, que le commandant paraisse sûr de son fait, qu'en faisant une ronde un peu avant l'instant de commencer le feu, il leur adresse des paroles pleines de confiance; qu'il nomme plusieurs d'entre eux par leurs noms, ce qui flatte ceux-ci, et persuade à tous que chacun pouvant être connu, l'éloge ou le blâme, la récompense ou la honte les attendent personnellement, qu'il les engage enfin à prendre leurs officiers pour modèles. Si les circonstances font naître l'occasion d'adresser une louange particulière, ou de prononcer quelque phrase stimulante, on le fera avec éclat mais sans fanfaronnade; et je vais, en citant quelques-uns de ces heureux à-propos, montrer que sans atteindre à des traits de génie tels que ceux que j'ai rapportés, on peut exciter son équipage au dévouement le plus absolu.

Le commandant de quelques bâtiments de notre nation, avant l'attaque projetée d'un convoi qu'on supposait riche et escorté, s'adressa à l'un des capitaines, et lui demanda au porte-voix, ce qu'il en pensait : « *C'est le jour de la gloire et de la fortune*, répondit le brave *Bruilhac* qui était ce capitaine.

Le capitaine de vaisseau *Le Goüardun* combattait, par le travers, le vaisseau *le Swiftsure* dont j'ai parlé précédemment; l'amiral *Ganteaume* vint à portée de voix et lui dit : « *Laissez arriver, Capitaine, c'est ma place que vous oc-c upez!* — *Amiral*, lui répondit *Le Goüardun, ma marche*

*m'a favorisé de ce poste, et si je n'en reçois le signal positif
et bien distinct, je ne le quitterai pas !* » L'amiral vit bien
que son signal ne serait pas remarqué ; il se résolut à doubler *Le Goüardun* par sous le vent, et il loffa sur l'avant du
vaisseau anglais où il canonna celui-ci ; ce fut alors et aussitôt, que *le Swiftsure* amena. L'effet de cette réponse fut si
prodigieux qu'un canonnier amputé qui l'apprit dans l'entrepont, monta sur le gaillard, et quoi qu'on pût faire il y
demeura ; là, avec le bras qui lui restait, il ne cessa de travailler, et de menacer le vaisseau qui l'avait mutilé, tout en
disant : « *Ni moi non plus je ne quitterai pas mon poste !* »

Le commandant d'une frégate s'aperçut un jour qu'on
avait commencé le feu sans lui ; il n'était pas à deux encâblures de distance, mais c'était trop au gré de son impa-
tience : « *Nous n'y serons pas à temps*, s'écria-t-il avec
force, *nous n'y serons pas à temps !* » L'ennemi était de
beaucoup supérieur, mais nos marins l'oublièrent et ils ne
pensèrent qu'à partager l'ardeur de leur commandant : c'é-
tait encore le même *Bruilhac*, l'homme aux grandes et
belles inspirations maritimes ou guerrières, et qui, pendant plus de trois ans de croisières sur sa frégate la *Belle-
Poule*, y donna tant d'exemples de vigilance, de sens marin, de courage et d'activité !

Des charniers, des bailles d'eau seront placés dans les
batteries pour désaltérer ou rafraîchir l'équipage ; on y
mêlera du vin, mais en petite quantité, et point d'eau-de-
vie ni d'esprit-de-vin. Nos marins supportent mal ces excès qui mènent à l'abrutissement ; et ce qui, chez d'autres,
peut être un véhicule, n'est pour eux qu'un sujet de désordre et de confusion ; leur bravoure est d'une trempe plus
heureuse, ils la trouvent dans leur cœur, et ils suivent toujours des officiers qu'ils aiment et qu'ils estiment. Le lieu-

tenant de vaisseau *Sellomon*, qui depuis mourut si bravement sur *la Bacchante* qu'il commandait, dit un jour à un passager qui lui proposa un verre de vin avant une action : « *On penserait, monsieur, que j'ai besoin de me donner du courage.* » S'il eût accepté, le trouble était peut-être dans la batterie ; au contraire, ces paroles furent entendues, répétées, et chacun se fit un devoir de se laisser guider par les mêmes sentiments.

Ces faits prouvent qu'on peut compter sur le courage, l'enthousiasme et le dévouement de nos équipages, mais ici l'autorité est insuffisante et l'on n'en peut faire une loi ; toutefois, ce qu'il est possible d'exiger c'est le silence, l'obéissance et l'ordre ; aussi doit-on les prescrire et les faire maintenir par tous les efforts des officiers ; on doit encore chercher à empêcher que rien de malheureux arrivé dans les batteries ou dans l'entrepont, comme pièces démontées, voies-d'eau, ne s'ébruite d'une manière fâcheuse, et que les avaries ou le feu, s'ils ne sont connus que des gaillards ne soient divulgués dans la batterie. Le découragement est quelquefois aussi promptement répandu que l'enthousiasme, et il ne faut lui fournir aucun prétexte.

Si dans l'armement du bâtiment, il se trouve quelque amélioration nouvelle importante, on manœuvrera et l'on se disposera à l'avance, de manière à prendre une position qui puisse en assurer le succès. Les innovations sont en général très-utiles lorsqu'on peut en faire usage avant l'ennemi ou à son insu ; les caronades et les platines ou batteries ne l'ont que trop prouvé. Si donc, l'on a fait quelque découverte importante, le gouvernement doit se hâter d'en profiter, de donner ses instructions, et de faire livrer des combats avant que l'ennemi en soit informé. De même, il est utile d'observer et de pratiquer aussitôt, ce qui se passe de bien chez ses ennemis, et l'on doit encourager chez soi l'esprit d'invention.

Si l'on a plus de monde qu'il n'en faut pour l'artillerie, la mousqueterie et la manœuvre, quelques personnes pensent qu'on peut avoir une réserve dans la cale, d'abord pour ménager la vie des hommes, ensuite pour éviter la confusion : mais on y trouve l'inconvénient que la réserve, quand elle est appelée, se croit destinée à réparer un échec et qu'elle ne partage pas l'ardeur de ceux qui se battent depuis quelque temps. Le commandant consultera ses instructions, et si elles se taisent au sujet de cette réserve, il jugera lui-même s'il doit en établir une.

Le commandant prescrira également si l'on ne tirera pas le premier, et, ce qui est alors fort important, si l'on attendra la première volée de l'ennemi ventre à terre, chaque homme couché dans la direction du pointage, et si les soldats chargeront leur arme à genoux en s'y tenant tant qu'ils ne tireront pas, ou s'ils resteront debout à leur poste. Il fera connaître si la première bordée sera tirée en salut ou tout à la fois ; si l'on tirera en belle, à couler bas ou dans la mâture, surtout celle de misaine à la hauteur des trelingages. Il paraîtrait utile de confier généralement la mission de pointer et de tirer à démâter à un certain nombre de canonniers cités pour leur adresse et leur expérience. Le commandant prescrira encore s'il y aura lieu à charger avec plus d'un projectile, et à réduire ou à saigner les gargousses, ce qui peut se pratiquer quand les pièces à feu, après quelque temps de service, sont assez échauffées pour que toute la poudre s'enflamme, ou quand on se bat de très-près : alors en effet, la portée est beaucoup moindre ; sans cela, le boulet qui, dans sa vitesse initiale, possède une très-grande vélocité, pourrait ne causer que peu d'éclats dans les bois qu'il traverse ou n'y produire qu'une très-petite ouverture.

Les canonniers sauront qu'à défaut d'ordres précis, ils doivent viser vers la roue du gouvernail, parce que c'est le lieu où l'on perd le moins de boulets, et où à cause du commandant ennemi, de l'officier de manœuvre, des timonniers, de la roue, des drosses, de la barre, et même du mât d'artimon, il y a beaucoup d'avantage à frapper. Ils sauront aussi qu'en raison des lignes de tir et de mire, si l'on se bat de très-près et qu'on pointe en belle suivant la ligne de mire, toute la volée passera par-dessus le corps du bâtiment ennemi. Telle première bordée ainsi perdue, et j'en ai la preuve, peut seule décider de la fortune contre soi.

Les chefs de pièce sauront encore qu'ils ne doivent jamais tirer au hasard ou sans être aussi sûrs que possible de leur pointage; et qu'à cause du roulis, c'est pendant que le navire se relève du bord où l'on se bat, que l'on doit mettre le feu à la pièce si l'on pointe dans le dessein de démâter ou de dégréer; et au contraire, pendant que le bâtiment s'abaisse si l'on tire à couler bas : dans le premier cas, les canons des ponts supérieurs doivent être employés de préférence : ils n'oublieront pas non plus de recommander la plus grande attention à ce qu'il ne leur soit présenté que des gargousses du calibre de leur pièce : le service sera réglé à bord pour qu'il arrive le moins de méprises possible à cet égard; enfin il est bon que ces mêmes chefs de pièce sachent qu'il est généralement convenable de diriger leurs boulets dans la coque du bâtiment ennemi, puisque ainsi, en outre des hommes, des affûts et de la flottaison, on peut atteindre le gouvernail, la roue, le capitaine, les officiers en plus grand nombre, les parties inférieures des bas mâts, et celles des principales manœuvres dormantes. Ce pointage, qui rentre dans le cas du tir horizontal, paraît en effet être très-avantageux à la mer.

Ces avertissements donnés, chacun étant en silence à son poste, tout ce qu'il faut pour marquer la route pendant le combat étant prévu, les précautions pour les instructions et autres papiers du commandant qui doivent être secrets, et qui en cas de naufrage, de capture ou de perte quelconque de navire, doivent être détruits, étant prises; la ronde du commandant étant terminée et les bâtiments se trouvant à portée, le feu va commencer, et les bâtiments engagés vont chercher tous les moyens de profiter des chances de la fortune ou de leurs fautes réciproques.

CHAPITRE XXXII.

Du Combat.

Nous citerons comme une des causes générales qui influent puissamment sur le gain d'un *Combat*, les bonnes institutions. La direction de cette branche importante appartient au gouvernement, qui doit s'occuper sans relâche à corriger les abus, et à rendre les hommes bien disciplinés, sains, vigoureux et satisfaits. L'armement, l'installation, le grément, doivent encore être l'objet de la sollicitude de l'autorité, et elle doit s'appliquer non à les fixer d'une manière invariable, comme on l'a souvent et vainement essayé, mais au contraire à toujours chercher le mieux, à propager cet esprit et à ne se laisser devancer par aucune nation. Le gouvernement doit s'abstenir aussi de presser outre mesure le départ d'un bâtiment, puisqu'on ne peut ni ne doit attendre le développement et la mise en usage de tous ses moyens, qu'autant que tout s'est fait à bord avec ordre et maturité, que chacun y connaît son devoir et ses chefs, et que le bâtiment est sorti par un temps ou dans une saison convenable. Ce doit être, enfin, un de ses soins les plus assidus de créer ou d'entretenir, même en temps de paix, un esprit national et belliqueux. Les actions honorables et récentes doivent surtout être publiées, imprimées, gravées, reproduites et répandues à profusion ou de mille manières diverses; les fastes de notre marine, les hauts faits de nos grands maîtres, sont une mine féconde, il est vrai; cependant les hommes aiment ce qui est nouveau, il faut qu'ils puissent bien concevoir ce qu'ils veulent louer, et surtout qu'ils s'intéressent aux noms, aux personnes et aux familles; on doit donc les entretenir, fréquemment, aussi de leurs contemporains qui se signalent.

C'est au surplus ainsi qu'il y a quelques années, non-seulement la marine, mais encore la France entière se sont levées avec enthousiasme, pour saluer et honorer le nom du jeune *Bisson* mettant le feu à ses poudres, et se faisant sauter, afin de ne pas voir son pavillon tomber aux bruyantes acclamations d'un nombre d'assaillants.

On croit encore que le gouvernement retirerait un grand fruit de faire connaître avec beaucoup de détails le matériel et surtout le personnel des puissantes marines étrangères; les Officiers se trouveraient ainsi tous familiarisés avec leurs ennemis, et ils acquerraient le désir utile de suivre chacun de leurs personnages marquants dans leur carrière, d'être bien fixés sur leurs talents, sur leur activité, et d'étudier leur caractère. C'est un avantage important à la guerre qu'un adversaire bien connu. J'ai vu les Anglais de très-près ; car pendant soixante et un jours, j'ai navigué en escadre, prisonnier de guerre sur un de leurs vaisseaux, et j'y acquis alors la conviction que les nôtres n'avaient rien à redouter de la comparaison que j'en pouvais faire avec les leurs.

Des causes générales si nous passons aux particulières, nous conviendrons que le résultat heureux des combats sur mer est souvent dû au sang-froid, au coup d'œil, à la prudence, au courage, à l'énergie, à la témérité du chef : un auteur moderne a ajouté, à son entêtement ; mais je préférerais qu'il se fût servi du mot persévérance ou caractère, qui sont deux qualités indispensables à un bon marin, tandis que l'entêtement n'est qu'un vice stupide. Il est évident que ces causes morales sont très-influentes ; mais ceux qui ont avancé qu'elles décidaient souverainement d'une bataille, et que toute tactique était renfermée dans ces seuls mots, « *Battez-vous !* » en ont singulièrement exagéré l'effet. Certainement on ne peut qu'approuver ce mot célèbre d'un illustre Amiral, que toutes les fois qu'un capitaine est embarrassé, il ne peut *commettre une grande erreur* en conduisant son vaisseau dans la mêlée ; nous croyons même que *c'est le devoir* de ce capitaine, car on est certainement coupable, lorsque par défaut d'ordres qui souvent n'ont pu être donnés ou reçus, on persiste à se tenir dans une situation qui, bien que prescrite, tient éloigné du feu. A celui qui agirait ainsi, on peut évidemment dire : *Battez-vous !* Mais il n'en est pas moins vrai qu'en thèse générale, et tout en se battant, on peut le faire avec plus ou moins d'habileté et de talent, qui sont généralement le fruit d'une grande expérience, de beaucoup de réflexion, d'un travail assidu, sur lesquels on peut raisonner avec certitude ; et l'Amiral dont nous venons de citer les paroles, dut plus d'un succès à ses hautes conceptions.

Ainsi, nous avons établi que la position du vent était avantageuse, excepté de forte brise et par une grosse mer; alors pour pouvoir se servir de sa batterie basse, on préfère la position de sous le vent. Nous avons également établi, en citant l'exemple du *Blenheim*, que lorsqu'on se bat très-grand largue ou vent arrière, celui qui a l'avantage de marche peut aisément attaquer son adversaire en enfilade, ou le forcer à se priver d'une batterie et à pouvoir difficilement pointer avec les canons des autres batteries, s'il vente bon frais.

Il est encore évident que les volées d'enfilade sont très-meurtrières, qu'elles le sont plus par l'arrière que par l'avant; que le bâtiment qui les donne a peu de chose à redouter de celui qui les reçoit, et qu'à l'aide de la fumée on peut, lorsqu'on est au vent, couvrir sa manœuvre, et en tirer parti afin de prendre une position convenable pour en envoyer. Je crois cependant qu'on ne doit s'y hasarder que lorsque l'ennemi est un peu dégréé et que le service de ses pièces se ralentit, car si on laisse arriver tout plat pour passer de l'arrière, on présente soi-même l'avant à l'enfilade; il vaudrait mieux alors laisser arriver en dépendant pour passer de l'avant, mais la manœuvre est longue et facile à apercevoir; il faut marcher mieux que l'ennemi; un bâtiment résiste mieux à l'enfilade par l'avant que par l'arrière; d'ailleurs on se trouve ensuite à contrebord et l'on se sépare, à moins de virer de bord ou de revenir au vent sur l'avant de l'ennemi, ce qu'on ne peut faire sans se présenter soi-même à de faciles enfilades; dans tous les cas, on perdrait l'avantage du vent que l'ennemi peut conserver, et qu'on ne doit abandonner sans des raisons bien motivées, ou que lorsque l'autre bâtiment est assez dégréé pour qu'on n'attache plus le même prix à cet avantage : quelques officiers expérimentés discutant sur ce point, avancent que si une position a procuré une supériorité, il est utile de garder cette position, jusqu'à ce que l'ennemi soit écrasé; ils craignent qu'en en changeant, on ne se trompe, ou bien que l'ennemi ne regagne quelque autre avantage d'un autre côté; celui-ci peut alors en tirer parti pour se réparer, et ce changement de manœuvre est susceptible de se tourner contre celui qui l'a entrepris. On voit, par ces réflexions, combien toute évolution est délicate, et mérite d'être méditée.

Il est enfin de la même évidence que si l'un des deux combattants a des avaries qui gênent sa batterie d'un bord, celui qui s'en apercevra et passera de ce même bord, aura une grande supériorité jusqu'à ce que la batterie soit dégagée; celui-ci devra prévoir la manœuvre de son ennemi et s'exposer, s'il le faut, à une volée d'enfilade pour conserver ses canonniers aux mêmes pièces.

A ces vérités incontestables, nous en ajouterons quelques autres dont l'importance est aussi visible. Il faut avoir peu de voiles dehors en se battant, parce qu'ainsi l'on diminue la chance des avaries; si cependant un des deux bâtiments est plus faible ou le devient pendant l'action, il en devra forcer pour contraindre son adversaire à la même manœuvre et avoir plus de moyens de le dégréer; il peut alors reprendre ses avantages et l'accabler ou s'en séparer suivant les circonstances. Un bâtiment chassé est ordinairement maître de sa voilure, c'est au chasseur qui l'observe et qui veut le combattre à agir en conséquence; si le chassé est au vent et qu'il y ait forte brise, il diminuera de voiles pendant l'action, s'il peut ainsi conserver l'usage de sa batterie basse; s'il est sous le vent, il en augmentera considérablement pour forcer l'ennemi à en faire autant, et pour que celui-ci ne puisse plus, par là, se servir de cette même batterie.

Donner des volées d'enfilade doit être un des buts principaux de toute évolution, mais il faut prévoir si en voulant y parvenir, on ne s'expose pas soi-même à en recevoir; si, par exemple, un vaisseau se bat au vent, avec deux quarts de largue et à petite distance, si, couvert par la fumée, il se laisse culer jusque par la hanche de son adversaire et qu'alors il loffe tout; l'adversaire, ne s'en apercevant pas, recevra certainement quelques volées très-meurtrières; mais si celui-ci remarque que le bruit et le feu viennent plus de l'arrière, et s'il loffe lui-même avant le premier, ce sera ce premier qui recevra les volées d'enfilade par l'avant; ce même bâtiment peut alors laisser arriver tout plat, et il passera inévitablement à poupe de l'autre; mais celui-ci, au lieu de simplement loffer, a pu virer de bord vent devant et gagner la position du vent. Toutefois, si l'autre bâtiment n'a pas arrivé tout plat ou s'il revient promptement en s'apercevant du virement de bord, celui qui a fait cette manœuvre ne peut manquer de présenter l'avant à l'autre, et d'être canonné pendant tout le temps de l'évolution. Il est facile et utile de s'exercer ainsi sur toutes les chances qu'offrent les diverses positions de deux bâtiments; on verra, en appliquant des raisonnements semblables à tous les cas qu'on analysera, que le bâtiment qu'on essaie de surprendre par une manœuvre, a toujours la faculté de pouvoir la faire tourner contre son ennemi en la prévenant ou la devinant; et on en conclura facilement, ainsi que nous l'avons déjà exprimé, que pour tenter un mouvement décisif, il faut que le feu ait donné de la supériorité sur l'ennemi, et qu'on doit généralement se battre travers à travers.

Il est vrai qu'un Capitaine peut feindre une manœuvre qu'il n'a pas le dessein d'achever ; il peut, au contraire, lui en substituer une autre qu'il croira très-efficace ; mais il ne faut pas s'en rapporter à ce que le commencement d'une manœuvre soit marqué ; il faut en suivre tous les temps, et ainsi, l'on ne peut être conduit à une fausse position. Si plusieurs pièces d'un bord de la batterie sont démontées, il faut manœuvrer pour se battre de l'autre bord. Si la poudre s'est éventée ou détériorée, et l'on doit toujours l'éprouver pendant les relâches et alors la changer quand on le peut, si les canonniers sont peu expérimentés, on doit se battre de très-près pour que tous les coups portent. Si l'on a des caronades, on ne doit aussi se battre que de très-près ; c'est alors une arme très-pernicieuse, mais les canons atteignent de plus loin et plus juste. Avec un peu de réflexion, et en tâtant son ennemi, on peut alors faire tourner contre lui l'avantage qu'il pense retirer d'avoir des caronades à opposer à des canons, et il est malheureux que l'ardeur de notre nation l'ait presque toujours portée, en ce cas, au devant d'un danger trop réel. Nous dirons, à ce sujet, que *sir James Yeo* attaqué, en 1813, sur le lac *Ontario* par un ennemi prudent, fut canonné pendant cinq heures à bonne distance, par de petits bâtiments contre lesquels il ne put envoyer un seul boulet de caronade ; et vers le même temps, le capitaine *Hillier* de la frégate anglaise *la Phœbé*, combattant le capitaine américain *Porter* de *l'Essex*, se mit dans une position si favorable à ses longs canons, que cette dernière frégate armée de caronades, eut sa coque brisée et ses marins renversés, comme peut-être, dit *Porter*, jamais on n'en avait vu d'exemple.

On pourrait peut-être conclure de ces derniers faits, que lorsqu'on a à bord des armes différentes de celles de son ennemi, par exemple des canons, s'il a des caronades, et réciproquement, on peut, si l'on a l'avantage de marche, être bientôt à même, en calculant bien sa position, de réduire un bâtiment, fût-il même plus fort que soi.

On se battra encore de très-près, si l'on a une belle mousqueterie : on rapporte que les *Américains* ont dû aux soldats du *Kentucky*, province alors nouvellement incorporée aux *États de l'Union*, la prise à force égale sous le rapport des bâtiments, des frégates anglaises *la Macédonienne* et *la Java* en moins de vingt minutes. Les *Kentuckies* sont des hommes d'une très-haute stature et d'une adresse parfaite ; à chacune de leurs décharges, le pont de la frégate anglaise était entièrement balayé ; indépendamment du ravage occasionné par cette mousqueterie, on a également rapporté que les frégates américaines armées de plusieurs canons très-longs, ne s'étaient approchées de l'ennemi, qu'après avoir préalablement obtenu, par leur moyen, un avantage marqué.

Si le vent change et qu'on se trouve au vent, il faut manœuvrer soit pour se conserver cet avantage, en ne cessant que le moins possible de présenter le travers à l'ennemi, soit pour surprendre celui-ci, en prévoyant l'effet que cette variation fera sur lui ; si l'on est sous le vent, il faut tâcher de gagner le vent, et pendant qu'on voit l'ennemi embarrassé dans une manœuvre, en profiter pour le canonner avantageusement, ou pour calculer quelle sera la manœuvre la plus convenable à faire quand le vent viendra jusqu'à soi. Nous supposons ici que la position du vent est la plus favorable ; si le temps faisait pencher du côté de celle de sous le vent, on agirait d'après de semblables raisons, et il ne faut jamais perdre de vue qu'en un combat, les manœuvres réputées les plus absolues peuvent se modifier à l'infini, et que quelquefois une faute, une mauvaise position, ou ce qui paraissait l'être, a déterminé la victoire.

Telles sont les principales circonstances où l'on peut se trouver, et l'application de ce qui précède peut s'offrir de mille manières diverses ; c'est aux Capitaines à découvrir et à juger à propos l'instant de s'en prévaloir.

Jusqu'ici cependant, nous avons supposé les bâtiments attendant le résultat de l'action, de l'effet des seules armes à feu ; mais il est une autre manière de combattre plus chaude, plus vive, où l'on se mesure corps à corps, où depuis *Duquesne*, *Forbin*, *Jean-Bart*, *Duguay-Trouin*, brillèrent toujours nos marins, et qu'on reconnaît généralement être très-favorable à l'impétuosité française, c'est l'*Abordage*.

CHAPITRE XXXIII ET DERNIER.

I. De l'Abordage. — II. De l'Embossage. — III. Observations Générales.

I. L'*Abordage* est l'art d'approcher tellement l'ennemi, qu'on puisse jeter à son bord des grappins, afin de se tenir accroché à son bâtiment, et pour avoir la faculté de sauter à son bord et de l'enlever. Avant de le tenter il faut, par un feu vif et soutenu, faire évacuer les gaillards du bâtiment qu'on veut aborder. Si celui-ci a intérêt à éviter l'abordage, il manœuvrera pour l'empêcher ; l'abordage sera ainsi très-difficile, et si l'on ne suit pas d'un œil attentif les mouvements de celui qui veut s'y opposer, on courra les risques d'être surpris en des positions très-critiques. On ne doit surtout abandonner ses pièces, qu'à l'instant même de sauter à bord ; car si l'abordage manque, qu'étant au vent on ne puisse, à cause des voiles, faire aucun usage du feu des hunes, et qu'on soit à découvert à cause de la bande, l'ennemi qui n'a pas ces désavantages, mitraille ou fusille les compagnies d'abordage réunies sur le pont, et qui doivent être composées des hommes d'élite. Nous allons voir comment deux bâtiments doivent manœuvrer suivant leurs situations respectives ; et nous nous convaincrons par la finesse et la difficulté de quelques-unes des évolutions à exécuter, que l'abordage, ainsi qu'on l'a plusieurs fois avancé, n'est pas une manœuvre, une manière de combattre, qui de nos jours convienne, plus particulièrement, à une marine peu expérimentée. Le courage, il est vrai, doit y briller d'un grand éclat, mais s'il n'est pas guidé par une tête prévoyante et habile, il est à présumer que ses efforts échoueront devant la simple présence d'esprit de l'ennemi.

ABORDER AU VENT. — L'abordeur étant supposé avoir la supériorité de marche, il doit, dès qu'il est très-près par la hanche du vent, commencer un feu bien nourri. Couvert par la fumée, il augmente de voiles pour amener l'ennemi par son travers ; il arrive sur son avant, et là il reçoit son beaupré dans ses propres haubans ; aussitôt il jette ses grappins, et le monde saute à bord. Il a ainsi l'avantage d'abriter le vent à son ennemi et de ralentir ses manœuvres. Le bâtiment qui veut éviter l'abordage, arrivera le plus tôt qu'il pourra ou mettra tout sur le mât pour culer ; l'abordeur sera nécessairement canonné en enfilade s'il manque l'abordage ; mais pour obtenir ce résultat, il faut bien observer et juger les manœuvres de l'abordeur. Nous avons vu un vaisseau de 74 perdre quatre-vingts hommes en manquant un abordage pareil, et par l'effet d'une seule volée.

ABORDER SOUS LE VENT. — A l'instant où nous venons de supposer que l'abordeur augmentait de voiles, celui-ci doit quitter la position de la hanche du vent en laissant arriver sur la poupe de l'autre bâtiment ; il le canonne en passant de l'arrière, et il revient du lof pour l'élonger sous le vent, et jeter bau à bau ses grappins dans les grands haubans et dans ceux d'artimon ; l'ennemi doit laisser arriver quand l'abordeur vient du lof, et l'enfiler alors par l'avant, ou l'aborder lui-même en engageant le beaupré de celui-ci dans ses propres grands haubans. Cependant l'abordage n'aura pas lieu, si celui qui voulait aborder le premier et qui se trouve dans le cas de l'être lui-même, envoie vent devant et coiffe toutes ses voiles ; les deux bâtiments ayant en effet des impulsions opposées, les grappins ne résisteront pas. On voit combien il importe d'observer les mouvements de l'ennemi pour régler ses manœuvres sur ces mêmes mouvements.

Un bâtiment sous le vent peut encore feindre d'être fatigué du feu de l'ennemi et de plier sous lui en laissant un peu arriver ; si celui-ci l'imite, le premier loffe tout à coup et l'aborde en l'enfilant de l'avant. Étant sous le vent et bau à bau, si malgré l'abri du bâtiment du vent, on voit qu'on peut le doubler en forçant de voiles et en laissant un peu porter, on manœuvre ainsi pour le dépasser, et l'on donne vent devant pour faire engager, dans ses propres haubans, le beaupré de l'adversaire. Le bâtiment qui veut éviter l'abordage est dans un péril pressant ; il n'a pas de temps à perdre, il doit aussitôt virer, et s'il n'est assez prompt pour n'être pas abordé, au moins peut-il espérer de ne l'être que travers à travers et de n'être pas canonné en enfilade.

ABORDER VENT LARGUE ET VENT ARRIÈRE.—Etant *largue* si l'on veut aborder *au vent*, on manœuvre comme il a été dit plus haut ; si c'est *sous le vent*, l'abordeur se place dans la hanche de sous le vent pour prolonger l'ennemi et l'aborder de long en long ; si l'on a un grand avantage de marche sur lui, on le double jusque par son bossoir, et l'on vient du lof pour faire engager son beaupré dans ses propres haubans. L'ennemi évite l'abordage en serrant le vent ; pendant qu'il loffe, il peut encore coiffer ses voiles et culer ; mais il est certain qu'étant alors sans air, il abattra et présentera l'avant au feu de l'autre bâtiment ; il ne doit donc coiffer ses voiles qu'autant que le danger serait imminent. Par un *vent arrière*, l'abordeur amènera le mât de misaine de l'ennemi par le travers de son grand mât ; il lancera sur lui et l'abordera. L'ennemi doit embarder sur le même bord ; s'il embarde vivement, il enfilera son adversaire par l'avant ; celui-ci, renonçant au contraire à son projet dès qu'il le voit découvert, peut, en rencontrant, enfiler l'ennemi par l'arrière.

Nous conseillons encore ici de s'exercer sur les diverses positions qui peuvent être prises, en supposant que les bâtiments continuent dans les divers exemples que nous venons de poser, l'un à chercher, l'autre à éviter l'abordage. Au résumé, l'on doit voir que les abordages les plus favorables sont ceux où le beaupré de l'ennemi s'engage dans les grands haubans de l'abordeur ; ainsi l'ennemi n'a plus que des canons inutiles, il peut être enfilé par ceux de l'abordeur, et la communication étant très-facile, il ne faut ni ponts volants, ni bordages, ni planches pour pénétrer à bord. Bau à bau, l'abordage peut être plus aisé à exécuter, mais le passage d'un bord à l'autre est dangereux, surtout si les bâtiments ont beaucoup de rentrée.

Un navire ayant de la rentrée a, il est vrai, plus de stabilité, il coûte moins de bois, ses baux supérieurs sont plus
courts, et plus forts à égale grosseur, le vent et la mer frappent, en cette partie, une surface qui leur est moins directement opposée, la muraille a une direction plus favorable
pour supporter le poids de l'artillerie supérieure et y résister pendant les roulis ou à la bande, et il en résulte plus
de liaison et de solidité : quelque grands que soient ces
avantages, il semble que la rentrée de la plupart de nos bâtiments a été ou est encore, à bord de nos anciens bâtiments, beaucoup trop considérable ; que les poids des
hauts y sont trop rapprochés du plan vertical et longitudinal pour que le roulis ait la douceur désirable ; que
les porte-haubans n'y présentent pas autant de solidité,
et ne peuvent être assez larges pour donner aux haubans
le même épatement que si la muraille était droite; que si
le navire engage d'un temps forcé, elle facilite l'inclinaison et s'oppose à son redressement ; qu'elle diminue l'espace à bord et, par conséquent, laisse moins d'aisance
pour la manœuvre ou pour le service de l'artillerie; qu'enfin elle nuit à l'abordage de long en long qui, quoique
peu avantageux à l'abordeur et offrant de grands et bons
moyens de défense à l'abordé, est cependant regardé comme
devant réussir à nos marins, à défaut de l'abordage par l'avant.

Il est, toutefois, une manière de faire disparaître les inconvénients de la rentrée dans un abordage, et elle fut employée
par le brave capitaine de vaisseau *Lucas* qui commandait *le
Redoutable* lorsqu'il fut abordé par *Nelson* montant le trois-
ponts *le Victory*, lors du combat de *Trafalgar*. Le capitaine
Lucas, jaloux de ne pas laisser s'échapper cette occasion,
ordonna d'amener la grand-vergue de son vaisseau, afin

d'en faire un pont pour passer à bord de l'amiral anglais : mais un autre trois-ponts anglais (le *Téméraire*) et un 74 vinrent au secours de *Nelson*; le *Téméraire* aborda *le Redoutable* du bord opposé au *Victory*, le 74 se plaça en poupe, et ce ne fut que lorsqu'il restait à peine deux cents hommes debout sur *le Redoutable*, que son capitaine put se décider à amener son pavillon. Dans cette lutte mémorable, *Nelson* fut tué par un coup de feu parti de la hune du *Redoutable !*

On apique sa civadière (lorsqu'on en a une, ce qui est peu usité actuellement) pour aborder; et quand les bâtiments se touchent, on ne se contente pas de se tenir par les grappins, on se saisit avec des bosses par le beaupré ou par les vergues; de son côté, l'abordé peut faire couper ces bosses ou la partie du grément à laquelle les bosses et les grappins sont fixés. Il est utile que les hommes des compagnies d'abordage aient une marque très-distincte pour se reconnaître, telle qu'un mouchoir au bras ou à la ceinture, surtout la nuit ou à ses approches; chaque bâtiment fera fermer les mantelets de tous les sabords qui ne peuvent pas faire feu, et par lesquels on pourrait être atteint par la mousqueterie, ou voir pénétrer l'ennemi à bord.

II. Un bâtiment est *Embossé*, lorsqu'en mouillant, il frappe sur l'organeau de son ancre un ou, en cas d'événement, deux grelins qui rentrent à bord, au moyen de galoches, par chacun des sabords le plus de l'arrière et qui, étant roidis, tiennent le bâtiment présentant le côté ou le travers à un fort ou à un point qu'il s'agit de pouvoir battre; on peut aussi s'embosser sur deux ancres; et en virant au cabestan sur l'un ou l'autre des grelins, suivant l'exigence, on peut présenter le travers à un fort, à une batterie, à un vaisseau et être toujours prêt à saisir toutes les positions d'attaque ou de défense qu'on peut prendre à l'ancre; on s'embosse enfin d'une manière très-simple et très-expéditive, en frappant sur l'organeau de chacune des ancres, un bout de grelin d'une longueur égale environ à la hauteur du fond; ce grelin terminé en boucle, porte une bouée qui le fait surnager; et quand on veut s'embosser, on porte un grelin d'embossage pour faire ajût avec le bout qui présente le plus d'avantages.

On peut attaquer un bâtiment embossé de cinq manières.

ATTAQUER UN BATIMENT A L'ANCRE ET EMBOSSÉ. 1° *Sous voiles.* — Nous allons supposer que le courant est nul. S'il n'en est pas ainsi, on comprendra facilement la différence qu'il faudra mettre dans sa manœuvre. De quelque manière que l'attaquant s'approche de son ennemi, il doit pour y parvenir, et à moins d'être en panne et de se laisser dériver dessus, s'exposer à être enfilé par l'avant; mais comme en se battant de près, le bâtiment embossé ne peut plus virer sur l'embossure assez vite pour suivre les mouvements du bâtiment qui est à la voile, que d'ailleurs le cabestan gênerait son feu et qu'il est plus important que le monde soit aux pièces, il faut que l'attaquant affronte l'enfilade, et se donne le plus de moyens de harceler le bâtiment à l'ancre. Il se placera donc de manière que lorsqu'il se trouvera à portée de canon, il ait à faire vent arrière sur le bâtiment embossé; celui-ci virera sur l'embossure jusqu'à avoir le vent du travers, afin de faire jouer toute sa batterie. Alors le premier ayant tout dehors, gouvernera sur le bossoir du vent du bâtiment qui est à l'ancre; à demi-portée, il diminuera de voiles pour faire feu plus longtemps, et il loffera pour l'élonger par le travers; en dépassant l'ennemi, il laissera arriver pour le conserver par son travers; en continuant à le tenir ainsi du même bord, il lui passera inévitablement de l'arrière ; il le tournera par sous le vent en virant lof pour lof ; et en ralliant le plus près de l'autre bord, il lui enverra une volée par le bossoir ou presque en enfilade ; il ira ensuite virer hors de portée, et il recommencera la même manœuvre. La guerre passée, près de la barre de *Visigapatnam*, la frégate *l'Atalante* attaqua ainsi le vaisseau anglais *le Centurion*, et le désempara.

Rien en effet, n'est plus désastreux que cette position où les amarres, qui sont très-gênantes pour l'artillerie, doivent être manœuvrées, et où il faut que les canonniers passent à chaque instant d'un bord·à l'autre, ce qui se fait rarement sans quelque confusion. Aussi le bâtiment embossé ne doit-il rester à l'ancre que pour y être protégé par des forts, et en se souvenant du combat d'*Aboukir*, que dans le cas où il peut serrer la côte de manière à ne pas laisser de passage entre la terre et lui, au moins à un bâtiment de même force ou d'égal tirant-d'eau ; alors il a de grands avantages sur l'attaquant, qui doit recevoir une volée d'enfilade en l'approchant, et qui a de plus à s'occuper de sa manœuvre. Si outre l'attaquant, il y a d'autres bâtiments au large, et qu'on craigne de succomber, on s'embosse pour se défendre, et quand on voit qu'on ne peut résister, on se jette à la côte. C'est encore ce qui eut lieu pour *le Centurion*. Il est vrai que sa drisse de pavillon fut coupée, que ses batteries se turent, et qu'on le supposa amené ; le chef de l'expédition qui était plus au large que *l'Atalante*, fit cesser le feu, mais *le Centurion* avait coupé ses câbles, il s'était hasardé à se laisser dériver sur la barre, et à la faveur de quelques lames, il la franchit ; nos bâtiments s'étaient crus touchés pendant un instant, ils s'aperçurent un peu tard que *le Centurion* s'éloignait, et c'est ce qui empêcha sans doute d'aller l'aborder, en mouillant une ancre pour le retenir au large de la barre : cependant le pavillon du vaisseau anglais fut bientôt rehissé, mais ce vaisseau se trouvait, alors, en sûreté. Remarquons ici jusqu'où peuvent aller les ruses de la guerre ; car il se peut aussi que la drisse de ce vaisseau n'eût pas été coupée par notre feu, et qu'il eût amené son pavillon peu après avoir coupé ses câbles ; n'ayant plus d'ancres étalinguées, il ne pouvait pas remouiller ; pourtant il n'était plus généreux de tirer sur lui, d'autant que sa perte paraissait certaine. Les Anglais n'ont pas toujours eu les mêmes procédés envers nous. La corvette *la Constance* se battant contre deux de leurs frégates, au large et hors de vue de tout bâtiment français, fut obligée de céder, et d'amener son pavillon ; l'usage veut qu'on mette alors en panne ; mais *la Constance* était si dégréée, qu'elle ne le put que difficilement ; un des capitaines anglais, malgré l'évidence du fait, eut la barbarie de lui tirer encore vingt-deux coups de canon en salut, et de tuer ou blesser ainsi des hommes qui s'étaient mis à sa discrétion !

2° *Mouillé par son travers.* — Si l'attaquant ne peut passer entre la terre et le bâtiment embossé, il n'a, pour ne recevoir qu'une fois des volées d'enfilade, qu'à se mouiller et s'embosser travers à travers de son ennemi. Il peut encore se placer dans la direction du vent par rapport à lui, et si le courant ne le contrarie pas dans cette évolution, il met en panne dès qu'il est à portée ; il se laisse ainsi dériver en se battant jusqu'à ce qu'il se trouve assez près ; alors il mouille en s'embossant. Mais ordinairement, les chances ultérieures du combat sont contre lui, parce que s'il est dégréé et s'il a du désavantage, il fuit plus difficilement, tandis que le bâtiment embossé étant près de ses

terres a toujours la ressource de faire côte et de s'y brûler.
Aussi, un bâtiment ne doit-il attaquer de cette manière
qu'autant que le vent vient de terre, ce qui lui permet la
retraite vent arrière, et empêche son ennemi de s'échouer;
dans un cas extrême, celui-ci peut se brûler au mouillage,
et l'équipage se sauve dans les embarcations ou sur des
drômes. Cependant avec cette direction du vent, il y a plus
de difficulté et de danger à s'approcher du navire embossé.
Si celui-ci est protégé par un fort, il faut se mouiller à l'opposé du fort, et très-près de l'ennemi, pour qu'il masque
le feu du fort. Le bâtiment protégé doit tirer dans le grément, pour empêcher l'ennemi de pouvoir s'éloigner, et
celui-ci pointera en belle, afin d'atteindre les câbles, le
cabestan, l'embossure, la flottaison, les pièces et les hommes. A tout événement, on aura des ancres en veille garnies de grelins d'embossage; mais tous les grelins et tous
les câbles, en cas pareils, doivent être bien embraqués et
bien bossés, et le tour de bitte doit être pris, de crainte que
les bosses de bout ne soient coupées pendant l'action.

3° *A l'abordage.*—Lors même qu'il y a plusieurs forts qui
cernent le lieu de l'attaque, si le vent et le courant portent au
large et permettent de se retirer facilement, l'abordage présente des chances favorables; le bâtiment embossé qui ignore
comment il sera attaqué et qui peut-être ne s'attend pas à
l'abordage éprouverait alors un grand désavantage, car son
ennemi est décidé, il a la vivacité de l'agresseur et il marche
avec un plan déterminé. L'abordage peut s'exécuter en
mettant en panne à petite distance au vent du bâtiment
embossé, de manière qu'on dérive dessus à couvert de la
fumée d'un feu bien nourri; il est peut-être préférable d'a-
border, voiles portantes, de la manière qui paraît la plus
avantageuse. Si l'ennemi peut aller à la côte, il ne faut pas

négliger de mouiller en abordant pour le retenir, et pour empêcher d'ailleurs qu'il ne vous entraîne avec lui. Quand on est joint, l'abordeur ferme ses sabords pour qu'on ne le surprenne pas par cette voie ou qu'on ne vienne pas couper ses câbles ou mettre le feu à bord ; il efface bien ses voiles en brassant ses vergues très en pointe, afin d'éviter des avaries ; il tient son monde ventre à terre jusqu'à l'instant de sauter à bord, il évite de présenter, en masse au feu de l'ennemi, ses compagnies d'abordeurs, qui doivent être composées des hommes les plus agiles et les plus aguerris ; et, après ceux-ci, il doit envoyer les matelots qui sont susceptibles de les seconder.

Le bâtiment abordé se défend en présentant toujours le travers à l'ennemi et en tâchant, au moyen de ses embossures, de prendre des positions d'enfilade. Il se défend aussi par des estacades au large, des mâts, vergues ou forts espars qui saillent debout pour empêcher le rapprochement, par des filets d'abordage qui sont toujours en place, et quelquefois en double lorsqu'on craint d'être abordé ; enfin par un feu soutenu de mousqueterie bien dirigée, qu'on peut même faire précéder d'une volée de pièces chargées de mitraille à triple charge, et que l'on pointe de l'arrière à l'avant, lors de la première irruption si l'on est abordé par le beaupré. D'ailleurs, l'abordé peut préalablement couper ses câbles ou appareiller ; et vraisemblablement en abattant, il enfilera l'agresseur à l'instant où celui-ci fera tête sur son câble qu'il doit aussi couper dès qu'il s'aperçoit de la manœuvre de son adversaire. Si le bâtiment qui est au mouillage est abordé et qu'il soit retenu par l'abordeur qui a laissé tomber une ancre dans ce dessein, il se couvrira de voiles pour faire chasser son ennemi et l'entraîner à la côte.

4° *Par des embarcations*. — Ce moyen, que nous avons vu employer à la voile contre un navire accalmi, ne peut être considéré que comme un coup de main ; on peut, pour l'exécuter, feindre de s'éloigner du bâtiment au mouillage, et revenir pendant la nuit. Dans tous les cas, il faut bon nombre d'embarcations, il les faut bien armées, il faut que les hommes soient tous lestes et décidés, et une fois les embarcations lancées, rien ne doit plus les arrêter. Elles prennent le bâtiment par tous les points, et les abordeurs sautent à bord, ayant un mot d'ordre et un signe de reconnaissance. Il existe, en ce genre, des faits d'armes incroyables. Le bâtiment menacé, outre les précautions indiquées précédemment, doit en prendre d'autres telles queles suivantes : installer un filet ou un double filet d'abordage ; pousser en dehors des espars, vergues ou avirons de galère pour empêcher les embarcations de s'approcher ; placer des gueuses, des boulets, des grappins chargés de boulets aux bouts de vergue, pour les laisser tomber sur ces mêmes embarcations quand elles s'approchent ; avoir bien à la main sur le pont et dans les hunes, les menues armes blanches ou à feu, les grenades ou artifices, et user d'une grande vigilance pour être prêt à s'en servir ; les canons seront chargés à mitraille : si c'est la nuit que l'on présume que se fera l'attaque, on tiendra des canots en vigie un peu au large sur des bouées ; on fera faire des rondes dans tous les sens par d'autres embarcations ; et des factionnaires armés seront multipliés dans les hunes, sur le beaupré, sur le couronnement, sur les passavants et aux sabords si on les laisse ouverts. Des pièces de canon seront mises en chasse ou en retraite ; une embossure restera frappée dans tous les cas sur chaque câble ; elle passera par l'arrière, dans une poulie coupée, et elle sera garnie au cabestan ; les câbles seront prêts à être filés, coupés ou séparés; et l'on mettra près de chaque pièce, des coussins et des coins de mire supplémentaires pour pointer aussi bas qu'il peut être nécessaire. Quelques-unes de ces précautions peuvent s'adopter à la voile, si l'on peut de même supposer qu'on y sera abordé. Enfin personne ne se reposera la nuit, qu'habillé, pendant tout le temps que l'on pourra craindre l'attaque; on préférera en pareil cas faire dormir l'équipage pendant le jour, et l'on usera dans tous les temps d'une vigilance extrême. C'est ainsi que la corvette *la Société* a si bien rempli le service d'escorte des convois, et que nous l'avons vue défier et repousser une et quelquefois deux frégates ennemies.

5° *Par terre.* — Si le point de la côte où se trouve le bâtiment embossé est mal gardé, on débarque à l'entrée de la nuit des hommes, avec tout ce qu'il faut pour ériger une batterie provisoire et bien abritée, et au point du jour ou plus tôt, si l'on voit le bâtiment, on le canonne. Celui-ci doit, sous ce rapport, surveiller les mouvements ou les projets de son adversaire, et s'il est surpris par terre, il doit appareiller. S'il y a un fort, et si, comme il arrive très-souvent, ce fort est facile à prendre par le revers, on peut essayer de s'en emparer: mais il y a toujours le grave inconvénient que le bâtiment attaqué venant à appareiller, l'agresseur n'a plus la même force, puisqu'une partie de son équipage est à terre, et probablement cette partie est alors sacrifiée; aussi ce genre d'attaque mérite-t-il les plus sérieuses considérations.

III. *Observons*, actuellement *en général*, que le bâtiment abordé ou attaqué d'une manière quelconque doit, comme nous l'avons dit pour le chassé, trouver ici, dans les moyens expliqués pour lui nuire, l'indication des mesures qu'il doit adopter pour se préserver, que pendant toute affaire, les officiers, surtout celui de manœuvre, doivent suivre et écouter tous les mouvements et toutes les paroles du commandant ou de leur chef direct ; que lorsqu'une évolution est ordonnée, il faut qu'elle s'exécute de la manière la plus efficace, qu'ainsi non-seulement la barre, mais encore les voiles, tout doit y concourir ; que si l'on est abordé et si l'on conserve son sang-froid et l'obéissance de la discipline militaire, on doit, toutes choses étant égales d'ailleurs, repousser l'abordeur et le faire repentir de son audace ; qu'après une affaire, on doit se réparer et se régréer aussitôt pour pouvoir, comme la frégate *la Loire*, de glorieux souvenir, soutenir de suite, s'il le faut, cinq combats opiniâtres ; que si l'on a une prise, il faut la mettre en bon état, ou même l'armer si elle est susceptible de vous seconder, mais quand on le peut sans se trop affaiblir ; qu'en dernier lieu, si les vergues sont cassées, il est facile, faute de mieux ou dans un cas pressé, de faire vent arrière en installant des focs ou autres voiles avec des bouts de corde qui les tendent en partant de divers points de la mâture ou du grément.

Quand un bâtiment a amené son pavillon et qu'il s'est rendu, on y envoie des officiers et des matelots pour en prendre possession ou l'amariner et pour l'armer ; il est inutile de recommander l'humanité envers les prisonniers, c'est le devoir de tout galant homme et c'est ainsi que nous devons nous venger de l'horreur des pontons ; mais ce qu'il faut dire et répéter, c'est qu'il ne faut pas que la générosité dégénère en faiblesse, ni la bonté en insouciance ; le second du bâtiment capturé reste ordinairement à bord avec divers hommes pour donner des indications locales, et ces hommes ou ceux mêmes que le capteur reçoit à son bord peuvent vous enlever, et s'emparer par surprise de

24

vous et de votre bâtiment. Il faut donc penser à ce point essentiel, d'autant qu'il s'en est offert des exemples nombreux : la reprise de la frégate *la Vestale* par les prisonniers Français au commencement de la guerre de la Révolution fut un beau coup de main. On a vu même un Capitaine laissé seul de son équipage sur son bâtiment après l'amarinage, reprendre ce bâtiment sur dix ou douze hommes qui s'y trouvaient et sous le vent d'une frégate ennemie. Il passait devant un port de sa nation, ce port était son pays ; il se représente tout à coup sa femme, ses enfants, ses amis ayant les yeux sur lui, reconnaissant ce bâtiment, leur fortune, leur espoir, et le voyant arraché à leurs vœux avec leur unique soutien. Cette idée l'exalte, il descend en furieux dans la chambre, où, les yeux fixés sur une carte, le capitaine de la prise et son second se trouvaient réunis ; il savait que le capitaine avait près de sa cabane deux pistolets à deux coups, il les saisit, brûle la cervelle à ces deux officiers, remonte avec la rapidité de l'éclair et se place près du timonnier. Il force celui-ci à laisser arriver, et il menace de la mort quiconque s'approchera..... Le timonnier obéit, tout le monde est frappé de stupeur, et il rentre dans le port!

Ces exemples prouvent la nécessité d'armer convenablement une prise ; quand elle est riche et qu'on l'escorte, on doit se tenir en éclaireur, l'avertir à l'avance de sa manœuvre, et la favoriser autant que possible en attirant sur soi le feu de l'ennemi. Pareillement, si l'on a l'occasion de protéger un bâtiment de commerce de sa nation, on ne doit pas la perdre, à moins d'avoir une mission ou des instructions qui s'y opposent; dans ce genre, le beau combat de l'Amiral *la Mothe-Piquet* qui, avec trois vaisseaux, appareilla, en 1780, de la *Martinique* pour protéger, contre vingt-deux bâtiments de guerre anglais, un convoi qu'il parvint à soustraire à leur poursuite, est une action qu'on ne saurait trop admirer, non plus que la sortie audacieuse du port *Nord-Ouest* en 1794, des deux frégates *la Prudente* et *la Cybèle* sous les ordres du Capitaine *Renaud*, et qui délivrèrent l'*Ile-de-France* du blocus des vaisseaux anglais *le Diomède* et *le Centurion*. Les vaisseaux de l'État doivent à ceux du commerce pendant la guerre, en paix, sur mer, en rade ou dans le port, secours et protection en hommes, embarcations, ancres, amarres et par la voie des armes.

Un bâtiment au lieu de se rendre peut enfin capituler, et il était réservé aux Français d'obtenir les premiers cet hommage à leur vaillance; au combat d'*Aboukir* le Capitaine de *la Sérieuse* eut la grandeur d'âme de stipuler que seul de son bord il resterait prisonnier; et la guerre dernière, notre frégate de 8, *la Psyché*, du plus faible échantillon, dont le commandant, M. *Bergeret*, aujourd'hui vice-amiral, avait commencé sa réputation d'une manière si brillante sur la frégate *la Virginie*, se montra tellement redoutable à la frégate anglaise du premier rang *la San-Fiorenzo*, et soutint un admirable combat avec tant de gloire, que le Capitaine Anglais crut devoir adhérer à la proposition de renvoyer, libres et sans condition, les restes de l'état-major et de l'équipage, avec leurs armes individuelles et leurs effets particuliers.

La Psyché avait, alors à son bord, un jeune officier de la plus grande espérance qui s'était également trouvé sur l'*Atalante*, dans son attaque du *Centurion* dont nous parlions tout à l'heure et qui, comme nous, avait, précédemment, pris part sur le *Dix-Août* à la prise du vaisseau anglais *le Swiftsure*. Les sept premières années de nos cam-

pagnes, nous les passâmes ensemble; mais, alors, je me
trouvai séparé de lui, et je subis huit ans d'une longue captivité, après avoir été pris à la suite du combat de *la Belle-
Poule!* L'amitié que nous avions contractée ne fut cependant
pas affaiblie par ce triste épisode de ma carrière militaire; elle
ne s'est jamais démentie, et elle ne saurait m'ôter le droit de
dire ici que cet officier est, aujourd'hui le *Vice-Amiral Hu-
gon*, dont les manœuvres, l'audace et le talent ont, depuis
cette époque, brillé d'un si grand éclat au combat de *Na-
varin*, dans l'expédition de la prise d'*Alger*, et lors de la
brillante affaire de l'*Amiral Roussin* dans le *Tage!*

FIN DE LA PREMIÈRE SECTION.

SECONDE SECTION.

BATIMENTS A VAPEUR.

CHAPITRE PREMIER.

Des machines à Vapeur en général.

Au nombre des connaissances nécessaires au marin, il en est une nouvelle et des plus importantes : celle des appareils mus par la force de la vapeur et employés à remplacer le vent dans la navigation. Ces machines déjà si parfaites, malgré le peu de temps écoulé depuis leur invention, reposent sur des lois physiques jadis peu connues, mais actuellement démontrées par la science. Ces lois et les propriétés de la vapeur, c'est-à-dire de l'eau transformée en gaz par la chaleur, sont indispensables à connaître, pour apprécier ce qui se passe à l'intérieur d'une machine à vapeur, et pour savoir, on peut le dire, pourquoi et comment elle vit. En effet l'homme a créé, en elle, une sorte de nouvel être ; et quelle puissance il lui a donnée ! Toutes les autres forces qu'il emploie sont dues à la pesanteur ; celle-ci, seule, prend sa source dans la chaleur, tout comme l'existence animale : on pourrait presque dire qu'il est parvenu à produire la vie, en dérobant le feu du ciel. Les conditions de cette vie sont donc indispensables à connaître ; pour y parvenir, nous dirons ce que la chaleur produit de plus important sur l'eau ; une fois ces éléments connus, nous chercherons comment ils sont utilisés dans les machines, pour obtenir de la force et du mouvement.

Nous voyons journellement que l'eau affecte trois états ou trois formes bien distinctes : l'état de solide lorsqu'elle est glacée, celui de liquide, et enfin celui de gaz ou de vapeur. Sous chacune de ces manières si différentes de se présenter à nos regards, l'eau possède les propriétés des corps dont elle a l'apparence. Solide elle résiste à la déformation ; liquide elle se met de niveau et s'écoule en obéissant à la pesanteur ; gazeuse enfin, elle devient comme un nuage, et s'élance dans les airs, tant sa dilatation l'a rendue légère. Il semblerait d'abord que, pour être si différente d'elle-même dans ces trois cas, l'eau change de nature ou qu'elle est soumise à des causes compliquées : il n'en est point ainsi, une seule occasionne les effets que nous venons de détailler ; c'est la chaleur !

La chaleur, agent puissant indispensable à tout ce qui existe, dont l'absence totale sur la terre semble impossible, et qui, atteignant les limites les plus opposées, modifie presque tous les corps, en les fondant ou les volatilisant : elle laisse souvent des traces ineffaçables de son passage, tandis que, dans d'autres cas, elle défait en se retirant ce qu'elle avait produit en agissant. C'est ce qui se présente pour l'eau et les autres liquides : si la chaleur abonde dans leur intérieur, ils se vaporisent ; quand elle se retire, elle a un effet inverse ; chacun de ces mêmes effets est accompagné d'un accroissement ou d'une diminution de volume également considérables et qui, mérite d'être étudié par son importance pour le sujet qui nous occupe.

Nous savons que l'eau échauffée tend à occuper plus de place en se transformant en vapeur ; c'est ainsi que celle-ci jaillit violemment d'un vase posé sur le feu : si on met un obstacle à sa sortie, elle le déplace : la vapeur a donc une force, puisqu'elle produit un mouvement : elle pousse tout ce qui l'entoure, comme le ferait de l'air comprimé par une pompe. Mais cette force lui est propre et dépend uniquement de la chaleur qui lui est donnée : sans cela son action serait nulle ; un vase d'eau froide ne produit aucun effet sensible. C'est sur cette propriété de tendre à embrasser un plus grand volume, et de le faire avec d'autant plus d'énergie qu'elle est plus chaude, qu'est basée l'action de la vapeur dans les machines : des observations directes des plus savants physiciens ont déterminé sa force pour toutes les températures, c'est-à-dire la pression qu'elle exerce sur ce qui l'entoure et l'accroissement de son volume relativement à celui de l'eau. Les résultats des observations de MM. **Dulong** et **Arago**, consignés dans la table placée à la fin du volume, montrent clairement les effets des chaleurs les plus différentes sur l'eau, et servent de base à ce qui regarde l'action physique de la vapeur dans les machines.

En examinant les chiffres de cette table, on est frappé de l'accroissement beaucoup plus rapide des pressions que des températures, et on voit quelles forces énormes la vapeur est capable de produire ; on remarque, en outre, que la vapeur en variant de pression change aussi de densité, c'est-à-dire de poids pour un même volume, et que ces deux propriétés sont, à très-peu de chose près, en raison inverse l'une de l'autre.

Ainsi, la vapeur produite par de l'eau chauffée à 100° est à 100° elle-même, et elle a une pression de 1 atmosphère : elle occupe alors 1695 fois le volume primitif de l'eau ; à 121°, c'est-à-dire à une pression double, ce n'est plus que **896**, c'est-à-dire la moitié ; à 135° ou 3 atmosphères, c'est **619**. Mais en comparant à ces chiffres ceux de la table des pressions, on remarque que, à 100°, la pression est de **1**[k] par centimètre carré ; à 121°, de **2**[k], et à 135°, de **3**[k]. Les pressions sont donc, comme je l'ai dit, en raison inverse des densités.

Les anciennes mesures donnent une manière facile de se souvenir du rapport des volumes de l'eau et de la vapeur, en ce que 1 pied cube contient 1728 pouces cubes; par conséquent, 1 pouce cube d'eau, réduit en vapeur, occupe 1 pied cube à 100° ou à la pression atmosphérique, 1/2 pied à 2 atmosphères, 1/3 à 3 et ainsi de suite.

La vapeur une fois produite cesse d'être soumise aux lois des liquides; elle se comporte comme un gaz, tel que l'air; c'est-à-dire qu'elle tend toujours à occuper plus de place, et qu'elle est élastique. Mais elle offre une différence remarquable, en ce que si on la refroidit ou si on la comprime, elle redevient en partie liquide, tandis que l'air reste toujours gazeux.

Si on permet à la vapeur de se dilater, c'est-à-dire si, sans la refroidir, on augmente le volume qu'elle occupe, elle offre un fait remarquable; c'est que les pressions qu'elle exerce sont en raison inverse des volumes. Ainsi ayant dans un cylindre, de la vapeur à 100°, elle pressera de 1^k par centimètre carré, lorsque le piston ne sera éloigné du fond que de $0^m,1$ par exemple. Si on élève le piston à $0^m,2$ la pression n'est plus que de $0^k,500$, à $0^m,3$ elle est $0^k,330$, à $0^m,4$ elle est $0^k,250$, et ainsi de suite. La vapeur pousse donc toujours, mais de moins en moins : nous verrons cette propriété utilement employée dans les machines sous le nom de détente. En agissant ainsi, la vapeur se refroidit, et elle prend la température qui répond à sa nouvelle pression, comme si elle était produite par de l'eau à cette température. La dilatation ou la détente est donc une cause de refroidissement.

Nous avons dit que c'était suivant qu'elle était plus chaude,

que la vapeur d'eau avait plus de force, et la table le montre
clairement : voyons maintenant ce qu'il faut de chaleur
pour obtenir ce résultat, et prenons pour unité la *calorie;*
c'est-à-dire la quantité de chaleur nécessaire pour faire
changer de 1° une masse d'eau de 1^k. Ainsi, soit 1^k de glace
à 0°, dans lequel est plongé un thermomètre. En le chauffant on remarque que l'instrument reste immobile malgré
la chaleur fournie, mais que la glace se fond : cette chaleur
insensible au tact et au thermomètre, n'est donc employée
qu'à fondre la glace, c'est-à-dire à la transformer de solide
en liquide, et elle se nomme chaleur latente ou cachée,
parce que le changement d'état de la glace en montre seul
l'effet; si on la mesure, il se trouve qu'il a fallu 75 calories
pour fondre ce kilogramme de glace. Mais dès que toute
celle-ci est devenue liquide, on remarque que le thermomètre monte; la chaleur est donc devenue sensible.

En suivant l'instrument, on voit qu'il s'arrête de nouveau à 100°, quoique de nouvelle chaleur soit toujours
fournie. A quoi sert donc le calorique? Il est redevenu latent, mais il est employé à produire de la vapeur; en effet
on voit des bulles s'élever, arriver à la surface et se perdre
en nuage léger. C'est l'ébullition; peu après, l'eau diminue : cette vapeur qui s'enfuit n'est donc que de l'eau
transformée en gaz, et si au moment où elle est toute évaporée, on a mesuré la chaleur latente fournie, on trouve
qu'elle s'élève à 540 calories.

Au résumé, nous voyons qu'il a fallu 75 calories pour
fondre la glace, 100 pour amener l'eau de 0° à l'ébullition, et 540 pour la vaporiser; c'est donc en tout 715 fois
autant de calorique, que pour faire varier l'eau de 1°. Si
au lieu de prendre de la glace, on se sert d'eau, il faut
naturellement défalquer les 75 calories de la chaleur la-

tente employées à la fusion, plus celles de la température
de l'air. Ainsi, pour en vaporiser 1 litre pris à 40°, il faut
600 calories.

Cela fait voir combien de chaleur est nécessaire pour accomplir l'acte de la vaporisation, puisque pour cette eau à
40°, il n'en a fallu que 60 pour l'amener à 100°, et 540
pour la vaporiser; ainsi dans nos machines marines, où
l'eau d'alimentation est à 40°, il faut neuf fois autant de
chaleur pour vaporiser l'eau que pour l'échauffer.

Puisque les températures des fortes pressions deviennent
plus hautes, il semblerait qu'elles exigent plus de chaleur,
mais il se présente alors un autre fait remarquable; tout
ce qui est en plus a chaleur sensible; tout ce qui est en
moins a chaleur latente; ce qu'on exprime en disant : que
la somme de la chaleur sensible et de celle à l'état latent,
est une quantité constante, laquelle est égale à 640 calories et quelles que soient les températures et les pressions :
ainsi de l'eau qui s'évapore à seulement 10°, exige pour sa
transformation autant de chaleur que si elle était évaporée
à 100° ou à 120.

Pour éviter la confusion nous avons omis de parler de
la manière de mesurer les pressions : c'est au moyen de
l'effort exercé sur une surface et rapporté à des unités de
convention dont l'une est l'atmosphère, c'est-à-dire la
pression de la totalité de l'air sur une surface. Cette pression est donnée dans le baromètre par la hauteur de la colonne de mercure, et elle est en moyenne de $0^m,76$. C'est
ce qu'on nomme 1 atmosphère; si le tube avait $0^m,01$ carré
de section, cette colonne pèserait $1^k,032$ (en pratique on
admet 1^k) : la pression de l'atmosphère est donc égale à
1^k par centimètre carré, ou à $0^k,811$ par centimètre circulaire. On comprend d'après cela combien il est facile de ra-

mener les hauteurs de colonnes de mercure aux pressions sur les surfaces ; d'ailleurs la table présente naturellement ces réductions.

Nous avons vu que la chaleur donnée à l'eau produisait de la vapeur, et que celle-ci, cherchant à occuper plus de place, pressait tout ce qui l'entourait ; voyons maintenant ce qu'occasionnerait l'effet inverse, c'est-à-dire le refroidissement de cette vapeur. En enlevant la chaleur on détruit pour ainsi dire tout ce qui a été fait en la donnant. Ainsi, la vapeur redevient non-seulement de l'eau comme dans l'alambic, mais elle perd sa pression, et elle en prend une qui répond à sa nouvelle température. Bien plus, il a fallu lui enlever autant de chaleur qu'on lui en avait donné. Ainsi nous avons pris 1^k à $40°$; il a fallu 600 calories pour le vaporiser ; et si on a renfermé cette vapeur, il faudra lui enlever ces 600 calories pour retrouver le kilogramme d'eau à $40°$. On refroidit d'habitude la vapeur, c'est-à-dire on la condense, en la mêlant à de l'eau froide ; or, d'après ce qui précède, il est facile de calculer combien il faut de cette dernière pour en condenser une quantité donnée.

Les effets de la vapeur ne sont donc que le résultat du plus ou moins de chaleur donnée à l'eau, tandis que ceux de cette dernière, employée comme moteur, proviennent de la hauteur de colonne de la chute ; mais si dans ce dernier cas, la force est proportionnée à cette hauteur, pour la vapeur les pressions suivent un rapport croissant beaucoup plus rapide que les températures : cependant s'il n'existe entre elles aucune liaison arithmétique, il n'en est pas moins certain que, avec beaucoup de chaleur, la force de la vapeur devient très-grande, tandis qu'elle est très-faible dans le cas où le calorique est retiré. C'est donc une question de plus et de moins, et il n'y a qu'à employer chacune de ces propriétés de la manière qui convient au but qu'on se propose.

Pour mieux expliquer cette liaison entre la chaleur et la pression, ainsi que les effets dont nous venons de parler, il est facile d'imaginer une expérience fort simple : supposons deux bouteilles communiquant, par un tuyau muni d'un robinet; dans l'une des bouteilles, il y a de l'eau chaude, dans l'autre de la glace. Si on ouvre le robinet, l'eau chaude bout avec violence et la glace se fond : que se passe-t-il pour produire ces effets malgré la distance qui sépare ces bouteilles? la glace avait très-peu de pression, l'eau chaude au contraire en possédait; c'est une suite de leurs températures. La vapeur plus forte s'est donc précipitée de l'autre côté, comme tombe une pierre abandonnée à elle-même : elle a trouvé du froid, elle a perdu sa pression avec sa chaleur, elle s'est condensée et elle a ainsi attiré de nouvelle vapeur chaude. En laissant la communication ouverte, l'une des bouteilles se refroidit, l'autre s'échauffe, et l'effet se ralentit dès que la différence est petite ; enfin la température et par suite la pression est la même des deux côtés, il y a équilibre, tout mouvement est arrêté.

Si au lieu de laisser l'expérience s'accomplir ainsi, on échauffe toujours la première bouteille, tandis qu'on refroidit constamment l'autre, la vapeur chaude se précipitera sans interruption pour aller se refroidir et perdre sa pression dans la bouteille froide; il y aura donc dans le tuyau un courant d'autant plus violent, que la différence des températures et par suite des pressions sera plus forte. Ce courant de vapeur possédera la même force que de l'eau circulant par l'impulsion ou par une différence de niveau, il pourra donc être utilisé comme moteur.

C'est en effet ainsi que la force expansive de la vapeur
est employée dans les machines, et cette expérience représente ce qui se passe dans leur intérieur : d'un côté
se trouve la vapeur de la chaudière qui, chaude et forte,
pousse tout ce qui l'entoure; de l'autre, celle qui est froide
et sans force du condenseur, qui pour ainsi dire aspire.
Entre les deux se trouve le piston, soumis à la différence des
pressions exercées sur ses deux faces; l'une, forte, le fait
marcher vers l'autre, et celle-ci, faible, le laisse avancer
sans obstacle. Voilà les causes de la force et du mouvement, il ne reste donc plus qu'à savoir les utiliser, c'est-à-
dire à connaître comment est disposée la machine à vapeur
en général.

Elle est composée d'une part d'un vase étanche destiné
à refroidir la vapeur au moyen d'un jet d'eau froide, c'est-
à-dire à condenser cette vapeur en s'appropriant son calorique par le mélange, et à obtenir ainsi une pression assez
faible pour qu'on lui ait donné le nom de vide, c'est-à-dire
d'espace sans pression : de l'autre est la vapeur chaude, ou
à forte pression, engendrée dans une chaudière formée de
feuilles de tôle parfaitement jointes par des rivets et offrant,
par des replis ou des tubes intérieurs, une grande surface
à l'action du feu. Cette chaudière est naturellement assez
solide pour résister à la pression ; ce sont ses parois qui servent pour ainsi dire de point d'appui à la vapeur, qui par
un tuyau va presser le piston dans le cylindre. Elle contient
une quantité suffisante d'eau, disposée de manière à entourer les foyers, et elle a dans sa partie supérieure un espace, nommé chambre de vapeur, où se rend le fluide
gazeux constamment produit par la chaleur des foyers.
Ceux-ci servent donc d'abord à amener la température au
point voulu pour la pression, et ils donnent ensuite toute

la chaleur latente employée comme nous l'avons vu dans l'acte de la vaporisation.

Résumant ces détails, la machine à vapeur se compose d'une chaudière où la vapeur se fait, c'est-à-dire acquiert une pression élevée par la chaleur fournie; puis d'un vase où la vapeur se défait, c'est-à-dire redevient eau, se condense et perd sa pression en même temps que sa chaleur, en se mêlant à de l'eau froide. Les principes de la force sont donc : pulsion de la vapeur chaude, succion, pour ainsi dire, de la vapeur froide ou vide, et absence de toute action extérieure; car les diverses parties de l'appareil sont séparées de l'extérieur et sont parfaitement étanches.

Pour utiliser ces causes de mouvement et de force, on se sert d'un cylindre exactement poli par l'alésage : ses deux extrémités sont bouchées et ont chacune un orifice pour permettre la sortie et l'entrée de la vapeur. Un piston ou plaque circulaire rendu étanche sur ses bords par divers moyens, est libre de se mouvoir d'un bout à l'autre de ce cylindre ; il transmet les mouvements à l'extérieur, au moyen d'une tige qui traverse l'une des bases du cylindre : c'est ce disque qui est destiné à recevoir les pressions de la vapeur, et par conséquent à utiliser sa force, comme la voilure éprouve l'impulsion.

Voyons comment on y parvient et pour plus de simplicité, supposons à chaque extrémité du cylindre deux robinets : l'un, par un tuyau, permet l'arrivée de la vapeur chaude de la chaudière; l'autre la laisse, au contraire, s'écouler vers la vapeur froide ou vide du condenseur. Supposons en outre que le vide existe dans ce dernier ainsi que dans le cylindre, et que le piston soit au bout de sa course, par exemple. Que faut-il pour qu'il monte? Il est évident qu'il est nécessaire de le pousser de bas en haut, et pour cela d'ouvrir le robinet de vapeur froide du haut, puis celui de vapeur chaude du bas ; celle-ci entre dans le cylindre, elle presse tout ce qu'elle trouve, mais les parois et le fond résistent ; elle agit donc sur le piston qui n'ayant pas de résistance à l'opposé ou du côté du vide, glisse jusqu'au haut du cylindre. Arrivé là, voyons ce qu'il faut pour le faire descendre ; il est d'abord nécessaire de détruire tout obstacle en dessous, et pour cela il suffit d'ouvrir le robinet de la vapeur froide ; celle qui est encore chaude contenue dans le cylindre s'enfuit, se refroidit dans le condenseur et perd sa pression. Tout obstacle à la descente du piston se trouve ainsi détruit et, en ouvrant le robinet supérieur à vapeur chaude, celle-ci, libre d'agir, le pousse vers le bas avec toute sa force.

Continuant ainsi le jeu des robinets, on fera descendre et monter le piston comme on voudra, et sa tige transmettant les mouvements à l'extérieur, fera marcher des pompes, des balanciers ou des manivelles pour obtenir un mouvement de rotation. Tout le reste de l'appareil rentre dans la mécanique ordinaire et est indépendant de la nature du moteur premier : que ce soit la vapeur, l'eau, le vent ou les animaux.

Pour que la machine à vapeur ne cesse pas son action, il faut maintenir les causes de son mouvement, c'est-à-dire fournir d'un côté de nouvelle vapeur chaude, en jetant du charbon sur les grilles de la chaudière, et en remplaçant l'eau évaporée par celle que fournit une pompe alimentaire mue par la machine. D'un autre côté, il est nécessaire de refroidir la vapeur par un jet continu d'eau froide ; mais comme de la sorte, le condenseur se remplirait, il existe une grande pompe destinée à extraire l'eau tiède du mélange, et à la rejeter en dehors. Cette pompe a un très-grand volume et se nomme pompe à air, parce que, outre l'eau tiède, elle extrait l'air contenu dans la vapeur et dans l'eau employée à la condenser. Elle a un piston percé de deux passages qui sont bouchés par des clapets : un clapet a sa base vers la sortie du condenseur, et un autre en dessus dans la bâche, pour empêcher l'eau de séjourner toujours sur le piston. Les causes du mouvement sont ainsi maintenus dans toute leur énergie, et la machine à vapeur possède ce qui est nécessaire au développement de sa force.

Maintenant que nous avons vu que la vapeur produisait de la force, cherchons à la mesurer. Pour cela connaissant la surface du piston, 1 mètre carré ou 10,000 centimètres carrés, par exemple, nous chercherons dans la table quelle est la pression pour la température de la vapeur chaude d'un côté, et de celle qui est refroidie de l'autre. Soit 112° ou $1^k,549$ par centimètre carré du côté de la chaudière, et 40° ou seulement $0^k,073$ pour la vapeur refroidie du condenseur; celle-ci est la résistance qui reste à vaincre du côté où le piston s'avance; la différence avec la première, $1^k,476$ sera donc l'effort exercé sur chaque centimètre carré. Or, il y en a 10,000 ; l'effort du piston sera, par conséquent, $14,760^k$. Si donc un poids plus faible est suspendu à l'autre extrémité du balancier, il sera entraîné, et il y aura un mouvement ou un travail obtenu.

La plupart des machines emploient, au lieu de robinets, le mécanisme nommé tiroir, inventé par le célèbre *Watt*; il joue, dans ces appareils, le même rôle que le cœur dans l'organisation animale, et par son importance autant que parce qu'il est invisible, il demande quelques détails particuliers. Avant de les donner, supposons seulement une de ses parties, une plaque nommée barrette, parfaitement polie et frottant sur l'orifice supérieur, par exemple, de manière à ne rien laisser passer quand elle est devant sa bouche. Supposons en outre que, par des dispositions que nous verrons plus tard, le bout supérieur de cette barrette soit toujours en communication avec le vide du condenseur, et le bord inférieur avec la vapeur agissante de la chaudière, il est évident d'après cela, que si l'on baisse cette plaque, elle ouvre, par sa partie supérieure seulement, un passage en débordant le côté de l'orifice; or, c'est de ce côté qu'est le vide ; donc la vapeur qui existe dans le cylindre ira se perdre dans le condenseur. Si au contraire je l'élève, le bord inférieur laissera seul un passage entre lui et celui de l'orifice du cylindre ; dès lors, ce qu'il y a de ce côté, c'est-à-dire la vapeur chaude, trouvant une issue, se précipitera dans le cylindre pour presser sur le piston. Par conséquent, cette plaque produit en descendant et en montant, des effets semblables à ceux des deux robinets dont il a été question. Si à la partie inférieure du cylindre, il y a une plaque semblable, elle agira de même, et remplacera les deux robinets du bas ; mais comme ici les effets à produire sont inverses, c'est-à-dire que la vapeur doit pousser de bas en haut, ce sera le bord supérieur qui permettra l'entrée de la vapeur chaude, et l'inférieur qui la laissera sortir. Ainsi, considérant les deux plaques ensemble, leurs bords voisins ou en regard laisseront entrer la vapeur chaude, et leurs bords opposés lui permettront de sortir.

Fig. 3.

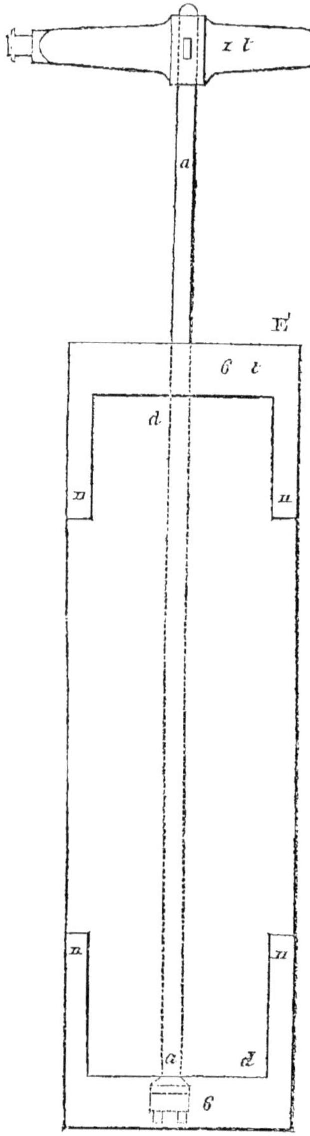

Fig. 1.

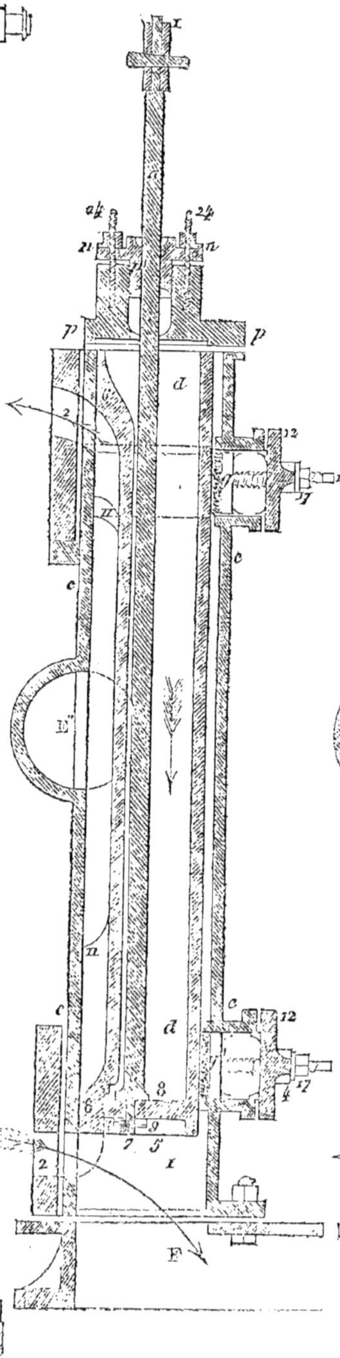

Fig. 2.

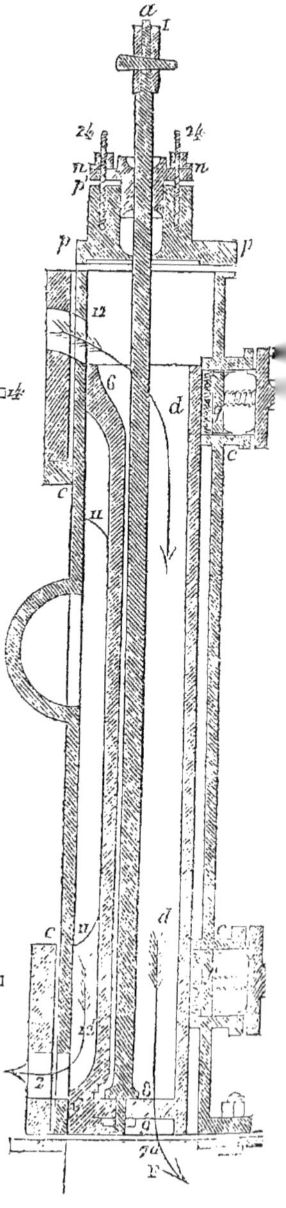

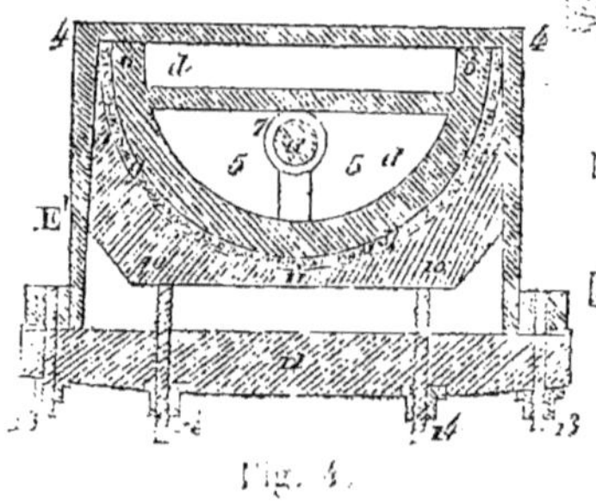

Fig. 4.

Cela posé, passons à la construction du tiroir. Il est formé
d'un demi-cylindre *c c c* (fig. 1 et 2), coupé suivant l'axe, appliqué contre le cylindre à vapeur, et communiquant avec
ses extrémités par deux orifices rectangulaires 2 et 2 entou-
rés de bronze parfaitement plané : ce dernier cylindre nommé
chemise de tiroir, communique avec le condenseur F par le
bas, et contient un autre demi-cylindre creux et plus petit
en toute dimension *d d*. Celui-ci a sur les extrémités de son
côté plat, des bandes de bronze poli 6, 6 (fig. 3), qui jouent
le rôle des deux plaques dont nous venons de parler ; on
les nomme barrettes : en outre, sa partie ronde est entourée, haut et bas, d'un presse-étoupe 10, 10 (fig. 4), agissant
sur une garniture en chanvre *g g*. La chemise reçoit la vapeur de la chaudière par un tuyau E', de sorte que l'intervalle entre les deux demi-cylindres est toujours plein de
vapeur chaude, maintenue haut et bas par la garniture
dont il vient d'être question et par l'adhérence des barrettes sur le bord des orifices. Au contraire, l'intérieur du
petit cylindre *d d*, communique par le bas avec le condenseur F, où la vapeur refroidie a perdu sa pression. Les
deux barrettes sont placées à une distance telle qu'elles
bouchent en même temps les deux orifices et interrompent
ainsi toute communication du cylindre et du tiroir : alors
la machine est arrêtée, et le tiroir est situé au milieu de sa
course. Il résulte en outre de la liaison des barrettes par le
demi-cylindre intérieur, qu'elles sont entraînées ensemble,
et que dès que l'une déborde un des orifices, l'autre en fait
autant à l'extrémité opposée.

Voilà donc les deux causes de mouvement réunies dans
le même mécanisme, et disposées comme les plaques dont
il a été d'abord question. Si on fait monter le tiroir dans la
position représentée (fig. 1), il entraînera les deux barrettes

ou plaques, et celle du bas laissera un passage entre son bord inférieur et l'orifice ; or, ce bord inférieur est en communication avec le condenseur; la vapeur, trouvant cette issue, ira se perdre dans l'eau froide et, détruisant toute pression sous le piston, le laissera libre de tout obstacle pour la descente.

Mais pendant que le tiroir en s'élevant a fait déborder la barrette du bas par son bord inférieur, il a produit naturellement le même effet sur celle du haut ; or celle-ci a de la vapeur à sa face inférieure, elle laissera donc entrer la vapeur en dessus du piston, et elle le fera d'autant mieux descendre que tout obstacle a été détruit en dessous par la condensation. En descendant, le tiroir produira des effets inverses, car il bouchera d'abord les orifices lorsqu'il sera au milieu de sa course, et il ouvrira à la condensation ce qui l'était à la vapeur, et réciproquement (fig. 2). Il suffit donc de faire mouvoir alternativement ce tiroir, pour faire monter et descendre le piston avec toute la force due à la surface et à la différence des pressions exercées des deux côtés.

Pour le départ, ce mouvement est donné à la main; mais une fois en marche, il est pris sur la machine au moyen d'un excentrique. Celui-ci est un cercle qui, ne tournant pas autour de son centre, produit un va-et-vient comme une manivelle, au moyen d'un collier qui l'entoure et qui, prolongé par une tige, va se joindre aux leviers destinés à mouvoir le tiroir, et disposés suivant les formes des machines. Il donne, comme la manivelle, des alternatives de vitesse et de lenteur, admirablement assorties à ses fonctions : quand le piston, près de la fin de sa course, est presque immobile par le voisinage du point mort de la manivelle, il semble presser le tiroir de changer de position pour ouvrir les orifices fermés à la vapeur, et pour les remplacer par la communication avec le vide. Au contraire, lorsque le piston, vers le milieu de sa course, marche avec le plus de vitesse et utilise le mieux la force, l'excentrique semble arrêter le tiroir à l'une des extrémités de son parcours, pour tenir ses orifices ouverts et leur permettre de remplir leurs importantes fonctions. Ces alternatives résultent de ce que l'excentrique agit comme une manivelle, calée à angle droit de celle du piston à vapeur.

Dans ce qui précède, nous avons supposé l'existence des causes du mouvement qui sont la vapeur chaude et le vide : la première est naturellement obtenue par l'action des foyers, mais la seconde n'existant pas dans l'origine, puisque tout l'intérieur de l'appareil est plein d'air, demande une opération préliminaire. C'est celle qu'on nomme purger, c'est-à-dire chasser tout l'air contenu dans le condenseur, afin d'y anéantir la pression. Cet effet est obtenu en ouvrant une soupape particulière, nommée soupape de purge, pour laisser remplir le condenseur de vapeur; celle-ci, plus forte que l'air, le chasse et finit par le remplacer; on s'en aperçoit en la voyant sortir par la soupape nommée reniflard. Alors celle de purge est fermée, et le condenseur n'est plus rempli que de vapeur isolée. Ouvrant l'injection d'eau de mer, cette vapeur est refroidie, elle perd sa pression et forme ce vide qui enlève tout obstacle à la marche du piston. De ce moment, la machine possède ses causes de mouvement, elle est prête à marcher.

Le tiroir tel qu'il a été décrit, est employé dans les appareils marins à basse pression; il a été divisé en deux parties pour les grandes machines, et il opère de la même manière dans deux chemises différentes qui communiquent toutes deux avec le condenseur et la chaudière. Enfin, on a emprunté aux locomotives, le tiroir en coquille formant une

Fig. 5.

Fig. 6.

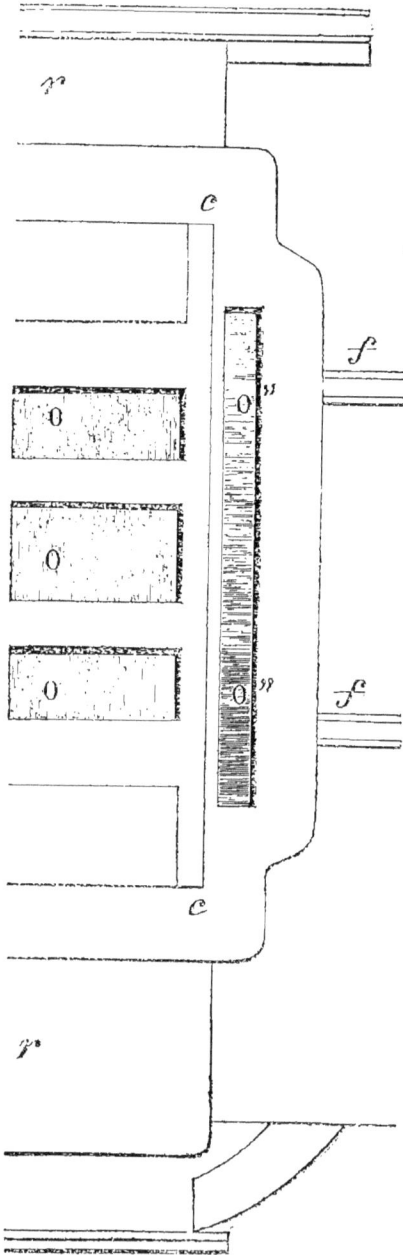

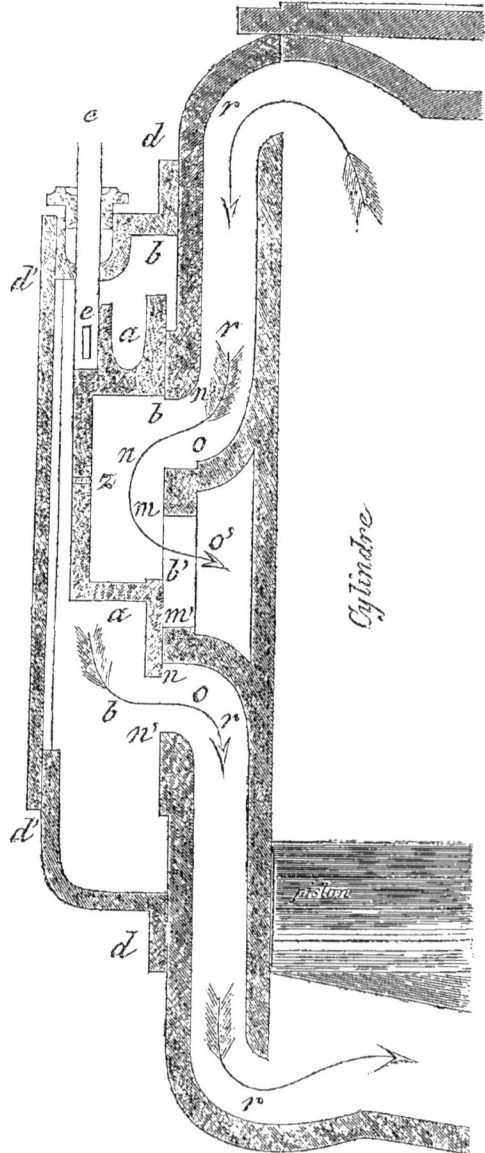

sorte de caisse plate *a a* (fig. 5 et 6), ayant un de ses grands côtés ouvert et garni de deux barrettes. Cette caisse est appliquée sur trois orifices, dont les deux extrêmes *o* et *o* communiquent avec les deux bouts du cylindre par des conduits, et celui du milieu *o'* va directement au condenseur par un canal latéral *o''*. Toute la chemise *d d'* est pleine de la vapeur de la chaudière et celle-ci, s'appuyant sur la caisse plate ou sur le tiroir proprement dit *a a*, l'applique contre les orifices. Ce tiroir diffère du précédent, en ce que ce sont les bords en regard de ses barrettes qui sont en communication avec le vide, et les opposés qui le sont avec la vapeur : c'est l'inverse du tiroir de *Watt* : aussi, tandis que ce dernier se meut à l'encontre du piston, l'autre suit les mêmes directions. Ce genre de tiroir ayant le vide en dedans et la vapeur en dehors, se trouve pressé avec tant de force sur les orifices, qu'il oppose beaucoup de résistance par son frottement. C'est à cette pression qu'il doit de n'avoir pas de garniture comme les autres, et de céder à l'eau lorsque la violence de l'ébullition en entraîne dans les cylindres.

On diminue son frottement en planant la face intérieure de la boîte, et en faisant une rainure rectangulaire autour du dos *c c* (fig. 7, 8 et 9). Dans l'intérieur est encastré un cadre *ff*, ayant à ses angles des saillies filetées comme des écrous dans lesquelles entrent des boulons V, qui repoussent le cadre vers le dos et qu'on tourne avec une clef carrée, enfoncée dans le trou de leur tête. En dessus de ce premier cadre, est une garniture en étoupe *g* et enfin un second cadre *c c*, parfaitement plané et frottant contre le dos de la boîte, de manière à être étanche sur tout son contour. Un trou *u*, percé dans le milieu du tiroir, met ses deux faces en communication avec le vide ; et comme la surface de l'intérieur n'est pas plus grande que celle de l'espace com-

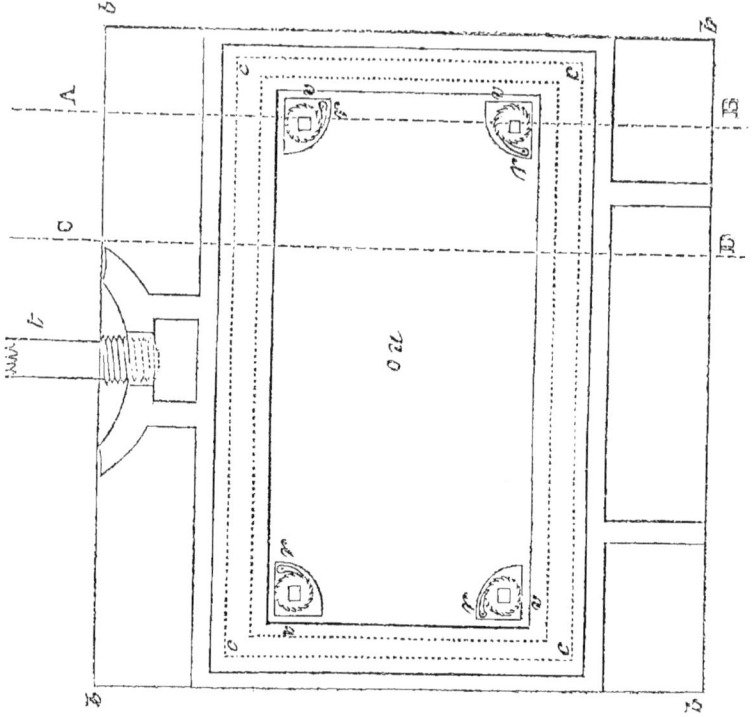

Fig. 9.

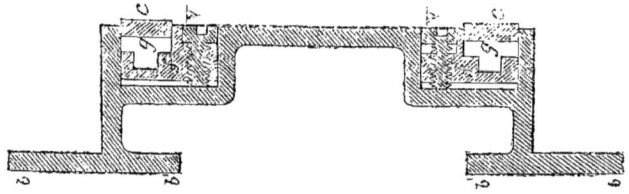

Fig. 8.

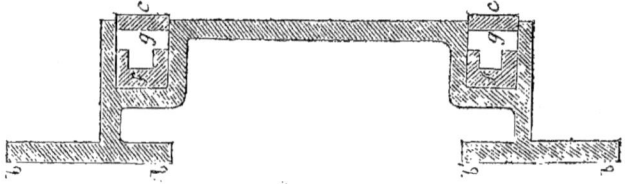

Fig. 7.

pris dans le cadre *c c*, aucune cause ne tend à augmenter le frottement des barrettes. Afin de serrer la garniture, le dos de la boîte a des trous correspondants aux boulons, pour passer la clef et pour comprimer le cadre *c* dès qu'il fait craindre des fuites : des bouchons taraudés ferment ces trous. Ce genre de tiroir n'offre presque pas de frottement, permet de grands orifices et est d'une manœuvre facile. M. *Mazeline* en a inventé un autre dont la section est un trapèze, ayant ses orifices sur les côtés et n'étant porté vers ces ouvertures que par la différence des deux bases parallèles; une sorte de clef soutient le tiroir et en règle le frottement. Enfin les Américains ont conservé l'usage des soupapes, pour agir comme les robinets dont nous avons parlé; mais afin d'éviter la grande pression exercée sur leur surface, ils ont adopté les soupapes équilibrées des pompes de *Cornouailles*. A terre on a fait usage de robinets tournants et à quatre fins. Ces divers modes de distribution remplissent également bien leur but, quand ils sont convenablement réglés.

Le mouvement du tiroir est nécessairement coordonné avec celui du piston, pour ouvrir et fermer les orifices, au moment où ce dernier va changer de direction. Comme le piston est lié à la manivelle, celle-ci règle sa course; et l'excentrique étant placé sur l'arbre, se trouve avoir les allées et venues convenables, en réglant la ligne de ses deux centres relativement à la manivelle et la plaçant à peu près d'équerre. Sur mer, où la machine marche aussi bien en arrière qu'en avant, l'excentrique est libre sur l'arbre; mais quand ce dernier tourne, il entraîne l'autre par des obstacles, nommés tocs ou buttoirs, placés dans des positions, qui répondent à des excentriques calés, l'un pour marcher en avant et l'autre pour fonctionner en arrière

C'est donc de la position de ces tocs que dépend l'importante liaison du tiroir qui règle la cause motrice, et celle du piston qui l'emploie et l'utilise. Pour obtenir cette concordance, mettons le piston au haut de sa course et arrêtons le tiroir de manière à ce que ses barrettes soient placées pour faire descendre; puis, en faisant tourner l'excentrique, faisons prendre le bouton de la manivelle du tiroir; tout est dès lors placé comme en marche; et si l'excentrique porte son toc, il suffit de tracer près de son bord la position que l'autre doit occuper sur l'arbre. En plaçant le tiroir pour faire marcher en arrière, c'est-à-dire en disposant les barrettes en sens inverse, le toc pour cette direction est tracé sur l'arbre comme le premier. Il résulte de cette disposition qu'en faisant marcher à la main en avant ou en arrière, l'arbre tourne d'abord dans l'excentrique, qui dès qu'il est rencontré par le toc convenable, est entraîné, ainsi que le tiroir.

Le tiroir n'ouvre pas ses orifices à l'instant précis où le piston renverse son mouvement, c'est-à-dire à ce qu'on nomme le point mort; il le fait un peu plus tôt et d'une quantité nommée avance, c'est-à-dire qu'il commence à condenser la vapeur avant qu'elle ait fini de pousser, et à en introduire à l'opposé comme pour résister à l'arrivée du piston à fin de course. L'expérience a prouvé que des chocs violents étaient ainsi évités, en opposant une résistance élastique à la vitesse acquise de toutes les pièces pesantes de la machine et que cette action prématurée des effets moteurs, favorisait l'impulsion inverse du piston, en lui préparant pour ainsi dire la voie. L'avance à la condensation agissant sur tout le volume du cylindre, alors plein de vapeur, commence plus tôt que celle à l'introduction, qui ne trouve qu'un espace très-resserré entre le couvercle et le piston arrivé presque à fin de course. Ces deux effets sont obtenus en plaçant le tiroir aux points d'ouverture voulus, au lieu d'en mettre les barrettes arête contre arête, lorsqu'on trace les tocs. Si, plus tard, on modifie l'avance, il suffit encore de placer les choses dans leur état naturel et, en se réglant sur l'espace resté libre entre les tocs, de déterminer l'épaisseur de la cale à interposer.

Maintenant que nous connaissons la manière dont la machine emploie la force de la vapeur, voyons les moyens d'en tirer le plus grand parti. Si le tiroir a des barrettes de même largeur que les orifices, il est évident qu'il ne fermera ces derniers qu'un instant, et que la vapeur sortira d'un côté et entrera de l'autre pendant toute la course. Elle produira ainsi son maximum d'effet sur le piston, mais aussi, elle entraînera à la dépense du cylindre entier. Ne vaudrait-il pas mieux ne pas agir ainsi? car sur la fin de leur course la manivelle et la bielle sont presque en ligne droite, et il n'y a qu'à les considérer

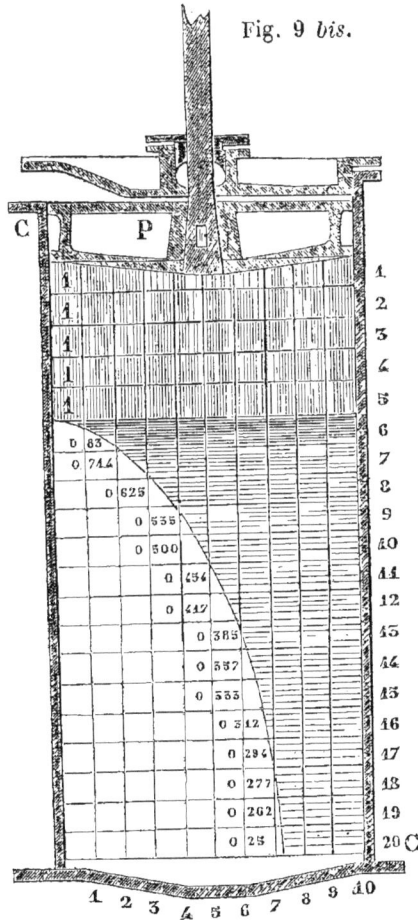

Fig. 9 bis.

pour comprendre que tous les efforts du piston ne font
presque rien pour la rotation. En outre, nous avons dit
qu'une fois séparée de l'eau qui la produit, la vapeur se
comportait comme un gaz : elle suit alors la loi de *Mariotte*,
ainsi conçue : les pressions des gaz sont en raison inverse
des espaces qu'ils occupent. La vapeur étant, par exemple,
arrêtée à mi-course et laissée isolée dans le cylindre, continue à presser, mais de moins en moins, au point qu'à fin
de course, la pression n'est plus que moitié. Mais toute
cette pression n'a pas coûté de vapeur et par conséquent
de charbon ; elle est donc un profit évident. Bien plus, elle
s'accorde avec l'action de la manivelle, qui se trouve ainsi
d'autant moins poussée qu'elle utilise moins la force par sa
diminution d'angle avec la bielle. Pour nous rendre compte
de cela, traçons un cylindre avec son piston (fig. 9 *bis*);
divisons sa course en vingt parties et son diamètre en dix
pour exprimer les décroissances de la pression, supposée de
1 atmosphère ou de 1 kilogramme par centimètre carré. La
vapeur est introduite librement jusqu'au quart de la course;
à la cinquième division, elle possède toute sa pression;
mais là tout passage lui est fermé, et elle perd à mesure
que le piston avance; pour la première division verticale
l'espace a augmenté d'un cinquième, la pression a baissé
d'un cinquième ou de deux dixièmes : on la porte à droite et
ainsi de suite à chaque division, de sorte qu'on a la courbe
de décroissance de la pression, et arrivé à fin de course,
on a encore un quart de la tension première. Il est curieux
de comparer la forme de cette courbe à celle qui est donnée par l'indicateur dont nous parlerons plus loin, on y
voit une analogie frappante, et une preuve que la vapeur
agit réellement comme nous le disons. Il résulte de ce que
montre cette figure, que toute la partie ombrée en demi-

teinte, est la force décroissante, mais tout à l'avantage de la puissance, et que la partie blanche est la perte. En faisant la somme des pressions marquée à chaque ligne et la divisant par 20, on a l'effort total du piston, et on voit qu'en introduisant de la vapeur pendant 1/4 de la course, on a un effet utile double pour une même quantité de vapeur ; mais on en conclut aussi que pour l'obtenir, il faut un cylindre de dimension double de celui qui sert à introduire pendant toute la course. Voici le calcul des avantages de la détente :

La vapeur étant arrêtée   Son effet utile est multiplié par

à $\frac{1}{2}$	de sa course;	1,7
à $\frac{1}{3}$	»	2,1
à $\frac{1}{4}$	»	2,4
à $\frac{1}{5}$	»	2,6
à $\frac{1}{6}$	»	2,8
à $\frac{1}{7}$	»	3,0
à $\frac{1}{8}$	»	3,2

En pratique, l'économie de force, résultant de la détente, est loin d'être aussi grande qu'en théorie, surtout lorsque l'introduction dure très-peu.

Il nous reste à voir comment on obtient l'interruption d'entrée de vapeur : c'est par deux procédés l'un nommé détente fixe ou naturelle, l'autre détente variable. Le premier opère par le tiroir lui-même et il n'y a qu'à considérer le rôle des barrettes, pour comprendre que si du côté de l'introduction, on ajoute une bande (en changeant le toc pour avoir l'avance voulue comme nous l'avons dit), elle bouchera le passage pendant tout le temps qu'elle glissera devant l'orifice : il y aura donc détente. Pour déterminer quelle est la largeur de cette bande, supposons que la barrette ait été faite trop grande ; nous ouvrons le cylindre, nous en étanchons le tiroir et nous faisons marcher le pis-

Fig. 10.

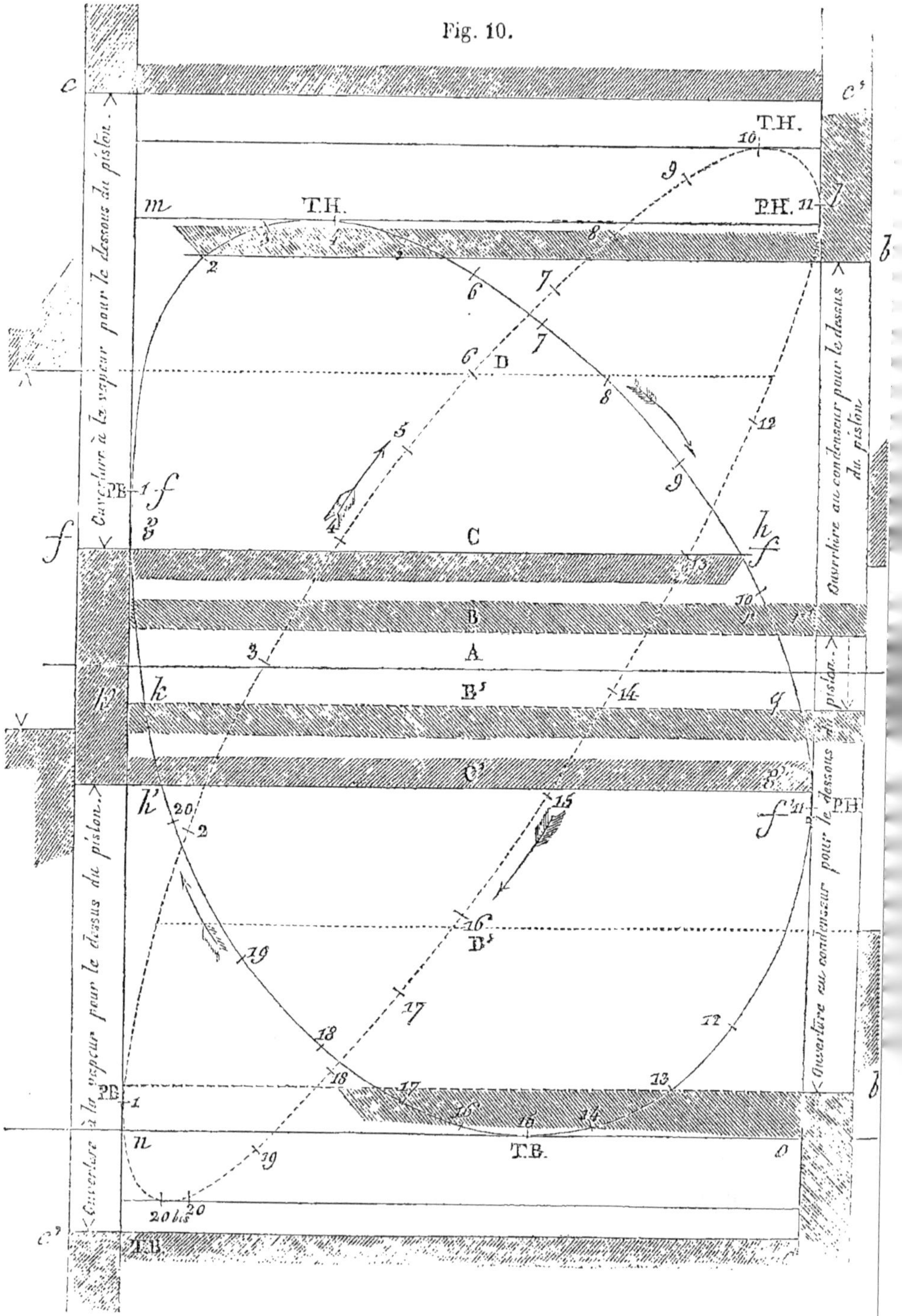

ton jusqu'au point de sa course où nous voulons couper l'introduction; alors nous traçons sur la barrette, le long de l'orifice, une ligne qui indique où il faut couper; en effet dès qu'en revenant sur ses pas, cette ligne arrive au bord de l'orifice, elle le ferme et produit l'expansion par la loi de *Mariotte*. Dans les appareils à basse pression, ce genre de détente ne commence qu'à partir de 0,7 ou à 0,8 de la course; mais dans ceux à 1 atmosphère effective, il est de 0,5, c'est-à-dire qu'on n'introduit que la moitié de la vapeur qui pourrait entrer dans le cylindre.

L'importance des fonctions du tiroir a conduit à les analyser avec soin, et divers moyens ont été imaginés pour exprimer, par des courbes, la relation mutuelle de son mouvement et de celui du piston. M. *Fauveau* l'a opéré en mettant une règle graduée devant chacune des pièces à comparer, et en notant les positions aux mêmes moments, pendant qu'on fait tourner les roues à bras. De la sorte, on obtient deux séries de nombres et on les emploie les uns comme ordonnées, les autres comme abcisses d'une courbe qui affecte ordinairement la forme d'un œuf (fig. 10). Elle exprime, à l'échelle naturelle, la course du tiroir, et à celle de 1/10 ou de 1/5, celle du piston; sur ses côtés sont tracées les étendues des orifices du cylindre à la condensation ainsi qu'à l'introduction; ils sont désignés par H V et H C c'est-à-dire haut vapeur et haut condenseur.

Il importe de connaître si les actions physiques de la vapeur se sont opérées, c'est-à-dire si le gaz moteur arrive en quantité et avec l'énergie suffisante, ou s'il s'échappe avec facilité dès que son action a cessé d'être utile. Pour apprécier ces effets physiques, on a recours à l'instrument ingénieux inventé par *Watt* et nommé Indicateur. Il se compose d'un piston se mouvant dans le cylindre (fig. 11), de

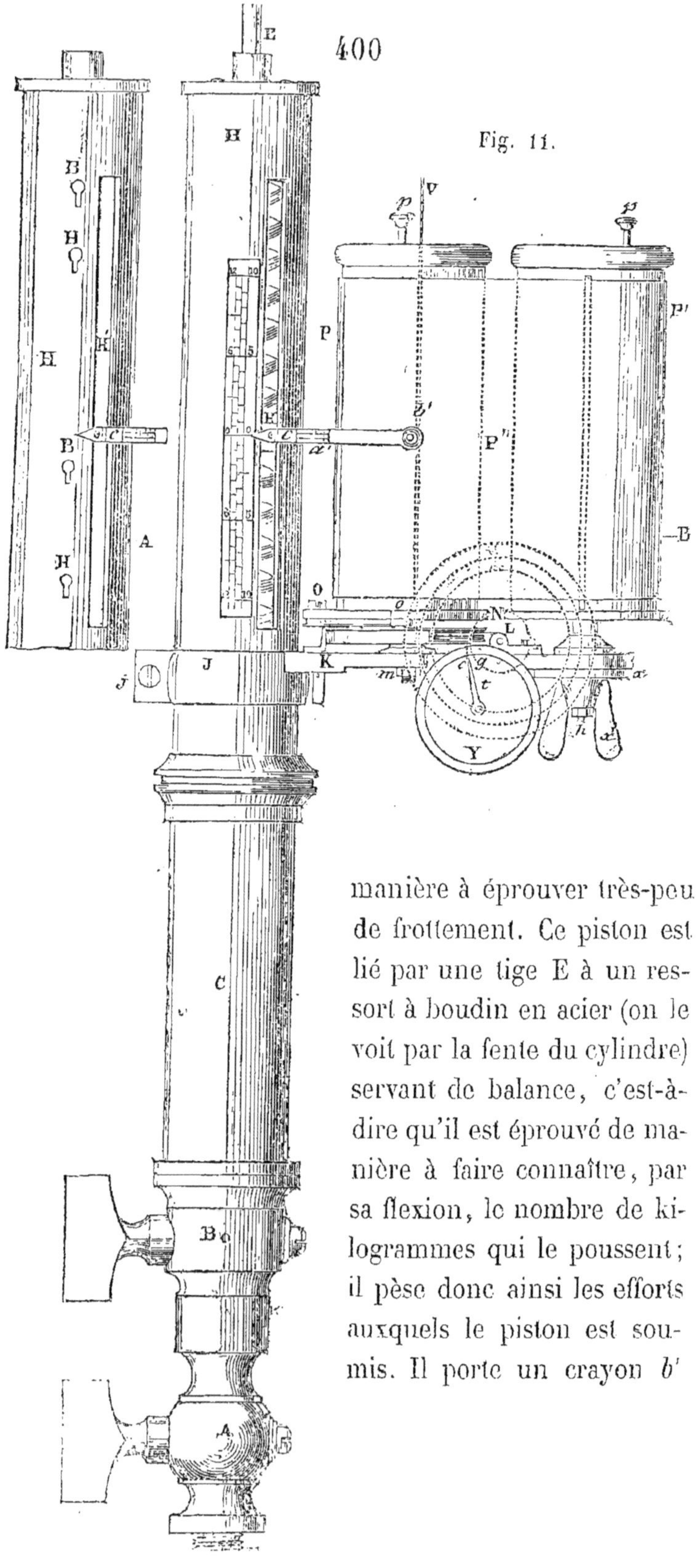

Fig. 11.

manière à éprouver très-peu
de frottement. Ce piston est
lié par une tige E à un ressort à boudin en acier (on le
voit par la fente du cylindre)
servant de balance, c'est-à-
dire qu'il est éprouvé de manière à faire connaître, par
sa flexion, le nombre de kilogrammes qui le poussent;
il pèse donc ainsi les efforts
auxquels le piston est soumis. Il porte un crayon b'

pour marquer tout ce qu'il éprouve sur une feuille de papier P″. Celle-ci est portée sur deux tambours en cuivre P, P′, entraînés par une ficelle V, passant dans des poulies et attachée à la tige du piston de la machine à vapeur, pour en suivre les mouvements ; cette ficelle, enroulée sur une roue placée de l'autre côté de l'instrument et ponctuée, fait tourner un mécanisme, pour que, entraîné par les deux cylindres, le papier se promène en va-et-vient proportionnellement à la course du piston. Des poulies différentes sont employées suivant les longueurs de ces courses, et le papier tourne dans un sens quand ce dernier monte ; rappelé par un ressort, il revient dans la direction opposée lorsqu'il descend. Si on appuie le crayon, la ligne tracée sur le papier exprimera donc, par sa longueur, la course du piston. L'instrument est fixé sur le couvercle du cylindre au moyen d'une vis tournée dans le trou taraudé de l'un des robinets à graisser. Pour le faire fonctionner, il suffit d'attacher la ficelle au piston, et de tracer sur le papier, qui va et vient, la ligne qui exprime qu'il n'y a pas de pression, dans un sens ou dans l'autre, sur le piston de l'appareil, puis d'ouvrir les robinets A et B. Aussitôt le petit piston de l'instrument est en communication, par en dessous, avec le cylindre, et il reste pressé, en dessus, par l'atmosphère. Si, dans le cylindre à vapeur, la pression est plus forte que l'atmosphère, il est poussé de bas en haut, et l'intensité de la tension est donnée par la flexion du ressort ; si, au contraire, le vide est produit dans le cylindre, le petit piston est déprimé par l'air, et son ressort indique encore de combien l'atmosphère s'est montrée plus forte que la faible vapeur du condenseur. L'instrument montre donc les effets inverses de pression et de succion dont nous avons parlé ; bien plus, il les mesure, puisqu'il pèse, pour chaque instant, quelle est la force de la pression ou du vide dans le cylindre ; mais comme en même temps, le papier sur lequel il s'appuie se promène comme le piston, il en résulte qu'il trace ces pressions pour chaque point de la course. Pour réduire directement les pressions de centimètres de mercure, en atmosphères ou en fractions de kilogrammes par centimètres carrés, une échelle est placée à gauche de la fente, et une pointe a', répondant au crayon, y montre les flexions du ressort. Cette échelle est graduée en raison de la surface du piston de l'instrument et de la flexion du ressort sous une charge d'un certain nombre de kilogrammes. D'habitude, le ressort est calculé pour fléchir d'un nombre déterminé de centimètres pour une atmosphère, $0^m,05$ par exemple, de manière à voir les pressions sur la courbe, en y appliquant un mètre ordinaire. Chaque instrument a trois ressorts et trois échelles, un pour la haute, un second pour la moyenne, et le troisième pour la basse pression.

D'après ce qui précède, on conçoit que la courbe d'indication apprécie tout ce qui se passe hors de la vue dans le cylindre ; elle a ordinairement la forme tracée par la fig. 11.

Cet instrument précieux montre toutes les fonctions intérieures de la machine ; il les apprécie, les mesure ; il sert, pour ainsi dire, à lui tâter le pouls, et c'est peut-être à son heureuse invention, que *Watt* a dû de déterminer, de prime abord et avec une si admirable exactitude, les proportions des parties vitales de l'appareil. Il est pour les machines ce qu'est le cercle de réflexion pour les observations à la mer; il éclaire ce qui est invisible, et il sert à connaître ce qui est bien et ce qui est mal. Aussi, est-il à souhaiter que son usage se répande davantage, et que les mécaniciens s'initient à s'en servir!

Fig. 11.

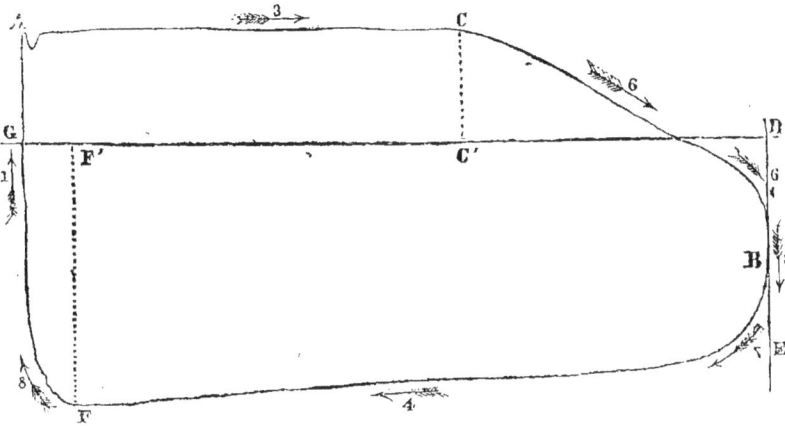

Nous nous sommes étendu sur ce qui regarde l'action de
la vapeur dans les machines, parce que ce nouveau moteur est moins familier aux marins, que les diverses parties
du navire à voiles, et que, avant de s'occuper de la manière
de l'employer, il faut nécessairement connaître comment
il agit. C'est le seul moyen de parvenir à le conduire convenablement; le but principal de cette partie de l'ouvrage
étant de mettre à même de naviguer aussi bien à la vapeur
qu'à la voile.

Sur mer, les deux propriétés de la vapeur sont employées
en même temps, comme nous l'avons expliqué; ce mode
d'action est le meilleur, parce que, l'eau froide ne manquant jamais, la condensation n'offre aucune difficulté, et
qu'elle donne une grande puissance en détruisant tout obstacle au mouvement du piston. En effet, le vide est alors
une source de force; il agit comme si on ôtait le support
d'émission pour rendre à la pesanteur sa liberté, ou comme
si l'on ouvrait la vanne d'un moulin pour laisser tomber
l'eau sur sa roue. Les premières machines étaient même construites sur cette seule propriété; leur cylindre ouvert en

dessus, laissait l'air presser sur le piston, lorsque la vapeur condensée anéantissait tout obstacle inférieur. On nomma ces machines Atmosphériques; elles ont été longtemps usi-tées dans les mines pour l'épuisement de l'eau, jusqu'à ce que *Watt*, en inventant la machine à simple effet, opéra la condensation dans un vase séparé, et empêcha l'air de refroidir l'intérieur du cylindre en y plaçant un cou-vercle. Les appareils marins sont, au contraire, à double effet, en ce que la vapeur agit alternativement au-dessus et au-dessous du piston. Dans le principe, la pression de leur vapeur ne dépassait guère $0^m,25$ de mercure, en-viron un tiers d'atmosphère. La forme peu résistante des chaudières et la crainte des accidents empêchèrent long-temps de s'élever au-dessus; mais, depuis l'adoption des chaudières tubulaires, on s'est fréquemment élevé à une atmosphère ou $0^m,76$ de mercure : il en est résulté des ap-pareils dont le volume et le poids ne sont plus guère que le tiers des anciens, à puissance égale.

A terre, les machines à haute pression sont fréquem-ment employées; elles diffèrent de celles dont nous nous occupons, en ce que la vapeur, après avoir pressé le piston, se perd dans l'atmosphère au lieu de se condenser, et n'a-git, par conséquent, que par l'excès de sa pression sur celle de l'air : ce genre de machine est donc plus simple et plus léger, en ce qu'il n'exige ni condenseur ni pompe à air, et qu'il ne lui faut que la quantité d'eau nécessaire à la chaudière, au lieu de la masse considérable employée à la condensation. Aussi, les machines à haute pression sont exclusivement usitées sur les locomotives, sur les bateaux de rivière où la légèreté est si nécessaire, et dans les ate-liers qui, par leur position, payeraient trop cher l'eau né-cessaire à la condensation.

Entre ces deux moyens d'employer la force de la vapeur, il y a encore celui dit à moyenne pression, qui, tout en utilisant la condensation, travaille à une tension assez élevée, et emploie ordinairement deux cylindres : le plus petit, destiné à la pression élevée, renvoie sa vapeur au plus grand, dans lequel elle est condensée. De la sorte, chacun des cylindres se maintient à la température de sa pression, tandis qu'en laissant détendre la vapeur dans un même cylindre, il s'y opère, comme nous l'avons vu, des refroidissements nuisibles à l'action de la vapeur chaude : ces machines sont les plus économiques.

Dans tout ce qui précède, nous ne nous sommes pas occupé de la chaudière; c'est pourtant elle qui produit la vapeur, dont nous avons détaillé les effets. Tout part de son intérieur; aussi est-ce la partie la plus importante de la machine; mais, par la nature de son rôle, elle exige moins d'explication que le reste, car, quelle que soit sa forme, elle sert toujours à contenir de l'eau pour l'échauffer. La force acquise ainsi par l'eau, s'appuyant, pour ainsi dire, sur ses parois, pour, de là, presser sur le piston, nécessite une grande solidité de toutes ses parties, tant par leur épaisseur que par leur forme, ou que par les modes de liaison.

En outre, comme, pour bien utiliser l'action du feu, il est nécessaire de lui présenter de grandes surfaces, des dispositions intérieures très-variées ont été inventées, pour arriver à ce but dans un petit volume. Ainsi, dans les premières chaudières marines, la flamme produite sur les grilles se rend dans une sorte de labyrinthe prolongé jusqu'à la cheminée, afin d'avoir le temps de déposer en route toute sa chaleur. Le peu de résistance des surfaces planes de ces chaudières et leur grand volume, ont porté à l'adoption des appareils tubulaires, dans lesquels la flamme passe dans de nombreux tubes, afin d'y trouver une grande surface avant d'arriver à la cheminée. Il serait trop long de détailler les diverses sortes de chaudières ; un coup d'œil sur un plan montre mieux leur disposition que de longues descriptions. Qu'il suffise donc de dire que toute chaudière est formée d'une enveloppe ; les foyers ont des grilles sur lesquelles brûle le charbon ; en dessous, est le cendrier par où arrive l'air nécessaire à la combustion : l'eau entoure toutes les parties exposées au feu et forme, en dessus comme en dessous, une large nappe. Après avoir parcouru les carneaux ou les tubes, la fumée se rend à la cheminée, dont la hauteur sert à produire le tirage, c'est-à-dire cette sorte de succion de l'air dans les foyers, afin d'activer leur combustion. La partie supérieure de la chaudière forme un vaste réservoir nommé chambre à vapeur, où l'eau, devenue gazeuse, est rassemblée, avant de se rendre à la machine, par un tuyau que bouche à volonté une soupape d'arrêt. Des moyens de sûreté ainsi que de surveillance sont adaptés à diverses parties; vers le haut, est la soupape de sûreté inventée par *Papin;* c'est un disque posé sur les bords d'un orifice, et chargé, suivant sa surface, d'un poids proportionnel à la tension maximum de la chaudière. De la sorte, si cette pression est excédée par trop de chaleur fournie, la soupape s'élève d'elle-même et, laissant échapper le surplus de la production, maintient la pression dans une limite constante (voir au chapitre IV, *les Dangers des machines*). Le niveau de l'eau intérieur est connu par des tubes indicateurs en verre, communiquant par le haut avec la vapeur, et par le bas avec l'eau, ou encore par les robinets-jauges, dont l'ouverture laisse sortir ce qui se trouve à leur niveau, ou, enfin, par des flotteurs intérieurs, dont la position est indiquée à l'aide d'une aiguille. Ces moyens de connaître le niveau de l'eau sont une des plus sûres garanties contre les explosions terribles, par lesquelles ce puissant moteur s'est rendu si redoutable dans les premiers temps de son emploi !

La pression est mesurée par le manomètre-siphon en fer, qui est en partie rempli de mercure ; il communique par un bout avec la vapeur, et par l'autre avec l'air : si la pression intérieure est plus forte, le mercure, déprimé d'un côté, s'élève de l'autre en l'indiquant par un flotteur ; il pèse ainsi, par sa différence de niveau, la pression qu'il éprouve, comme le fait un baromètre pour l'air atmosphérique.

L'eau enlevée par l'évaporation, étant douce, laisse constamment après elle du sel qui finirait par encombrer la chaudière et, s'interposant entre le métal et l'eau, par absorber beaucoup de chaleur. On empêche ce sel de se déposer en chassant périodiquement l'eau la plus saturée par l'ouverture d'un robinet ou, d'une manière continue, au moyen d'une pompe ; un pèse-sel mesure la densité de l'eau et sert de guide pour ne pas perdre de l'eau chaude inutilement. Toutes ces parties de l'appareil évaporatoire, ayant un rapport direct avec l'emploi à la mer des machines dont nous nous occupons spécialement, trouveront plus loin leur place avec des détails suffisants. (Voir le chapitre VI, qui traite *Du chauffage*.)

CHAPITRE II.

I. Dispositions des machines à vapeur marines. — II. Évaluation de leur force. — III. Propulseurs.

I. Lorsqu'on est parvenu à connaître comment la vapeur exerce sa puissance sur le piston, il devient très-facile de comprendre la manière d'utiliser cette force ; malgré leur complication apparente, les différents mécanismes adoptés présentent d'autant moins de difficultés, que toutes leurs parties sont visibles et indiquent clairement leur rôle par leur mouvement.

Ainsi, dans les anciens appareils, le va-et-vient du piston est transmis, par sa tige, à son té supérieur et à ses bielles pendantes au bout de deux balanciers parallèles, qui sont placés en bas. Ceux-ci, par leur roideur, renvoient cette force à leur extrémité opposée, et de là, au moyen de deux petites bielles latérales et d'un nouveau té traversé par la grande bielle, la communiquent aux manivelles situées en dessus, afin d'entraîner les arbres et les roues à aubes. Les balanciers servent, en outre, à mouvoir la pompe à air et celles qui sont destinées à l'alimentation de la chaudière ou à l'extraction de l'eau de la cale. Les effets obliques des bielles pendantes sur la tige du piston tendraient à fausser cette dernière, sans l'ingénieux appareil inventé par *Watt* et nommé Parallélogramme. Il est formé de différentes tiges, disposées de manière à conserver toujours la figure, dont elles portent le nom et qui, par la contradiction des arcs de cercle décrits par trois des angles, font suivre une ligne droite au quatrième. Le mouvement de rotation de l'arbre est transformé en va-et-vient par l'excentrique, qui, au moyen de diverses tiges, fait monter et descendre le tiroir. Enfin une charpente en fonte, posée d'habitude sur deux longues plaques de fondation boulonnées sur les carlingues, sert à soutenir les arbres et à lier les différentes parties.

Ces premiers appareils, lourds et compliqués, ont été remplacés par des modes de transmission de mouvement plus simples, tels que les machines à connexion directe, dont l'arbre, placé au-dessus du cylindre, reçoit le mouvement du piston par une bielle faisant suite à la tige, ou par des bielles pendantes articulées, par leur pied, à d'autres bielles, qui renvoient le mouvement vers le haut, au moyen d'un té que traverse la grande bielle. Les machines en clocher ont quatre longues tiges de piston, et leur bielle revient vers le cylindre qui oscille entre elles ou dans une sorte de cadre, telles les machines à tige-bielle, dont la bielle est articulée directement sur le piston, et qui se meuvent soit dans une auge qui, en traversant le couvercle, monte et descend avec le piston, soit dans une rotule portée par une glissière pratiquée dans le couvercle, afin d'obvier aux changements d'angle de la bielle. Les premiers de ces appareils se nomment souvent machines à fourneau et sont employés à des appareils articulés aux hélices, sans intermédiaire d'engrenage. Quand le cylindre est horizontal, les deux bases sont quelquefois traversées par cette sorte de fourreau, et servent de guide. On a encore imaginé le piston annulaire, traversé au milieu par un cylindre fixe; il porte deux tiges, dont les têtes sont jointes à deux pièces semblables à la majuscule T. Le pied de ces tés entre dans le petit cylindre et se joint à une sorte de disque glissant, pour servir de guide. C'est sur cette pièce qu'est articulée la grande bielle qui, en oscillant entre les deux tés, donne le mouvement aux manivelles placées en dessus. Les colonnes de l'entablement reposent sur le cylindre, et un balancier particulier sert à mouvoir la pompe à air. Cette disposition a remplacé avantageusement les doubles cylindres, agissant simultanément sur une grande bielle.

De toutes les nouvelles dispositions, la plus générale est celle qui fut adoptée d'abord par M. *Cavé* : son cylindre, porté par des tourillons, oscille sur ces appuis comme un canon; il est entraîné par sa tige de piston, pour suivre le cercle décrit par la manivelle. Les tourillons sont creux et rendus étanches par un presse-étoupe; l'un reçoit la vapeur de la chaudière, l'autre la laisse se perdre dans le conducteur, et un tiroir, communiquant avec ces deux passages ainsi qu'avec les extrémités du cylindre, distribue la vapeur comme à l'ordinaire. L'arbre intermédiaire, découpé en vilebrequin, sert à mouvoir les pompes à air enfouies dans le conducteur; de légères colonnes soutiennent l'entablement fixé au pont et destiné à porter les arbres par leurs paliers. Ce mécanisme, si simple et très-usité, reçoit différentes positions, ses cylindres étant placés verticalement, obliquement, ou même dans le sens horizontal. Du reste, la position couchée du cylindre est adoptée pour toutes sortes de renvois de mouvement, et même il y a des cylindres renversés, c'est-à-dire dont la tige sort par en dessous. L'inspection de ces divers appareils suffit pour en comprendre le mode d'action, et il n'est pas dans les limites de cet ouvrage de s'étendre en longs détails : son but étant plutôt l'emploi des machines que la description de leur forme, nous allons nous occuper des méthodes d'évaluer leur force et de la rendre utile pour les propulseurs; nous traiterons ensuite de leur entretien et de leur manœuvre ou conduite.

II. Avant d'étudier la première de ces deux questions, il est nécessaire de se rendre compte de ce qui s'entend par la puissance d'une machine. Toute force est le résultat d'une action naturelle, telle que celles du vent, du poids de l'eau, des muscles des hommes ou des animaux, et enfin de l'expansion ou de la contraction de la vapeur. Une force est une cause tendant à mouvoir un objet pesant s'il est au repos, et à l'arrêter s'il est en mouvement; elle est produite par la nature; il n'est donné à l'homme que de la modifier. Elle n'agit que lorsqu'elle est plus forte que l'objet qui lui résiste; sans cela, elle est sans effet, quoiqu'elle ne cesse pas d'exister. Si elle est égale à la résistance opposée, il y a équilibre; si elle est plus puissante, il y a mouvement, c'est-à-dire déplacement d'un point vers un autre. Le mouvement ne saurait donc être produit que par une force; de même, il n'est arrêté que par une force contraire, parce que, une fois acquis, il devient pour ainsi dire une force lui-même, en vertu de la loi d'inertie par laquelle la matière ne saurait changer son état d'elle-même. Le résultat de l'effet d'une force, c'est-à-dire le mouvement, est l'effet utile de cette force; il dépend de la quantité de matière réunie, c'est-à-dire de la masse ou du poids, et de la vitesse imprimée : celle-ci étant mesurée par l'espace parcouru dans un temps déterminé, exige ces deux nouveaux éléments. Ainsi l'effet utile comprend le poids, l'espace parcouru et le temps. Comme la pesanteur est, de toutes les actions naturelles, la plus régulière, c'est à elle qu'on se rapporte en se servant d'unités adoptées, et on choisit pour celle de l'effet utile, le kilogramme élevé de 1 mètre par seconde; c'est une nouvelle unité de force ou d'effet utile, nommé kilogramètre. Pour les grandes puissances, l'usage a prévalu d'employer le cheval de vapeur déterminé par *Watt* et évalué à 33,000 livres anglaises élevées de 1 pied par minute, ce que nous avons traduit en mesures françaises, par 75 kilogrammes élevés de 1 mètre par seconde. Tel est l'effet utile du cheval-vapeur ; il équivaut à environ dix hommes virant au cabestan.

Cela posé, pour déterminer la force des machines, on se sert de leur travail direct, comme celui d'élever de l'eau dans des pompes ou du charbon de terre dans les puits. Pour les petits appareils, on emploie le frein de *Prony*, levier à frottement placé sur l'arbre de manière à soutenir un poids pendant que la machine tourne entre ses coussinets en bois. Mais ce procédé ne saurait servir à mesurer de grandes puissances, et sur mer, où l'impulsion du navire est inappréciable, on est réduit à des calculs ; car les expériences faites soit avec une romaine placée contre la butée de l'hélice, soit en rentrant et diminuant assez les aubes pour que la machine ait sa rotation habituelle pendant que le navire est attaché à un dynamomètre, donnent l'effet combiné de la puissance et du propulseur, sans qu'il soit possible de séparer la première. On a donc recours à des calculs basés sur les dimensions de l'appareil, sur sa vitesse et sur les pressions auxquelles il est soumis.

Pour déterminer directement la force d'une machine, il faut recourir à l'indicateur dont nous avons parlé dans le chapitre précédent, et opérer de la manière suivante. On prend une courbe lorsque la machine est dans ses conditions habituelles, on divise la ligne G D (fig. 11), exprimant la course du piston, en dix ou 20 parties ; on élève des perpendiculaires sur chacune d'elles ; sur le côté, on porte l'échelle de l'instrument, exprimée en kilogrammes par

Fig. 12.

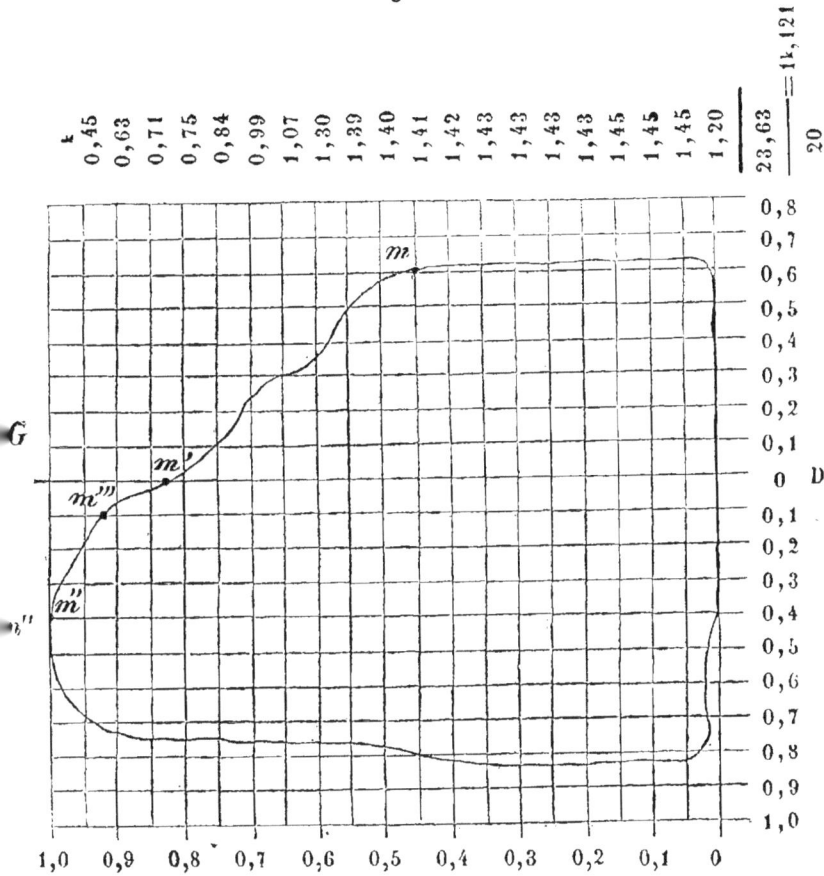

centimètre carré, et déterminée par la flexion du ressort pour une charge d'autant de kilogrammes qu'il y a de centimètres carrés dans la surface de son petit piston. On trace des parallèles à la ligne G D par toutes ces divisions, on voit à quel point la courbe coupe les verticales, et on écrit en haut le nombre de grammes exprimé par les deux distances à la ligne G D, du côté de la vapeur et de celui du vide. On prend la moyenne, qui exprime l'effet moyen exercé simultanément par la pression de la vapeur et par la sorte de succion du vide, sur un centimètre carré du piston, pendant une de ses courses. Alors, prenant la surface du piston en centimètres carrés, la multipliant par $1^k,181$, on a l'effort total moyen; multipliant ce nouveau nombre par la vitesse en mètres par seconde, on a le nombre de kilogramètres, qui, divisé par **75**, donne celui des chevaux-vapeur.

III. Voyons maintenant comment la force des machines est utilisée sur mer, au moyen des propulseurs ou des surfaces opposées à l'eau et entraînées par le mouvement de l'arbre. Malgré de nombreuses inventions, on n'en distingue que deux sortes, les roues à aubes et les hélices. Les premières sont formées d'une suite de surfaces plates en bois, fixées au bout des rayons d'une roue et entrant successivement dans l'eau pour la pousser. Il en existe deux sortes, celles à aubes fixes, dont la position sur le rayon est invariable, et celles qui sont articulées, ayant un mouvement angulaire relativement à leur rayon : les premières ont pour elles la solidité, mais elles font perdre de la force, en ce qu'elles entrent et sortent obliquement, et relèvent beaucoup d'eau vers l'arrière. Plus la roue est immergée par la surcharge du navire, ou par son inclinaison à la voile, plus cette perte est considérable. Les roues articulées entrent et sortent, au contraire, sous des angles favorables, de manière à n'avoir de position verticale qu'au point le plus bas de leur course; elles donnent moins de trémitation au navire, en ce sens qu'elles n'éprouvent pas de choc à leur entrée dans l'eau. Mais leurs nombreuses articulations, exposées à s'oxyder, occasionnent souvent du jeu et des avaries; aussi sont-elles peu employées pour les trajets lointains, parce que, dès que leurs parties jouent, elles se disloquent par des chocs continuels; et, s'il survient une avarie, il faut rester longtemps arrêté pour les démonter complétement, sous peine de voir la pale avariée butter sur les baux dits de force, tandis que plusieurs aubes fixes perdues ne causent aucun accident et ralentissent même peu la marche. Un accident aux aubes articulées, arrivé près d'une côte, mettrait un navire à vapeur en danger.

Les aubes articulées sont portées par deux tourillons extrêmes, passant par leur milieu et tournant dans des douilles au bout du rayon ; elles ont à l'une de leurs extrémités un bras, au bout duquel est appliquée une tige mobile ou bielle, articulée elle-même sur un excentrique, c'est-à-dire sur un plateau tournant, dont le centre n'est pas dans la direction de l'axe de la roue. Il résulte de cette position que les bielles poussent ou tirent les bras pendant la rotation générale, et font changer l'angle des aubes et des rayons. L'excentrique est tantôt porté par l'élongis antérieur, tantôt il est fixé contre la muraille et entoure l'arbre. Ces aubes sont toujours en une seule pièce, tandis que celles qui sont fixées sur le rayon sont en deux ou trois parties, tant pour en rendre le démontage facile que pour laisser dégager l'eau à leur sortie.

On maintient les aubes fixes avec des boulons à crocs prenant le rayon ; le crochet ne doit pas être trop profond, afin de ne pas exiger qu'on enlève l'écrou, au risque de perdre le croc. Quand les aubes sont en trois pièces, deux sont situées sur l'avant du rayon et sont tenues par une traverse serrée par un boulon traversant la troisième, qui est appuyée sur l'arrière. De la sorte, un seul écrou dévissé rend les trois portions libres, et si on le met à oreilles, il n'exige même pas l'emploi des clefs. Le chapitre VIII contient de nouvelles explications à ce sujet.

L'eau, n'étant pas résistante, cède à l'impulsion des aubes d'une quantité nommée Recul : on la détermine en comparant le chemin développé par la roue, suivant son nombre de tours, à celui qui est fait par le navire ; mais, comme toutes les parties de chaque aube n'agissent pas également, l'extérieur ayant une vitesse plus grande et restant plus longtemps dans l'eau, il y a un point qui se trouve être le centre d'action de l'aube. On le place à quatre dixièmes de la largeur de l'aube, à partir de son bord extérieur, c'est-à-dire à un dixième en dehors de son centre, et la vitesse de rotation de ce point représente celle de la roue. La comparaison de la distance développée par ce centre d'action, à l'espace parcouru par le navire, est le vrai recul. Il est ordinairement de deux à trois dixièmes ; au delà, il ferait dépenser inutilement de la vapeur, en permettant au piston une marche trop rapide et inutile ; il dépend du rapport entre la résistance du navire, la force d'impulsion et la surface des aubes. Une marche rapide rend ce rapport plus grand, de même que le vent quand il est debout.

Lorsque le navire s'allège par la consommation de son combustible, les aubes enfoncent moins et, ne trouvant plus autant de résistance, repoussent l'eau davantage. L'augmentation de surface des aubes diminuerait ces pertes ; mais les pales ne pourraient être trop longues, sans qu'on fût obligé de donner des dimensions exagérées aux roues, ni trop larges, en ce qu'une partie de leur surface se trouverait en dedans du cercle roulant. Celui-ci est le cercle que décrirait la roue, si elle tournait sur une surface résistante comme celle des voitures ; sa circonférence marche avec la même vitesse que le navire ; tout point plus rapproché du centre va moins vite, et il porterait, par conséquent, obstacle. Naturellement, ce cercle est très-variable ; il s'étend avec un sillage favorisé par les voiles, se contracte par le ralentissement, et il serait réduit à l'axe si le navire cessait d'avancer, quoique sa roue tournât.

Un nouveau propulseur est venu changer les conditions des navires à vapeur et, en leur enlevant les roues et les tambours, permettre de leur conserver leurs anciennes qualités de navires à voiles. C'est l'hélice, sorte d'ailes de moulin à vent, tournant dans une ouverture percée dans le massif arrière, en avant de l'étambot. Elle agit par l'obliquité des surfaces de ses ailes, de manière à pousser le navire suivant son axe : cet axe entre dans le navire par un trou pratiqué au contre-étambot, et traverse un presse-étoupe pour empêcher l'infiltration. Il se continue jusque vers la machine motrice, dont il reçoit directement l'impulsion si sa rotation n'est pas trop rapide. Dans le cas contraire, il porte un pignon, mû par un engrenage dans le rapport nécessaire à la vitesse de l'hélice relativement à la machine; ce rapport varie entre deux et quatre fois la rotation de la manivelle. Les engrenages ont acquis des dimensions gigantesques dans les appareils à hélice; ils chargent le navire d'un poids considérable et sont exposés à de graves avaries. Aussi est-il à souhaiter que les efforts de mécaniciens réussissent à obtenir, sans danger, assez de vitesse de piston pour éviter ces pesants intermédiaires.

C'est à l'hélice qu'on doit le navire mixte; avec les roues ce genre de navires était impossible, et il offre tant d'avantages pour la navigation en réunissant les deux moteurs, que c'est vers lui que se tournent les espérances des marins. Le nouveau propulseur, placé sous l'eau, hors de l'influence de la mer et des boulets, a permis aussi d'abriter la machine, en la plaçant au fond de la cale : on lui doit des vaisseaux aussi étonnants par leur marche que redoutables par leur force militaire, et exécutant tous les mouvements à point nommé sans que rien les arrête. L'hélice de ces navires se démonte quelquefois, afin de ne pas opposer un obstacle à la marche à la voile. Rendue folle, c'est-à-dire séparée de la machine, elle n'éprouve qu'une très-faible résistance. Lorsqu'elle se démonte, elle n'a que deux branches afin de ne pas nécessiter une trop large ouverture, et elle s'élève au moyen d'un cadre, dans un puits percé à l'arrière du navire. Ce cadre, soulevé par des caliornes, glisse dans les rainures de l'étambot et du contre-étambot ; il porte les coussinets des tourillons de l'arbre spécial de l'hélice, qui traverse sa branche avant. Une fois en place, il est réuni à l'arbre par divers moyens, dont le plus simple consiste en une traverse ou té qui le termine, et qui, placé dans une position verticale, s'engage avec une fente pratiquée au bout de l'arbre du navire, dans le trou du contre-étambot. L'usure des parties frottantes a paru longtemps un obstacle à la fixité des hélices ; mais l'ingénieuse manière de changer les coussinets et même les garnitures, de M. *Dupuy-de-Lôme*, a levé toutes les difficultés, et l'hélice tourne si facilement qu'elle n'offre pas d'obstacle sensible. Ainsi disposée, elle ne modifie que le massif de l'étambot, et ne contribue pas à la désunion de la charpente de l'arrière, occasionnée par l'énorme puits nécessaire au démontage. Cette question importante est loin d'être entièrement résolue, la pratique seule y parviendra ; mais, d'après ce qui a déjà été observé, il est probable que l'hélice fixe, ne détruisant pas la liaison de l'arrière, obtiendra la préférence ; d'autant qu'elle peut présenter une ressource précieuse pour les calmes ou pour assurer les évolutions, en permettant de la mouvoir à l'instant au moyen du cabestan, tandis que pour avoir la machine prête il faut attendre près de deux heures, comme on le verra au chapitre VII, avant que la chaleur soit assez forte pour produire de la vapeur.

L'hélice est rendue folle, en la séparant de la machine par un désembrayage placé sur les bouts de deux portions de l'arbre ; ce mode de jonction et de séparation consiste d'habitude en deux plateaux clavetés sur leurs arbres, placés en regard et unis ou désunis par le passage de gros boulons. Cette méthode exige que le navire s'arrête et que l'hélice ne tourne plus. D'autres embrayages sont formés de deux manchons terminés par de grosses dents qui entrent l'une dans l'autre. L'un des manchons court sur sa portion d'arbre de manière à faire prendre ou sortir les dents ; il glisse en même temps sur une nervure servant à l'entraîner avec l'arbre. Ainsi, il est possible d'embrayer ou de désembrayer avec cinq ou six nœuds de vitesse.

Pour l'hélice, le recul se calcule en comparant le chemin parcouru par le navire à celui qui est développé par l'hélice, c'est-à-dire à son pas multiplié par le nombre de ses tours. Il augmente plus rapidement que celui des roues lorsqu'un obstacle retarde le navire, au point que le même nombre de tours a presque lieu quoique la vitesse soit réduite à la moitié : cela se remarque surtout lorsque les navires à hélice remorquent un vaisseau. Cette manœuvre du remorquage fera l'objet principal du chapitre IX.

CHAPITRE III.

Correction et Entretien des machines à vapeur.

Lorsque le navire à voiles est sorti du port, il n'exige

pour son entretien que des soins et de la propreté; mais la machine à vapeur, sorte de grande pièce d'horlogerie, nécessite des vérifications pour ramener, dans leurs lignes d'action, les pièces que l'usure ou la déformation du navire en ont détournées : elle exige donc, en cours de campagne, des opérations particulières qu'il convient d'expliquer avant de s'occuper de sa manœuvre. Toutefois, pour savoir si les parties d'une machine n'ont pas varié, il faut nécessairement se reporter à la manière dont elles ont été posées une première fois; et, quoique le montage ne soit exécuté que dans le port, il est nécessaire de connaître comment il l'a été ou comment il doit l'être, avant de traiter des modes de correction, c'est-à-dire du Dressage.

La disposition des renvois de mouvement influe naturellement sur la manière de les poser; en effet, un cylindre oscillant n'est pas monté comme une machine à balanciers. Il n'en existe pas moins des règles générales dont il est facile de déduire les cas particuliers, surtout si on s'est occupé d'abord d'un appareil compliqué, tel que celui à balanciers. Nous allons donc essayer d'expliquer la méthode usitée pour monter un de ces derniers.

Pour cela, on s'en rapporte à des lignes employées, dans le principe, à la construction du navire et dont les traces se retrouvent; ce sont la *Ligne de quille*, tracée sur la carlingue, et la *Ligne des hiloires*, marquée sous les baux : elles déterminent le plan longitudinal du navire. Le constructeur a fixé la position de l'axe de rotation de l'arbre principal; il est placé à bord d'après des mesures prises relativement aux deux premières lignes et à la distance de l'avant ou de l'arrière. Cette ligne, nommée *Ligne d'axe*, sert donc à réunir la construction marine à la construction mécanique; c'est l'axe des roues à aubes ou celui de l'hélice, et enfin l'axe de la grande roue quand un engrenago est employé.

La première opération consiste à préparer l'assise des machines, en planant les carlingues. Pour y établir en-

Fig. 13.

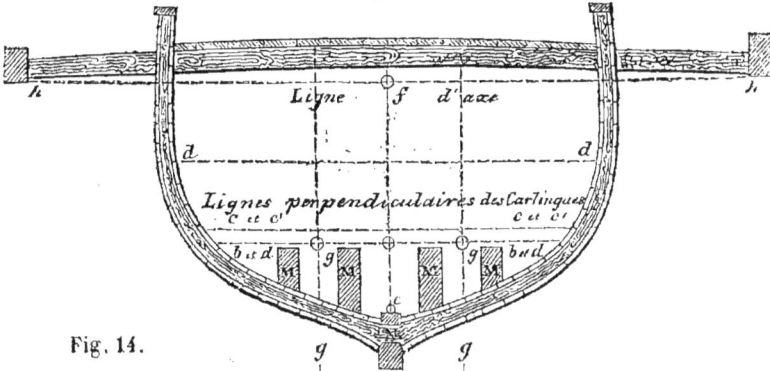

Fig. 14.

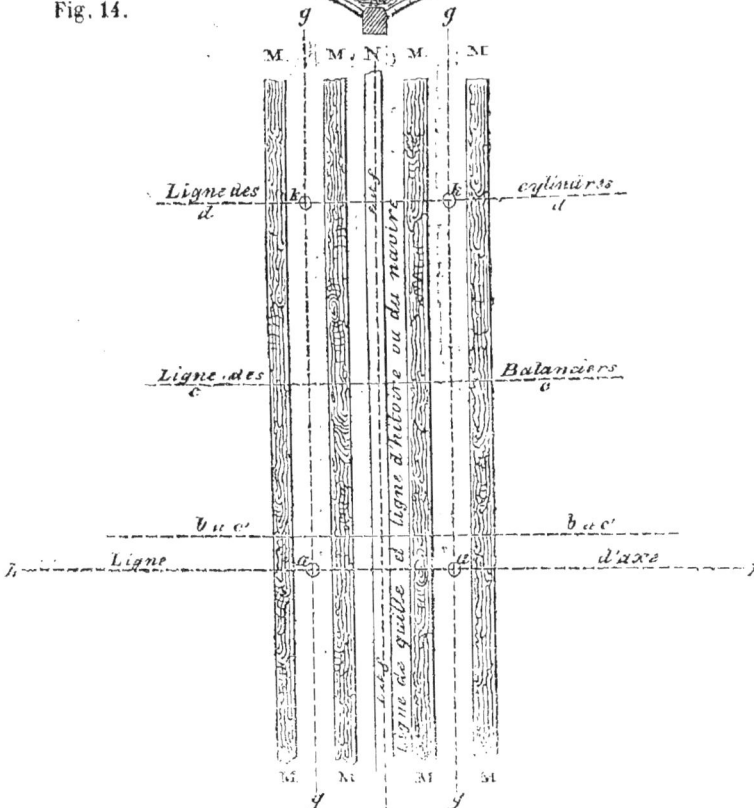

suite les plaques de fondation, on tend (fig. 13 et 14) 1° la
ligne de quille *e e*, 2° la ligne des hiloires *ff*, 3° la ligne
d'axe *h h* traversant les murailles du navire pour se fixer
sur les élongis de tambour, 4° les lignes des carlingues *b b*
et *d d*. La ligne donnée par la construction est rapportée
à l'avant et à l'arrière du navire ou, mieux encore, aux
baux de force. Pour sa hauteur, on mesure, d'après le
plan de la machine, sa distance au-dessus de la carlingue ; on la met d'équerre avec la ligne des hiloires, et
horizontale relativement à une ligne tendue de manière à
toucher la ligne des hiloires et celle de quille. Cela fait,
pour avoir le plan des carlingues, on tend une ficelle *b b*
en dessous de *h h*, à une hauteur mesurée relativement à
la ligne d'axe ; on la met d'équerre avec *f e* et avec *e f*.
Sur l'avant, à la distance donnée par le plan de l'axe de
l'arbre à celui du cylindre, on tend *d d*, mise aussi d'é-
querre relativement à *f e* et à la ligne de quille. On dé-
gauchit les deux lignes, pour vérifier si elles sont dans le
même plan, de manière à déterminer celui des deux plaques de fondation. On remplace les deux lignes des carlingues par deux règles ; puis, prenant avec un compas
l'épaisseur des plaques de fondation, on promène une
ficelle, dans tous les sens, sur ces deux règles et, en mesurant avec le compas, on enlève tout le bois pour planer
les carlingues. Alors, les plaques de fondation sont amenées à leur place, et leur face supérieure est corrigée en se
rapportant aux mêmes lignes, et aux traces marquées sur
ces plaques : ce sont la ligne longitudinale passant par
l'axe des cylindres, et les trois lignes transversales passant
par l'axe du cylindre, par celui du tourillon du balancier,
et par celui des roues. La distance respective des plaques se
mesure avec une jauge apportée de l'atelier. Cette première

pose demande beaucoup d'exactitude et de fréquentes vérifications, parce que tout se rapporte à elle, et que le navire se déforme en recevant de nouveaux poids.

Les cylindres, les condenseurs, les colonnes et les bâtis
sont mis en place au moyen de chevilles en fer ou de goujons enfoncés dans des trous percés à l'atelier. Toutes les
marques faites entre les pièces sont ensuite vérifiées, et les
boulons logés pour fixer les diverses parties. Les arbres,
balanciers et autres renvois de mouvement sont alors posés tels qu'ils sont venus de l'atelier, et ils sont vérifiés à
l'aide de méthodes semblables à celles qu'on emploie en
cours de campagne. Nous ne nous étendrons pas sur la
manière de coordonner à l'atelier les différentes portions
de la machine, parce que cela n'entre pas dans notre sujet, et nous nous bornerons à leur vérification.

L'une des plus importantes est celle des arbres, afin
que tous les trois forment une ligne droite : pour l'obtenir, on se rapporte à l'intermédiaire, après s'être assuré,
par la distance du piston au couvercle au haut de la course,
qu'il ne s'est pas abaissé ; et qu'il n'est pas oblique, par
des mesures prises avec une grande règle entre la plaque
de fondation et le dessous de cet arbre. Alors, on fait tourner les roues en arrêtant les manivelles dans les quatre
positions horizontales et verticales ; on mesure exactement
l'intervalle des manivelles dans toutes ces positions, et on
déduit les erreurs du bout de l'arbre, en multipliant celles
qu'on a trouvées par le rapport du diamètre du cercle de
la manivelle à la longueur de l'arbre. Ainsi, par exemple,
la distance prise est de $0^m,006$ plus petite en bas qu'en
haut, mais l'arbre a deux fois le diamètre de la manivelle,
il s'est donc affaissé au bout de $0^m,012$, et il faut mettre
sous son coussinet une cale de cette épaisseur pour le

corriger. Ensuite, pour voir si, tout en faisant tourner leurs manivelles parallèlement, les arbres sont à la même hauteur, on enlève la plaque de l'œil de la manivelle extérieure, et avec un coin de bois passé entre la soie et le bord de l'œil, on voit si, dans les quatre positions, l'intervalle est le même.

Passant au balancier, on démonte ses rosaces, et avec une règle bien dressée, on voit si l'axe du tourillon est sur la ligne droite joignant les coups de pointeau des deux tiges des extrémités ; s'il y a une différence, elle donne l'épaisseur des cales qu'il faut mettre sous les coussinets du milieu, pour que le balancier soit une ligne droite. Les bielles pendantes se vérifient avec un compas à verge, en plaçant l'une des pointes dans le trou de pointeau du té, et l'autre dans celui de la soie ; la différence donne la cale de correction. Il en est de même des petites bielles latérales. Pour la grande bielle, il faut qu'en suivant le cercle de la manivelle, elle ait une longueur telle que le piston s'approche également du couvercle et du fond ; pour cela, en faisant tourner les roues et mettant le piston aux deux bouts de sa course, on mesure par le trou des soupapes de sûreté l'espace laissé libre. La différence, s'il y en a, donne l'épaisseur de la cale de correction de la grande bielle. Celle-ci n'est dans de bonnes conditions que lorsqu'en oscillant, elle reste toujours à égale distance des deux manivelles, ce qui dépend du parallélisme des balanciers obtenu par l'égalité des bielles pendantes.

Le parallélogramme demande ensuite à être vérifié ; il faut s'assurer, d'abord, qu'il a la forme de la figure dont il porte le nom, c'est-à-dire que ses côtés opposés sont égaux.

On y parvient en mesurant, avec un compas à verge,

425

les distances du coup de pointeau de la soie du balancier à celui du tourillon du guide de parallélogramme, puis la longueur entre ce dernier et l'axe de la soie du bras de rappel. Les premières de ces distances doivent être égales entre elles, ainsi que les deux dernières. Pour s'assurer que l'arbre du bras de rappel n'a pas changé, on ôte l'étoupe du couvercle autour de la tige du piston, et en faisant tourner la machine, on voit si la tige reste toujours au milieu du trou du presse-étoupe.

La déformation du navire fait parfois dévier les pièces fixes; on s'en assure en vérifiant si les plaques de fondation sont toujours dans le même plan; à cet effet, on met une règle entre les colonnes, sous l'arbre, et on voit si elle coïncide bien avec les parties rabotées de la plaque de fondation. Pour vérifier l'autre extrémité, on démonte les couvercles, et on place deux règles sur la tranche supérieure des cylindres, de manière à ce qu'elles se croisent; par leur désaccord, s'il y en a, on reconnaît la déviation du cylindre. Afin de mieux s'en assurer, on enlève le coussinet supérieur des deux balanciers en regard, et l'on place sur les tourillons des règles très-exactes, en les croisant pour voir si l'on trouve une erreur proportionnelle. Des cales en fer introduites l'une après l'autre entre la plaque de fondation et la carlingue, suffisent pour ramener la machine à sa vraie position.

Les autres parties de l'appareil à vapeur ne demandent, à bien dire, que des soins : leurs masticages sont refaits, s'ils fuient; on démonte, de temps à autre, les pistons de pompes pour s'assurer qu'il n'y a rien au fond du corps; enfin on rode les soupapes qui fuient.

Le tiroir, lui seul, demande une surveillance spéciale à cause de son importance et de la complication habituelle de ses renvois de mouvement ; mais quand il a été bien réglé dans le principe, une seule de ses fonctions est à vé- rifier pour s'assurer que toutes les autres s'opèrent bien. C'est l'avance à l'introduction, c'est-à-dire la quantité dont le tiroir est déjà ouvert, lorsque le piston est à une de ses fins de course. Pour y parvenir, on ouvre le cylindre et, plaçant la manivelle au point mort, on enclanche le tiroir ; puis avec un morceau de bois taillé en sifflet, on presse dans l'intervalle laissé entre la barrette et le bord de l'ori- fice, de manière à tracer sur le bois deux lignes dont la distance est égale à l'ouverture libre, qu'il ne serait guère possible de mesurer sans l'enfoncement de l'orifice. Si l'a- vance est insuffisante, on place le tiroir de manière à avoir l'intervalle voulu ; et après avoir enclanché, on va regarder à l'excentrique l'espace entre les deux tocs, qui donne l'é- paisseur de la cale à interposer. Comme le tiroir et ses bar- rettes n'ont pas changé de dimension, non plus que le cy- lindre et ses orifices, on comprend que toutes ses parties sont bien dès que l'avance est corrigée, puisque c'est la vé- rification de la manière dont il est coordonné avec le pis- ton, par ses renvois de mouvement, seule partie exposée à changer.

Il est très-utile d'avoir les longueurs des principales piè- ces, les positions respectives des machines et celles du ti- roir, aux points importants, déterminées par des jauges et par des coups de pointeau sur des tiges visibles et invaria- bles, telles que les mains courantes. Ainsi en peu de temps, on vérifie tout, en portant les longueurs sur les pièces et en appréciant les différences. Il serait également utile de délivrer aux navires, après la recette de leur appareil, une planche couverte en cuivre, sur laquelle seraient portés en grandeur naturelle, tous les éléments du dressage de la machine. Les personnes peu exercées y trouveraient un guide certain, et les plus instruites, un moyen d'économiser du temps, en évitant les opérations du dressage, qui, après un gros temps ou un échouage, peuvent être longues à exécuter.

L'entretien des appareils à vapeur exige des soins continuels, en ce que c'est de tout le matériel naval, la partie la plus coûteuse et la plus périssable : une négligence même peu prolongée suffit pour perdre un bon appareil, surtout une chaudière. On ne saurait donc apporter trop de soins à ces parties qui, cachées au fond de la cale flattent moins par leur propreté que le reste du navire. Lorsqu'on arrive au mouillage, il faut aussitôt exécuter toutes les petites réparations dont on a pris note pendant la traversée, telles que les joints ayant des fuites, les garnitures dont l'élasticité est diminuée ou qui, usées, n'ont plus assez de serrage. Si, dans l'intérieur, on a entendu des bruits inaccoutumés, il n'y a pas à hésiter à démonter la machine. L'un des boulons du piston et surtout de sa garniture s'est peut-être desserré : s'il s'interposait entre le piston et le couvercle, il causerait la rupture de l'un des deux, et cet accident est arrivé. Parfois, on entend un craquement à fin de course dans le cylindre ; il provient de ce que les ressorts du cercle de la garniture ne sont pas assez forts ou assez bandés : la vapeur en arrivant produit sa pression, contracte alors sa garniture, et passe entre elle et le cylindre pour aller échauffer inutilement le condenseur. Quand des ressorts sont trop faibles, il vaut mieux les doubler qu'en faire de plus forts, parce que leur épaisseur a une limite pour l'élasticité. Quand le vide n'est pas aussi bien que d'habitude et qu'il faut injecter davantage, la pompe à air aura ses garnitures refaites et les clapets doivent être visités, parce qu'il se loge parfois de l'étoupe sur leur siége et qu'ils ne ferment plus exactement. Les robinets qui fuyaient doivent être rodés, leurs brides et leurs boulons visités ainsi que ceux des tuyaux, parce que souvent on a mis des boulons en fer que l'oxyde ronge promptement, à cause du contact du cuivre.

Les échauffements ou les chocs éprouvés pendant la traversée, proviennent soit du travail du navire dans le mauvais temps, soit de grippures dans les coussinets causées par du sable ou des défauts de serrage. On vérifie donc les positions respectives des machines et les longueurs des pièces avec les jauges, et l'on place des cales là où des erreurs ont été reconnues : en outre, on démonte les coussinets échauffés ; s'ils sont grippés on les lime doucement, et même on coule de l'étain dans leurs rainures. Actuellement l'usage du métal Anti-friction, rend ces accidents très-rares. Les clavettes sont aussi vérifiées ; il ne faut pas trop les serrer parce qu'au départ, mieux valent quelques chocs que des échauffements difficiles à maîtriser. Si la saleté ou l'oxyde des clavettes s'oppose à leur serrage, il faut qu'elles soient repolies ; les godets seront, de temps à autre, lavés à l'eau chaude pour enlever la pâte déposée par l'huile ; le coton de leur mèche sera changé, parce qu'avec le temps il perd sa capillarité et ne conduit plus l'huile. La grosseur des mèches est difficile à fixer ; généralement on les fait trop fortes, ce qui occasionne un gaspillage considérable d'huile et fait regretter les lubrifieurs mécaniques si faciles à régler (voir chap. V). On entoure d'étoupe les bords des coussinets, surtout de ceux qui sont voisins du pont, pour empêcher le sable de s'y introduire. Enfin, les roues à aubes sont virées de temps à autre, pour changer leurs aubes immergées et pour empêcher les parties de la machine de rester aux mêmes places : pendant qu'on les tourne, on met un peu d'huile partout et même dans les cylindres, afin que l'eau restée sur le piston n'oxyde pas la fonte sur le pourtour. Quand le séjour au mouillage doit être long, il est même bon de verser du suif fondu dans le cylindre, surtout s'il est horizontal, pour en garnir la partie inférieure et la garantir de l'eau.

Dans les appareils à hélice ayant des engrenages, les dents seront visitées avec soin, pour recoincer ou changer celles qui sont devenues libres dans leur mortaise, ou qui sont déformées : la distance des pignons à l'arbre sera vérifiée pour éviter que les dents ne buttent. Si un navire a navigué dans des eaux bourbeuses, ses condenseurs s'encombrent de dépôts, surtout dans les encoignures des clapets : les pistons eux-mêmes en ont entre leur noyau et la garniture; les pompes alimentaires en ont aussi dans le fond de leur corps, dont la rupture a été, parfois, causée par des buttements sur ces dépôts amoncelés. Lorsqu'un navire à vapeur entre au bassin, il est utile de desserrer ses boulons de fondation, surtout s'il n'est pas placé sur un ber.

La chaudière demande d'autant plus de soins que c'est la partie la plus périssable de l'appareil moteur, tant par sa matière que par l'influence corrosive de l'eau de mer. Dès qu'on est au mouillage, il faut enlever le sel des environs des fuites et des joints de tuyau, ainsi que des tubes et des carneaux, où il forme une pâte corrosive en se mêlant à la suie. Lorsque malgré les extractions, il commence à y avoir une couche de sel de $0^m,001$ à $0^m,002$, ce sel est enlevé en le piquant, surtout dans les encoignures et dans les lames d'eau, parce que ce sont les parties où l'action du feu est la plus forte, et que le sel interposé entre le métal et l'eau concentre la chaleur sur le premier par sa non-

conductibilité du calorique. Une chaudière encombrée de
sel se détériore promptement et produit moins de vapeur,
en ce que la chaleur arrêtée par la couche non conduc-
trice des dépôts, se perd dans la cheminée. C'est au point
que dans les appareils distillatoires, la production d'eau est
réduite à moitié, tout en brûlant plus de combustible. Toutefois, le sel des chaudières en tôle ne doit pas être enlevé
trop souvent, parce qu'il tombe à chaque fois une couche
d'oxyde et que le métal, remis à nu, se ronge plus activement; une partie qu'on piquerait à chaque traversée serait
bientôt détruite. Le sel s'enlève par les trous percés dans
le bas de la chaudière; en le retirant avec des râteaux, il
faut faire attention à ne pas en faire tomber dans les tuyaux
d'extraction, parce qu'il obstruerait les robinets et les raye-
rait à cause des parcelles de rouille qu'il entraîne. La suie
est enlevée des carneaux et de la cheminée, non-seulement
parce qu'elle gêne le tirage et la transmission de chaleur
à la tôle, mais parce qu'une fois en mer, elle s'enflamme
et perce de petites brûlures les voiles ou les tentes. Lorsqu'on éteint les feux, on vide la chaudière avant que la
pression soit tombée, en ouvrant les robinets d'extraction,
et l'on fait attention au bruit intérieur, pour éviter le retour
de l'eau de la mer en fermant à temps; sans cela il y aurait
condensation, et la pression extérieure écraserait la chaudière malgré les petites soupapes atmosphériques.

Si le séjour au mouillage est prolongé, il est bon, quoi·
que ce soit peu l'usage, d'ouvrir les trous de sel et les soupapes de sûreté, pour laisser circuler l'air et tenir l'intérieur sec. Mais lorsqu'on doit repartir sous peu, il vaut
mieux ne pas le faire, et si l'appareil est tubulaire, il faut
le conserver plein d'eau, parce que c'est au moment où
la tôle sèche, qu'elle s'oxyde le plus. Dès que les feux sont

éteints, on ferme les portes des cendriers et des grilles, afin d'empêcher la circulation violente de l'air froid qui contracte certaines parties, pendant que d'autres, encore chaudes, sont dilatées, et qui cause ainsi des craquements et des fuites; c'est surtout nécessaire quand la chaudière vient d'être vidée. Dans les chaudières à pression élevée, les tirants sont surveillés parce qu'ils se rouillent promptement, et que c'est à leur point de jonction avec la tôle, que celle-ci se ronge le plus. Les soupapes de sûreté sont visitées de temps à autre, pour voir si elles portent sur leur siége, et leur guide est changé s'il est rongé par le voisinage des trous. Le tuyautage, les robinets et toutes les autres parties de l'appareil moteur demandent une surveillance assidue, car dans une machine tout a de l'importance, et des parties affaiblies ou engorgées exposent à des accidents très-graves.

Lorsque par la nature de la campagne, on démonte fréquemment les aubes, il faut repasser leurs écrous à la forge et les boulons à la filière, pour leur rendre leur forme et permettre de les démonter; mais si les aubes sont destinées à rester toujours en place, il vaut mieux ne pas les toucher et se borner à les peindre au *coal-tar*, ainsi que toute la roue.

Ces précautions sont insuffisantes si le navire reste en commission de port ou s'il désarme; car alors et avec le temps, les garnitures sèchent ou se pourrissent, l'action destructive du cuivre sur le fer produit des fuites dans les chaudières, ronge les boulons, et décompose la fonte des condenseurs. Aussi, devrait-on démonter les tuyaux d'extraction et d'alimentation à l'intérieur, enlever les boîtes à clapet des condenseurs, ouvrir ces dernières et même les cylindres et les tiroirs, faire circuler l'air partout, et peindre à la céruse délayée avec du suif, surtout dans les pays froids. Il est utile d'enlever la plupart des garnitures en étoupe, parce qu'elles se pourrissent ou se rongent par la rouille beaucoup plus que renfermées. Mieux vaut avoir plus à faire au moment du départ, que de s'apercevoir, une fois en route, de beaucoup de défauts qui forcent à relâcher et qui entraînent à plus de pertes de temps, en ce qu'il faut démonter beaucoup de pièces. Enfin, en ouvrant l'intérieur, on voit ce qui se passe, on entretient tout, et au moins on sait sur quoi compter. L'expérience le prouve tous les jours : c'est au moment du départ, après de longues stations dans les ports, que les machines éprouvent le plus d'accidents.

CHAPITRE IV.

Dangers des machines à vapeur et Moyens de les prévenir.

Les puissantes machines à feu qui entraînent maintenant les navires sont une des entreprises les plus hardies de notre époque. Ces fournaises, où se brûlent jusqu'à 4,000 kilogrammes de houille par heure, sont enfermées dans un bâtiment de bois, où déjà les incendies ordinaires sont si à redouter ! Et s'il fut jadis audacieux d'employer la poudre sur mer, il ne l'est pas moins d'y donner de l'impulsion aux navires par les appareils à vapeur. Mais le danger des incendies n'est pas le seul que présentent ces machines; elles exposent à des explosions plus terribles encore; de sinistres événements n'en ont que trop donné la preuve, et ce n'est que par la manière éclairée de conduire ces mêmes machines, qu'on est parvenu à les rendre plus sûres. Toutefois, comme les

lois physiques de la nature n'ont pas varié, le danger n'en
existe pas moins aussi; afin de le prévenir, il faut en connaître les causes.

On divise les explosions en deux sortes, distinctes par
leurs causes et leurs effets : la première est due à un accroissement progressif de la pression, et elle déchire les
parties les plus faibles pour jaillir au dehors; la seconde,
plus terrible, est instantanée comme la détonation de la
poudre.

Si, par une cause quelconque, la chaudière ne laisse
pas sortir toute la vapeur qu'elle produit, la pression augmente toujours, puisque les feux continuent à fournir de
nouvelle chaleur. La table dite des pressions montre avec
quelle rapidité la tension s'accroît relativement à la température. Dès lors, les parties plus faibles ou mal soutenues
cèdent et laissent échapper la vapeur ou l'eau bouillante,
comme si on comprimait l'eau d'une pompe au point de
crever les conduits. Mais la vapeur s'échappe plus rapidement et plus longtemps que l'eau, parce que cette dernière
n'est pas élastique, tandis que la vapeur l'est et qu'elle
contient en elle une grande source de force, qui est la chaleur. En effet, si une chaudière se crève, c'est parce que
la vapeur contenue a plus de pression que l'atmosphère;
elle est donc plus chaude que 100°, ainsi que toute l'eau,
et cette chaleur, accumulée et maintenue par la résistance
de la chaudière, est employée à produire la vapeur et le
jet continu, jusqu'à ce qu'elle soit tombée à 100°, c'est-
à-dire à la pression atmosphérique. Il en résulte que plus
il y aura d'eau et plus elle sera chaude, plus il sortira de
vapeur, et cela avec une rapidité d'autant plus grande
que la pression sera plus élevée. C'est par ce motif que ce
genre d'explosion n'est à craindre qu'avec de fortes ten-

sions. On pourrait calculer combien il sort de vapeur par la seule chaleur accumulée dans l'eau, et nous pourrions citer, à ce sujet, un événement dont quatorze hommes furent victimes

D'après la disposition des machines au fond des cales, on comprend combien les dangers sont plus grands que dans les usines, où le local est vaste et où les issues sont dans le bas de l'édifice. D'ailleurs, l'action corrosive de l'eau de mer ronge promptement les surfaces, les affaiblit et prépare des issues. Aussi n'a-t-on longtemps employé que de faibles pressions, et il a fallu arriver à une exécution parfaite pour oser s'élever au delà : mais la prudence empêchera toujours d'atteindre les limites adoptées à terre, d'autant que la rupture d'un tuyau présente autant de dangers que celle d'une partie de la chaudière; et que dans la marine, il n'existe pas de surveillance légale et régulière sur les chaudières. Avec la basse pression, ces événements ne sont pas à craindre, puisque la chaudière est soumise à l'action de moins de force, et que la production est beaucoup moindre.

Une déchirure de chaudière est, pourtant, facile à prévenir, en donnant une issue suffisante à la vapeur dès qu'elle arrive à trop presser. C'est ce que produit naturellement la soupape de sûreté inventée par *Denys Papin*. Elle est formée d'un disque, appuyé par ses bords sur ceux d'un orifice assez grand pour laisser écouler toute la vapeur produite par la chaudière; son contour, de forme conique, repose sur un siége semblable, mais en creux, de manière à fermer toute issue. Pour qu'elle ne se lève que par l'effort de la pression déterminée, cette soupape est chargée d'un poids proportionnel à sa surface et à la tension de la vapeur. Ainsi, une soupape ayant $0^m,22$ de dia-

mètre, c'est-à-dire 380 centimètres carrés, sera chargée de
81^k,500, pour ne se lever que par une pression de 1/4 d'atmosphère. De la sorte, toute augmentation de tension est
prévenue, pourvu que la soupape ne soit pas chargée outre
mesure et que rien ne la retienne sur son siége. Ce moyen
de sécurité est si important qu'une ordonnance du 17 janvier 1846 en a fixé les proportions d'une manière légale.

Pour les pressions élevées, les poids deviennent si
considérables, qu'on emploie des leviers ; on détermine
d'abord l'action du poids de ce dernier, en le soulevant
avec une romaine par le poids reposant sur la soupape, et
ce poids est ajouté à celui qui est placé au bout du levier
et calculé suivant le rapport des bras : dans tous les cas,
le poids de la soupape elle-même entre en ligne de compte.
Actuellement, on emploie des soupapes équilibrées semblables à celles des pompes du *Cornouailles*, de manière à
n'avoir besoin que d'un faible poids, la surface agissante
n'étant plus alors que la différence de celles des deux disques. Afin de laisser un espace suffisant autour de ses
bords, la soupape de sûreté se lève à un tiers de son diamètre. Ainsi disposée, elle est une sûre garantie contre les
pressions trop élevées et elle remplit parfaitement son but,
pourvu que sa charge soit convenable, ou que rien ne gêne
sa levée et ne tende à la coller, comme, par exemple, si le
cône des parties en contact n'est pas assez plat, si leur
guide joue dans sa douille, et si l'inclinaison ou le roulis
du navire permet à un des bords de se soulever et de laisser échapper de la vapeur. Enfin de son adhérence sur
son siége, c'est-à-dire du poli des surfaces, dépendent les
fuites : aussi quand ces dernières ont lieu, on rode les soupapes à l'émeri ; mais c'est un moyen dont il ne faut user
que très-modérément.

On sait si peu quelle est la quantité de chaleur donnée
à l'eau, en jetant du charbon sur les grilles sans même que
les chauffeurs se voient entre eux, que cette sûreté naturelle, obtenue par un orifice ainsi bouché, est indispensable à toute chaudière.

Comme le peu de vapeur échappée par les bords de soupapes de sûreté se condense dans les tuyaux de décharge,
il en résulte une surcharge dangereuse et ignorée, à cause
de la colonne d'eau qui finirait par ajouter son poids à celui
de la soupape; aussi on a toujours un petit tuyau sur le côté
de la boîte à soupape, pour rejeter cette eau en dehors. La
liaison de la température avec la pression avait engagé à
adopter des rondelles, composées de manière à être fusibles
à des températures peu élevées et exactement déterminées;
mais ce procédé n'a point rempli son but, et il a été complétement abandonné.

Puisque le genre d'explosion qui nous occupe provient
du manque de résistance de la chaudière, il faut évidemment s'assurer que les parois en sont assez solides. On le
fait par les épreuves fixées dans les ordonnances relatives
aux appareils à vapeur. Elles prescrivent d'éprouver tout ce
qui contient de la vapeur ou de l'eau chaude à une pression triple de la pression effective de régime. Pour cela, on
charge la soupape de sûreté d'un poids triple de celui qui
répond à la pression de régime, et on pompe activement
jusqu'à ce que l'eau jaillisse autour de la soupape en nappe
continue. Ce procédé fatigue beaucoup les tôles, par les chocs
répétés de la pompe, mais dans les ateliers où l'on possède
des chaudières d'une pression élevée, on les utilise pour opérer les épreuves. A bord, il est préférable de caler solidement
les soupapes de sûreté et de mesurer la pression avec un bon
manomètre, disposé pour compter jusqu'au point voulu :

alors on arrête la pompe. Pendant les épreuves, il est prudent de se tenir à l'écart, parce qu'on a souvent vu des boulons partir comme des biscayens et faire des marques profondes dans le bois.

Les dangers des pressions élevées nécessitent, pour la sécurité des chauffeurs, que les épreuves soient répétées de temps à autre. On objecte à cela qu'on fatigue les chaudières ; mais quel est le moyen de découvrir si elles deviennent dangereuses, si ce n'est celui-là? C'est non-seulement la lettre des ordonnances, mais l'opinion des auteurs anglais les plus éclairés, qui vont jusqu'à prescrire l'épreuve une fois par an. Quand la chaudière devient vieille, ils ne prescrivent que le double de la pression, et alors, si elle ne soutient pas très-bien cette épreuve, il faut la fortifier ou diminuer la tension. Aussi est-il du devoir des capitaines de faire de telles épreuves dès qu'ils ont des soupçons ; ils se servent de la pompe à bras pour cet objet. C'est d'autant plus important que, par son article **60**, l'ordonnance du **17** janvier **1846** exempte la marine de toute surveillance exercée sur le commerce, et qu'il n'existe qu'une dépêche ministérielle, émise après l'événement auquel nous avons fait allusion un peu plus haut, par laquelle la pression d'épreuve, lors de la recette, n'est que le double de celle de régime ; et aucun terme n'est plus fixé à l'usage.

Quant aux explosions fulminantes, on éprouve de l'étonnement en considérant combien elles sont peu expliquées, malgré des événements sinistres et des recherches éclairées. Toutefois, leur rareté, devenue plus grande à mesure que, cependant, le nombre des machines a augmenté, est une garantie. On croit devoir attribuer ces explosions à l'abaissement du niveau de l'eau dans les chaudières au-dessous des surfaces de chauffe : dès lors, les tôles deviennent rouges, parce que la vapeur est un mauvais conducteur du calorique, et que l'eau ne touchant plus les surfaces, n'absorbe pas la chaleur reçue.

Malgré cette incertitude, il est reconnu que le moyen le plus sûr de prévenir toutes chances d'explosion est de maintenir le niveau de l'eau de manière à couvrir toujours les surfaces de chauffe. Si par malheur ou par négligence il en est autrement, et qu'on vienne à le reconnaître, la plus grande faute est d'alimenter pour cacher la négligence; car alors on exhausse l'eau et on couvre les surfaces rouges. En outre, la soupape de sûreté reste fermée, puisque la pression est ordinairement moindre, par la raison qu'une partie des surfaces chauffées ne donne plus sa chaleur à l'eau. Ouvrir la soupape serait diminuer la pression et produire une ébullition violente, qui en éparpillant l'eau, mouillerait les tôles rouges et équivaudrait à un niveau plus élevé. Des faits l'ont prouvé, plusieurs explosions ayant eu lieu en ouvrant la soupape après avoir stoppé. Dans une pareille circonstance, les seules choses à faire sont d'ouvrir les portes et de jeter bas les feux, de ne pas accélérer la marche, et de la diminuer plutôt, pour que la pression bien soutenue empêche toute chance d'ébullition active. *A aucun prix, il ne faut ouvrir alors la soupape de sûreté;* au contraire, on doit tourner le robinet d'extraction pour faire baisser le niveau de $0^m,10$ ou $0^m,15$; car s'il y a longtemps que le niveau est bas, le mal est fait, les tôles sont brûlées, et celles qu'on découvre ont peu de chances de l'être, puisqu'on est en train d'abattre les feux. Quand le niveau est tellement bas qu'on puisse craindre d'être dans la position dont nous parlons, *si l'on cherche à réparer sa faute en alimentant, c'est, nous le répétons, la chance la plus certaine de la destruction du navire.* Personne ne doit ignorer ce fait, parce qu'un robinet alimentaire ouvert mal à propos peut déterminer l'explosion ; mais ce que nous prescrivons pour obvier au mal est parfois impossible, car tout marche vite dans de telles occurrences. Il en est de cela comme de tout ce qu'on prescrit pour le sauvetage des navires : mieux vaut certainement ne pas se mettre à la côte. Dans les machines, il est plus facile d'obvier au mal qu'en navigation ; il n'y a qu'à bien veiller et entretenir le niveau de l'eau. Si ce moyen n'est pas prouvé par la science, il l'est pleinement par la pratique, puisque tant de machines fonctionnent avec sécurité, en ne se basant que sur ce principe.

Plusieurs chaudières ont montré des traces ineffaçables de dangers courus par l'abaissement du niveau ; leurs rivets rongés, leurs tôles brûlées et bossuées prouvaient que le feu avait longtemps agi sur elles, sans que, d'ailleurs, il y eût de l'eau pour prendre la chaleur.

La forme des chaudières n'a probablement aucune influence sur les explosions fulminantes : rien ne leur résiste ; mais il est loin d'en être ainsi pour celles qui sont dues à l'accroissement progressif de la pression. Des surfaces planes mal soutenues par des tirants, des parties affaiblies sans qu'on le sache, des joints de tuyaux trop faibles ou oxydés, sont autant de chances de déchirure : il en est, alors, des parois d'une chaudière comme d'une voile mal cousue ou devenue trop vieille.

On a pensé que les conduits trop petits pour le passage de la vapeur et de l'eau, les recoins où l'alimentation ne parvient pas, les courants de flamme trop peu étendus et exposant la culotte de la cheminée à rougir, étaient des causes d'explosion : ce n'est point probable, parce que ces parties n'ont jamais l'étendue suffisante pour cela ; ainsi, ces diverses causes n'amèneraient que des déchirures partielles en laissant brûler le métal là où l'eau a manqué, et en lui faisant par là perdre une grande partie de sa force.

Les projections d'eau causées par la petitesse ou le manque de hauteur de la chambre de vapeur exposent aussi à des avaries; cette eau, entraînée par la violence de l'ébullition, passe par les tuyaux où elle n'a plus de chances d'être vaporisée; elle arrive dans les cylindres; vers la fin de la course, lorsque le tiroir bouche tout orifice, elle est prise entre le couvercle et le piston, et elle oppose une grande résistance : alors la manivelle, qui est au point mort, reçoit l'impulsion de celle qui est située à mi-course. Des cylindres ont été défoncés et des pièces de renvoi de mouvement brisées par cette cause; car, lorsque les projections sont violentes, les soupapes de sûreté des extrémités des cylindres ne suffisent pas au passage presque instantané d'une grande masse, et l'eau bouillante comprimée fait céder les boulons du couvercle pour jaillir en dehors. Il est probable que, sous de tels efforts, les garnitures métalliques ordinaires se contractent et laissent passer de l'eau du côté opposé; c'est peut-être la présence de cette eau qui empêche les chocs dans le cylindre de cesser aussitôt après la fermeture partielle du registre. Avec des pressions élevées, les passages ainsi ouverts à la vapeur exposent aux mêmes chances qu'une déchirure de chaudière. On l'a éprouvé à bord de l'*Eldorado*, lorsque la rupture des balanciers fit défoncer le cylindre haut et bas, en projetant tellement de vapeur qu'on s'enfuit sans avoir eu le temps de déclancher, et que la vitesse du navire ainsi que l'action de la machine voisine continuèrent à projeter le piston. La pression n'était cependant que de $0^m,25$ de mercure. (Voir le chapitre XI à ce sujet.)

Quand une chaudière est sujette à des projections, on ne marche qu'avec prudence en commençant, afin de laisser l'ébullition prendre son cours régulier. Outre les dangers dont nous parlons, les projections nuisent au fonctionnement de la machine, en ce qu'elles font perdre de l'eau échauffée et qu'elles forcent à une plus forte injection aussi bien qu'au travail exagéré de la pompe à air en se mêlant à l'eau froide.

Puisque nous nous occupons des dangers des machines, nous parlerons de ceux qui sont relatifs au charbon; car les bâtiments à vapeur sont, pour ainsi dire, chargés de feu qui est en activité ou prêt à brûler. La houille se distille avant de se brûler elle-même; il y a dans le foyer, un dégagement considérable de gaz semblable à celui de l'éclairage : seulement il brûle à mesure de sa production et donne de la flamme. Mais si, sans avoir été brûlé, il est arrêté par une cause, telle que la fermeture du registre de la cheminée, il s'accumule comme dans la cornue d'un gazomètre; si on ouvre le registre, la flamme arrive jusqu'à lui et il brûle en détonant. On éprouve cet effet dans les soufflets de forge, et il est extraordinaire que cela n'arrive pas plus souvent dans les chaudières. Ce cas s'est présenté à bord du *Castor;* le registre ne bouchait que l'un des carneaux, on l'avait laissé fermé; au moment de partir, une explosion eut lieu; tous les foyers du côté du registre fermé eurent leur charbon projeté dans la machine et jusque sur le pont. On trouva que les carneaux avaient été en partie défoncés de dehors en dedans, c'est-à-dire à l'inverse d'une explosion de vapeur. Il est donc utile que les registres de cheminée ne ferment pas bien, pour qu'un reste de tirage entraîne le gaz : c'est, du reste, ce qui a lieu quand les tôles des registres sont courbées par la chaleur. Quand on éteint, ce sont les portes des cendriers qu'il faut fermer, mais non celles des registres.

La combustion spontanée est d'ailleurs à redouter, et la corvette *le Cuvier* en a été victime : elle est produite par la fermentation lorsque du charbon menu est humide, sans être trop mouillé; alors il arrive à l'ignition sans autre cause. Il en est de même du foin ainsi que du coton, et ce dernier a occasionné beaucoup d'incendies sur mer. Le charbon en roche n'est pas exposé à ce genre de combustion, en ce que l'air est abondant entre les gros morceaux; ce n'est donc que dans la poussière noire du fond des soutes qu'il existe du danger. A terre, après de longues pluies, on voit de grands tas de menu charbon prendre feu. Quelques espèces de houille y sont plus sujettes que les autres, au point qu'il y en a dont l'embarquement serait dangereux au sortir de la mine. On reconnaît que la combustion commence dans les soutes, à l'odeur et à un peu de fumée; alors il n'y a qu'à vider les parties soupçonnées par le haut et par le bas. Si le feu est déjà intense, il est dangereux de boucher les trous pour l'étouffer comme celui de la paille, car le charbon brûle très-bien à couvert; on le voit en considérant un feu de forge faisant voûte; au contraire il convient de donner de l'air, mais de ne donner d'issue que par en haut, ce qui peut s'effectuer en sabordant le pont. Il faut aussi inonder tous les points soupçonnés; on peut encore boucher les dalots pour utiliser l'eau de la cale, afin qu'en s'infiltrant, elle parvienne à mouiller les parties brûlantes. Sur les navires dont les soutes sont étanches, le mieux serait de les remplir d'eau; on en serait quitte pour être surchargé d'un côté. Heureusement ce genre d'événement est rare : il se présente plutôt sur les navires chargés de houille que sur les vapeurs, parce que les premiers prennent le charbon au sortir de la mine, et que les seconds ne l'emploient d'habitude qu'après une exposition à la pluie et au soleil, qui, si elle diminue la puissance calorifique, atténue du moins les dangers de la combustion spontanée. Cependant, quand cette exposition est trop prolongée, elle enlève tellement au charbon ses propriétés, qu'au lieu de 22 tonneaux, nous avons vu consommer plus de 32 tonneaux par jour d'un charbon de bonne origine, mais exposé depuis trois ou quatre ans au soleil d'*Aden*.

CHAPITRE V.

Manœuvre ou Conduite des machines à vapeur.

Les machines à vapeur exigent naturellement quelques préparatifs avant le départ; le premier et le plus important est l'eau de la chaudière, puisque par l'effet de la chaleur, c'est elle qui devient la cause motrice du piston. On ouvre donc les robinets d'extraction et ceux de sûreté placés en abord, pour laisser entrer l'eau de la mer, et on facilite son écoulement en ouvrant les robinets-jauges, et même les soupapes de sûreté, pour que l'air trouvant des issues faciles, ne s'oppose pas à l'entrée de l'eau. Si le niveau de régime est au-dessous de celui de la mer, il suffit de fermer les robinets lorsque les tubes marquent la hauteur voulue : s'il n'arrive pas à ce point, on s'aperçoit que l'eau n'entre plus et qu'il est temps d'employer la pompe à bras, quand l'air cesse de sortir par les robinets-jauges; et on connaît où en est le niveau intérieur en frappant sur la tôle avec un petit marteau ; là où est l'eau, le son est plus sourd.

Dès que les surfaces de chauffe sont couvertes, on allume les foyers, qui sont garnis d'une couche uniforme de charbon, et à leur entrée, de petit bois et d'étoupe de nettoyage imbibée d'huile. La soupape de sûreté reste ouverte jusqu'à ce que la vapeur sorte du tuyau, afin de chasser l'air contenu dans la chaudière, parce qu'en se rendant ensuite au condenseur, il nuirait au vide pendant les premiers temps de la marche. Les feux sont poussés suivant que l'instant du départ est plus rapproché ; mais en général, il vaut mieux les tenir modérés parce que leur activité prématurée produit, dans la chaudière, des différences de dilatation qui fatiguent les joints et occasionnent des fuites. La cheminée a ses haubans mollis, parce que la dilatation l'allonge de $0^m,02$ à $0^m,03$, et la fait forcer sur le coffre à vapeur, au point d'avoir brisé des crocs et arraché des pitons. Une fois en marche, on reprend les ridons pour mettre les haubans au point de tension convenable, et pour maintenir la cheminée contre les efforts du vent et de la mer. En hiver, il est prudent d'ajouter quelques palans, parce qu'une fois dehors, il y a danger pour aller les crocher : la multiplicité des soutiens est utile en ce que les boucles de la cheminée ne sont souvent pas rivées ou écrouées sur une bande de fer, et que la tôle est très-mince.

Pendant qu'on chauffe, les mèches des godets graisseurs sont visitées ; ces derniers sont remplis d'huile, surtout ceux des arbres extérieurs, parce qu'une fois à la mer, il est quelquefois dangereux d'aller y mettre de l'huile. Quand on emploie pour les bouts d'arbre, du cambouis formé de graisse, d'huile et de plombagine, on visite les boîtes pour savoir s'il en reste assez : cela est nécessaire en été, parce qu'alors il fond plus vite ; aussi dans les tropiques, il convient de le visiter tous les deux ou trois jours ou d'employer de l'huile. Une ronde minutieuse est faite dans la machine pour s'assurer qu'il n'y a rien sous les balanciers ni dans les environs des articulations, parce que le roulis entraînerait peut-être des morceaux de bois ou des objets durs dans les mouvements. On ouvre les robinets de sûreté placés contre la muraille pour les tuyaux d'injection et d'extraction ; et si le tuyau de décharge de la pompe à air est fermé par un diaphragme au lieu d'une soupape, on s'assure qu'il est ouvert : de graves avaries ont été la suite de cet oubli. Les robinets sont sujets à se gommer après un long séjour en rade, on les tourne donc pour s'assurer de leur jeu ; une fois en marche on desserre leurs brides s'ils sont trop durs, parce que le noyau étant souvent plus chaud que le boisseau, la dilatation du premier produit un grand effort. Si pendant le mouillage, de nouvelles tresses ont été mises à des presse-étoupes, on s'assure que les couronnes ne sont pas trop hautes et ne risquent pas d'être touchées par les tés ; cette négligence a fait briser des couvercles de cylindre. Les roues à aubes sont examinées pour qu'il n'y ait dedans ni bois ni filin, c'est encore plus important pour les hélices et les engrenages. Lorsque la machine a ses pièces forgées polies, et que la saison est mauvaise ou pluvieuse, on tient tout ce fer brillant avec de la céruse délayée dans du suif fondu, à l'épaisseur de la peinture ordinaire ; l'emploi postérieur de l'émeri est ainsi évité pour rendre le poli aux parties oxydées, et les coussinets ne risquent pas d'être rongés par cette poussière. Les tuyaux de vapeur ont quelquefois des coudes où l'eau condensée dans leur intérieur se conserve et se refroidit au mouillage ; il en résulte qu'en ou-

vrant les soupapes d'arrêt, la vapeur arrive abondamment
sur cette eau froide et produit des commotions, qui ont
quelquefois crevé les tuyaux et projeté beaucoup de vapeur. Il convient donc de n'ouvrir que très-peu les soupapes d'arrêt, ou d'avoir au bas de ces parties, un petit
robinet pour laisser écouler l'eau avant d'introduire la vapeur. Tout ce que nous venons de détailler étant exécuté
et la pression de la chaudière arrivée au point de régime,
on prévient le commandant et l'officier de quart.

Dès que l'ordre de se préparer à marcher est donné, on
produit les causes du mouvement dont nous avons parlé :
la première existe, c'est la forte pression de la vapeur
chaude de la chaudière; afin d'obtenir la seconde, c'est-à-
dire la faible pression de la vapeur froide, appelée vide, il
faut purger. On l'opère en chassant l'air contenu dans le
condenseur et dans le reste de la machine, par l'ouverture
de la soupape de purge, qui permet l'arrivée directe de la
vapeur : celle-ci par sa pression, nécessairement plus forte
que l'atmosphère, pousse l'air et le fait sortir par un orifice que bouche une soupape libre et à siége, nommée Reniflard. On s'aperçoit qu'il n'y a plus d'air, lorsqu'il s'é-
lève de la vapeur par le reniflard. Alors la soupape de
purge est fermée, le condenseur, le tiroir et la pompe à
air sont pleins de vapeur isolée, qui, bientôt détruite, c'est-
à-dire refroidie par l'ouverture de l'injection de l'eau froide
de la mer, produit le vide dans l'intérieur. Avec le tiroir,
on fait en même temps entrer de la vapeur dans le cylindre
au-dessus et au-dessous du piston, tant pour le réchauffer
que pour chasser l'air. Avec une pression d'une atmosphère,
cette opération, quoique préférable, n'est pas nécessaire,
parce que la vapeur possède assez de force pour entraîner
l'appareil, comme le ferait une machine à haute pression,

c'est-à-dire privée de vide. Une fois en marche, l'air est peu à peu extrait par la pompe à air, et la machine se trouve dans ses conditions normales. Les causes premières du mouvement, la forte pression et la faible, sont ainsi produites ; il ne reste plus qu'à les mettre en jeu par l'effet du tiroir pour marcher. Mais avant de déclarer la machine tout à fait prête, il convient de faire quelques tours en avant, puis en arrière, de manière à ne forcer les amarres ni à courir dessus, afin de réchauffer tout l'intérieur et d'être certain de partir à la parole. Cette opération n'est exécutée qu'avec l'approbation du commandant, tant à cause des amarres que des embarcations placées le long du bord. Si on tarde à marcher, on tâte de temps en temps les condenseurs, parce que la partie portante des tiroirs, seul obstacle au passage, est si petite, que la vapeur y trouve parfois une issue. Si les condenseurs sont dans le cas dont nous parlons, on purge de nouveau ; enfin, si le départ est trop retardé, on ferme les soupapes d'arrêt. Par un temps froid, l'échauffement intérieur obtenu par quelques tours de roue est nécessaire, parce que pendant les premières révolutions, la vapeur, en circulant dans tous ces conduits refroidis, perd tellement de sa force, que la machine se meut à peine, ou même s'arrête et met dans l'embarras pour la manœuvre du bâtiment. Il en serait de même, si l'excentrique, trop dur sur son arbre, était entraîné par l'adhérence, au lieu de venir toucher le toc convenable. Il ne ferait plus dès lors l'angle voulu avec la manivelle, et la vapeur ne serait par conséquent plus distribuée aux extrémités de la course du piston. Au contraire, s'il est trop gai, le poids de sa tige l'entraîne, et il fait trop tôt marcher le tiroir ; aussi on a mis quelquefois des vis appuyées sur l'arbre, afin de régler ce serrage à volonté. Il est très-utile que le mécanicien de quart sache ce qu'on désire faire, afin de combiner ses feux en conséquence et de disposer ses hommes : cela est préférable que de lui fixer le chauffage, parce que d'en haut, on ignore l'état présent des foyers.

On considère toujours la position des manivelles, et notamment de la moins verticale, avant d'exécuter l'ordre de marcher en avant ou en arrière, et on informe les hommes, s'ils doivent lever ou baisser les leviers, ou dans quelle direction ils ont à les pousser, afin que s'ils sont nombreux, ils sachent dans quel sens ils doivent agir sur le tiroir. La nature de celui-ci et des renvois de mouvement influe sur la direction : ainsi pour un tiroir de *Watt*, nous savons qu'il marche à l'envers du piston, c'est-à-dire qu'il monte pour faire descendre, et réciproquement. On en conclut donc que dans un appareil à balancier, il marche comme la grande bielle. Si la manivelle est horizontale sur l'avant et qu'on ordonne de marcher en arrière, le bouton de la manivelle est poussé de bas en haut en portant le tiroir dans ce sens, pour faire descendre le piston. Si la machine est à connexion directe, c'est l'inverse, puisque la manivelle monte et descend dans le même sens que le piston ; dès lors le tiroir descend pour la faire monter, et s'élève pour l'abaisser, de sorte que d'après sa position, il est facile de marcher en avant ou en arrière. Comme les manivelles des deux machines sont scellées à angle droit pour régulariser le mouvement, on commence toujours à agir sur celle qui est la plus d'équerre avec la bielle, parce que l'autre, étant voisine du point mort, n'utilise qu'une très-faible partie de son impulsion pour faire tourner, et son effet serait même nul si elle était en ligne droite avec la bielle. Mais dès que le mouvement de rotation est imprimé et que cette première manivelle s'approchant du point mort, l'au-

tre s'en éloigne, il faut être prompt à agir sur le second tiroir, pour opérer l'introduction au moment où le piston
commence sa marche. On continue ainsi à manœuvrer les
tiroirs à bras pendant deux ou trois révolutions, et on n'ouvre l'enclanche que lorsqu'on aperçoit que le toc de l'excentrique pour la marche adoptée, touche celui de l'arbre ;
alors l'excentrique est comme il convient relativement à la
manivelle, et il règle, lui-même, la distribution de la vapeur avec plus de précision que le travail des chauffeurs.

Avec le tiroir en coquille, les directions à donner sont
inverses, parce que, contrairement à celui de *Watt*, ce
sont ses bords voisins qui répondent au vide, et ses bords
éloignés, à la vapeur : il marche donc dans le même sens
que le piston ; par conséquent comme le fera la manivelle dans un appareil à connexion directe, et à l'envers
dans celui qui est à balancier. Ces conditions une fois imprimées dans la mémoire du chauffeur, les hésitations sont
peu à craindre, d'autant que plusieurs appareils puissants
ont de petites machines particulières pour mouvoir leurs
tiroirs, et qu'un homme suffit de chaque côté pour entraîner le petit tiroir. Ces appareils avaient le défaut de projeter le tiroir avec force à fin de course, mais on y a obvié
par une sorte de compensateur hydraulique à l'huile, de
M. *Dupuy-de-Lôme*, ingénieur de la marine, ou par une
détente produite à l'aide d'une tringle en fer, de M. *Chal-
lier*, premier mécanicien.

La disposition des locomotives, souvent adoptée sur mer
depuis quelques années, est encore plus simple ; elle consiste en deux excentriques calés à demeure sur l'arbre, l'un
pour marcher en avant, l'autre en arrière ; ils ont chacun
une tige dont le bout est articulé à l'extrémité d'un arc de
cercle : celui-ci est fendu, et dans le chemin ainsi formé,

il porte une glissière sur laquelle est le bouton de l'enclanche. Il en résulte qu'en poussant l'arc fendu, on amène ce bouton à l'une de ses extrémités : si c'est celle de l'excentrique de la marche en avant, le tiroir est entraîné dans le sens voulu ; si, au contraire, on veut marcher en arrière, l'arc fendu est tiré de manière à porter le bouton du tiroir à l'autre bout : de sorte que l'un des excentriques pousse utilement, et que l'autre se meut sans agir sur le tiroir. Pour stopper, le bouton de la glissière est mis au milieu, et le tiroir se trouve à mi-course : toute incertitude est ainsi évitée, ce qui est souvent précieux dans les rencontres et les circonstances fortuites. On a aussi employé un seul excentrique monté sur une coulisse, pour changer son centre, suivant la marche adoptée.

A moins de circonstances très-urgentes, une machine n'est jamais lancée à toute volée au moment du départ, non-seulement parce que le chauffage n'est pas encore régulièrement établi, mais encore plus, parce que la prise de vapeur faite ainsi tout à coup sur la chaudière, occasionne une ébullition tellement active, qu'elle entraîne de l'eau et expose aux dangers dont nous avons parlé.

Avec les chaudières tubulaires, il faut plus de précautions à cause de l'énergie de leur production, surtout si l'appareil est à hélice ; car ce propulseur prend une grande vitesse avant que le navire ait senti son impulsion. Il convient donc, en partant, de ne pas ouvrir complétement le registre et de n'augmenter son orifice que peu à peu. D'ailleurs, en se pressant trop, on est certain d'être bientôt après ralenti ; car avant de partir on était stoppé, et la production de la chaleur était aussi diminuée que possible, puisqu'il n'y avait pas de consommation : les feux n'étaient donc pas bien en train. On les couvre avec du nouveau charbon qui les étouffe, et dont la chaleur est employée à se réchauffer avant de brûler lui-même ; beaucoup de portes ouvertes laissent entrer une masse nuisible d'air froid, comme lorsque étant stoppé on ne voulait rien produire : on manque donc de pression au lieu d'obtenir le surcroît désiré. Bientôt arrive la réaction ; tous les feux, fraîchement garnis, s'animent à la fois, et après avoir manqué de vapeur, on en a trop. Ces alternatives sont à éviter, car il y a une force si considérable dans ces chaudières, qu'elle nécessite des ménagements, de même que pour amener avec un palan un objet très-lourd, il ne faut pas filer en bande.

Dès que la machine est en marche, l'injection du condenseur est réglée ; son ouverture, c'est-à-dire la quantité d'eau introduite, est déterminée suivant la vitesse du piston et la détente employée : son but étant de refroidir une certaine quantité de vapeur et son action étant proportionnelle au temps, il est évident que si le piston marche lentement ou s'il ne reçoit de la vapeur que pendant une petite portion de sa course, il en entre, dans les deux cas, moins dans le condenseur pendant un même temps. Pour une vitesse moitié moindre comme pour une introduction moitié plus petite, l'orifice d'injection est réduit dans ce rapport. En pratique, on reconnaît que l'injection est insuffisante lorsque le condenseur s'échauffe outre mesure, et que le bruit sonore de la vapeur condensée ne se fait pas entendre. Sa surabondance est dénotée par un bruit beaucoup plus fort des clapets de pompe à air retombant sur leur siége ; non-seulement elle nuit à la marche en donnant un travail plus lourd à la pompe, mais, si elle était poussée trop loin, elle causerait des chocs et même des avaries, en amenant de l'eau dans le fond du cylindre.

Quand au lieu d'un robinet, l'injection est réglée par une écluse en forme de demi-cylindre, la garniture est un peu plus pressée que les autres, ou bien la poignée est retenue par une vis de pression : sans cela, le poids de l'atmosphère ferait toucher l'écluse, il boucherait l'injection, et la machine s'arrêterait faute de refroidir la vapeur à mesure de son arrivée du cylindre. Dès qu'on a l'habitude d'une machine, le bruit de la condensation suffit pour régler convenablement l'injection.

Tant qu'on est dans les passes ou près des navires, le mécanicien de quart reste près de ses déclanches, où se trouve réuni tout ce qui sert à régler la marche de l'appareil, injection, détente, registre et leviers de mise en train. Il va ensuite tâter les clavettes; il les met au point convenable, ayant soin de ne pas les serrer trop : mieux valent de petits chocs qu'un excès de serrage exposant les coussinets à s'échauffer et à se gripper. Une clavette se serre pendant qu'elle ne force pas, afin que son plan incliné ne résiste pas au marteau : ainsi une tête de bielle se frappe pendant la montée, et un pied de bielle pendante durant la descente. C'est le contraire pour la contre-clavette, afin que la clavette résiste et ne recule pas de ce dont on l'avait avancée. Le meilleur est d'avoir des écrous au bout des clavettes ; on est ainsi plus sûr de ce qu'on fait. Après le départ, le graissage du piston et du tiroir est un peu exagéré pour bien enduire les garnitures : l'eau de la cale, souvent infecte, est pompée par la machine, renouvelée plusieurs fois, et il en est de même pendant la traversée, dès que l'odeur se fait sentir.

L'ordre de stopper est toujours promptement exécuté, en ce qu'il suffit pour ainsi dire d'arrêter le cœur, c'est-à-dire le tiroir distributeur du fluide moteur. Cela est exécuté in-

stantanément, en déclanchant. Aussitôt l'injection doit être
fermée pour éviter de remplir le condenseur, d'être contraint
de purger, et même de faire entrer de l'eau dans le fond du
cylindre, ce que nous avons vu être dangereux. Les tiroirs
sont mis à mi-course pour boucher leurs orifices et être
prêts à repartir dans la direction ordonnée. Si le temps
d'arrêt dure, on ouvre les portes des foyers pour laisser
passer l'air au-dessus du charbon, et pour le refroidir au
lieu de l'exciter; on veille en même temps le manomètre
pour ouvrir peu à peu la soupape de sûreté, et pour maintenir la pression à son point habituel. Il y a du danger à ouvrir
brusquement une soupape de sûreté, surtout si la tension
est élevée, parce qu'en mettant la vapeur en communication
avec l'atmosphère, on diminue tout à coup la pression et la
production de vapeur de l'eau maintenue chaude et même
à une énergie extrême. On donnerait ainsi de violentes
commotions à la chaudière, et l'eau bouillante jaillirait en
trombe par le tuyau de décharge. Pendant un temps d'arrêt, les condenseurs doivent être tâtés, parce qu'ils s'échauf-
feraient si le tiroir laissait fuir de la vapeur par ses garnitures ou ses barrettes. Le niveau des chaudières est tenu plus
haut que d'habitude lorsqu'on prévoit un stoppage; il est
ensuite veillé, parce que pour les chances d'explosion il est
aussi important qu'en marche. Le mécanicien doit être instruit des temps d'arrêt ou, du moins, il doit en veiller le
moment. Si la chaudière nécessitait de l'alimentation soit
par négligence à élever le niveau, soit par des fuites, il
faudrait y suppléer par la pompe à bras dans les appareils
à basse pression, et par la machine auxiliaire, nommée Petit Cheval, dans les autres. Cette dernière ressource est nécessaire avec les chaudières tubulaires, tant parce qu'il serait difficile de refouler leur pression, que parce que la pe-

tite quantité d'eau contenue nécessite plus impérieusement
le maintien de son niveau. Ce petit cheval fonctionne
comme une machine à haute pression, c'est-à-dire sans
condenser et par le seul excès de la tension sur l'atmosphère ; ce n'est d'ailleurs qu'avec une pression élevée qu'il
est nécessaire. Il est souvent utilisé au moyen d'un robinet
à quatre fins, pour pomper l'eau de la cale ou donner de
l'eau pour laver le pont, et pour la projeter en cas d'incendie. Dès qu'on est stoppé, les robinets alimentaires sont
fermés, parce que si les clapets de la pompe fuient, la
chaudière se vide, car son eau se rend dans la bâche. Les
mèches des godets sont enlevées de leur conduit, puisqu'il
est inutile qu'elles continuent à fournir de l'huile aux articulations. La détente variable est déclanchée, parce que, si
elle était poussée très-loin pendant la marche, il pourrait
arriver que les manivelles se fussent arrêtées de telle sorte,
que les deux arrivées de vapeur au tiroir fussent fermées
et qu'on ne sût, pendant longtemps, à quoi attribuer l'impossibilité de mettre en marche. Avec une détente res-
treinte, ce n'est pas à craindre ; mais il n'en faut pas moins
la déclancher pour être prêt à marcher à toute volée dans
la direction indiquée.

Pour marcher en arrière, il faut, avec les dispositions
anciennes, stopper d'abord en déclanchant, et ensuite manœuvrer les tiroirs à bras dans le sens convenable : c'est
long, surtout parce que les chauffeurs ne sont pas sur le
parquet supérieur. Si le navire avait beaucoup de vitesse,
il ne faudrait pas s'étonner de voir la machine refuser de
partir ; l'impulsion de l'eau sur les palettes étant connue,
le carré de la vitesse augmente tellement alors, que le piston est impuissant à la refouler. Il faut donc des machines
très-puissantes pour ne pas rester longtemps inactives en

pareil cas, et pour arrêter le navire dans un petit espace. Il en résulte qu'en approchant d'un but, la vitesse doit être ralentie à l'avance, afin de l'amener au point où il est possible de la maîtriser promptement. Négliger cette précaution, parce qu'on est sûr de la manœuvre du tiroir, expose à des abordages et à toutes leurs suites.

Avec l'appareil emprunté aux locomotives dont nous avons parlé, le mouvement est renversé instantanément en changeant d'excentrique, et sans courir les chances d'hésitation ou de malentendu des procédés ordinaires. Aussi ce mode de guider le tiroir est exigé en *Angleterre*, pour les navires à grande vitesse.

On marche doucement, en agissant pour la vapeur comme on le ferait pour une roue hydraulique en abaissant la vanne ; seulement au lieu d'effectuer ainsi le rétrécissement de l'orifice de passage, on se sert d'une cloison mobile autour d'un axe passant par son centre de figure et nommée Papillon. Quand elle est placée dans le sens du conduit, elle laisse le passage libre ; mais dès qu'elle devient oblique, elle se rétrécit, au point de l'intercepter presque complétement, lorsque ses bords touchent les parois du tuyau. Il ne faut pas alors que le papillon soit perpendiculaire, il prendrait mal ou riquerait d'être tellement serré par sa propre dilatation, qu'on ne pourrait plus le tourner. Il est donc oblique et de forme ovale avec ses bords taillés en chanfrein. Ainsi entravé, le fluide moteur arrive en quantité moindre dans le même temps, il perd donc son énergie dans le cylindre, et il est forcé d'en attendre de nouveau pour vaincre la résistance : le ralentissement de la marche en est le résultat naturel. L'injection est alors diminuée, puisque la pompe à air donne moins de coups de piston et qu'il y a moins de vapeur à condenser. Par la même raison, les portes des foyers sont ouvertes pour produire moins de vapeur; et si on marche longtemps ainsi, les foyers sont laissés languissants. On comprend d'après cela, qu'il est facile de donner à la machine telle vitesse qu'on désire en dessous de son maximum, et cela avec une précision telle, que c'est sur ce mode de fermeture partielle qu'agit le modérateur centrifuge, employé à terre pour obtenir un mouvement très-uniforme. Mais si ce procédé est commode, il est loin d'aussi bien utiliser la vapeur que la détente, aussi n'est-il propre qu'à la manœuvre et nullement à la marche continue.

Par contre, pour marcher plus vite, on opère d'une manière inverse, on ouvre le registre pour laisser entrer plus de vapeur ainsi que l'injection afin de la condenser: les feux sont ranimés, et ils fournissent le calorique latent absorbé par l'ébullition devenue plus active. Pendant les manœuvres de ce genre, le manomètre est surveillé, pour que tout en satisfaisant, pour ainsi dire, aux différentes demandes de vapeur, la pression n'en reste pas moins constante; les feux sont dirigés en conséquence, afin de suivre ces variétés par celle de la chaleur qu'ils fournissent. On comprend quelles ressources pour la manœuvre, présente cette facilité de régler la puissance motrice et même d'en renverser à l'instant l'impulsion. Sans cela, les vapeurs seraient très-difficiles à manœuvrer, car leur moteur agissant toujours dans le sens de la quille n'est pas, comme les voiles, propre à accélérer les évolutions, il en laisse le travail au gouvernail seul.

Bien que la surveillance directe et continuelle de la machine appartienne exclusivement au mécanicien, cependant l'officier de quart doit s'assurer de l'exacte exécution des ordres, et veiller aux précautions à prendre : pour cela, il est nécessaire qu'il connaisse ce qu'il faut faire, c'est-à-dire quels sont les devoirs du mécanicien de quart, afin de s'assurer qu'ils sont observés. En prenant le service et en recevant les ordres reçus pour l'allure et pour le chauffage, le mécanicien s'informe des faits survenus pendant le quart précédent qui sont de nature à l'intéresser, tels que les accidents, échauffements de pièces, clavettes desserrées, graissage, état des feux, l'heure où il y en a eu de décrassés, les extractions opérées, l'état de saturation de l'eau dans chaque corps de chaudière, les chocs qu'on entend et leur cause. La plupart de ces indications se trouvent généralement écrites sur un tableau. Aussitôt après, le mécanicien fait une ronde, tâte les articulations, retouche les clavettes s'il y a lieu, voit l'état des foyers, pèse l'eau de chaque chaudière, fait ouvrir les robinets-jauges ainsi que ceux des tubes indicateurs, et il envoie visiter les godets graisseurs.

Pendant le cours du quart, les feux sont dirigés de manière à ne pas en avoir de trop actifs, et d'autres languissants par manque de combustible, ou par obstruction de mâchefer : leurs grilles sont couvertes de charbon de la manière que nous le détaillerons au chapitre VI, en parlant du chauffage ; elles sont décrassées à temps, et autant que possible alternativement, afin de ne pas avoir à la fois plusieurs portes ouvertes à l'air froid : si le charbon est friable et s'il touche en partie dans les cendriers avant d'être brûlé, on le rejette sur les grilles après l'avoir un peu mouillé, ou on consacre des foyers spéciaux à le brûler lentement sans le remuer, de manière à l'utiliser.

Il y a des espèces de houille tellement friables, que sur quatre foyers il en faut un, pour employer les parcelles de coke tombées dans le cendrier.

La conduite des extractions ne saurait être confiée aux

contre-maîtres, parce que sans que rien le montre à l'œil, une chaudière risque d'être encombrée de sel, de manière à ne plus produire assez de vapeur et à exiger une sorte de démolition. Cette surveillance est encore plus importante avec les chaudières tubulaires, qui pour la même quantité d'eau, extraient plus du double de vapeur, arrivent donc deux fois plus vite à la saturation et sont presque impossibles à nettoyer. Le pèse-sel est un bon guide, mais il demande de l'attention, surtout lorsqu'il n'y a pas d'extraction continue et que la saturation marche très-vite. Pour éviter les malentendus, on a autant de petits tuyaux joints ensemble qu'il y a de compartiments; ils portent des numéros ou des lettres de repère et servent à remettre, au mécanicien de quart, de l'eau prise au robinet-jauge de chaque partie : de la sorte, il a sous les yeux l'ensemble de l'état de saturation de ses chaudières, et il peut diriger les extractions ainsi que les feux. Nous avons assez montré l'importance de maintenir le niveau de l'eau à une hauteur constante, pour qu'il soit nécessaire de répéter ici que ce doit être l'objet de la surveillance, non-seulement du mécanicien et de l'officier, mais on peut dire de tout le monde. C'est d'autant plus nécessaire que, parfois, les chaudières transvasent leur eau de l'une à l'autre en très-peu de temps, et que d'un côté on est exposé aux projections, de l'autre à l'explosion. Il a fallu quelquefois éteindre les feux rapidement, pour éviter des chances de danger.

Quand elles sont neuves, les chaudières tubulaires ont une ébullition tellement tumultueuse, qu'elles projettent beaucoup d'eau et produisent dans les tubes indicateurs un bouillonnement tel, qu'il est impossible de connaître le niveau; on ne sait non plus ce que donnent les robinets-jauges, car tout est mélangé d'eau et de vapeur. En outre, l'eau contient tant de bulles de vapeur en train de s'élever à la surface depuis le niveau des grilles, qu'elle est gonflée au point que, si on stoppe, le niveau baisse de $0^m,1$ et même plus, parce que l'ébullition est arrêtée et qu'il n'y a plus de bulles. C'est encore une raison pour ne pas stopper lorsqu'on croit le niveau trop bas. Les eaux saumâtres produisent des bouillonnements, au point de ne savoir où est le niveau; sur la *Seine*, on a remarqué que c'était à l'endroit où les bateaux arrivaient dans des eaux de cette nature, que les accidents les plus graves avaient eu lieu. On y a obvié en mettant un tube particulier du pied de la chaudière au sommet de la chambre de vapeur, et en y plaçant le tube indicateur, pour obtenir une eau tranquille.

La condensation quoiqu'elle n'offre aucun danger, demande également une surveillance, parce qu'elle joue le plus grand rôle dans la production de la force, et qu'ainsi que nous l'avons vu, elle dépend de la quantité d'eau froide injectée. Mais une fois bien réglée, il faut un changement de détente ou de vitesse du navire, pour qu'il soit nécssaire de la modifier.

Le mécanicien de quart reste toujours à portée des déclanches pour stopper, lorsqu'un bruit inattendu lui fait craindre pour les hommes ou pour la machine : une pièce casse souvent sans faire un grand bruit, et si on fait deux ou trois tours, on voit tordre ou briser tous les renvois de mouvement; il y a eu des avaries très-graves provenues peut-être de cette négligence, tandis qu'avec du soin, d'autres ont été évitées. *Mieux vaut stopper dix fois inutilement que d'attendre un peu trop une seule*, que ce soit pour la machine, ou pour le cri sur le pont d'*un homme à la mer!* Il n'y a qu'un seul cas où il ne faille pas le faire, c'est lorsqu'un navire est à la remorque, car stopper serait suivi d'un

abordage; alors il faut marcher très-doucement du côté
soupçonné, fermer totalement son registre et presque entièrement l'injection ; les causes de la force étant presque
annulées, une machine suit l'autre sans produire d'efforts,
mais s'il y a quelque pièce qui butte, cela est insuffisant.

Le graissage est ordinairement confié à un homme spécial ; il faut qu'il soit attentif, car il ne suffit pas de verser
de l'huile, et même de la mettre dans le godet : il est nécessaire de voir si la mèche n'est pas sortie, s'il n'est rien
tombé, et de tâter l'articulation pour savoir si elle n'est pas
chaude, soit par vice de serrage, manque d'huile ou fatigue
du navire. On ne saurait, à cause de ces soins continuels,
trop recommander l'usage des lubréfieurs mécaniques.

Pour les rotations rapides, on adopte la disposition suivante : les coussinets ont de chaque côté un conduit vertical, le supérieur a une fente en dessus; et une sorte de
chaîne de *Vaucanson* posée sur le haut de l'arbre en se joignant à elle-même, tombe dans le godet situé en dessous;
plus la rotation est rapide, plus la chaîne va vite et entraîne
d'huile, le surplus tombe dans le godet. Celui-ci est profond, afin de ne pas laisser la chaîne toucher le fond, où
toutes les saletés et les parcelles métalliques se déposent.
Ce lubréfieur serait très-convenable pour les arbres des hélices; il a été employé sur les chemins de fer.

Lorsqu'une pièce commence à s'échauffer, c'est le plus
souvent par manque de graissage ou par excès de serrage;
on verse donc de l'huile dans le tuyau du godet et on lâche
un peu la clavette, quand même il en résulterait un petit
choc. Cela ne suffisant pas, on mêle de la fleur de soufre à
du suif pour graisser, puis on humecte avec de l'eau douce
et on ajoute un peu de plombagine. Lorsqu'un échauffement résiste à ces moyens, il provient de l'interposition de

quelque corps dur, tel que du sable, qui détruit le poli, ou encore de ce que les pièces tournent en dehors de leurs lignes, par le travail du navire ou par les défauts du dressage. Dans ces deux cas, il est souvent difficile de se rendre maître des échauffements, et il convient de stopper pour démonter les coussinets, à moins qu'on ne soit près du but ; alors il ne faut pas faire travailler la machine où cela a lieu, et on la met à une très-grande détente. En dernier ressort, s'il y a nécessité de fonctionner, on inonde avec la pompe à incendie les parties chaudes ; mais ce moyen est très-nuisible aux coussinets et aux soies, en ce que l'eau empêche le graissage, et que lorsque la pièce est chaude au point de la laisser s'évaporer, elle laisse probablement du sel. D'ailleurs, en refroidissant l'extérieur plus que le dedans, on occasionne des contractions qui augmentent le frottement, car, en s'échauffant, la soie est toujours plus chaude que les coussinets, et par conséquent plus dilatée. La fonte très-chaude se fêle par un refroidissement subit, comme le verre, et cette cause a occasionné la rupture de beaucoup de paliers et de chapeaux : il convient donc de ne pas trop attendre pour projeter de l'eau. On se fait peu une idée de l'intensité de la chaleur des échauffements : nous avons vu les grains de buttée d'une hélice se fondre, l'acier couler dans la cale, et les pièces se souder comme à la forge. Une bielle, dont le mouvement oscillatoire était cependant assez lent, est arrivée à se souder sur un té et à casser les deux tiges du piston : celui-ci livré à lui-même a fêlé le cylindre ; s'il l'eût défoncé, plusieurs hommes auraient été brûlés par l'éruption de la vapeur. Le dressage des pièces pour qu'elles agissent dans leurs lignes et ne portent pas à faux dans les coussinets, le serrage de ces derniers par les clavettes, et enfin leur graissage, sont donc les sujets de soins importants, et cela d'autant plus que des pièces très-échauffées en gardent les traces, et sont plus sujettes au même accident : aussi on juge du savoir et des soins d'un mécanicien, par l'aspect de ses coussinets aussi bien que par celui de l'intérieur de sa chaudière.

On emploie maintenant un alliage métallique, nommé Antifriction, qui à la douceur extrême du frottement ajoute la qualité de se faire aux surfaces, de ne jamais les dépolir, et d'éviter les échauffements. Pour l'employer, on tourne un tube de fonte du diamètre exact de la soie, on l'entoure de coussinets, en les plaçant à la même distance que sur leur palier ; après avoir enlevé de leur intérieur la quantité de bronze nécessaire pour l'épaisseur du nouveau métal, celui-ci est coulé dans l'intervalle et employé, en conservant sa surface, qui est plus dure. Ce nouveau moyen est surtout utile lorsque l'appareil a un mouvement rapide : il fait disparaître des échauffements dont on avait peine à se rendre maître. De grands roulis et surtout une forte bande produisent des échauffements, tant parce que les collets des arbres portent alors une partie de leur poids, que parce que le travail du navire change l'angle des bâtis, celui des arbres, et qu'il fait porter ces derniers à faux entre leurs coussinets ; pour diminuer l'effort, il est bon de lâcher un peu les boulons des chapeaux de palier ou, mieux encore, de diminuer de voiles.

Les tubes des nouvelles chaudières ont l'inconvénient de s'engorger de suie d'autant plus vite que le charbon produit plus de fumée. Le tirage diminue, la transmission de chaleur par les tubes devient très-difficile, et la pression est impossible à soutenir. Il est alors nécessaire de nettoyer les tubes ; pour y parvenir, on ouvre la porte en tôle de la boîte à fumée, et on passe les écouvillons en fil de fer ou les grattes dans chaque tube, en plaçant les hommes de manière à en employer le plus grand nombre à la fois, car le passage de l'air dans ces tubes les refroidit. L'usage des grattes est gênant lorsque les tubes ont des bagues; mais, au moins, elles ne s'encrassent pas comme les écouvillons en fil de fer, d'autant qu'on les brûle si, pour les nettoyer, on les expose au feu. Cette obligation d'enlever la suie des tubes rend les chaudières à retour de flamme, seules propres à la marine; celles qui sont dites à flamme directe ne pouvant être nettoyées que lorsque les feux sont éteints et que la chaudière est refroidie. Si l'on a cherché à les dégager par un courant de vapeur violent dans la cheminée, il faut également mettre bas les feux, et toute la suie est projetée sur le pont.

Lorsqu'un temps d'arrêt sous vapeur ou au mouillage est de très-peu de durée, il suffit d'ouvrir les portes; mais s'il se prolonge et qu'il ne soit pas urgent d'avoir de la pression à la commande, les feux sont poussés au fond des grilles et amoncelés contre l'autel. Les cendriers sont fermés et les portes sont entr'ouvertes pour donner toujours de l'air au feu sans l'activer. Cette disposition produit parfois des contractions inégales dans la chaudière et, quand la température de l'air est basse, elle fait baisser la pression. Aussi ne faut-il pas compter alors avoir de la pression avant vingt minutes avec les chaudières à carneaux, et avant douze ou quinze avec celles à tubes. Les feux sont longs à rallumer, parce que la masse du nouveau charbon, les grilles et l'intérieur des foyers, tout tend au refroidissement, c'est-à-dire à gêner la combustion du peu de charbon allumé. Il est facile de comprendre qu'entre cet état des feux et celui d'activité, on choisit, suivant les circonstances, tel point intermédiaire qu'on veut; qu'on garde, par exemple, la moitié des grilles garnies, en leur laissant du tirage pour maintenir la pression à quelques centimètres en dessous de celle de régime; on a surtout beaucoup de charbon allumé pour remettre les feux en train. Ce n'est qu'avec la certitude d'une tranquillité parfaite que les feux sont poussés au fond; en escadre ou sur une rade dangereuse, mieux vaut perdre un peu de vapeur, et se tenir prêt à marcher à la minute en refaisant le vide par intervalles, si le temps devient mauvais. Le niveau d'eau est veillé, en pareil cas, comme en marche, et maintenu par la pompe à bras ou le petit cheval. Si on est exposé à marcher, il ne faut pas laisser tomber la pression au point d'alimenter avec l'eau de mer par le robinet d'extraction : ce serait refroidir encore plus l'eau.

Lorsque la machine n'est plus utile, les feux sont éteints successivement; on la place dans la position la plus convenable pour les travaux qu'on exécutera, afin que les articulations à visiter, les joints à refaire ou les couvercles à enlever n'éprouvent pas de gêne et ne nécessitent pas de virer les roues. Une fois les feux éteints et les grilles nettoyées de tout le charbon brûlant, on ferme leurs portes et celles des cendriers, pour éviter la circulation de l'air froid, qui est évidemment appelé par la cheminée. Cela fait, on vide la chaudière en ouvrant le robinet d'extraction, la pression chasse l'eau avec force, et on l'entend s'écouler; dès que le bruit commence à diminuer, on tient les mains sur les bras de la clef pour être prêt à fermer; car l'eau ne refoule la pression de celle de la mer que parce que la vapeur est encore plus forte; mais puisque les feux sont éteints et qu'elle se dilate, cette vapeur se refroidit. Il y a donc un point où elle cesse d'être plus forte que l'eau extérieure, et comme le moment d'équilibre ne dure qu'un instant, l'eau entrerait. Il en résulterait des accidents, parce qu'étant froide, cette eau condenserait la vapeur avec une très-grande activité, puisqu'elle agirait dans la chaudière comme elle le fait d'habitude dans le condenseur; elle produirait donc le vide, et la pression atmosphérique écraserait ou, du moins, fatiguerait beaucoup la chaudière, qui n'est nullement disposée pour ce genre de pression. Dès que le bruit cesse, le robinet d'extraction est aussitôt fermé, et mieux vaut le faire trop tôt et avoir un peu d'eau à laisser tomber plus tard par les trous de sel, que de s'exposer à l'inconvénient que nous venons de signaler. Les mèches des godets sont enlevées, les robinets de sûreté des tuyaux d'extraction et d'alimentation sont fermés, ainsi que le diaphragme ou la soupape du tuyau de décharge; la pompe à air et le fond du cylindre sont vidés par un petit robinet, et l'on verse de l'huile par le robinet à graisser du cylindre. Le nettoyage général de la machine est effectué avant que les pièces soient refroidies; il est alors mieux exécuté et donne moins de peine.

CHAPITRE VI.

Chauffage de la machine, et Conduite de l'appareil évaporatoire.

Les appareils à vapeur exigent une si grande quantité de chaleur, que la manière de produire cette dernière est de la plus haute importance; pourtant c'est de toutes les parties de l'appareil, celle qui a reçu le moins de perfectionnement. Mais si de nouvelles inventions ne sont point parvenues à de grands résultats, la pratique est arrivée à des méthodes d'utiliser beaucoup mieux un principe de force aussi dispendieux que le charbon. On le brûle sur des grilles en fer ou en fonte, espacées de manière à laisser passer la quantité d'air suffisante, et placées à une hauteur telle que la flamme a en dessus assez de place pour se déployer sous le ciel, et que l'air trouve un accès facile par le dessous. La pratique est également parvenue à déterminer d'une manière à peu près uniforme les dimensions principales des foyers; aussi diffèrent-ils peu par leur longueur, parce que l'homme doit faire arriver le charbon jusqu'au fond, en le jetant à la pelle. Quant à leur largeur, elle n'a d'autre inconvénient que de tenir une très-grande porte ouverte plus longtemps, pendant qu'on travaille, et de rendre la pression moins uniforme : à bord des navires, elle offre peu de différences. L'écartement des grilles, c'est-à-dire le rapport des pleins et des vides, est important en ce que c'est lui qui, combiné avec l'intensité du tirage, règle la quantité d'air. Pour une combustion lente, il est petit; mais à bord, où le manque d'espace empêche d'avoir des surfaces de grilles suffisantes, il est assez grand pour activer la combustion par l'arrivée de plus d'air. Le charbon est alors moins bien brûlé; mais, au moins, il produit plus de chaleur pour une même surface : à bord, on adopte, en général, $0^m,01$ de vide pour $0^m,03$ de plein. Cette proportion produit un feu actif et a l'avantage de s'assortir aux différentes espèces de charbon, car toutes sont loin de brûler de la même manière; les charbons secs et friables tombent en poussière à travers les espaces trop grands, et, comme ils ne se collent pas, ils laissent passer plus d'air : au contraire, ceux dont la nature est grasse et bitumineuse exigent des espaces vides plus grands, parce qu'ils se collent, font des sortes de voûtes comme sur une forge, et bouchent une partie des passages. Enfin il y a des houilles qui, pour brûler, exigent plus d'air les unes que les autres. Il faudrait donc modifier l'écartement suivant les qualités; à terre, où l'on est toujours dans les mêmes conditions, on apporte une grande attention à parvenir aux meilleures proportions. Lorsqu'à bord il est utile d'écarter les grilles, il suffit d'enlever un ou deux barreaux, pour que les autres se placent à égales distances et y soient maintenus par les morceaux de charbon interposés. Il est souvent convenable d'enlever le talon du barreau appliqué contre la paroi du foyer, parce que la grande intensité du feu sur ce point ronge souvent les tôles par l'excès d'évaporation de l'autre côté. Pour de longues campagnes, les grilles en fer forgé sont préférables tant pour leur légèreté, que parce qu'on peut les redresser et les réparer en les soudant l'une au bout de l'autre jusqu'au dernier morceau; tandis qu'un barreau en fonte fêlé est hors de service et qu'on tombe quelquefois sur des veines de fonte qui cassent à chaque instant. L'écartement est si important, qu'on a trouvé par des expériences précises, qu'une dépense de 1,200 francs employés à la refonte exigée pour diminuer les talons, était remboursée, dans moins de cinq jours de marche, par la différence des consommations : c'est donc un objet d'attention pour les mécaniciens.

L'air nécessaire à la combustion est fourni par le tirage ou l'appel de la cheminée, produit par la légèreté qu'acquiert l'air échauffé après qu'il est passé dans les foyers. Cet air dilaté, pesant moins que celui de l'atmosphère, tend à s'élever comme le ferait une mongolfière; maintenu dans la cheminée, il y occasionne un courant ascendant continu : par conséquent, du nouvel air poussé par la différence des pressions traverse les grilles et les morceaux de charbon, en y activant la combustion. L'énergie du tirage dépend donc de la facilité du passage de l'air suivant l'écartement des grilles et de la force d'appel de la cheminée : celle-ci est naturellement déterminée par la grandeur de tuyau laissée au passage, c'est-à-dire par l'aire du conduit, et par sa hauteur ou par la colonne d'air chaud. Il y a donc des proportions nécessaires entre ces parties : d'habitude, la hauteur varie peu ; elle est suffisante avec 12 mètres à partir des grilles ; au delà, l'augmentation n'a plus une grande influence sur le tirage. Mais il n'en est pas de même pour le diamètre ; il est proportionné à la surface des grilles et à l'intensité du tirage. Ce dernier est influencé par les circonstances atmosphériques ; il est plus énergique avec un temps froid et sec qu'avec une atmosphère chaude et humide : il en est de la combustion comme de notre aspiration, et il y a de grandes analogies entre ces deux phénomènes. Les voiles du navire quand elles sont déployées, en renvoyant de l'air dans la machine, lui donnent de l'activité : aussi il est bon d'établir la misaine-goëlette et de donner ainsi un peu d'air aux chauffeurs, quand même il faudrait l'orienter au point qu'elle ne fût plus utile à la marche. Les manches à vent en toile ou d'autres en tôle qui sont permanentes, avec une grande ouverture pour laisser engouffrer le vent, sont aussi très-utiles aux foyers et aux chauffeurs.

Puisque ce n'est qu'en s'échauffant que l'air acquiert la dilatation nécessaire pour occasionner le tirage, il y a une grande quantité de chaleur entraînée par cette seule cause. Aussi, en y ajoutant le calorique nécessaire au charbon fraîchement introduit pour brûler, il se trouve que les 0,6 de la chaleur réellement contenue dans la houille, sont seuls utilisés sur des foyers bien construits et bien dirigés : car sur ceux dont les proportions sont défectueuses, ou qui sont mal conduits, les pertes s'élèvent au delà de la moitié. Il est pénible de voir un moteur aussi dispendieux être l'objet de pareilles pertes dès le premier moment de son action , sans compter celles qu'il éprouve dans toutes les parties de l'appareil et dans le moyen d'utiliser sa force.

Puisque la chaleur est la source de la puissance, on peut établir qu'une quantité de houille qui, si rien n'était perdu, produirait 1,000 kilogrammes de force, n'en donne environ que 320 sur le propulseur. Ainsi, ces machines si parfaites utilisent moins la cause première de leur mouvement que la plus mauvaise roue hydraulique et même que les moulins à vent. Combien il faut donc s'étudier à diminuer ces vices ! Parmi les moyens à la disposition du marin , le chauffage entre en première ligne.

Quand un foyer commence à se dégarnir de houille et à laisser des intervalles libres, il faut commencer par refouler, avec le rouable, le charbon enflammé et devenu du coke par la distillation et la combustion de son gaz : on le ré-pand sur le fond de la grille, jusqu'à près de la moitié, en en laissant quelques morceaux menus enflammés vers la porte. Alors on jette le charbon cassé en morceaux gros comme le poing ; ce n'est que quand il est très-friable qu'il convient d'en mettre de plus gros , parce que l'air trouve trop d'accès. Une fois le charbon ainsi disposé, on en met un tas à l'entrée, sur l'espèce de plaque nommée Sole. Ainsi disposé, le nouveau charbon s'échauffe, le gaz qu'il contient sort par ses pores, se distille comme dans la cornue du ga-zomètre ; mais en passant au-dessus du coke incandescent poussé au fond, il s'enflamme. Bientôt son gaz étant éva-poré, le charbon devient du coke et brûle en grosses pierres rouges, jusqu'à gagner le voisinage de la porte; mais sa fumée a été entièrement brûlée au lieu de se perdre comme un gros nuage. Alors, si les proportions entre l'ancien charbon et le nouveau ont été bien gardées, il ne reste plus que du coke dans le foyer, le fond commence à se dégarnir, et il est nécessaire de recommencer l'opération. Ce que nous venons de détailler exige beaucoup de tact de la part des chauffeurs, et ne fait pas arriver le foyer à toute son énergie; mais au moins la chaleur contenue dans le charbon est utilisée, tandis qu'en chauffant le plus possible, en répandant du charbon partout et en le remuant souvent, on gaspille une grande partie de sa chaleur. Quelques auteurs établissent que la combustion n'est bien opérée, et que le feu ne détériore les tôles, que lorsque les chaudières ne produisent, d'habitude, pas plus des 2/5 de ce qu'on en obtient en poussant les feux à outrance. Ces proportions ne sont pas applicables à bord, à cause de l'exiguïté de l'espace; mais en s'en rapprochant, on gagne en poids de combustible brûlé, ce qu'on a perdu par la plus grande dimension de l'appareil.

L'épaisseur de la couche sur les grilles dépend aussi de la qualité de la houille : si celle-ci est grasse, la couche doit être mince, attendu qu'elle se colle; le crochet est souvent employé alors pour ouvrir des passages à l'air et pour détruire les sortes de petits fours qui, ne brûlant qu'en dessous, fondent les grilles sans échauffer les ciels. Les houilles maigres demandent, au contraire, une couche plus épaisse, et elles ne sont touchées avec le ringard que le moins possible, parce qu'elles tombent en parcelles dans les cendriers. Le tirage influe aussi sur la couche; s'il est intense, l'épaisseur doit être plus grande pour s'opposer au passage de trop d'air froid; c'est l'inverse s'il est mou. On comprend, d'après cela, combien de causes physiques sont en jeu dans la combustion , et par conséquent combien il faut de tact pour exécuter cette opération, si grossière pourtant en apparence. C'est d'autant plus difficile, qu'il y faut de la promptitude, car pendant tout le travail, la porte est ouverte et elle laisse passer une grande quantité d'air froid qui, ne pouvant être brûlé, nuit à la chaleur pendant tout le parcours des carneaux jusqu'au sommet de la chaudière.

En conséquence, on a cherché à produire le chauffage par un procédé mécanique , au moyen de barres de fonte formant une chaîne sans fin, entraînée par un arbre vers le fond de la grille et revenant par en dessous. Le charbon contenu dans une trémie et cassé de grosseur convenable repose sur le commencement de cette grille mobile : l'épaisseur de sa couche est réglée par une vanne ; en s'avançant vers le fond, il suit toutes les périodes que nous avons cherché à décrire. Pour que ce qui reste ne tombe pas au fond de la grille, un ou deux tubes pleins d'eau servent, pour ainsi dire, de râteaux. Le mouvement est communiqué par une courroie venant de l'arbre de la machine, et tout le système est porté sur un chariot, afin d'être retiré si l'une de ses parties est avariée. Ce mode de combustion utilise beaucoup mieux la houille que le chauffage à la main ; on pense qu'il en épargne 12 pour 100, mais à surface égale, il donne moins de chaleur. On peut dire que ce procédé fait trop bien brûler le charbon ; mais le manque de place empêche de l'employer à bord. Il évite presque entièrement la fumée, qui est du gaz d'éclairage non brûlé et perdu dans l'atmosphère ; on conçoit, par là, combien de chaleur coûte la négligence des chauffeurs, lorsqu'un long panache noir de fumée surmonte le navire et montre sa position à de grandes distances.

Tout ce que contient le charbon de terre est loin d'être
brûlé ; outre ce qui se réduit en cendres, il s'y trouve des
terres ou d'autres matières incombustibles, qui se fondent
et forment ces pierres poreuses nommées Mâchefer. Peu
après, elles s'agglomèrent en grosses masses rouges, et elles
interceptent le passage de l'air, au point qu'on peut établir
que toute partie ainsi couverte est autant de surface de
grille de moins. Pour en débarrasser le foyer, c'est-à-dire
pour le décrasser, on attend qu'il y ait assez de mâchefer,
et que presque tout le charbon de la grille soit consumé,
on pousse alors le reste dans une partie où il en reste peu et
l'on décolle les gâteaux de dessus les grilles : ils sont quelquefois si étendus qu'il est nécessaire de les casser, pour
les faire passer par la porte. Avec le rouable, on les jette
ensuite sur le parquet et on les éteint. Une fois la grille
décrassée, on étend le reste du charbon enflammé vers le
fond, et on charge l'entrée de combustible frais, pour brûler la fumée. L'opération dont nous parlons est longue et
très-fatigante pour les chauffeurs, elle fait perdre beaucoup
de chaleur par l'ouverture de la porte : aussi, à moins
d'être très-pressé, ne faut-il y avoir recours que le plus
rarement possible. Cette même opération cause souvent la
rupture des grilles, tant par l'impression de l'air froid sur
leur surface presque rouge que par les secousses du ringard. On n'a point cherché les moyens de boucher le fond
du foyer; ils seraient difficiles à disposer. La qualité des
charbons influe naturellement sur le temps au bout duquel
le mâchefer est enlevé; et ce n'est qu'en observant l'état
intérieur du foyer, qu'on connaît le moment de l'exécuter.
Il ne faut commencer cette opération que lorsque les autres
feux sont bien en train et qu'il n'y a pas d'extraction à faire,
sans quoi la pression baisse et force à fermer le registre, ou à

détendre davantage en changeant de came. Au surplus, deux foyers ne sauraient être décrassés à la fois à moins qu'il n'y en ait un grand nombre en combustion. C'est au mécanicien de quart à déterminer l'instant d'opérer sur chacun.

Les cendriers ne doivent jamais être encombrés, surtout s'il tombe des parcelles de coke continuant à brûler sur les cendres : le tirage en est gêné et la combustion des grilles plus lente. On a quelquefois éteint les cendres dans le fond du foyer : rien n'était plus nuisible à la durée de la chaudière et même à la combustion, parce que la vapeur produite étouffe alors le feu en passant par les grilles. Il faut donc les retirer sur le parquet et, une fois éteintes, séparer tout ce qui n'est plus combustible avec un râteau ou à la main, afin de rebrûler sur les grilles ou sur un foyer spécial, tout ce qui reste encore propre à la combustion.

Les circonstances de la navigation influent sur le chauffage. Quand on a ordre d'aller le plus vite possible, il est dans de mauvaises conditions, parce que toutes les chaudières marines suffisent à peine à la consommation du maximum de la vapeur. Mais lorsqu'une mission n'est pas pressée, il faut agir avec plus de réserve, pour épargner aux hommes les travaux pénibles du chauffage, du transport dans les soutes et de l'embarquement d'un surcroît considérable de combustible. En pareil cas, c'est-à-dire quand on marche à la détente, il vaut mieux avoir beaucoup de feux en train, surtout si le charbon est mauvais ou maigre, afin de ne pas les tourmenter et d'éviter de faire tomber du charbon dans les cendriers. Avec cette lenteur, la combustion s'opère mieux, et la surface de chauffe se trouvant avoir, pour ainsi dire, plus d'étendue relativement à la production, transmet mieux la chaleur à l'eau : si le tirage est trop énergique, on le modère par le registre. Enfin on augmente pour ainsi dire la surface de chauffe, en éteignant une partie des grilles. Ainsi, les carneaux ne changeant naturellement pas, sur quatre foyers on en éteint un, et la surface de chauffe des carneaux est augmentée par rapport à celle des grilles dans le rapport de trois à quatre : si on en éteint deux, elle est doublée et le tirage, d'abord très-énergique, est ralenti. Il vaut toujours mieux avoir tous ses corps de chaudière allumés au départ et le nombre des foyers réglé ensuite, que de n'allumer qu'une partie des chaudières. On voit donc qu'avec quatre corps, ayant quatre foyers chacun, il est préférable d'avoir trois foyers par corps, que trois corps avec tous leurs foyers. En outre, et pour la manœuvre, on a l'avantage d'avoir toute son eau chaude, et s'il faut aller plus vite, on peut allumer le nombre de feux nécessaire sans perdre du temps ni de la pression.

Les chaudières tubulaires à retour de flamme ne permettent pas d'agir ainsi : éteindre un foyer c'est supprimer, en même temps, l'action de tous les tubes placés au-dessus. On agit alors d'une autre manière, et l'on diminue la longueur de la grille : pour y parvenir, on fait une sorte de faux autel avec deux gueuses placées en travers, et au-dessous, on bouche le cendrier avec une feuille de tôle. Si on veut rallumer tout le foyer, on décroche la porte du cendrier, et avec le rouable on retire les gueuses : il reste assez de charbon enflammé pour qu'en un instant, le foyer reprenne sa pleine activité.

Cependant comme on marche souvent avec un corps de chaudière éteint, il convient de savoir comment l'employer : autant que possible il doit être plein d'eau, pour la stabilité du navire; et bien que ce voisinage ait pris beaucoup de chaleur aux corps de chaudières voisins, on allume ses feux ; mais pour ouvrir la soupape d'arrêt, on attend que sa pression soit au moins aussi forte que celle des autres chaudières : sans cela la vapeur produite s'enfuirait vers le corps froid, et au lieu d'avoir plus de vapeur, on manquerait de pression. Réciproquement, pour éteindre un corps allumé, on laisse tomber peu à peu les foyers, et quand ils n'ont presque plus de charbon, on visse bien la soupape d'arrêt et on éteint les feux, puis on ferme les portes afin d'éviter la circulation nuisible de l'air froid. La chaudière est laissée pleine, à moins qu'on ne l'éteigne à cause de ses fuites, et la chaleur qu'elle conserve préserve les voisines des pertes du contact et du rayonnement.

L'insuffisance de production est un des plus grands défauts des chaudières, et elle n'est malheureusement que trop commune : elle amène une prompte détérioration, puisque le chauffage est poussé au plus haut point, pour obtenir à peine la vapeur nécessaire, et elle entraîne à une consommation exagérée de combustible. Il en résulte que pour fonctionner plusieurs jours, il y a profit de poids dans une chaudière plus grande, par cela seul qu'elle brûle moins, et si pour des appareils destinés à marcher huit ou dix jours, on faisait entrer le combustible dans le poids de l'appareil, les mécaniciens mettraient de plus grandes chaudières pour entrer dans les conditions imposées. Dans la marine, les plus mauvais marcheurs sont ceux qui brûlent le plus, et c'est surtout parce que leurs chaudières sont comme de mauvais chevaux, qu'on pousse à outrance et qui s'épuisent sans parvenir à remplir leur tâche.

Quand une chaudière est insuffisante, une plus grande vitesse moyenne est obtenue en exagérant la détente, parce qu'au moins la pression est bien soutenue, et qu'elle est utilisée beaucoup mieux qu'en fonctionnant à faible pres-

sion. Il arrive quelquefois que la tension baisse au-dessous
de la pression atmosphérique. Cela ne présente aucun
danger, mais seulement une moindre production de force.
En effet, l'effort du piston dépend de la différence de pression du condenseur et de la chaudière : toute diminution
dans la force de cette dernière en entraîne donc une dans
celle du piston. Cette manière de marcher sur le vide est
prudente avec une chaudière très-vieille, dont les tôles ron-
gées menacent de laisser sortir l'eau : elle évite ainsi tout
effort à la chaudière, et borne son rôle à contenir de l'eau
chaude, comme une marmite. Mais nous le répétons, c'est
une manière vicieuse d'employer la vapeur, elle n'en utilise pas toute la force. Une pression élevée avec une grande
détente fait toujours gagner de la vitesse pour la même
quantité de combustible.

Les appareils marins se servent forcément d'eau de mer.
Il en résulte que l'eau distillée, entraînée par l'ébullition,
laisse après elle du sel. L'eau de mer contient 3 pour 100 de
sel en dissolution, c'est-à-dire 30^k par tonneau : une machine vaporisant 12 tonneaux d'eau par heure, en produirait 360^k, c'est-à-dire $8,640^k$ par jour. Cette quantité est
un peu exagérée parce que l'eau alimentaire est prise dans
la bâche après le mélange avec l'eau de mer; mais comme
il faut environ 70 fois le poids de la vapeur pour la condenser avec les températures ordinaires, cette compensation est très-faible et peut être négligée. On voit avec
quelle rapidité une chaudière serait obstruée de sel et sa
tôle séparée de l'eau; on voit aussi quel danger il y aurait en n'y obviant pas. Or, le seul moyen est, jusqu'à
présent, de sacrifier une partie de l'eau chaude lorsqu'elle
est presque arrivée à saturation, en opérant ce qu'on
nomme l'Extraction. Il y a pour cela au fond de chaque

partie de la chaudière, un tuyau se rendant contre la muraille du navire qu'il traverse, et qui rejette l'eau chaude au dehors. Ce tuyau est muni de deux robinets, l'un contre le vaigrage, comme sécurité, l'autre sous le parquet des chauffeurs, pour ouvrir à volonté un passage, et laisser écouler l'eau de la chaudière chassée par la pression. Pour opérer l'extraction, il faut exagérer l'alimentation afin d'élever le niveau plus que d'habitude, et activer les feux pour suppléer au surcroît d'eau froide introduit. Une fois le niveau à $0^m,08$ au-dessus du point de régime, on ouvre le robinet avec la clef à douille ; et en gardant les mains dessus, parce que l'eau baisse rapidement, on ferme le robinet lorsque l'eau est tombée à $0^m,02$ ou $0^m,05$ au plus ; ensuite, en tenant l'alimentation ouverte, on rétablit le niveau. Les extractions sont combinées de manière à ne jamais être forcé d'en faire dans deux chaudières à la fois, parce qu'on ne saurait tarir la pression.

Le seul exposé de ce procédé montre son inexactitude, car rien ne dénote à l'extérieur si l'eau est plus ou moins saturée. Aussi pendant longtemps, les extractions ont été le sujet des plus grossières erreurs; tantôt on perdait trop d'eau chaude, tantôt on se laissait encombrer de sel ; or, de ces deux extrêmes, le dernier est le plus funeste. Pour avoir un guide, on a recours aujourd'hui à l'accroissement de densité de l'eau laquelle se sature de sel, et on construit des Pèse-sel. Pour cela, il suffit de faire une sorte de bouteille renversée en fer-blanc ou en cuivre, ayant un peu de plomb de chasse au bas pour la forcer à se tenir droite, et un long goulot cylindrique. On prend de l'eau pure et on l'amène à 60 ou à 80°, qui est la température ordinaire de l'eau quand elle est restée quelques instants à l'air; on fait une marque au point où le cylindre s'enfonce. Puis, on fait fondre du sel dans l'eau jusqu'à saturation, c'est-à-dire jusqu'à ce qu'il en reste qui ne puisse plus fondre, et l'on replonge l'instrument : il s'enfonce moins, puisque l'eau pèse, plus et on fait une nouvelle marque. L'intervalle divisé en 10, donne des sortes de degrés, qui font reconnaître combien on s'approche de la saturation. On trouve chez les marchands, de pareils instruments en verre qui sont exécutés avec soin.

Pour utiliser le pèse-sel on prend de l'eau de chaque corps de chaudière, au robinet-jauge, point où elle est le plus saturée et on y plonge l'instrument. Plus il surnage, plus il y a de sel et plus il est urgent de faire l'extraction. Après quelques jours d'observations de ce genre, on arrive à régler les extractions : mais il ne faut pas moins les surveiller, parce que selon que le vent permet d'aller vite ou doucement, et selon aussi que plus ou moins de vapeur est extraite de la chaudière en raison des différentes détentes, la saturation est modifiée.

Dans les chaudières tubulaires, où la masse d'eau est très-petite relativement à l'évaporation, il faudrait faire à chaque instant des extractions, et les méprises seraient beaucoup plus funestes, à cause de la rapidité de la formation du sel. On a donc eu recours à des pompes pour extraire l'eau de la chaudière et la rejeter en dehors, dans un rapport constant avec l'alimentation, qui est déterminé par celui des volumes engendrés par les pistons des deux pompes. Ainsi, l'on est sûr d'extraire la quantité déterminée d'eau saturée. Mais ce rapport est loin d'être exactement fixé, et l'expérience l'a beaucoup fait augmenter ; après avoir été du 1/5 et du 1/4 de l'eau évaporée, il a été porté jusqu'à la 1/2, et on s'en est bien trouvé. Jeter dans la mer la moitié de l'eau chaude, semble un remède pire que le mal : il n'en est pourtant pas ainsi ; en calculant les pertes, on en donnerait facilement la preuve.

Malgré toutes les précautions, il se forme du sel surtout dans les encoignures, là où le feu a le plus d'action ; il faut donc le piquer de temps à autre, ou quand il acquiert $0^m,002$ d'épaisseur. Comme c'est impossible sur les tubes, on est parvenu à faire craquer le sel en allumant un feu de copeaux dans les chaudières vides, pour que les dilatations fissent détacher les couches : ce procédé fatigue les joints et demande beaucoup de tact. On a aussi cherché à nettoyer les tubes, en les frottant avec de petites chaînes : cela peut être bon sur le laiton ; mais sur le fer, on y voit l'inconvénient d'enlever la rouille et de laisser à nu du fer aussi mince et si peu durable.

Les pertes causées par les extractions nous amènent à en mentionner d'autres plus considérables : celles qui sont dues au refroidissement. La chaleur produite, à grands frais, sur les foyers, se perd par le rayonnement et par le contact de l'air sur toutes les surfaces ; la température souvent insupportable des machines en est une preuve. Cependant en général, on ne fait rien pour y obvier et pour préserver les chauffeurs d'un excès de chaleur qui mine leur santé. Il suffirait, seulement, de couvrir les surfaces chaudes de matières peu conductrices, telles que de vieilles couvertures de hamac et du feutre grossier, garantis par de petites planches. En comparant le refroidissement d'un tube d'eau entouré de ouate ou de sciure de bois et de fer-blanc luisant, à celui qui est entouré d'une surface noire ou oxydée, on voit que les pertes sont comme 100 est à 7. Il est impossible de calculer exactement les effets du refroidissement dans des machines, à cause de la variété des positions de chaque surface : mais il n'en est pas moins certain qu'avec nos chaudières et nos conduits métalliques nus et peints en noir, nous perdons le plus de chaleur possible par le rayonnement ainsi que par le contact de l'air, et qu'avec les appréciations les plus favorables, les pertes s'élèvent à plus de 1/3 de tonneau par heure dans un appareil de 160 chevaux, tandis que si tout était parfaitement recouvert, elles ne seraient que de 48 kilogrammes par jour.

On n'apprécie malheureusement pas assez l'étendue des pertes de combustible et de force causées par le manque d'exactitude et de soin dans les machines; un tiroir mal réglé, une pompe à air qui fuit, des frottements exagérés empêchent la vapeur de produire son effet. Les chaudières trop petites, le chauffage mal dirigé et le sel dans les chaudières influent encore plus. Le peu de vitesse de beaucoup de navires, leur sillage quand il est toujours médiocre viennent, entre autres, de ce que leur machine, mal dirigée, ne produit pas sa force. Les moindres négligences ont de mauvais résultats, tandis qu'au contraire des soins éclairés en obtiennent d'excellents. Nous citerons à ce sujet ce qui s'est passé dans le *Cornouailles :* on s'y est associé pour déclarer exactement l'effet utile des machines; et les observations étaient faciles puisque les appareils y sont employés à extraire le charbon des puits ou à pomper de l'eau, sortes de travaux appréciables par eux-mêmes. Or, en 1769, *Smeaton* estima l'effet utile de quinze machines de *Newcastle* à 5,590,000 livres anglaises élevées d'un pied pour un *bushel* (un boisseau) de charbon brûlé (le *bushel* contient 36 litres et 1/3). En 1772, on eut 9,450,000 livres. En 1778 et 1779 *Watt*, par la condensation dans un vase séparé et avec une machine à simple effet, porta l'effet utile à 23,400,000. De 1779 à 1788, il introduisit la détente, et il en obtint 26,600,000. En 1798, une machine produisit 27,000,000 de livres. *Watt* la visitant la déclara parfaite. En effet, depuis lors rien n'a été changé au système , c'est toujours sa machine à simple effet; cependant vingt ans après, le travail de la meilleure machine était 40,000,000 de livres ; et en 1838, la moyenne, sur soixante et une machines, était 48,700,000, et il y en avait qui allaient à 84,000,000. Ces admirables progrès n'ont pas été dus à des inventions ingénieuses, à des changements de système, mais seulement à des soins éclairés et continuels, puisque c'est toujours la même machine à simple effet de *Watt;* et cependant, il y en a qui donnent le triple des autres. Certes des résultats aussi beaux ne s'obtiendront pas sur mer, à cause des difficultés locales et du manque de place ; mais pourquoi ne pas s'en rapprocher, en conservant la force après l'avoir produite, en empêchant les refroidissements? Ne rien couvrir, laisser la chaleur se perdre de toutes parts, c'est comme si on enrayait sa voiture pendant qu'on fouette les chevaux; ou comme si on perçait ses voiles de trous : et pourtant le vent ne coûte rien! Si les appréciations du travail des appareils marins n'étaient pas si difficiles, on trouverait certainement des résultats encore plus contradictoires que ceux du *Cornouailles*, et on serait effrayé des pertes énormes de ces machines jugées si parfaites qui, pourtant, emploient plus mal que les moulins à vent, une cause première de force aussi dispendieuse que le charbon.

CHAPITRE VII.

Du Bâtiment à vapeur comparé au Bâtiment à voiles.

En considérant la différence qui existe entre l'action du vent et celle d'une machine à vapeur, on voit, de prime abord, que les bâtiments entraînés par chacun de ces deux moteurs ne sauraient être semblables. En effet, le bâtiment à voiles poussé par la résistance de surfaces élevées, présentées au vent, et qui sont presque toujours obliques par rapport à la longueur du navire doit, avant tout, avoir une grande stabilité, et plus cette stabilité augmente, plus on peut donner d'étendue à ses voiles. Ce navire trouve donc de l'avantage à être large et profondément immergé, tant pour évoluer facilement que pour résister aux actions obliques qui agissent sur lui et pour ne pas dériver. Sur le vapeur au contraire, le moteur agit toujours dans le sens de la quille, et il est placé au niveau du pont ou même sous la flottaison : une forte stabilité lui est d'autant moins nécessaire, que sa mâture est grêle et peu élevée, afin d'opposer moins de résistance au vent debout. Mais pour économiser la force dispendieuse qui le pousse, il est nécessaire qu'il divise le liquide avec facilité et pour cela qu'il soit long, effilé et peu enfoncé dans l'eau : ce n'est qu'ainsi qu'il peut obtenir un tonnage suffisant sans être obligé d'augmenter la surface de sa maîtresse section qui représente la résistance que lui fait éprouver l'eau. Le navire à vapeur offre, en cela, des analogies frappantes avec les anciennes galères, qu'il a, pour ainsi dire, remplacées mais dont, à cause de sa puissance, il dépasse de beaucoup les dimensions. Tant qu'il n'a été mû que par les roues à aubes, il a possédé aussi peu d'avantages militaires que les galères ; sa machine, occupant le milieu du navire, relègue alors l'artillerie aux extrémités, et il présente autant de parties vulnérables qu'une longue suite d'avirons. L'hélice a heureusement écarté ces défauts, et a permis d'avoir des vaisseaux aussi puissants en artillerie que les plus forts bâtiments à voiles, puisque leur moteur caché dans les profondeurs de la cale, est à l'abri du feu de l'ennemi : un tel navire ne saurait donc être arrêté : l'audace lui est permise, puisqu'il est sûr de se retirer à volonté ; et fût-il dégréé et criblé de boulets, il conserve sa vitesse, à moins qu'il n'ait à employer pour sa sécurité, une partie notable de sa puissance pour pomper. Il devient ainsi la machine de guerre la plus redoutable de notre époque, et il ne craint que son semblable.

On ne connaît pas encore les limites de la vitesse des navires à vapeur : tous les jours il en paraît de nouveaux plus rapides que les précédents. Actuellement on atteint 17 nœuds. Mais ces chevaux de course de la mer exigent une puissance énorme, puisqu'ils développent une force de 1,500 chevaux ! C'est parce que la résistance de l'eau augmente dans le rapport du cube des vitesses ; et là-dessus l'expérience s'accorde avec la théorie, lorsque les navires ont des formes convenables. On établit que si, pour 3 milles à l'heure, il faut 5 et 1/2 chevaux ; pour 4 milles, il en faudra 15 ; pour 5 milles, 25 ; pour 6 milles, 43 ; pour 7 milles, 69 ; pour 8 milles, 102 ; pour 9 milles, 146 ; pour 10 milles, 200, et ainsi de suite. Or, la consommation de combustible étant proportionnelle à la puissance, on voit ce que coûte la vitesse, et combien en même temps elle raccourcit l'espace parcouru. On se demande dès lors pourquoi chercher à atteindre de si grandes marches. C'est que la vitesse est un élément de force, comme le grand nombre de canons ; car elle fait échapper au fort ou atteindre le faible ; et contre les navires du commerce, elle est plus redoutable que la force réelle, parce qu'elle agit à coup sûr, et ne laisse rien échapper dans un grand rayon. Réunir les deux conditions ou du moins s'en rapprocher, est un problème difficile comme nous l'expliquerons : et il est vraisemblable qu'à moins de nouvelles découvertes qui changeraient entièrement le système actuel, il faudra se résigner à être faible mais rapide, ou fort mais lent. Les navires construits entre ces deux extrêmes ne satisferont probablement pas aux exigences qu'on recherche le plus généralement.

En effet, il résulte des conditions du navire à vapeur, qu'il renferme des éléments contradictoires entre lesquels il faut choisir suivant le but. Ainsi le moteur ou la machine pèse : la durée de son action ou le combustible a aussi son poids : il en est de même de l'effet utile, qui n'est autre chose que la cargaison pour le navire de commerce, et que l'artillerie ainsi que l'équipage et les approvisionnements pour le bâtiment de guerre. Or, le navire a un tonnage déterminé, il cesse d'être dans de bonnes conditions s'il est surchargé ; par conséquent, il faut opter entre les éléments dont nous venons de parler. Si l'on veut qu'il soit le plus rapide possible, il ne doit être chargé que par sa machine, et il ne va pas loin : si l'on augmente le parcours, il faut diminuer la machine et par suite la vitesse afin de pouvoir prendre du charbon pour plus longtemps. Enfin si on veut qu'il porte quelque chose, on réduit la vitesse ou la distance. Ainsi sur mer, on sera toujours d'autant plus faible qu'on sera plus rapide, et dès qu'on voudra aller loin, la vitesse et la force seront l'une et l'autre sacrifiées. La légèreté des nouveaux appareils moteurs, a cependant changé les proportions que nous citons; et elles ne doivent être prises que pour des machines ayant le même poids relativement à leur puissance. C'est à cette légèreté qu'on est redevable des accroissements prodigieux de la vitesse et des vastes combinaisons des vaisseaux mixtes, où tous les éléments sont réunis dans différentes limites.

Nous venons de voir à quelles dépenses entraîne une grande vitesse; mais hâtons-nous de dire qu'on ne fait cette dépense que lorsqu'on cherche à obtenir cette vitesse, et que le navire capable de filer 13 ou 14 nœuds, consomme moins de combustible, que celui qui en file 8, quand il veut se résigner à ce sillage. D'après cela, dès qu'un vapeur est destiné à parcourir d'assez grandes distances, c'est-à-dire à avoir plusieurs jours de combustible, il serait dans de meilleures conditions avec un appareil plus puissant et quelques tonneaux de charbon de moins. En outre, il marcherait vite, quand ce serait nécessaire, au lieu de se traîner avec une faible puissance. On le voit tous les jours; nos vieux vapeurs dont les machines produisent à peine les trois quarts de ce que fait supposer leur chiffre, brûlent plus que ceux qui sont à grande vitesse; et si l'on mettait un appareil de 900 chevaux sur nos frégates dites de 450, il serait payé dans quelques années d'un service actif, mais à petite vitesse. Nous venons d'en avoir la preuve à bord de *la Reine-Hortense* : sa machine dite de 400 chevaux en développe au besoin plus de 600 ; ce vapeur file alors 12,8 nœuds, et il consomme chaque jour 50 tonneaux de bon charbon : mais dans un trajet d'Alger par un temps calme avec 8 nœuds de moyenne, il n'en a brûlé que 27 tonneaux, environ 12 tonneaux par jour, tandis que les corvettes de 220 ayant le même tonnage, brûlent de 20 à 25 tonneaux par jour et ne filent que de 6 nœuds et 1/2 à 7 et 1/2 : elles n'atteignent 8 nœuds qu'une fois léges. Ainsi quoique ayant moins de charbon à bord, *la Reine-Hortense* ira plus loin, et elle aura l'avantage précieux de dépasser 12 nœuds quand ce sera utile ; il faut ajouter que le cheval-vapeur de la machine de *la Reine-Hortense* ne pèse guère que le tiers de l'ancien 220 ; sans cela sa puissance serait une cause de surcharge nuisible, en ne laissant de poids disponible ni pour l'armement ni pour le combustible.

La puissance n'est donc en réalité une dépense que pour l'achat premier, ou pour aller toujours vite ; mais dans certaines limites et dans les cas les plus fréquents, elle est au contraire une source certaine d'économie, et même elle rend plus facile le parcours des grandes distances. Ce que nous disons ne s'applique pas aux paquebots du commerce, dont la vitesse attire le fret et les passagers; et si une machine plus forte et par conséquent plus chère, trouvait une compensation dans l'économie de charbon, elle n'en aurait pas moins un poids considérable qui diminuerait la quantité de marchandise; pour le commerce, le surcroît de fret vaut davantage que le charbon économisé. Sur les navires de guerre il n'en est pas de même : aller le plus vite possible dans les cas urgents, et ne pas se presser dans les cas ordinaires, est leur véritable condition. C'est ce qui nous fait tant insister sur les avantages économiques de la grande puissance. La puissance n'est chère, *que parce que les capitaines ne sont pas contraints d'en user sobrement.*

Les navires à vapeur n'ont plus de type marqué, maintenant que, par l'heureuse adoption du navire mixte, on a réuni les avantages des deux moteurs; les deux extrêmes de ces combinaisons variées, sont le vapeur à grande vitesse et à roues, sorte de cheval de course débarrassé de tout accessoire gênant, et le navire marchand ayant conservé ses anciennes formes et sa voilure, pour n'adopter l'hélice que dans quelques circonstancess de calme ou de contrariété. Ce dernier n'offre dans sa manœuvre, d'autres particularités que le secours peu puissant d'un moteur mécanique ; ainsi, il rentre dans la catégorie des bâtiments dont il est parlé dans la première section de ce Manœuvrier. Dans cette seconde section, nous n'avons donc à nous occuper que du vapeur proprement dit, ayant pour moteur principal sa machine, et ne considérant le vent, que comme auxiliaire utile.

Il résulte de la différence des formes dont nous avons parlé, que les navires à vapeur n'ont pas à la mer les mêmes qualités que les navires à voiles. Ils évoluent difficilement, puisqu'ils sont très-longs et qu'excepté quelques cas particuliers, leurs voiles ne les y aidant pas, ils n'ont que le gouvernail pour y parvenir. Aussi leurs évolutions sont interminables et elles embrassent un énorme rayon, surtout lorsque la vitesse est grande : c'est au point que sur beaucoup de rades, ils n'auraient pas assez de place pour y faire un tour entier. Il en résulte que s'ils présentent l'avantage si précieux d'avancer ou de reculer à volonté, il leur est cependant nécessaire de prendre leur position longtemps à l'avance : car s'ils ne sont pas convenablement dirigés, ils n'atteindront pas le but, parce qu'ils n'auront pas assez de place pour tourner et qu'ils ne peuvent compter sur leur gouvernail en culant. En effet, en marchant en arrière, le vapeur ne vient pas toujours du côté où on met la barre ; aussi quand on a des passagers, le meilleur moyen est de les faire passer du même bord, afin de donner plus d'action à la roue de ce côté.

Cette difficulté d'évoluer a fait proposer de séparer à volonté les deux machines, pour que l'une agisse en avant et l'autre en arrière. Mais outre les difficultés pratiques qu'on éprouve à unir et désunir les arbres avec une facilité et surtout une solidité suffisantes, il y a l'obstacle des points morts de chacune des manivelles, agissant séparément : celle qui a le rôle de scier ne dépasserait jamais ce point, et ne refoulerait pas l'eau avec ses palettes. Nous avons proposé, il y a longtemps, d'emprunter au besoin une partie de la force motrice à l'arbre de la machine, pour la transporter derrière avec une chaîne sans fin, et pour la faire agir sur une petite hélice ayant son axe perpendiculaire à la quille; cette hélice serait disposée pour s'enfoncer dans l'eau quand il y aurait lieu. Mais l'adoption de l'hélice pour moteur a fait renoncer à ce système à cause du surcroît d'action qu'elle donne au gouvernail en projetant l'eau sur le safran : c'est au point que le navire tourne avant d'avoir pris de l'air, tandis qu'avec des roues ce n'est qu'après une assez grande longueur parcourue, que l'effet du gouvernail devient sensible.

Le navire à vapeur est dans des conditions de charge constamment variables : surjaugé au départ, il arrive trop lége au but, puisque son combustible diminue chaque jour, et qu'il n'est point remplacé, comme l'approvisionnement d'eau des vaisseaux. Au départ, les roues, trop enfouies, remuent inutilement une grande masse d'eau, tandis qu'à l'arrivée, elles n'ont plus assez de prise, grattent pour ainsi dire la surface de la mer, et laissent la machine s'emporter avec une vitesse inutile. La puissance développée par la machine dans chacun de ces cas est différente, puisque nous avons vu qu'elle était en raison de la vitesse du piston; la marche s'en ressent donc. Aussi lorsque les vapeurs sont destinés à de courts trajets, il convient de ne leur donner que le combustible convenable pour le tirant d'eau et pour l'immersion des aubes qui convient à la marche. Ces alternatives de surcharge et de légèreté influent aussi sur la stabilité ; elles empêchent de faire autant de toile avec le navire lége, et elles le laissent dériver davantage. D'un autre côté, elles tendent à le déformer, parce qu'il y a des poids constants, tels que la machine, la coque et l'armement, et d'autres qui disparaissent, qui sont le combustible et l'eau des chaudières. De la sorte, telle section du navire, qui tend à plonger par son excès de poids, se trouve, plus tard, soutenir les autres ; et comme c'est au milieu que se passent ces variations, elles tendent à casser le navire, d'autant plus que l'artillerie et le chargement sont concentrés vers les extrémités. C'est par ce motif qu'on fait les soutes à charbon des vaisseaux mixtes étanches, afin de les remplir d'eau de mer dès qu'elles sont vides. Cette précaution est indispensable pour maintenir la charge du milieu ; mais il en résulte une prompte détérioration de ces soutes et la nécessité de les faire très-solides et complètes ; nous voulons dire par complètes que le vaigrage n'y doit pas figurer comme une de leurs parois.

Les premiers vapeurs de la marine avaient des formes très-évasées au-dessus de la flottaison, excepté par le travers des roues ; il en résultait 1° un pont plus vaste, mais moins de liaison dans le sens de la longueur, à cause de la courbure du bordé au milieu ; 2° un obstacle notable à la marche, par l'eau projetée contre le renflement de l'arrière. Sur un petit bateau de cette forme, on a placé un tube, pour voir avec quelle force l'eau était refoulée ; on a trouvé qu'elle s'élevait à 2 mètres ou environ 1/5 d'atmosphère ou 2,000 kilogrammes par mètre carré. Aussi l'inclinaison fait-elle beaucoup perdre à ces navires, en ce que la roue de sous le vent projette encore plus d'eau contre cette surface opposée à la marche. La forme en violon n'a été adoptée que sur les petits vapeurs et que sur les corvettes de 220 chevaux de force nominale. Les frégates sont construites comme les autres navires, leur milieu y est encore la partie faible, en ce que les ponts de la batterie et du faux pont y sont interrompus, et qu'il n'y a pour la liaison des extrémités que le pont supérieur et le bordé.

La mâture des navires à vapeur proprement dits, diffère suivant le but de leur navigation : pour de courts trajets à grande vitesse, elle est basse et grêle; son rôle n'étant guère que d'appuyer le navire au roulis; mais dès que les vapeurs sont destinés à parcourir de grandes distances ou à suivre des escadres, leur voilure prend plus d'importance; les mâts sont plus élevés et plus solides. Toutefois, ils devraient toujours être légers, afin d'offrir une résistance moindre; car on comprend qu'un moteur n'ayant d'autre appui que l'eau, ne saurait vaincre des efforts qui couchent les navires au point de les mettre en danger, et qui font rompre les câbles ou les chaînes. Aussi, dès que le grément est compliqué, la moindre brise diminue la vitesse, et quand les vapeurs remorquent des navires à voiles, il suffit de peu de vent pour les arrêter. Ces raisons ont fait adopter la mâture des goëlettes; mais on s'en est trop écarté sur les grands navires, en leur mettant des hunes, de grosses vergues et un grément compliqué. Les parties supérieures peuvent, il est vrai, s'abaisser, mais elles laissent encore prise au vent, et elles sont souvent si lourdes que la manœuvre en devient difficile. Le meilleur type de mâture des navires à vapeur est, à notre avis, celui du *Chaptal* :

tout en conservant les avantages des mâts d'hune séparés, il a la légèreté des mâts à pible; et ses étais, disposés de manière à passer au-dessus de la vergue d'hune, permettent d'amener cette vergue sur le pont avec la même facilité qu'une basse vergue, sans qu'il y ait nécessité de l'apiquer. Aussi cette mâture, tout en permettant de déployer une vaste surface de voilure, présente très-peu d'obstacle au vent. Les navires à vapeur à hélice se rapprochent de ceux à voiles; ils n'en diffèrent, à bien dire, que par leur longueur; et en rendant leur hélice folle, ils suivent facilement les escadres; mais alors ils n'évoluent pas bien; surtout ils ne virent pas facilement de bord, car les évolutions augmentent avec la longueur des navires, et l'espace pendant lequel l'air est conservé, dépend de leur masse; il en résulte qu'avant d'être vent devant, le navire à hélice a perdu sa vitesse, et, par conséquent, que son gouvernail n'a plus d'action.

CHAPITRE VIII.

I. Amarrage à l'ancre. — II. Appareillage. — III. Bâtiment à vapeur en route. — IV. Cape. — V. Voies-d'eau.

I. L'amarrage à l'ancre des navires à vapeur n'offre aucune particularité; leurs ancres, leurs bittes et tout ce qui sert à les fixer, est disposé comme sur les navires à voiles. On a cru que la puissance de leur machine pouvait servir à diminuer l'effet exercé sur les ancres par des coups de vent Nous ne le pensons pas, parce que quelque faible que soit l'impulsion des roues ou de l'hélice, il est impossible de la régler par le registre, d'une manière assez exacte pour éviter de donner du mou dans la chaîne; dès lors, il faut stopper; le navire embarde et en revenant à l'appel, il fait un effort plus dangereux qu'une tension uniforme. Cela est surtout à craindre avec des chaînes filées à grande touée, en ce qu'elles font prendre au navire une sorte de mouvement de va-et-vient; les rafales les font tendre, et leur poids ramène ensuite le navire vers son ancre : si, à cet effet, se joint l'impulsion de la machine, il en résultera de violentes secousses et des avaries.

Lorsqu'un vapeur craint la rupture de ses ancres, il n'a, nous le croyons, d'autre parti à tirer de sa machine que de l'avoir prête à tout événement; et s'il a plusieurs ancres à la mer, il doit être paré à démailler la chaîne qui ne serait pas cassée, pour faire route et prendre le large. En pareil cas il convient, si le danger d'une rupture devient imminent, d'avoir les feux en train pour marcher aussitôt à toute volée, et de balancer, de temps en temps, la machine, tant pour s'assurer que le vide est bon, que pour le rétablir si des fuites de vapeur ont échauffé le condenseur. Nous croyons que l'hélice est alors plus avantageuse que les roues, parce qu'elle fait gouverner tout de suite; tandis que si au moment de la rupture, le navire à roues a fait une grande abattée, il devient impossible de le ramener en route, s'il n'y a pas un vaste espace autour de lui : faire le tour par derrière est souvent difficile. Un vapeur de 120 chevaux, forcé de changer de mouillage, par un grand vent de N E dans le port de *Mahon*, entre l'île de la Quarantaine et le Lazaret, abattit sur tribord; malgré le foc, il ne put franchir le lit du vent par l'arrière et, après s'être donné du champ en culant, il fut forcé de marcher en avant sur San-Carlos (situé sous le vent), pour revenir en arrière vers l'île de la Quarantaine; la même manœuvre fut opérée deux fois de suite, avant d'avoir pu doubler le vent par l'arrière et faire route pour le fond de la baie. S'il fût resté quelque temps en travers, il aurait dérivé et se serait perdu sur San-Carlos. La première abattée est de la plus grande importance pour le vapeur; si elle se fait du mauvais bord, elle le jette dans de grands embarras.

Pour affourcher, les navires à vapeur ont plus de facilités que ceux à voiles, puisqu'ils ne sont dans le cas de marcher que dans certaines directions; ils ont même l'avantage de le faire en culant, dans un sens différent de la brise, et d'éviter ainsi de raguer leur cuivre, comme les navires à voiles qui exécutent cette manœuvre presque toujours en allant de l'avant. Pour le vapeur, il suffit de se trouver dans la direction de l'affourchage, de mouiller la première ancre et de marcher en arrière : la résistance de la chaîne qui file suffit pour le tenir en direction, même contre l'effort latéral d'une brise fraîche.

Pour prendre des corps morts, l'impulsion de la machine aide aussi à la manœuvre, tant pour arriver sur le coffre que pour s'y maintenir quelques instants. Avec une brise fraîche, nous pensons qu'il est préférable de venir sur le corps mort avec le vent du travers et de s'arrêter un peu au vent, de manière à se donner de l'espace pour dériver pendant que le canot frappe le grelin, et pour avoir la chance de gagner la grosse chaîne avant d'être sous le vent. Ainsi, et en marchant un peu de l'avant ou de l'arrière, on est sûr de tenir son avant au point voulu, puisque le vent maintient en travers et fait dériver lentement. Au contraire, en venant sur le corps mort debout au vent, l'effet du gouvernail devient nul; et le navire, tombant en travers, s'éloigne et change de direction, au point de forcer à faire le grand tour s'il y a assez de place, ou de mouiller son ancre pour faire tête. Dans beaucoup de ports, les vapeurs amarrent à quatre, et ils se font éviter avec des aussières en s'aidant de la machine, alors encore ils opèrent mieux que les navires à voiles ; mais il leur est très-utile de connaître à l'avance le poste qu'ils vont prendre, parce qu'une fois entrés, ils n'ont souvent pas de place pour changer de direction.

Dans les opérations de l'amarrage sur les rades, on fait souvent usage d'ancres à jet, et il en est de même dans des échouages et dans des changements de mouillage : mais il est quelquefois arrivé, en cours de campagne, que des bâtiments ayant perdu ces ancres se trouvaient fort embarrassés, n'ayant plus que des ancres de bossoir qu'il est fort difficile, parfois, d'élonger, et qui, d'ailleurs, nécessitent une forte chaloupe qu'on ne possède peut-être même pas, au moment où elle serait nécessaire. Nous croyons donc utile de rappeler ici qu'un bâtiment peut alors se construire, lui-même, une sorte de petite ancre semblable à celle dont les *Chinois* font usage, et dont, à l'article ANCRE de notre *Dictionnaire de marine*, nous avons parlé en termes généraux.

Cette ancre, dite Ancre en bois, se compose d'une longue verge en bois dur, traversée à un de ses bouts par un anneau en rotin tordu ; l'autre extrémité est terminée par des faces plates : sur celles-ci, s'appliquent les parties plates des deux bras de l'ancre qui sont également en bois ; mais elles font avec la verge un angle plus petit que dans nos ancres en fer et, au lieu d'être courbées en dedans, elles sont droites ou, même, un peu dévoyées en dehors. Ces trois pièces sont réunies par des chevilles en bois, et plus encore par des amarrages, qui sont très-solides quand ils peuvent être faits en rotin. Ces ancres n'ont pas d'oreilles, car la longueur de leurs bras et le peu de profondeur où elles peuvent pénétrer y suppléent ; il y a un jas, mais qui se démonte chaque fois, pour qu'elles se tiennent plaquées le long du bord ; ce jas est formé de trois ou quatre tiges en bois ou en bambou, genopées en travers sur la verge et entre elles : ordinairement, il est placé au milieu de la verge, quelquefois même plus près du diamant. Si l'on a de la tôle à bord, on s'en sert pour doubler les pattes de ces ancres ; enfin, on peut les lester avec des gueuses.

Au surplus, on doit à un matelot du vapeur *l'Archimède* échoué sur un des récifs de l'Ile de Madagascar, l'idée de diminuer le poids d'une ancre de bossoir à l'aide de plusieurs barriques, et de la faire élonger ainsi par une embarcation qui aurait été trop faible pour en supporter le poids tout entier. On pourrait, par ce procédé, faire tout à fait flotter l'ancre ; on la halerait avec des faux bras comme si c'était un radeau ; et en coupant les saisines, on la mouillerait à l'endroit désigné.

Le service des ancres a acquis, de nos jours, beaucoup de solidité et de promptitude, par suite de l'adoption des Câbles-chaînes, Linguets, Stoppers ou Stoppeurs, Lunettes, Étrangloirs, Cabestans-barbotins, et autres inventions relatives à la manœuvre de ces câbles-chaînes ; ces objets sont connus ; d'ailleurs, ils sont détaillés dans les dictionnaires modernes, et il serait superflu d'en donner ici la description. Nous citerons encore, le Manchon à hélice nommé Lunette d'escargot par M. *David* du *Havre* qui en est l'inventeur, et qui permet aux cabestans et aux guindeaux ordinaires de fonctionner, à l'égard des câbles et des grelins en filin, avec le même avantage que le fait le cabestan-barbotin à l'égard des chaînes.

II. Les difficultés que présente l'appareillage pour les

navires à vapeur sont peu importantes, car soutenu par sa machine, il ne cule pas et il ne risque pas d'abattre du mauvais bord. Cependant cette manœuvre exige souvent de l'attention à cause de la longueur des évolutions. De calme, quand la direction de l'évitage est éloignée de celle de la route à faire et que l'espace est rétréci, le mieux est, avant de partir, de se faire éviter en route par un faux bras, ou d'en avoir un frappé par le travers qu'on prend par l'avant pour se faire pivoter, pendant que la machine pousse en avant, et pour le larguer une fois en route. Il y a des positions où on fait de même en marchant en arrière, en stoppant avant d'être arrivé en route, et en remettant la machine en avant dès qu'on est en direction. Si de calme, on néglige ces précautions et qu'une fois dérâpé, on cherche à redresser la route, il faut marcher en arrière pour reprendre du terrain, puis en avant ; si on ne double pas, on recommence ainsi à plusieurs reprises, car souvent on défait ce dont on a tourné, parce que les vapeurs à roues ne gouvernent pas en culant. On reste, quelquefois, très-longtemps dans cette position lorsque l'espace est petit. Avec de la brise, il est bon de marcher un peu en avant au moment où on dérâpe et avec toute la barre d'un bord pour assurer l'abattée, pour faire prendre le foc et pour tourner ensuite sur place. S'il se trouve un navire ou une terre trop près de l'avant, il est préférable d'établir le petit hunier brassé du bord convenable, parce que l'abattée est ainsi assurée sans aller de l'avant, et que la machine soutient la culée. Ces précautions sont surtout nécessaires lorsqu'il vente frais, et que le navire fait des embardées lorsqu'on est à pic, parce qu'il peut dérâper au moment où le vent prend du mauvais bord. Alors il n'est pas possible de redresser la route, si l'on n'a pas un grand espace libre, parce que les vapeurs ne commencent à sentir leur barre, qu'après avoir parcouru presque leur longueur et même beaucoup plus, quand il vente. Le moteur mécanique, surtout lorsqu'il est puissant, permet au vapeur de mouiller sans danger sur les rades les plus redoutées des navires à voiles : pourvu qu'on n'attende pas trop, on est sûr d'appareiller et de s'élever au vent avec ses voiles et sa machine. Aussi, telle position qu'il serait téméraire de garder avec un navire à voiles, ne demande que de l'attention et du charbon dans les soutes, pour le vapeur : c'est ce qui le rend si utile sur la côte de l'*Algérie*, où de nombreux sinistres auraient lieu tous les hivers, si l'on y était borné à l'usage des voiles.

Sur les navires à roues, il est prudent de rester stoppé pendant qu'on croche le capon et qu'il y a des hommes sur l'ancre, parce qu'ils seraient broyés par les aubes, s'ils avaient le malheur de tomber à la mer. On ne met plus de bouées et d'orins aux vapeurs, à cause des dangers de les voir s'engager dans les roues, et des avaries qui en seraient la suite. De nuit, les bouées des navires à voiles sont à craindre pour les vapeurs, et si on passe dessus, il faut être stoppé pour ne faire d'effort que sur une aube et pour ne pas enrouler l'orin autour de la roue. L'hélice exige encore plus de surveillance, parce qu'elle attire dans son tourbillon tout ce qui arrive de l'avant pour l'enrouler, aussitôt, sur son arbre d'une manière inextricable et sans qu'on s'en aperçoive. Avec de l'air, un orin de vaisseau ainsi enroulé, pourrait arracher l'arbre ou même une partie de l'étambot.

La position sous-marine de l'hélice rend très-long et très-difficile le travail de la dégager, surtout s'il s'agit d'un gros filin : avec beau temps et de bons plongeurs, il faut près d'une journée pour enlever une aussière ainsi engagée. Pendant la nuit, un vapeur lancé avec vitesse, ferait, par là, de graves avaries; aussi est-il à souhaiter que les vaisseaux ne fassent pas plus usage de leurs bouées que les navires à vapeur.

III. Pour sonder à la main, il suffit de régler la vitesse de manière à ce que les sondeurs placés sur les tambours atteignent le fond à la profondeur indiquée : l'avantage de s'arrêter ou de marcher à volonté est alors précieux. A la grande ligne, on sonde sur les vapeurs comme sur les na-vires à voiles, en élongeant la ligne en dehors sur l'arrière des tambours ; la machine est utilisée à faire venir dans le vent, pour moins dériver et pour obtenir une profondeur plus exacte. De gros temps, un navire à vapeur sonde mieux qu'un bâtiment à voiles; d'ailleurs, soutenu par sa machine, il ne laisse pas prendre autant d'obliquité à la ligne.

Nous ne parlerons pas de ce qui regarde les atterrages ni les entrées dans les ports; ces questions se rapportent trop à la navigation générale pour trouver place ici, où, ainsi que celle de la Sonde, nous les classons sous le titre générique de *Bâtiment à vapeur en route.*

Il en est encore de même des virements de bord et de la panne, car ces manœuvres et plusieurs autres sont, ou les mêmes que sur les navires à voiles, ou tellement facilitées par la machine qu'elles ne demandent presque aucun autre détail. Le moteur mécanique amène à négliger presque toutes les manœuvres des navires à voiles. Quand le vapeur vire, il cargue ses goëlettes et laisse la barre faire seule l'évolu-tion, sans l'aider par la manœuvre des vergues.

En panne, le vapeur stoppe et il n'emploie la toile qu'à appuyer le navire pour l'empêcher de rouler. Sur le va-peur, la manœuvre en général est réduite à peu de chose, et c'est naturel puisqu'il va où il veut et presque aussi vite qu'il le veut : elle n'exige guère de coup d'œil que pour choisir à l'avance sa position, à cause de l'étendue des évolutions. On peut assurer que les machines à vapeur amoindrissent l'art de la navigation.

Sur le navire mixte, tout ce qui a trait à la manœuvre rentre dans ce qui regarde le bâtiment à voiles, la machine n'est qu'un auxiliaire ; mais elle permet d'exécuter à coup sûr beaucoup de mouvements difficiles ou impossibles sans elle. Avec ce moteur il n'y a plus d'appareillages dangereux, plus d'inquiétudes sur l'acculée ni sur le bord de l'abattée ; il n'y a plus à craindre de manquer un virement de bord, d'être forcé à virer lof pour lof ou de faire chapelle, tout devient certain, même de gros temps, et les seules limites d'un navire mixte sont la fatigue qu'il éprouve à surmonter de trop grands obstacles. Sous ce rapport il sera facilement entravé, tant que la distribution des poids ne le chargera pas autant au milieu que les anciens navires, et que la pesanteur des extrémités agissant dans le sens vertical, comme les boules du balancier à monnaie agissent dans la direction horizontale, lui donnera ainsi un tangage plus violent que celui du vaisseau à voiles, même à vitesses égales. Le navire mixte tirera donc un très-grand parti de son appareil moteur en tout ce qui regarde la manœuvre et la navigation ; mais il devra être avare de cette ressource, sous peine de la voir manquer au moment important ; car s'il embarque quatre mois de vivres, il a seulement cinq jours de charbon, qu'avec beaucoup d'économie il peut faire durer sept ou huit tout au plus. On remarque là une contradiction entre les ressources. En outre, la machine exigeant une heure et demie pour être en état de marcher, elle devient inutile pour les cas imprévus. Si on tient à l'avoir toujours prête, elle use ses faibles ressources à maintenir son eau chaude, et elle s'épuise pour ne rendre peut-

être pas de grands services. Cette question est peu importante en temps de paix, puisque la voilure est toujours là et
que les qualités du navire à voiles sont conservées ; mais
en temps de guerre, où le moteur mécanique permet de
négliger le soin de la voilure, de consacrer tout le monde à
l'artillerie, et d'être aussi fort et aussi agile sans mâts qu'en
possédant tous ses moyens de navigation à la voile, alors le
charbon passe après la poudre, et quelques tonneaux de
moins perdraient un navire, comme s'il avait eu ses soutes
noyées.

Pour épargner le combustible et tirer cependant de l'hélice tout le parti possible à bord du vaisseau mixte, nous
avons proposé d'employer, pour mouvoir ce propulseur,
la force musculaire d'une partie de l'équipage, au moyen
d'une chaîne-grelin sans fin engrenée sur le barbotin
du cabestan, et descendant dans le fond du navire pour
s'y engrener sur un tourteau placé librement sur l'arbre,
c'est-à-dire de manière à tourner indépendamment l'un
de l'autre. Sur l'avant et sur l'arrière, des plateaux seraient
fixés sur l'arbre, et porteraient sur leur face en regard de
celui du milieu, des sortes de dents obliques comme celles
des clefs Bréguet, mais tournées sur l'un des plateaux pour
marcher en avant, et sur l'autre à l'inverse. De la sorte,
il suffirait de porter le tourteau du milieu vers l'avant ou
vers l'arrière avec une fourchette, pour qu'il engrenât et
qu'il entraînât l'hélice. Si le navire vient à marcher plus
vite qu'elle, dans un virement de bord par exemple, les
dents obliques courent l'une sur l'autre comme en montant une montre, et elles n'exposent à aucun risque.

Tout cela ne pèserait presque rien, serait constamment
en place et n'exigerait que de mettre les hommes et les
barres au cabestan. Certes, un pareil moyen ne sera jamais

employé à faire des traversées, ce serait renouveler les galères ; mais au moins il n'usera aucune des ressources du navire, et il sera prêt pour les cas imprévus, tels que changement de mouillage, se tenir à son poste lorsque le calme met le désordre dans les positions des vaisseaux, ou assurer les virements de bord tout en faisant gagner beaucoup au vent. Dans tous les cas, le travail serait moindre avec le cabestan ; car dans un louvoyage à petits bords, par exemple, le travail manuel de faire chapelle et de regagner en courant deux ou trois bords ce qui a été perdu, serait plus considérable ; enfin si ce moyen est employé, la saleté de la fumée et de la graisse serait évitée, ainsi que la peine du nettoyage. Un vaisseau met de 190 à 220 hommes à son cabestan, c'est environ la force de 20 chevaux, puisque l'expérience a montré qu'un homme tirant de bricole ou poussant au cabestan pendant 8 heures par jour, équivalait à environ 1/10 de cheval-vapeur. Cette puissance est capable de faire filer 3 nœuds à un vaisseau, et avec quelques tours de cabestan, de le tenir à son poste de calme, plus exactement qu'au moyen des voiles et de la brise. En outre, l'hélice fixe, qui a tant d'avantages sous le rapport de la construction et de la solidité, se trouve utilisée, et tous les défauts qu'on pourrait lui reprocher, comme nuisant au gouvernail avec petite vitesse, seraient transformés en qualités pour assurer les évolutions. Aussi nous regrettons vivement que cet expédient, dont le marin intelligent saurait tirer grand parti, n'ait pas été expérimenté sur un vaisseau.

Du reste, l'idée de donner de la vitesse à un navire à l'aide d'un moyen mécanique mû par la force musculaire de l'équipage n'est pas nouvelle ; les nécessités de la navigation l'avaient déjà suggérée à plusieurs personnes. On a fait remarquer dans la première section de cet ouvrage que l'ancre flottante fut utilisée, pour obtenir ce résultat, par une frégate américaine. Les Anglais aussi, avaient employé un arbre en bois, avec des rayons et des aubes mus par des cordes, au moyen de l'équipage agissant sur le cabestan : en 1820, ils en firent l'essai à *Naples* et obtinrent 3 nœuds mais il leur fallait plusieurs heures pour les monter et les démonter. M. *de Bonnefoux*, capitaine de vaisseau, a également fait des essais sur un navire à voiles, qui lui ont démontré la possibilité de *faire évoluer* les bâtiments de cette sorte, avec un agent mécanique; et, dans la première section de ce *Manœuvrier*, on peut voir qu'il revient sur ce moyen dont il a eu l'idée première, et qu'il insiste pour qu'on dote tous les bâtiments indistinctement d'un semblable organe, afin d'assurer leurs évolutions.

Nous avons, enfin, proposé, *pour faire aller de l'avant*, l'emploi de pattes dites de canard, dans le genre de celles qui furent imaginées par M. *Janvier*, mais ayant moins de frottement, établies à volonté sur les côtés au moyen des bouts de vergue, et placées d'habitude dans le grand panneau, le tout ne pesant guère que cinq tonneaux pour une grande frégate. Ce sont de ces idées utiles et pratiques, qu'il faut répéter longtemps sans résultat, en attendant qu'un événement de mer, en montre la nécessité par quelque grande et fatale expérience.

La navigation par la vapeur est réduite à une extrême simplicité, puisqu'elle n'est pas assujettie aux inconstances du vent, comme la navigation à voiles. Elle demande cependant du tact pour utiliser à propos les deux moteurs. Quand elle est affectée au service des dépêches, la ligne droite est son unique règle, ainsi que l'emploi de toute la puissance pour vaincre les obstacles. Elle ne fait alors que s'aider des voiles, et si cette navigation est rapide, on tire peu parti de

celles-ci, car un grand sillage produit une brise contraire
assez fraîche pour modifier, à son désavantage, tous les
vents modérés. Ainsi on est souvent dans un calme apparent, parce que vent arrière on marche aussi vite que le
vent; quelquefois on porte à peine les goëlettes, avec une
brise qui permettrait d'établir les bonnettes sur un navire à
voiles; au surplus, c'est naturel puisque le navire ne reçoit
que l'impression de la résultante de sa vitesse et de celle du
vent. Il en résulte que les voiles carrées sont de peu d'usage,
parce qu'elles ne servent qu'avec des vents frais, et qu'alors
leur position élevée faisant trop incliner le navire, fatigue
les roues et la machine : trop de voile retarde le vapeur à
roues, parce que la bande devenant plus grande, immerge
outre mesure la roue de dessous le vent, fait entrer et sortir les palettes dans une position presque horizontale, et
consomme tellement de force à déprimer ou à soulever de
l'eau, que l'aube verticale parfois ne va pas plus vite que
le navire. Une puissance énorme est alors dépensée en pure
perte, car pour toute la force de la machine, le recul habituel est 30 pour 0/0, et la vitesse par rapport à l'eau
d'une aube horizontale, est égale à celle du navire. Or,
comme les résistances des surfaces dans l'eau sont en raison du carré des vitesses, il est facile de comprendre l'é-
tendue des pertes occasionnées par le surcroît d'immersion.

D'ailleurs, l'inclinaison du navire fatigue les bâtis et fait
même changer leur angle avec les arbres : car malgré leur
solidité, ils suivent en partie la déformation du navire, dont
le mouvement sur l'hiloire des échelles placées en travers
donne la mesure, par son amplitude. Dès lors, les arbres
portent à faux dans les coussinets des paliers, ils s'échauf-
fent; et le collet d'une si petite surface qui a un mouvement rapide, porte seul la réaction du poids de l'arbre et

de son équipage. Quelquefois même la bielle est comprimée entre les deux manivelles. Ces inconvénients n'exis-
tent pas avec l'hélice, elle permet de faire autant de toile
que le navire peut en porter. .

Nous avons dit quelle simplicité le moteur mécanique
donnait à la navigation; et nous avons fait observer que la
ligne droite est presque l'unique règle; mais il faut être
sûr que cette ligne droite est réellement suivie; on doit,
par conséquent, veiller la route et les timonniers. Le but de
toute cette dépense de machine, de personnel et de combustible est d'arriver vite et à heure fixe : le vapeur ne
doit donc pas s'arrêter pour attendre le jour ou le temps;
il ne se retarde pas pour prendre des reconnaissances; ce
serait brûler son combustible presque inutilement; autant
vaudrait remettre les dépêches à un bon voilier, car c'est
sur ces détails de navigation, ainsi que sur les entrées et
les sorties des ports, que le vapeur gagne le plus de temps.
Il lui faut donc de bons compas, des timonniers adroits et
surtout attentifs; ce sont là ses principales sécurités, et la
plupart des naufrages sont dus à l'oubli de ces points.

Il y a tant de fer sur les vapeurs, que leur compas en est
influencé. Pour montrer combien il faut peu se fier au
compas, nous citerons les exemples suivants, tirés d'un auteur anglais. Il suppose vingt vapeurs de guerre à 48 heures de l'entrée de la Manche et faisant l'E 1/2 S du compas :
par les résultats de leurs routes, l'*Onix* aurait été sur
Hartland-point; la *Princesse Alice* et deux autres dans la
baie de *Quiberon*; le *Black-Eagle* et plusieurs vapeurs sur
les *Casquets*; d'autres, enfin, à *Guernesey* et sur différents
points de la côte de *France* : la distance entre les déviations extrêmes aurait donc été de 340 milles, si ces bâtiments n'avaient eu ni observations astronomiques, ni les

occasions de voir quelque terre ou quelques feux, ou s'ils n'avaient pas sondé. Les plateaux aimantés ou les tables de correction sont suffisants pour les navires en bois; mais pour ceux en fer, l'emploi des barreaux aimantés est indispensable; nous reviendrons en peu de mots, vers la fin de ce chapitre, sur ce point important.

J'ai eu l'idée d'essais à faire pour obtenir une sorte de compas *Trace-route*, c'est-à-dire marquant toutes les embardées faites par le timonnier, ainsi que l'heure et la minute de ces déviations. Je comptais mettre un pinceau très-effilé sur la rose au point où était la route, et lui faire fournir de l'encre de Chine au moyen d'une éponge; j'aurais mis en dessus, un mouvement d'horlogerie faisant marcher une feuille de papier avec une vitesse de 6 centimètres par heure, et un crayon répondant à la ligne de foi, destiné à tracer une ligne droite représentant la route sans embardées. De la sorte, le lendemain, on aurait su par tous les zigzags du pinceau, à quelles heures, à quelles minutes, on avait embardé. N'ayant pu obtenir, au port de *Toulon*, une aimantation assez forte pour que le léger frottement du pinceau n'entraînât pas ou ne fît pas dormir la rose, je n'ai pu exécuter ce projet. Cependant, j'ai appris qu'en Angleterre, la même idée avait été exécutée par M. *Napier*, mais je n'ai pu en connaître les véritables résultats. Il est à souhaiter pour les navires à vapeur, qu'un aussi intéressant essai réussisse, il donnerait une grande sécurité à leur navigation, surtout dans la *Méditerranée*.

Les rencontres avec les navires à vapeur ont déjà causé des événements si terribles, que les gouvernements ont adopté un système d'éclairage commun à toutes les nations et devenu indispensable avec les vitesses actuelles : nous donnons (*chapitre XII*) tout ce qui regarde ce système.

Il est toujours utile de s'aider des voiles; le travail causé à l'équipage par leur manœuvre, est plus que compensé par celui qui est épargné dans l'embarquement du charbon et par sa disposition sur les grilles. C'est, surtout, sensible à toute vitesse, car la roue, favorisée par l'impulsion des voiles, donne au piston un mouvement si rapide, qu'il consomme beaucoup plus de vapeur et presque sans profit; nous savons en effet combien de force coûte la grande rapidité; mais avec une belle brise, il résulte à peine quelques dixièmes de sillage, de toute cette dépense et du travail des chauffeurs. Il y a bien peu de circonstances de mer, où les deux moteurs soient raisonnablement employés dans toute leur énergie; et comme le vent ne coûte rien, c'est la machine qu'il faut alors épargner en usant d'une grande détente. Si cela paraît insignifiant en temps de paix et pour de courts trajets, il n'en est pas de même en guerre ou dans une longue navigation. Gaspiller le combustible, expose aux chances les plus fâcheuses, et lors d'un atterrage, un vapeur à court de charbon sent vivement son impuissance, et il a des regrets inutiles d'en avoir brûlé inconsidérément.

Les paquebots affectés à des services réguliers et sûrs de trouver des approvisionnements de charbon sur leur route, n'ont pas à calculer les chances des vents. Mais le vapeur isolé doit chercher à en profiter, d'autant plus qu'il se rend à des ports, où il ignore, souvent, s'il trouvera du combustible. Il doit donc se rapprocher des parages où il sait qu'il trouvera des calmes ou des vents périodiques favorables; alors, il y a profit pour lui à allonger sa route pour éviter les vents contraires qui useraient ses ressources. Ainsi, un vapeur à petite puissance, destiné à descendre de *Macao* à *Batavia* dans la force de la mousson du S O, trouverait de l'avantage à passer à l'Est de *Palawan* et de *Bornéo*. De même, en revenant des *Antilles*, sa route aurait de l'analogie avec celle des navires à voiles. Si la vitesse en allant en droite ligne est réduite à 5 nœuds, par exemple, et qu'avec du calme ou de la toile on en file 8 ou 10, il vaut mieux s'éloigner de la route directe pour chercher les chances favorables. Cela s'applique même aux courts trajets. Ainsi, pour le retour de *Toulon* à *Alger*, il y a profit à passer entre *Mayorque* et *Minorque*, parce qu'ainsi on allonge peu la route et qu'on se donne un quart de plus pour porter les voiles-goélettes avec les vents de N O, qu'on trouve ensuite si fréquemment au nord des *Baléares*. Le *Castor* ayant une machine de 120 chevaux sur une coque semblable à celle des navires de 160, a dû à cette route et à sa voilure, de conserver, pendant trois ans, la meilleure moyenne du service d'*Alger*.

La connaissance de son navire amène à se faire des règles ; ainsi, quand on a une brise qui, avec les voiles et une grande détente, donne 10 nœuds de vitesse, pourquoi chauffer au point de n'en atteindre que 11 ou 12, au prix d'au delà d'un quart de charbon de plus que de calme à toute volée, tant parce que le piston marche très-vite, que parce que la pression étant très-difficile à tenir, il faut chauffer démesurément? En pareil cas, un 450 brûlerait de 58 à 60 tonneaux de charbon pour filer 12 nœuds, tandis qu'il n'en brûlerait que 18 ou 20 pour obtenir 10 nœuds. C'est une conséquence naturelle de ce que nous avons dit au sujet de la détente, et de la force exigée pour obtenir une grande vitesse ; enfin, c'est dans cet esprit, que le ministre de la marine a donné, en date du 5 juin 1849, des instructions pour régler la vitesse suivant les exigences du service et les circonstances des vents.

Il semble que l'approvisionnement de charbon, employé à toute vapeur, donne la limite maximum de l'espace parcouru, puisque plus on va vite moins on reste en route. Cela serait vrai si les résistances n'étaient pas comme les cubes des vitesses; mais d'après ce rapport, il résulte que pour parcourir un espace avec une vitesse double, il faut dépenser quatre fois autant de force. Or, comme la force est dans le charbon, et qu'elle lui est proportionnelle, on voit qu'en allant trop vite on ne peut pas atteindre un but éloigné, car la quantité de charbon brûlé est comme le carré de la vitesse multiplié par la distance. Ainsi, un vapeur destiné pour un port plus éloigné que ne le comporte sa provision de charbon, y pourra néanmoins arriver; mais en allant plus lentement et en faisant usage de la détente.

Quoiqu'en pratique, les avantages de la détente soient beaucoup moins grands qu'en théorie, ce que nous avançons n'en existe pas moins. Sur la corvette dite de 220 chevaux, *l'Archimède*, dont la machine est très-peu puissante, il a été observé qu'à toute vitesse, les huit feux étant allumés, et filant de 7 à 8 nœuds avec un temps calme, un tonneau de charbon donnait 9 milles parcourus, et seulement 8 au commencement de la traversée; avec quatre foyers, on en obtenait 12, en filant de 7 à 7 nœuds et 1/2; et avec seulement deux foyers, le même tonneau de charbon faisait franchir 15 milles et demi en ne filant que de 5 à 6 nœuds; il en résulte qu'en réduisant la vitesse dans le rapport de 8 à 5 on arrivait à un point situé à une distance presque double. Avec plus de force motrice, les résultats seraient plus frappants, car ce n'est que lorsqu'on est riche en force qu'il est facile de l'économiser : ce que nous avons dit au sujet de *la Reine-Hortense (chapitre VII)*, comparé à ce que nous venons d'énoncer, en montre l'évidence.

Ce qui précède s'applique à une machine à balancier ne faisant guère que les 4/5 de sa force nominale; combien plus avantageux seraient les résultats avec des appareils légers et les chaudières tubulaires! On peut assurer qu'on triplerait, à moyenne vitesse, la distance parcourue à toute volée. Avec l'hélice, les résultats seraient encore plus grands, parce qu'elle n'exige pas des temps d'arrêt aussi longs, et que, par sa disposition, elle donne beaucoup plus d'avantage aux voiles.

Nous avons jusqu'à présent montré les avantages d'une machine modérée, mais il ne faut pas en conclure qu'il faille toujours s'y borner. Il y a des circonstances où, sans être pressé d'arriver, il est avantageux d'employer plus de force : c'est lorsqu'on lutte contre un vent debout frais, parce qu'alors on perd son temps et son charbon à résister, au lieu de chercher à gagner. Ainsi, supposant que des 400 chevaux d'une machine, il en faille 200 pour résister à la mer et au vent, il est évident qu'en se bornant à ces 200 chevaux, on restera à tanguer sur la lame sans avancer, tandis qu'en utilisant les 400, les premiers ne seront pas employés si longtemps. Nous pensons d'après cela que vent debout, il n'y a de raison d'économiser la force, que s'il y a nécessité à moins fatiguer le navire lorsqu'il est trop violemment poussé à l'encontre de la lame.

Une grande puissance est donc une cause d'économie non-seulement lorsqu'il fait calme, mais aussi quand il s'agit de surmonter l'obstacle d'un vent debout; il faut seulement *qu'elle soit judicieusement employée.*

Le rapport de la puissance motrice au tonnage du navire influe encore sur la manière d'agir. A bord de nos vieux vapeurs, dès qu'une brise fraîche et un peu de mer

les réduisent à 3 nœuds, il vaut mieux établir les goëlettes et courir des bords en portant à quatre quarts et
demi, ce qui fait filer 6 ou 7 nœuds; il y a plus de combustible brûlé puisque les roues tournent plus vite, mais,
au moins, un meilleur résultat est obtenu et le but est atteint. Au contraire, avec une grande puissance, la ligne
droite est préférable, et c'est ce qui a fait augmenter les
machines des paquebots de la *Compagnie orientale pénin-
sulaire*, pour pouvoir remonter directement les violentes
moussons de la *mer de Chine*, tandis qu'avec nos anciennes
proportions, il fallait louvoyer et consommer plus de combustible, malgré l'abri des *Philippines*.

On comprendra facilement que, dans ce qui précède,
nous nous sommes borné à des principes généraux, et
qu'il est impossible de donner des règles positives, puisque
ce qui est une mer maniable pour un grand navire devient une grosse mer pour un petit, et que la puissance relative de la machine influe encore plus sur la vitesse suivant les circonstances. C'est dans l'emploi éclairé de la
force mécanique que consiste l'aptitude du capitaine : lui
seul est appelé à juger de la variété des circonstances de la
navigation combinée avec la nature des ordres reçus : le
mécanicien n'a d'autre rôle que de bien employer son combustible, et de se conformer à ce qui lui est prescrit; or en
cela, il peut rendre de grands services.

Sur les navires mixtes ou à hélice qui sont bien voilés,
l'expérience du capitaine jouera un plus grand rôle que sur
ceux tout à fait à voiles ou à roues; c'est naturel, puisque ces bâtiments, utilisant mieux les voiles, rendent les
opérations plus complexes que lorsque l'un des deux moteurs agit seul. Ainsi, les marins sont appelés à décider des
questions importantes, car ce sont eux qui emploient les

navires; et un ingénieur eût-il produit une merveille, comment l'appréciera-t-on, si le marin ne sait pas se servir avec intelligence des ressources mises entre ses mains? Ce qui est bien pourra être jugé médiocre, et ce qui laisse à désirer sera peut-être préféré, par cela seul qu'on en aura mieux tiré parti.

Dans la première section de cet ouvrage, l'utilité des Appareils Distillatoires pour les bâtiments à voiles en cours de voyage a été mentionnée; ces appareils sont plus avantageux peut-être encore aux bâtiments à vapeur et aux bâtiments mixtes, puisqu'en leur fournissant les moyens d'avoir de l'eau potable, ils les dispensent de prendre un approvisionnement complet de cette eau; et qu'ainsi, ils peuvent tenir plus longtemps la mer, en embarquant du combustible en lieu et place de leur eau. Ces appareils n'ont pas été décrits dans cette première section, et ils ne le seront pas non plus dans celle-ci, car ce sont des détails étrangers à un livre dont le titre prescrit de ne s'appesantir que sur les points qui ont trait à la manœuvre ou à la conduite des bâtiments. Si, d'ailleurs, on désirait des notions plus étendues sur ces appareils, on les trouverait dans notre *Dictionnaire de marine* à l'article DISTILLATION du volume de la marine à voile, et au même article du volume de la marine à vapeur.

Il en est de même de l'Attraction locale et des Compensateurs magnétiques ou des Tables de correction mentionnés un peu plus haut, et dont il a été également parlé dans la première section de cet ouvrage. Ce sont des objets aussi très-importants pour les bâtiments à vapeur surtout quand ils sont construits en fer; or, on trouvera, pareillement, les renseignements qu'on peut désirer à cet égard, ainsi que sur les Barreaux aimantés, à l'article COMPAS A BORD DES

NAVIRES EN FER du volume de la marine à vapeur du même Dictionnaire.

IV. La meilleure manière de mettre à la cape avec les navires à roues, est d'avoir sa machine à très-petite vitesse pour ne pas aller à l'encontre de la mer, et d'établir la grande voile-goëlette et l'artimon sans rien ajouter devant; de la sorte, le navire est appuyé, il est soutenu par sa roue de sous le vent, et il conserve sa barre presque droite. Cette position du gouvernail est très-importante, parce que les vapeurs ont de très-grands safrans, et que leur longueur exagérée, relativement au tirant-d'eau, fatigue le gouvernail et rend les mouvements d'acculée dangereux. Comme les voiles-goëlettes ne sauraient être trop grandes pour les brises ordinaires, et que, de grand vent, les longues cornes n'orientent pas, même avec des ris, nous pensons qu'il serait utile d'avoir deux goëlettes enverguées et de dimensions différentes, à peu près dans le rapport des artimons et des brigantines; ainsi il ne serait pas nécessaire d'amener les cornes, et l'on conserverait de la toile assez haute pour appuyer le navire.

Quand, par manque de charbon, il faut capeyer ayant ses roues stoppées, le navire fatigue beaucoup plus; il devient très-mou, fait de grandes arrivées, et surtout ébranle son gouvernail attendu que toute la barre est dessous. C'est une position à éviter parce que l'on dérive beaucoup, tandis qu'avec la machine à une grande détente, on perd peu au vent; enfin, quand il faut changer de bord, on ranime un peu les feux et on vire vent devant. Les navires à hélice tirent plus d'avantage de leur propulseur à petite vitesse quand ils capeyent; et, s'ils l'affolent, ils n'en sont pas gênés comme on le voit avec les roues.

Lorsque le temps est trop mauvais pour pouvoir conser-

ver la cape et qu'il faut fuir devant la lame, le navire est
soulagé ; et si les roues ou l'hélice sont affolées, il rentre dans le cas des navires à voiles. Mais avec la machine
en action, des avaries sont à redouter si l'on n'agit pas
avec prudence, à cause de l'inégalité des mouvements. En
effet, il y a, dès lors, des moments où le milieu du navire
se trouvant dans le creux de la lame, les deux roues ne
touchent plus l'eau et s'emportent ; tout vibre dans la machine, et les clapets retombent avec violence ; une fois la
crête de la lame arrivée par le travers, les roues sont noyées
dans une masse d'eau et presque arrêtées, mais elles repar-
tent l'instant d'après. Pour éviter autant que possible ces
alternatives, il vaut mieux alors modérer la vitesse par le
registre que par la détente : celle-ci distribue la vapeur relativement à la course, au lieu que le registre, en diminuant
l'orifice libre, n'en laisse passer que la même quantité
dans le même temps ; il en résulte qu'il refuse, pour ainsi
dire, de la vapeur aux moments où le piston s'emporte,
et qu'il en donne suffisamment quand sa vitesse est modérée. Vent debout, les mêmes périodes d'immersion et d'é-
mersion se présentent, mais elles n'ont pas assez de durée,
pour que les roues aient le temps de changer de vitesse.

Il est quelquefois nécessaire alors d'éteindre les feux et
de marcher à la voile : à cet effet, il faut laisser tourner les
roues ou démonter les arbres. Le premier moyen exige un embrayage. Le moyen le plus simple d'exécuter cet embrayage,
consiste à pratiquer à l'œil du bouton de la manivelle extérieure, un chemin ou une rainure ayant pour rayon la manivelle, et pour largeur un peu plus que le bouton : un
anneau tournant, découpé en partie par un chemin semblable, sert soit à laisser passer le bouton, soit à le renfermer pour unir les manivelles suivant la position qu'on lui

donne. Le démontage des grandes bielles permet aussi de rendre les roues folles; mais c'est une opération difficile sur les grands navires, tant à cause du poids des pièces, que parce qu'il faut tenir les pistons suspendus pour abaisser la grande bielle au point de laisser le passage libre. L'affolement de roues a l'avantage de n'exiger que des opérations intérieures et que la fixation des roues par des bosses, pendant qu'on l'effectue. Mais il est défavorable à la marche en ce que la bande ou le roulis, faisant immerger beaucoup les roues, il y a des aubes qui arrivent et sortent presque horizontalement de l'eau, ce qui ne peut avoir lieu sans une force qui est naturellement prise sur les aubes articulées, en les faisant résister davantage au navire.

Il vaut donc mieux démonter les aubes lorsque la mer le permet, et que c'est pour quelque temps. Alors on met en panne, on bosse les roues devant et derrière dans la position où les aubes, destinées à être démontées, sont au plus haut du tambour; les tiroirs sont laissés à mi-course et les soupapes d'arrêt fermées sans qu'on y touche, parce que si on distribuait de la vapeur, l'effet du piston briserait les bosses et entraînerait les roues. Nous croyons le filin préférable aux chaînes quand il y a des secousses, parce qu'il résiste mieux aux chocs, et qu'en garnissant les rayons il ne se coupe pas. On ne saurait trop prendre de précautions pour préserver les hommes occupés, dans la roue, à dévisser les écrous et rentrer les aubes. Beaucoup d'inventions ingénieuses ont été faites dans le but de favoriser cette opération : la meilleure est celle de M. *Dupouy*, capitaine de frégate; elle exige une aube en trois planches, deux sur l'avant du rayon, et une sur l'arrière en regard de l'intervalle des deux autres : un boulon, traversant l'aube isolée, a sa tête appuyée sur une traverse posée sur les deux autres palettes, et maintient les trois portions. Pour plus de facilité, les écrous sont à oreilles et se dévissent à coups de marteau. Lorsque les écrous sont à pans, il vaut mieux que ce soit à quatre qu'à six, parce que les clefs prennent mieux dessus malgré la rouille, et qu'elles n'abattent pas leurs angles. A chaque démontage, il faut repasser les boulons à la filière et les écrous à la forge, pour leur rendre leur forme primitive; il convient aussi de rogner le croc du boulon, s'il est trop long pour permettre de lui faire parer le rayon sans enlever l'écrou. A bord des navires qui n'ont pas démonté leurs aubes depuis longtemps, l'opération est impraticable, parce que l'oxyde a tellement déformé et gommé les écrous, qu'on ne peut plus les dévisser et que les boulons sont tordus. Aussi, quand il y a des chances d'en venir à des démontages, on visite d'avance tous les boulons à croc.

Il s'est présenté des circonstances de navigation, où il a été impossible d'affoler les roues ou de démonter les aubes; alors ces surfaces arrêtent tellement le navire qu'il fatigue beaucoup. Sur un paquebot du *Levant*, fuyant devant le temps, on ne faisait que trois tours de roues; le mécanicien démonta les soupapes de sûreté du couvercle et du fond de cylindre; l'air put entrer et sortir un peu, la machine fit neuf révolutions, et le navire, filant sept nœuds, fut soulagé. Ce fait nous a engagé à faire un essai intéressant en donnant une libre circulation à l'air. Pour cela, à bord de *l'Orénoque*, nous avons ouvert un trou d'homme de chaudière éteinte, et les trous d'homme des deux condenseurs; le tiroir a été enclanché, et il a distribué, par les orifices habituels, l'air arrivant de la chaudière qui sortait ensuite par le condenseur, en suivant la route ordinaire de la vapeur. De la sorte, avec bon frais du travers et le peu de voilure de ce genre de navire, on filait cinq nœuds et demi : la machine tournait comme si elle eût fonctionné, et les roues n'allaient que de 28 à 30 pour 100 moins vite que le navire. Avec le vent de l'arrière et un plus grand sillage, le rapport eût été beaucoup plus faible; ainsi ce moyen n'est utile qu'avec bonne brise. Si le sillage diminuait trop, les roues s'arrêteraient, car la résistance de la machine est presque invariable, tandis que l'impulsion de l'eau sur les roues suit le rapport du carré des vitesses. Une pareille opération s'exécute de tous les temps, puisqu'il ne s'agit que de déplacer trois plaques dans l'intérieur de la machine.

V. Dans le cas d'une voie-d'eau et de manque de charbon, ce serait, s'il y avait de la brise, une grande ressource pour pomper l'eau qui s'introduirait dans la cale; pour cela il faudrait, sur un navire à hélice ayant l'hélice embrayée et un bon sillage, ouvrir une des chaudières pour laisser arriver l'air au tiroir, mais garder le condenseur fermé afin que la pompe à air entraînée, extraie l'air et l'eau introduits dans le condenseur, par le robinet placé pour se servir de l'eau de la cale. Naturellement, les pompes d'épuisement de la machine suivent alors le mouvement et se trouvent utilisées.

Quand un navire est échoué, il faut desserrer au plus tôt les boulons de carène, parce que sa charpente étant élastique plie sous les efforts, et qu'elle expose à faire éclater les bâtis en fonte. Dans les parages à marée, c'est encore plus important dès que le navire est déjaugé, car il y a des colonnes et des arcades brisées par l'oubli de cette précaution : elle serait plus nécessaire à bord des vaisseaux mixtes, dont l'artillerie tend à courber les couples, à faire rentrer la quille, et à briser les bâtis placés en travers. On ne doit pas enlever les écrous, mais leur donner seulement du jeu. Les lignes d'action de la machine sont ainsi dérangées; mais il vaut mieux courir les risques de quelques chocs ou d'échauffements que ceux de briser les bâtis, d'autant plus que le desserrage des écrous n'empêche pas de fonctionner pour chercher à se tirer d'affaire. Les chaudières ne sont vidées que s'il est nécessaire d'alléger le navire pour le déséchouer à l'aide d'ancres; il est même des cas où il serait très-utile de mettre de l'eau dans la cale, pour rendre le navire immobile et attendre le moment de le déséchouer : des chocs et la dislocation seraient aussi évités. Les vapeurs ont tant d'orifices sous la flottaison, qu'il est facile d'introduire beaucoup d'eau en peu de temps, et ils possèdent des moyens si énergiques de pomper, qu'ils n'ont pas à se préoccuper d'une masse d'eau assez considérable à extraire.

Ce qui précède nous donne l'occasion de parler d'une ressource précieuse et qui a déjà rendu de très-grands services; celle de pomper l'eau de la cale par l'aspiration du condenseur. Nous avons vu quelle quantité considérable d'eau froide il fallait pour anéantir la pression de la vapeur en la condensant. Cette eau est prise à l'extérieur par un tuyau particulier; mais dans le cas d'une voie-d'eau, cette injection doit être fermée et l'on en ouvre une autre, qui aboutit au fond de la cale et qui est réglée comme la première; on comprend combien ce moyen est énergique, puisque dans nos climats et pour le degré d'injection adopté, il faut plus de 60 fois l'eau évaporée pour opérer la condensation; ainsi un navire vaporisant 12 tonneaux d'eau, en extraira 720 par heure avec son condenseur, indépendamment de l'action des autres pompes de la machine.

et de celles du bord ; on augmentera même cette quantité, en exagérant l'injection, pour condenser plus bas : par exemple, dans le cas où l'eau du mélange n'aurait que 8° de plus que celle qu'il faut pour injecter, il faudrait 75 fois le volume d'eau vaporisée, c'est-à-dire 900 tonneaux par heure : mais les petites dimensions de nos condenseurs, ne se prêteraient pas à ces exagérations qui, au surplus, n'ont d'autre inconvénient que d'augmenter le travail de la pompe à air, dans un plus grand rapport que la diminution de pression obtenue.

L'extraction de l'eau de la cale de cette manière demande à être conduite avec soin, en ce que si le niveau de l'eau du navire baisse trop, l'air aspiré à sa place entre dans le condenseur, détruit le vide, et la machine s'arrête. Il faut donc garder quinze centimètres au-dessus des crépines, et même beaucoup plus s'il y a du tangage ou du roulis. Les crépines sont très-importantes pour arrêter les saletés de la cale qui, sans elles, pourraient s'introduire dans les pompes à air et alimentaire, ce qui empêcherait leurs clapets de se fermer ; elles doivent être grattées fréquemment, parce que leurs trous ou leurs fentes sont quelquefois bouchés par des objets que l'aspiration tient collés dessus.

Pour utiliser ainsi le vide, la machine doit être en marche ; mais si, dans un échouage, ou par d'autres causes, elle ne pouvait fonctionner, il n'en serait pas moins possible de tirer parti de la vapeur, comme l'a fait un mécanicien anglais sur la côte de *Bornéo* : le navire était en fer, et, en faisant route, il fut percé par une roche ; tout effort des roues eût augmenté le mal, et les aubes ne pouvaient être démontées ; d'ailleurs, aussitôt après le déséchouage, il fallait faire route. Le mécanicien coupa le bout du tuyau d'aspiration de la cale, pour enlever la trémie et pour rendre l'accès de l'eau plus facile ; puis il injecta de la vapeur dans le condenseur par la soupape de purge, et il ouvrit le robinet du tuyau coupé, comme pour injecter : à l'instant, l'eau remplit le condenseur. Afin d'expulser cette eau, il cala le reniflard et, par la soupape de purge, il introduisit de la vapeur qui pressa l'eau et qui la chassa par la pompe à air et par la bâche, en soulevant tous les clapets ; par l'effet du renouvellement de cette opération, beaucoup de vapeur était perdue à cause du contact de l'eau froide, mais le but n'en fut pas moins obtenu, et le navire fut sauvé : en appliquant ainsi les premiers essais tentés pour utiliser la vapeur, ce mécanicien avait transformé, momentanément, sa machine en un appareil à pomper l'eau, tel que ceux de *Savery* ou de *Newcomen*.

CHAPITRE IX.

I. Remorque. — II. Accouplement. — III. Commandements usités pour la machine à vapeur.

Puisque le vapeur possède, en lui-même, son moteur, et qu'il marche de calme, il est susceptible de venir en aide aux voiles ; c'était même un de ses rôles importants avant l'adoption de l'hélice, que le remorquage des bâtiments à voiles, soit pour les faire sortir des ports, soit aussi pour leur faire faire d'assez longs trajets sur les eaux tranquilles de la Méditerranée. On fondait, dans le principe, de grandes espérances militaires sur cette manière de rendre les vaisseaux indépendants du vent ; mais il est très-douteux qu'en temps de guerre elles se fussent réalisées, tant il y a de différence entre faire mouvoir un vaisseau par sa propre force, ou par celle qui est empruntée à un autre navire. Les remorques sont souvent très-difficiles et toujours trop longues à prendre, pour en espérer de très-bons résultats dans le désordre d'un combat ou quand il y a à lutter contre la perfection de l'artillerie actuelle : enfin, une fois la remorque donnée, le bâtiment remorqué n'a pas la liberté et la célérité d'action qu'il obtient de sa propre machine. Cependant, comme il existe beaucoup de navires dépourvus d'appareils moteurs, et que, d'ailleurs, l'opération de la remorque est toujours beaucoup plus facile et plus prompte avec un vapeur qu'avec un bâtiment à voiles, les remorques ne sont pas moins encore une des manœuvres les plus utiles des vapeurs; il est donc nécessaire de savoir comment on les effectue, ou d'en connaître les difficultés pratiques.

Si le navire à remorquer est au mouillage, c'est au vapeur à venir se placer devant lui pour échanger les amarres; avec le calme, il ne se présente d'autre difficulté que le voisinage d'autres navires ou de la terre. Quand les évolutions sont gênées, il est presque toujours plus court de se faire éviter par des faux bras ou des aussières en s'aidant de la machine, que de chercher à marcher en avant, puis en arrière, pour parvenir à tourner sur place. Avec une petite brise les voiles servent à évoluer et rendent la manœuvre plus facile; mais si le vent est frais, il n'en est pas de même, non pour venir se placer de l'avant, mais pour se mettre en route assez tôt : en effet, une fois debout au vent et à distance convenable, le vapeur n'a plus de moyens de se maintenir en direction, il n'a pour ainsi dire plus de gouvernail, car pour rendre de l'action à sa barre, il faudrait prendre de l'air et par conséquent s'éloigner du navire à remorquer. Le vapeur tombe forcément en travers si les amarres ne sont pas élongées à temps ; or, c'est d'autant plus probable, que ces amarres sont de gros filins, difficiles à manier surtout avec une brise fraîche. En admettant que l'opération se soit faite assez tôt pour qu'on soit resté immobile, il n'en faut pas moins encore attendre que le remorqué ait dérapé son ancre ; car si on l'entraîne à l'aide de la machine pendant qu'il n'est qu'à long pic, on risque de faire rebrousser l'ancre et, si l'on n'est pas pourvu du stoppeur *Le Goff*, de blesser les hommes du cabestan. Si le remorqueur manque sa manœuvre, il est contraint de faire son immense tour de l'horizon, et il a encore à courir les mêmes chances. Aussi, nous pensons que pour prendre un navire au mouillage avec une brise fraîche, il convient de mouiller, de l'avant à lui, une ancre à jet ou même une ancre de bossoir, suivant le temps ; d'élonger les amarres, de faire déraper le remorqué, et de virer sur son ancre pour ne marcher que lorsqu'on est assez à pic pour être sûr de l'enlever : en effet, une fois en route, on ne stoppe plus, et l'air du remorqué lui ferait aborder le vapeur, ou il donnerait trop de mou aux amarres. Il est arrivé à des vapeurs de se présenter jusqu'à trois fois avant de réussir, faute d'avoir été autorisés à mouiller eux-mêmes comme je viens de le dire.

Sous voiles, les difficultés sont moindres, non-seulement parce que l'espace libre est étendu, mais parce que la brise, qui tient les navires gouvernants, permet au remorqué de se tenir en direction. Le remorqueur passe au vent et il vient se placer de l'avant avec sa machine ; s'il vente frais, il se met un peu plus au vent à cause de la dérive : il se place à une distance convenable avec sa machine, en se tenant en direction par l'effet de ses voiles. S'il y a trop de mer pour mettre les embarcations à l'eau, les navires se jettent en passant, un plomb de sonde entouré d'étoupe, ou un biscayen estropé avec une ligne, et qui sert à haler un faux bras et ensuite l'aussière de remorque. Quand on agit ainsi, il est utile d'avoir des faux bras passés à l'avance dans les écubiers. Si cela ne réussit pas, on a recours à des bouées filées par le remorqueur avec de légers faux bras, pour tâcher de les faire passer le long du bord du remorqué, afin qu'il les saisisse et qu'il s'en serve pour haler les faux bras et les aussières. Comme en pareil cas, il est impossible de s'entendre à la voix, et qu'aucune règle n'est établie par l'usage, nous pensons qu'il est utile de joindre aux bouées, une bouteille contenant des instructions écrites pour se communiquer ses vues pendant le mauvais temps. Du reste dans ces manœuvres de navire à navire, il est surtout important de s'informer à l'avance de ce que l'on compte faire, et de savoir quel est celui des deux navires qui donne les amarres. En général, c'est le remorqueur; il a ses aussières derrière et pendantes; le canot du remorqué vient donner les faux bras, qu'il apporte en laissant les bouts à son bord, et il retourne dès qu'ils sont reçus du remorqueur, ne courant ainsi aucun risque d'être engagé entre les aussières ou d'être pris sous l'étrave de son navire. Le grand point est de ne pas confondre les faux bras et de ne pas donner un bout pour un autre. Dès que le remorqueur a frappé les faux bras sur les œillets des aussières, il dit au remorqué de les haler à bord. Cette manière d'agir a l'avantage de n'avoir qu'à filer les gros filins, au lieu de les abraquer pendant que les deux navires vont de l'avant, et de ne pas exposer les embarcations. En outre, les aussières appartenant au remorqueur, elles pendent de l'arrière lorsqu'on se sépare, et elles sont plus faciles à haler à bord.

Il faut environ douze minutes entre le moment du signal et celui où on met en marche : si le vapeur est éloigné de l'avant, il est forcé de faire le tour de l'horizon pour venir se placer en position ; s'il est par le travers, il peut marcher en arrière pour se donner du champ, et arrondir pour se mettre de l'avant ; s'il est sur l'arrière et dans la même direction, il n'a au contraire, qu'à marcher en avant, passer près, et revenir pour se trouver de l'avant ; aussi, aux approches d'une telle manœuvre, les remorqueurs devraient toujours se tenir de l'arrière. Les positions et les directions respectives influent donc beaucoup sur le temps à employer, surtout avec de grands vapeurs qui ne peuvent arriver à leur poste avec trop d'air, car la machine ne partirait pas en arrière et ils dépasseraient tellement la position à prendre, qu'il est douteux qu'ils y réussissent en culant, puisque alors ils ne gouvernent pas. Les embarcations employées au transport des faux bras devraient toujours être fournies par le remorqué, parce qu'il n'éprouve aucune difficulté à les hisser, tandis qu'à bord du remorqueur les aussières et l'eau repoussée par les roues s'y opposent.

Une fois les remorques élongées, on marche très-doucement, on stoppe même de temps à autre, pour empêcher le remorqueur de prendre trop d'air ; car entre de telles masses, l'une en mouvement, l'autre encore au repos, il n'y a pas de filin capable de résister au choc. Des accidents funestes ont été la suite de l'oubli de ces précautions, et des hommes ainsi que la roue du gouvernail, ont été coupés par des aussières, comme ils l'eussent été par un boulet. Mais, dès que les remorques sont tendues, on marche comme sous voiles et sans le moindre danger.

La disposition des remorques influe sur les évolutions :

si le remorqué les prend par les écubiers, le remorqueur, au contraire, doit les faire porter sur le côté du navire et même sur les élongis de tambour; ainsi, en filant l'une des deux remorques, l'autre agit sur un assez grand levier pour faire évoluer le navire plus vite que par son seul gouvernail. Les remorques entrent par des chomards, qui d'habitude sont mal disposés, en ce que leur surface de portage n'a pas une courbure d'un assez grand rayon, pour ne pas nuire à d'aussi gros filins. Les remorques sont tournées en dedans à deux sortes de montants de bitte ronds qui sont préférables aux grands taquets placés à peu de distance l'un de l'autre, et solidement fixés au pont près de la fourrure de gouttière. On y tourne l'aussière à plusieurs reprises; s'il faut filer sous une grande traction, on prend un second retour à la bitte du navire lorsqu'on a assez de bout, parce que sous de tels efforts le filin refuse d'abord de filer et ensuite il part tout d'un coup. Aussi est-il préférable d'y frapper une caliorne, afin de filer sur le garant de celle-ci, et d'éviter les secousses en prenant moins de tours aux bittons de remorque. Cela peut être utile aussi au remorqué, qui seul est à même d'abraquer, parce qu'il n'a pas à vaincre la résistance des aussières dans l'eau. Si on a des porte-haubans et autres objets extérieurs, il faut les garantir par des pièces de bois arrondies, sans quoi les aussières démoliraient tout. Ce n'est que lorsqu'on est sûr de n'avoir pas à manœuvrer, qu'il convient de prendre des remorques par l'arrière; alors elles risquent moins de se raguer et elles tiennent mieux les navires en route.

Les remorqueurs qui sont spécialement affectés à faire entrer ou sortir des navires ont, un peu sur l'arrière du milieu, de forts crocs élevés sur des montants auxquels se crochent les remorques : de la sorte, elles laissent toute liberté de manœuvre, et l'arrière est préservé par une courbe au-dessus du tableau, afin que les amarres passent d'un bord à l'autre sans difficulté : enfin la barre est sur la passerelle pour que rien ne gêne derrière.

Avant de mettre tout à fait en route, les amarres sont égalisées et bien fourrées; si le remorquage dure long-temps, on rafraîchit ces amarres de temps en temps, en fi-lant une brasse. Le remorqué se met presque sur le bout des aussières ; le remorqueur au contraire, en garde le plus possible à bord, afin d'avoir de quoi filer. S'il y a des chances d'évoluer, les remorques sont courtes; un tiers ou un quart d'encâblure de distances respectives permettent de tourner dans un rayon moindre ; mais s'il y a de la mer, il importe d'avoir les plus longues touées pour évi-ter les secousses sèches, et pour diminuer les efforts de deux embardées qui seraient en désaccord sur les deux navires.

Les vaisseaux ont de telles masses, que nous croyons que de gros temps, ou même qu'avec les grandes houles de l'Océan, aucun filin ni aucun moyen d'amarrage, ne ré-sisteraient à de pareils efforts avec des touées courtes. Deux aussières bout à bout vaudraient peut-être mieux alors qu'un seul grelin, malgré la difficulté de traîner tant de filin dans l'eau. Quand un remorquage doit durer long-temps, il est bon d'avoir entre les deux navires des moyens de se comprendre la nuit comme le jour, et de tenir élongé un faux bras pour remplacer une remorque cassée, parce qu'une fois en marche il ne faut plus s'arrêter; sans cela, les navires prendraient des directions différentes, et ils de-viendraient plus difficiles à remettre en route. Jamais la machine ne doit être stoppée, sans qu'on en ait prévenu à l'avance le remorqué; si on a des craintes d'avaries, on

marche doucement, mais de manière à tenir les aussières
tendues; enfin si une avarie imprévue force la machine à
s'arrêter, le remorqueur largue tout, et il fait une embardée pour laisser passer l'autre navire, parce que le dernier
garde mieux son air, en ce que, ordinairement, il est plus
gros et qu'il n'a pas un propulseur qui l'arrête.

La manœuvre respective du remorqué et du vapeur offre des particularités délicates à saisir. Les masses relatives
des deux navires jouent alors un très-grand rôle : car puisqu'elles sont liées ensemble, ces deux masses ont la même
vitesse; celle qui traîne n'en a pas plus, elle ne fait que
l'entretenir par sa force. Or, la quantité de mouvement à
vitesse égale, est proportionnelle à la masse : donc, du remorqueur et du remorqué, la plus grande masse est celle
qui entraîne l'autre lorsqu'il y a changement de direction.
Ainsi lorsqu'on a pris de l'air, un petit vapeur quelque
puissante que soit sa machine, fera de vains efforts pour
faire changer la direction d'un vaisseau; s'il veut trop le tirer par côté, le vaisseau qui, pour un temps, a la même vitesse, continue sa route, fait venir le remorqueur en travers et même le tire par l'arrière malgré sa machine. Pour
que cet effet cesse, il faut que le mouvement du vaisseau
soit amorti : alors il n'a plus de force; et ce n'est qu'arrêté,
qu'il laisse le remorqueur libre d'agir et de l'entraîner de
nouveau. Il n'est pas de marin qui n'ait remorqué des espars; il n'y a rien qui semble plus obstiné à suivre la même
direction; si le canot vient d'un bord, l'espars continue sa
route presque sans se détourner, et il amène le canot à le
toucher avec l'avant dans la direction opposée : il en est
de même pour un navire plus lourd que son remorqueur.

Pour changer de route, les navires mettent leurs barres
à contre; ainsi en venant sur tribord, le remorqueur met

sa barre à babord ; et puisque son arrière vient sur babord, il faut que le remorqué le suive, car s'il laissait sa barre droite, il continuerait sa route. Si au contraire, il la mettait du même côté que le remorqueur, son avant viendrait sur tribord pendant que l'arrière du remorqueur l'éloignerait sur babord. Les extrémités tendent à s'éloigner, bientôt les amarres appellent par le travers, et l'on reste ainsi, jusqu'à ce que le remorqué, ayant usé sa vitesse, commence à obéir ; mais c'est en faisant une grande embardée, surtout si les amarres l'appellent à culer. Il faut donc, à bien dire, que le remorqué suive la ligne des eaux du remorqueur ; qu'il ne s'en écarte en dehors que s'il veut hâter l'évolution, et en dedans que s'il a pour but de la retarder. Si l'on pouvait figurer le cercle suivi par deux navires, la position de chacun d'eux serait la tangente au point où il se trouve. Un navire remorqué peut, avec de l'adresse, tourner dans un beaucoup plus petit espace que s'il était seul et, pour cela, il suffit qu'il fasse un plus grand angle à l'opposé de la route du remorqueur.

Dans ces évolutions, il est nécessaire de ménager beaucoup la barre, c'est-à-dire de ne pas trop venir d'un bord, parce que l'effet relatif est augmenté par la distance du navire ; ainsi, en tournant court, si chacun met trop de barre, le remorqué s'éloigne d'un bord, le remorqueur de l'autre, et tout l'effet est perdu à se contrarier. Le navire remorqué est une sorte d'appendice au gouvernail du remorqueur, et qui est d'autant plus puissant qu'il est relativement plus lourd ; un vaisseau ferait tourner un petit vapeur à sa guise, le conduirait malgré lui où il voudrait, et l'arrêterait dans un petit cercle en dépit de ses efforts et de la puissance de sa machine.

La puissance mécanique ayant à traîner la somme des

deux masses, et à diviser l'eau de celle des maîtresses sections de son navire et du remorqué, elle a naturellement la vitesse de son piston diminuée; par conséquent son effet utile est moindre, puisqu'il est proportionnel au nombre de coups de piston. Ainsi, un 160 filant 8 nœuds et 1/2 donne 22 coups de piston; avec un vaisseau à la remorque et filant 3 nœuds et 1/2 il n'en obtient plus que 15. Sa puissance est donc réduite à 110 chevaux; s'il n'en donne que 10, il ne fait plus que la force de 73 chevaux. Cette perte considérable d'effet utile a fait proposer de rentrer les palettes pour remorquer, afin de diminuer le levier défavorable des roues; sans cela les aubes sont dans le cas d'un aviron trop poussé en dehors, il est sans action malgré les efforts de l'homme. Comme une pareille opération serait très-longue puisqu'il faudrait dévisser et revisser près de deux cents écrous, on a proposé divers moyens de rentrer les palettes, mais outre la difficulté de faire jouer des pièces dans des parties aussi exposées à la rouille, la rareté des occasions a empêché de les adopter. Pour de longs trajets, il faudrait s'arrêter pour remettre les aubes au bout des rayons, lorsque le combustible brûlé rendrait le navire tellement léger, que ses aubes ne toucheraient plus assez l'eau. De calme, l'accroissement de la résistance diminue peu la vitesse; ainsi une corvette dite de 220 chevaux faisant filer 4 nœuds 1/4 à une frégate de 54, communique encore 3 nœuds de vitesse, en traînant, en plus, une corvette de 20 canons. La moindre brise agissant sur la mâture élevée et le grément compliqué des navires à voiles, arrête beaucoup la marche; et une brise à porter les perroquets annule l'effort d'un 220 remorquant une frégate. Aussi, dès que la brise se fait, le navire à voiles, eût-il vent debout, largue les amarres et fait route avec ses voiles.

Le navire à hélice est meilleur remorqueur que le vapeur à roues, parce que son propulseur ne diminue pas autant de vitesse et que, s'il consomme plus de vapeur, il n'en obtient pas moins un meilleur résultat. Comme il évolue plus vite, il ne met pas autant de lenteur à se placer, et il se maintient mieux en direction, parce que l'eau projetée sur son gouvernail le fait gouverner avant d'aller de l'avant. Mais il doit apporter la plus grande attention à soutenir les remorques et à ne pas leur laisser prendre du mou, parce qu'elles s'enrouleraient rapidement autour de son hélice.

On a établi de savantes théories sur les effets du remorquage ; elles sont peu utiles dans la pratique, tant les causes sont variées, soit à cause des changements du vent et de la mer, soit par l'effet des différences de proportion entre les navires, depuis le 160 remorquant un trois-ponts, jusqu'à la frégate de 600 chevaux s'apercevant à peine de la résistance d'une goëlette. Dans tous les cas de ce genre, on prend ce qu'on trouve et on en tire le meilleur parti.

Il ne faut pas compter sur l'effet d'un remorqueur pour déséchouer un navire, on a vu plusieurs preuves de son impuissance ; car le nombre de kilogramètres développés en ligne droite n'est pas considérable, et une machine de 450 produit à peine 12,000 kilogramètres. Or, en virant sur des ancres et en faisant marguerite, le cabestan produit des efforts beaucoup plus considérables. Si donc un vapeur est employé à déséchouer un navire, nous croyons qu'il convient de mouiller une ancre de bossoir droit de l'arrière, parce qu'il faut que le navire échoué sorte par où il est entré, sous peine d'avoir à vaincre des résistances incalculables. Le navire échoué doit élonger ses grelins au vapeur qui les amarre sur sa bitte, puis il vire et, aussitôt que le navire est déséchoué, le vapeur l'entraîne à l'aide de sa machine et il lève son ancre.

II. Dans un combat, les remorqueurs à roues auraient le désavantage du grand espace qu'il leur faut pour tourner, de la difficulté des évolutions et, surtout, d'être très-vulnérables. Un boulet réduisant leur machine à l'inaction, les rendrait très-embarrassants pour les vaisseaux; leur immobilité causerait alors des abordages ou masquerait des batteries. Pour obvier à ces inconvénients on a eu l'idée d'accoupler un vapeur à un vaisseau de manière à abriter le premier. A cet effet, le vapeur dispose sa mâture et ses vergues pour s'engager le moins possible dans celles du vaisseau; il met des défenses à ses tambours à l'aide d'amarres de l'avant et de l'arrière et il se fixe parallèlement au bord du vaisseau. Le vaisseau étant immobile, le vapeur vient se placer par son travers, de manière à ce que les vergues des deux navires ne se rencontrent pas, il se hale en travers à toucher le vaisseau, et alors il installe solidement ses amarres de l'avant et de l'arrière. Son élongis de tambour porte sur une des préceintes et il est garanti par des blocs de bois et des paliers. Quand on n'a jamais été ainsi accouplé, il y a des lenteurs, parce que beaucoup d'objets extérieurs sont exposés à se rencontrer avant qu'on ait choisi la vraie position relative. Dans la Méditerranée, ce genre de remorquage a été essayé entre des vaisseaux et des frégates de 450 chevaux, il exigeait nécessairement la surface unie d'une très-belle mer; il a paru donner les mêmes vitesses que la remorque ordinaire. Les navires gouvernaient bien; mais nous n'avons pu savoir s'ils avaient exécuté des évolutions d'un petit rayon; il serait alors à craindre que les déviations des deux navires ne fissent beaucoup agir sur les amarres. Si le vapeur est en dehors de la courbe, il doit hâter l'évolution en marchant à toute volée et en mettant plus de barre que l'autre bâtiment; lorsqu'il se trouve en dedans, il marche, au contraire, doucement, pour que la vitesse acquise de cet autre bâtiment soit plus grande que la sienne. Au surplus, la question de l'accouplement a perdu presque toute son importance, depuis qu'on a eu l'idée des bâtiments mixtes qui, étant mis à même d'utiliser, à volonté, les moyens des deux moteurs, vent et vapeur réunis en eux-mêmes, excluent, en général, la pensée de toute remorque ou de tout accouplement.

III. Après avoir détaillé les manœuvres des vapeurs, et avoir dit comment les voiles et l'appareil pouvaient concourir à l'accomplissement de ces manœuvres, nous croyons utile de faire connaître quels sont les commandements usités pour la machine. Ces commandements sont simples, peu nombreux, et l'énoncé en indique la signification ; en voici la liste :

En avant! — En arrière ! — Stop ou stoppe ! — A toute volée ! — Doucement ! — Très-doucement ! — Comme-çà ! — Purgez ! — Laissez sortir la vapeur ! — Faites l'extraction ! — Faites le plein ! — Allumez les feux ! — Poussez ou Activez les feux ! — Poussez les feux au fond ! — Videz les chaudières !

A cause de la difficulté de faire entendre les commandements dans le local de la machine, lorsqu'on est placé sur les tambours, et pour éviter l'intermédiaire d'agents subalternes pour les transmettre, on a imaginé diverses dispositions, telles que les porte-voix communiquant du pont à ce local; ou, même, un télégraphe électrique. On a aussi songé à faire usage de deux cadrans dont l'un, à portée de l'officier qui commande, a les divers commandements écrits sur des rayons, et est marqué d'entailles tout autour, pour pouvoir fixer une poignée sur l'ordre voulu ; l'autre cadran, placé dans le local de la machine, communique avec le premier au moyen d'une tige ou de tout autre renvoi de mouvement, et il montre les mots sur lesquels la poignée supérieure a été arrêtée. Le cadran inférieur a, en outre, sur ses bords, des saillies qui, par leur action en guise de déclic, agissant sur un ressort, font sonner un timbre à l'effet d'avertir qu'un nouvel ordre vient d'être donné.

CHAPITRE X.

Des Avaries dans la machine.

Tant d'objets sont nécessaires au fonctionnement, à l'espèce d'existence des machines, qu'ils sont sujets à beaucoup d'accidents ; et l'importance de ces accidents varie tellement, que les uns ne font que gêner l'action de l'appareil sans l'interrompre, tandis que d'autres, plus sérieux, le paralysent un instant et doivent donner lieu à des réparations ou à des remplacements ; enfin il y en a dont la gravité arrête tout principe de mouvement. On pourrait donc dire qu'une machine, a ses indispositions, ses maladies et ses blessures. C'est à l'homme qui l'a inventée et créée, à trouver les moyens d'éloigner ce qui devient nuisible, et à parer à tous les événements pour lui faire continuer sa marche. Pour cela, il est nécessaire que le marin et le mécanicien soient initiés aux détails de son organisation et du principe premier de son mouvement, c'est-à-dire aux propriétés de la vapeur, pour éviter ce qu'elles ont de dangereux, et pour profiter au contraire de ce qu'elles offrent d'utile. Bien plus, ils doivent, autant que possible, connaître les accidents arrivés à d'autres machines, et les manières ingénieuses imaginées pour les réparer. Ainsi, ils agissent avec la certitude que donne l'imitation ou, du moins, l'indication basée sur des faits analogues : c'est ce qui constitue la pratique, qui n'est à bien dire que l'addition incessante de nouveaux faits à ceux qui sont déjà acquis. Pour que ces faits ne se perdent pas dans l'oubli, il faut les recueillir et les grouper ; il faut les présenter sous plusieurs formes, afin d'en propager la connaissance.

Dans les ateliers, on refait ce qui est avarié ; mais sur mer, où les moyens d'exécution et presque toujours le temps manquent, on répare quand il y a possibilité : on ne changera pas plus un cylindre, qu'un bas-mât ; mais on les mettra l'un et l'autre en état de servir encore longtemps. C'est vers ce genre de réparation, que se tournent les idées du mécanicien naviguant, et qu'empruntant au métier de marin son industrie naturelle, il exécute, avec de faibles moyens, des travaux dont les ouvriers d'atelier seraient peu capables, sans le secours des nombreux et puissants outils dont ils ont l'habitude. Un navire possède bien des ressources, il a pour lui l'unité d'action et il est toujours sous le joug de la nécessité ; il en est de même d'une machine marine ; et si sur un bâtiment à voiles, les maîtres d'équipage, les charpentiers, les voiliers, les calfats, et les gabiers ont souvent donné des preuves de présence d'esprit et d'habileté, un accident remarquable a prouvé sur *l'Eldorado* que les mécaniciens ne restaient pas en arrière, malgré d'aussi grandes difficultés à vaincre ou à surmonter.

Les machines ont quelquefois leur marche arrêtée ou entravée par de très-petits accidents : on en voit souvent perdre de leur vitesse et se traîner péniblement, sans qu'aucun bruit dénote pourquoi. Il faut, dès lors, chercher laquelle des deux causes du mouvement est entravée : si c'est la vapeur chaude qui n'arrive pas, ou si la condensation ne s'opère pas. Une courbe d'indicateur est, en pareil cas, un bon guide, et l'on peut en tirer des déductions utiles. Si on ne possède pas cet indicateur, un moyen grossier peut le remplacer; on aura un robinet à graisser, et en suivant, de l'œil, la marche du piston, on verra comment la vapeur sort et comment l'air entre. On juge ainsi de l'avance; or, en comparant la machine dont on s'occupe avec sa voisine, on connaît si la détente s'opère bien; l'entrée de l'air apprend aussi par le bruit qu'il fait, si le vide est bon dans le cylindre : ainsi, l'on parvient à savoir de quel côté il faut porter son attention.

Une machine ne marchait presque plus sans qu'aucun bruit se fît entendre; en ouvrant son robinet à graisser, la vapeur jaillissait à peine un instant au point mort, et l'air entrait ensuite avec force. Pendant que le piston remontait, la forte succion de l'air prouvait que le vide était bon : on eut le tort de visiter la pompe à air et tout ce qui regarde le condenseur, on remit en marche, et les mêmes faits se présentèrent. Enfin, dirigeant l'attention vers l'introduction de vapeur, on trouva que la goupille du registre était tombée, de sorte que cette cloison tournante, se trouvant libre, se plaçait en travers au courant de vapeur, et lui fermait le passage. On a vu, par la même raison, la chute d'une soupape de détente, causer les mêmes incertitudes. On peut également citer les faits suivants : des objets restés sous des clapets les ont empêchés de se fermer. Le tuyau d'injection a été engorgé par du goëmon et, même, par des poissons; pour le dégager, on a calé la soupape du re-

niflard, et on a ouvert celle de purge pour refouler, avec
le plus de pression possible, l'eau et les objets d'injection.
On purgeait une machine, elle faisait deux tours et s'arrêtait ; puis elle en faisait trois et s'arrêtait encore ; enfin on
reconnut que le guide du reniflard ajusté d'une façon trop
précise, soutenait la soupape de purge, qui, après avoir été
repoussée par la vapeur, laissait l'air entrer dans le condenseur, de sorte qu'il n'y avait plus de vide.

Il y a des procédés très-simples pour savoir si des organes
invisibles remplissent leurs fonctions ; ainsi, un piston tout
en glissant facilement et ne produisant aucun bruit quand
il est bien graissé, ne laisse pas fuir de vapeur par les bords.
Pour s'en assurer, il suffit de le mettre au haut de sa course
avec la vapeur en dessous, de fermer un instant l'injection, et d'avoir une bonne pression ; s'il sort de la vapeur
par le robinet à graisser c'est que le piston fuit. Pour faire
la même observation sur le tiroir, on le met à mi-course,
et l'on ferme bien l'injection : si les barrettes fuient, il
sort de la vapeur par le robinet à graisser ; pour s'en assurer dans le bas, c'est la soupape de sûreté du fond qu'on
tient ouverte ; si c'est la garniture qui fuit, ce n'est pas
par le cylindre que la vapeur sort, mais elle se rend au
condenseur et l'échauffe. Dans ces deux cas, le piston se
place près du point que l'on considère, afin de ne pas
avoir un grand espace libre où le peu de vapeur échappé
se condenserait et cesserait d'être visible.

Toutes les parties d'une machine sont tellement liées,
qu'il est très-difficile de reconnaître d'où vient un choc, et
surtout de s'assurer que le piston joue dans sa tige. Pour
y parvenir, il faut serrer outre mesure toutes les clavettes
des renvois de mouvement, mettre le piston à bas de course,
et introduire tout à coup de la vapeur en dessous : si le

piston joue, un bruit sonore se fait entendre, parce qu'il
sera soulevé et buttera contre sa clavette ou son écrou; tandis qu'en agissant de bas en haut, son propre poids le
maintient sur son cône. Quant aux renvois de mouvement,
on ne reconnaît guère ceux de leurs chocs qui ont lieu par
défaut de serrage, qu'en mettant la main sur les deux parties voisines; pour un balancier par exemple, sur la rosace
qui est fixe et sur le balancier : on sent alors s'il y a du
jeu. Quand de pareils chocs ne sont pas forts, il ne faut pas
trop serrer les clavettes de peur d'échauffements.

L'usure des barrettes est favorisée par la pression de la
vapeur; et avec le temps, le tiroir s'approche du cylindre ;
on le voit à sa tige plus usée de ce côté; les garnitures en
chanvre déforment la partie ronde au milieu du portage,
et le tiroir qui est dur aux fins de course, fuit au milieu; on
le corrige en limant avec une règle rapportée à une ligne
tracée sur chaque extrémité; lorsqu'en refaisant des garnitures, on leur a donné trop de hauteur, il est arrivé
qu'elles ont débordé le tiroir et l'ont empêché de revenir
sur ses pas, cela n'a pas lieu avec le mouvement de l'excentrique, mais bien en manœuvrant à bras, parce que les
limites habituelles de la course sont dépassées. Il est alors
impossible de marcher; et, d'ailleurs, enclancher en faisant
aller l'autre machine, serait s'exposer à la rupture des renvois de mouvement : le plus sûr est de démonter les pièces
et de prévenir un accident, en disposant des tocs pour limi-
ter la course du tiroir un peu en dehors de celle que lui
donne l'excentrique.

Quelquefois, il est arrivé de ne pouvoir pas purger; cela
peut provenir de ce que la soupape de purge est trop adhérente pour être remuée; alors il suffit d'introduire de la vapeur dans le condenseur, en mettant le tiroir tantôt en

haut, tantôt en bas ; la vapeur entrant d'un côté, s'en va de l'autre dans le condenseur, et elle finit par le remplir. D'autres raisons peuvent s'opposer au vide ; ainsi, le reniflard fuit peut-être ; on s'en assure en écoutant à côté quand on vient de purger, et en en approchant la flamme d'une lampe ; si cette flamme est aspirée, le reniflard fuit ; il faut alors démonter la soupape, et voir s'il n'y a dessous, ni morceaux de bois, ni étoupe. Le manque d'eau s'oppose aussi à la condensation ; on reconnaît si le tuyau est engorgé, en fermant le robinet du navire ; remplissant le tuyau de vapeur, il s'échauffe : on ferme ensuite la soupape de purge, et on laisse entrer l'eau peu à peu pour éviter une sorte de détonation ; si le tuyau se refroidit, c'est que l'eau pénètre.

Dans le cas où aucun de ces moyens ne réussirait, on mettrait beaucoup d'eau dans la cale, on injecterait avec cette eau comme on le fait pour une voie-d'eau ; et en laissant l'injection habituelle en partie ouverte pour produire une aspiration lente, on parviendrait peut-être à obtenir le but voulu. Il faut alors écouter les clapets de pompe d'air, parce que si les deux injections entrent à la fois, le surcroît d'eau les fait claquer avec force, et il est temps de fermer l'injection de la cale pour éviter d'abord de remplir le condenseur, et en second lieu de faire entrer de l'eau dans le cylindre, ce qui peut être très-dangereux.

Le condenseur étant un espace sans pression, l'air s'y précipite avec vitesse par le moindre passage, et ses joints ou ses parties mastiquées ont souvent des fuites, surtout lorsqu'il sert en même temps de plaque de fondation. L'air ainsi introduit apporte sa force élastique là où il ne doit pas y en avoir ; il nuit donc à l'effet du condenseur. On s'en aperçoit à l'échauffement du condenseur, à la len--

teur de la machine et surtout au petit sifflement de l'air. Pour savoir où se trouve la fuite, la flamme d'une lampe est promenée le long des joints et montre le point où il y a passage, en y entrant. Les joints qui ont lieu avec des tresses sont alors serrés; ceux qui s'effectuent avec des rondelles de plomb sont mattés; mais ceux qui sont au mastic de fonte, ne se réparent qu'au mouillage en les refaisant en entier.

La rupture du clapet de tête ou de la bâche, n'empêche pas une pompe à air de fonctionner; car elle a toujours les clapets de son piston et celui du condenseur, c'est-à-dire les deux portes nécessaires au fonctionnement de toute pompe. Seulement, les clapets du piston, se trouvant alors chargés de la colonne d'eau et de l'atmosphère, retomberont avec beaucoup plus de force; mais le travail de la pompe ne sera guère augmenté, puisque si l'air est un obstacle à la montée, il favorise la descente. Un clapet de pied brisé n'empêcherait pas non plus l'action de la pompe si celui de tête restait. Seulement la pression du condenseur deviendrait moins faible, parce que les clapets du piston étant horizontaux, sont plus lourds à lever que celui du pied qui est presque vertical. Il est bon alors d'avoir plus d'eau que d'habitude dans le condenseur, pour que son poids favorise l'ouverture, mais il est nécessaire, avec les tiroirs longs, de ne pas en mettre au point qu'il en entre dans le cylindre par le canal inférieur. Dans ces deux cas, il est utile d'entrer dans le condenseur, pour enlever les débris des clapets qui, entraînés dans d'autres parties, causeraient des avaries. Des machines auxquelles le dernier de ces accidents est arrivé n'ont perdu que trois coups de piston. Quant aux clapets du piston de pompe à air, leur rupture réduirait cette pompe à l'inaction et forcerait à recourir à un procédé, que nous indiquerons plus tard. Avec les moyens du bord, nous croyons qu'il serait possible de refaire des clapets en cuivre et en toile à voile.

Il est arrivé à des clapets de ne plus retomber sur le siégé par l'excès de frottement de la broche qui leur sert d'axe, surtout lorsqu'elle a été faite en fer. Alors on est dans l'un des cas précédents et il faut démonter la broche, ou faire mouvoir le clapet, en l'huilant. La rupture des buttoirs des clapets du piston expose ces derniers à rester droits et à rencontrer le couvercle de pompe à air : il en résulte des ruptures graves; aussi beaucoup de clapets sont munis de deux buttoirs.

Enfin, puisque nous nous occupons, en ce moment, de la pompe à air, nous ajouterons que cet organe indispensable peut être réduit à l'inaction par la rupture de son té. M. *Pirodeau*, mécanicien, a eu pour cette avarie, l'idée ingénieuse de marcher comme le fait une machine à haute pression. Il fit un faux tuyau en cuivre à doublage, cloué en dehors du navire pour empêcher l'eau de la mer de pénétrer dans le condenseur par le trou du tuyau de décharge; il ouvrit son condenseur et il y entra pour tenir soulevés, par des cales, les clapets de pied de piston et de tête ; puis il le referma : une voie directe était ainsi offerte à la vapeur, celle-ci se perdit dans l'air; alors la machine avariée, privée de vide, ne marcha plus que par l'excès de sa pression sur l'atmosphère; elle perdait ainsi plus du quart de sa force il est vrai, mais elle faisait franchir le point mort à l'autre cylindre, et le nombre de coups de piston qui, d'habitude, était de 20 à 22, se maintint de 14 à 18.

Si un bruit inattendu se fait entendre, tel que le cri d'*Un homme à la mer !* ou la chute d'une clef, il faut stopper; une pièce qui casse fait quelquefois peu de bruit, parce que le plus souvent, sa rupture se préparait depuis longtemps. Dans ce cas, si la machine continuait à marcher, la liaison de tous les renvois de mouvement n'existant plus, toutes les pièces se tordraient : il faut bien se persuader que *stopper ne fait jamais aucun mal et peut en éviter de très-grands.*

Dans un abordage, il faut stopper même sans ordre, et se tenir prêt à repartir ; mais en tenant les mains sur les leviers pour arrêter le mouvement, si un bruit vient dénoter une avarie. Les pompes de cales sont enclanchées, et un homme est placé au robinet, pour injecter avec l'eau de la cale, en cas d'une voie-d'eau ; il convient, enfin de ne remettre en route qu'une fois l'ordre reçu d'en haut. Dans le premier moment, le navire a trop d'air pour que sa machine puisse repartir en arrière ; et comme il a encore assez de vitesse pour se tenir gouvernant, le moteur lui est inutile pendant quelques instants ; mieux vaut donc le laisser arrêté, pour qu'on sache s'il peut repartir sans danger.

Si au moment d'une avarie quelconque, le navire a de la toile et fait bonne route, il faut masquer partout en mettant la barre dessous pour amortir l'air et, par suite, la vitesse de la machine : on évite ainsi quelques chances de tordre des pièces. Si une déchirure de chaudière a lieu vent debout, on doit venir en travers pour que la moitié du navire ne soit pas dans la vapeur, et afin que le nuage sortant des panneaux s'échappe aussitôt par le côté.

La grosse mer fatigue les machines, et le navire réagit sur les bâtis ; il n'y a guère moyen d'en diminuer le mauvais effet, qu'en changeant de route si on roule trop, ou en diminuant de voiles lorsque l'inclinaison est exagérée. En fermant le registre et n'injectant pas assez, la force exercée par les pièces mobiles est alors diminuée, et les chances d'échauffement sont en partie écartées.

Quand des pailles ou des fêlures font craindre des avaries, il faut s'arrêter ; mais dans le cas où il conviendrait de continuer sa route, on doit diminuer la fatigue de la machine qui donne des inquiétudes. Il convient, à cet effet, de ne plus injecter, que d'une manière tout à fait insuffisante, afin que le vide soit très-mauvais : l'effort du piston est ainsi diminué pendant toute la course, parce que le vide a un effet constant; tandis que si l'on se contentait de fermer le registre, ou d'employer une plus grande détente, le but ne serait nullement rempli, vu qu'à l'extrémité de la course, chacun de ces deux moyens laisse entrer la vapeur en quantité très-suffisante.

Lorsque des avaries ou des réparations empêchent de se servir de l'une des machines, la puissance de la seconde doit être utilisée. Il est d'abord nécessaire de séparer l'appareil avarié de sa manivelle, et de démonter la grande bielle : mais comme les entretoises empêchent de l'obliquer assez pour laisser passer les manivelles, il est nécessaire de soulever le piston ; nous pensons qu'il faut le mettre tout à fait à haut de course, parce qu'alors en plaçant le tiroir pour que la pression de la vapeur agisse en dessous, les amarres ou les étançons ont moins de poids à supporter; tandis que si le piston est dans une position moyenne, il faut que le tiroir soit à mi-course, pour que la vapeur n'agisse plus; mais si une de ses barrettes fuit, la vapeur entre peu à peu et, pressant sur le piston, elle le soulève si elle est en dessous, ou elle brise tous ses soutiens si elle est en dessus; on est ainsi exposé à voir défoncer le cylindre, et à faire rencontrer la bielle par les manivelles. Avec les machines directes ou les cylindres oscillants, le piston devrait

au contraire être mis tout à fait au fond, et le tiroir placé
de manière à ce que la vapeur pressât au-dessus. Ce dernier
genre de cylindre demande à être bien maintenu par des
amarres ou par des coins, afin d'éviter qu'en reposant sur
les bords du trou de la plaque de fondation, il ne fausse pas
les renvois de mouvement de ses tiroirs. De gros temps,
ces opérations sont difficiles, parce qu'il faut que les roues
soient solidement fixées : alors des caliornes sont préférables aux bosses, attendu qu'elles permettent de placer les
roues dans les positions nécessaires aux travaux exécutés
en bas.

Lorsqu'une seule machine agit, les points morts ne sont
plus franchis que par l'effet du volant des roues : aussi est-
il difficile de partir si la manivelle n'est pas bien placée.
Vent debout, c'est même impossible; et pour prendre un
peu de vitesse, il convient de venir sur un bord, et de faire
de la toile pour aider la roue à se mettre en train. Une
brise un peu fraîche arrêterait la machine à chaque instant; aussi alors vaut-il mieux faire des bords. Les engrenages et les hélices sont de vrais volants qui régularisent
le mouvement de la manivelle, et qui permettent de marcher avec une seule machine, soit quand il y a des avaries,
soit pour économiser la force.

On facilite beaucoup le mouvement des roues, en dé-
montant trois ou quatre aubes à chaque point mort, c'est-
à-dire aux parties de la révolution où la machine est im-
puissante. C'était là qu'elle s'arrêtait quand la résistance
était uniforme; elle n'éprouvera donc plus ces pertes de
temps, lorsque l'obstacle sera enlevé et, franchissant ces
points défavorables, elle fera plus souvent agir les aubes
qui sont placées de manière à recevoir l'impulsion de
la manivelle. Le nombre de coups de piston est ainsi

doublé, la marche augmentée, et il devient possible de marcher vent debout. Dans les roues où il existe des contre-poids pour équilibrer des pièces de la machine, le choix des aubes à démonter dépend de la position de ces poids ; mais comme ils sont ordinairement en équerre avec la manivelle, il n'y a pas lieu à les démonter.

Quelque grave que soit la rupture d'un couvercle de cylindre, elle ne réduit la machine qu'à perdre la moitié de sa force ; le couvercle doit être aussitôt enlevé pour laisser le cylindre ouvert à l'atmosphère ; puis un morceau de bois doit être taillé et placé de manière à bien boucher l'orifice supérieur du cylindre : toute communication est alors interrompue avec le tiroir qui devient inutile de ce côté ; mais le tiroir du bas continue comme à l'ordinaire à distribuer la vapeur ; on a ainsi une véritable machine atmosphérique ; le piston est poussé de bas en haut par l'excès de pression de la vapeur sur l'air, et il est déprimé, en sens inverse, de toute la pression de l'air qui ne trouve de résistance que dans celle du condenseur : il fait donc encore la moitié de sa force. Avec les cylindres oscillants, il serait nécessaire de conserver en place les débris du couvercle qui sont propres à maintenir la tige et à lui servir de guide, car sans cela, cette pièce ne pourrait pas fonctionner. Pour un fond de cylindre brisé, il serait nécessaire d'enlever les parties séparées, et même d'agrandir assez le trou pour permettre un libre accès à l'air ; un espace aussi grand que l'orifice du tiroir est suffisant, et il serait facile de le pratiquer en peu de temps. Le plus difficile serait de boucher l'orifice inférieur ; il y a peu de machines où ce soit possible sans démonter le piston.

Nous ne nous sommes occupé, jusqu'à présent, que des accidents auxquels on obvie facilement, en se servant des parties intactes pour continuer à marcher : nous allons actuellement passer à des avaries plus graves, telles que les ruptures de pièces importantes. Il est, naturellement, nécessaire de posséder à bord des ressources pour opérer des réparations : on a cru souvent bien faire, en donnant, aux machines, des pièces importantes de rechange : telles que pistons, couvercles ou balanciers; mais ces pièces ne sauraient servir qu'à un seul objet et il est impossible d'utiliser leur matière : elles ne sont donc pas assorties à la variété des besoins, comme celles des navires à voiles, telles que les espars, le filin et la toile. Nous pensons donc qu'il est convenable de ne pas charger le navire de tels poids. Il vaut mieux se pourvoir de matériaux faciles à employer et en quantités assorties à la nature de la campagne.

De bon fer plat, de fortes tôles pour des réparations de la machine, de la tôle moins épaisse pour celles de la chaudière, des boulons de toutes sortes, de la limaille et tous les moyens de faire des mastics, enfin du cuivre à tuyaux, sont d'excellents éléments pour les réparations. On doit avoir aussi un tour pour tourner des boulons ou de petites pièces de renvoi de mouvement; quant à un gros tour destiné aux plus fortes pièces, c'est un poids considérable; mais si on y tient, il suffit d'en prendre les poupées, et l'on fait, au besoin, un banc avec les morceaux de bois donnés pour des élongis ou pour des jas d'ancre.

La forge est un objet très-important; elle n'est généralement pas assez forte sur les grands navires ; du reste, on peut y suppléer avec des briques réfractaires, et se faire, en peu de temps, un soufflet dans le genre de ceux des Chinois. C'est une caisse en bois, de la forme d'un parallélipipède rectangle, rendue aussi étanche que possible et bouchée par les deux bouts. Le piston est un carré en bois garni, des deux côtés, de morceaux de cuir cloués de manière à porter obliquement sur les parois de la caisse, et à adhérer d'autant plus qu'ils sont plus comprimés. La tige peut être en bois, et elle doit traverser l'un des fonds : un canal en bois, partant des deux bouts, réunit, au milieu, le vent dans une base en tôle, et les trous par lesquels arrive l'air ont des soupapes. Celles d'aspiration sont des morceaux de cuir ou de feutre fixés sur leur bois; elles sont placées aux deux bouts. Disposé de la sorte, ce soufflet est à double vent; en général, il n'a pas de régulateur, mais il serait facile de lui en ajouter un avec d'autres planches. Les Chinois chauffent avec ces soufflets de très-grosses pièces : nous leur avons vu faire, à leur aide, une ancre du poids de 500 kilogrammes. S'il fallait obtenir un grand vent, les bringueballes de pompe et leur montant seraient utilisés en plaçant les soufflets verticalement et en leur donnant moins de course. Nous citons ce moyen parce qu'en quelques heures, il serait exécuté par le charpentier du bord.

Quand on fait de longues absences, on ne saurait être trop bien monté en outils de forge et d'ajustage; car ce n'est pas au moment d'une réparation, qu'il faut perdre son temps à faire des tenailles et des burins.

Dans les réparations exécutées à bord, les moyens de forger de grosses pièces sont trop bornés pour fortifier les parties avariées d'une grande machine; nous croyons qu'alors des bandes de fer superposées à chaud puis coincées dans toutes leurs parties, tiendraient suffisamment : ainsi pour la réparation d'une manivelle, il ne serait pas possible à bord, de forger une forte frette; mais en soudant des rayons, en les mettant à chaud l'un sur l'autre, et en les serrant par des coins, on aurait une sorte de rousture très-solide. Quand des pièces additionnelles sont mises sur des cassures, il est souvent impossible de leur donner un ajus-

35

tage convenable; nous croyons qu'on y suppléerait par le coinçage, et avec de l'étain coulé dans toutes les parties de la pièce chauffée. L'étain n'est pas dur, mais étant contenu presque de toutes parts, il résiste. Ainsi dans le cas où l'on aurait fait une vis, et que pour la faire pénétrer il eût fallu limer de tous côtés et réduire ses filets à très-peu d'épaisseur, il conviendrait de chauffer l'écrou, d'y verser de l'étain et de visser ensuite, pour que toutes les parties portassent également. Ce ne sont pas là de beaux travaux; mais souvent ils sont seuls praticables avec les moyens du bord.

En fait d'avaries et de réparations importantes, et nous nous en tiendrons généralement à celles-là parce qu'on pourra agir par analogie pour les autres, nous citerons celles de la frégate à vapeur de 450 chevaux *l'Eldorado* au *Sénégal*. Il existait, dans le moyeu du balancier de tribord, en-abord, une soufflure de 0^m03 de diamètre à la surface, mais de 0^m15 à l'intérieur; elle avait été très-bien cachée à l'aide d'une petite pièce ajustée à queue d'aronde; et le balancier, sans qu'on le sût à bord, n'avait dans cette partie, que la moitié de sa force. Le navire filait 11 nœuds de calme, le piston se trouvait à haut de course, quand le balancier cassa; il tomba au fond, et sa tige coupa les clavettes comme avec une cisaille; cette tige passa à travers la plaque de fondation en défonçant le cylindre en cinq parties. La tige de pompe à air fut cassée, le second balancier fut brisé, le parallélogramme, les bielles pendantes et la grande bielle furent faussés, et le couvercle du cylindre fut fendu sur tout son pourtour. L'éruption de la vapeur, quoique la pression du régime ne fût que de 0,25 à 0,28 de mercure, chassa tout le monde; pourtant le tiroir ne fut pas déclanché; et la machine, continuant à fonctionner sans que rien pût arrêter l'air du navire, faisait opérer la distribution du côté avarié, de manière à projeter le piston d'un bout à l'autre du cylindre et à secouer toutes ces pièces brisées avec une violence effrayante, jusqu'à ce qu'enfin la pression eût baissé d'elle-même. La réparation d'une telle avarie sembla d'abord impossible ; cependant M. *Lecointre*, ingénieur, et M. *Cavalier*, mécanicien, l'entreprirent dès le retour de la frégate à *Gorée ;* l'opération dura deux mois, comme, dans une circonstance mémorable, avaient duré l'abattage et la réparation de la frégate à voiles *l'Artémise* à *Taïti ;* et l'on vit dans ces deux cas, quelles ressources il y a dans l'unité d'action d'un navire, et dans l'énergie d'un équipage !

Les seuls moyens que *l'Eldorado* trouva dans la colonie furent un tour parallèle, un four à réchauffer et une soufflerie. Toutes choses qu'il aurait pu construire lui-même, ou installer avec du temps ; et qui, n'eussent-elles pas existé, n'auraient pas empêché l'opération.

Le fond du cylindre était brisé en petits morceaux : on réunit cette sorte de mosaïque sur des feuilles de tôle, et on les calfata avec du mastic ; des cornières en fortifièrent le contour, et une forte croix en fer, consolida le milieu ; elle était tenue, par des boulons, aux nervures de la plaque de fondation.

Le couvercle était fêlé sur tout son pourtour, dans l'angle de son collet : on en réunit les deux parties avec seize équerres en fer, qui étaient en fer plat de 0^m120 sur 0^m035, et tenues par les boulons ordinaires du couvercle et par des vis. Si la partie plate eût été seule fêlée, la réparation eût été beaucoup moins difficile ; elle eût été effectuée avec de la tôle en exhaussant ensuite le couvercle, et en mettant moins de tresses dans le presse-étoupe de la tige.

Les balanciers étaient à flasques , c'est-à-dire formés de deux plaques parallèles, laissant entre elles un vide, et reliées par le noyau et par des croisillons; toutes les parties en étaient du même jet de fonte. Les cassures mattées par de violentes secousses, furent enlevées au burin, de manière à en faire adhérer les deux parties; elles furent d'abord réunies par des chaînes serrées avec des ridoirs. Deux tôles de 2 mètres de long, sur 1 mètre de large, et 0^{m}012 d'épaisseur furent encastrées en dedans des moulures, et deux autres, moins larges, furent appliquées sur les premières : les trois tôles formaient ensemble une épaisseur de 0^{m}036. Elles furent réunies aux flasques par des boulons; ce moyen n'étant pas suffisant, elles furent fortifiées par de forts tirants, embrassant le noyau des coussinets et se courbant, aux deux bouts, pour s'unir aux croisillons par des boulons. Ces pièces de liaison furent unies aux flasques par des boulons; elles étaient en fer plat de 0^{m}120 sur 0^{m}036, et elles furent forgées avec le soufflet de la frégate. Les boulons servant à les réunir aux croisillons avaient 0^{m}040 de diamètre et ceux qui traversaient les tôles 0^{m}030; ils étaient tous ajustés avec soin, car de là dépendait la solidité de la réparation.

La tige de pompe à air fut remplacée par une verge d'ancre dont les deux pattes furent coupées; elle fut très-difficile à tourner.

Enfin, la tige du piston à vapeur qui n'avait que 0^{m}008 de courbure fut chauffée dans un four installé à terre, et avec un soufflet trouvé dans la colonie. On la porta au rouge-cerise sur 0^{m}50 de sa longueur, et on la fit retomber sur des billots de bois, en la faisant porter sur les positions marquées; elle fut ainsi redressée en deux fois.

Pour bien apprécier le mérite de la réparation de ces

grandes avaries, il faut se reporter par la pensée aux faibles moyens dont on peut disposer à bord, et les comparer aux immenses ressources en outils, usines ou ateliers que ces pièces avaient primitivement exigées pour leur confection.

Le retrait brise presque toujours une partie des cloisons intérieures des pistons : on en a vu casser jusqu'à sept sur huit, et c'est par ces parties que les ruptures sont occasionnées. La direction de la fêlure, influe beaucoup sur la manière de les réparer ; si elle se présente dans le noyau où passe la tige, la réparation devient très-difficile : en général, pour l'effectuer, il faut que, par sa disposition, la garniture laisse assez de place, pour réunir les deux parties par de grandes frettes mises à chaud, ou serrées par des clavettes comme les cercles des meules : les parties en sont, d'ailleurs, réunies par des tôles, comme nous allons le dire, pour d'autres genres de fêlures. Si le piston ne s'ouvre pas pour laisser voir son intérieur, ses nervures ne peuvent être liées par des plaques, et il faut couvrir ses deux faces de fortes tôles réunies, entre elles, par des boulons, et à la fonte par des goujons taraudés. Mais ainsi l'épaisseur du piston est augmentée ; on y obvie, en allongeant sa tige par l'augmentation de la mortaise près du té, ou à l'aide de cales placées sous les bielles pendantes pour qu'il ne s'approche pas du fond ; toutefois, cette disposition influe un peu sur le parallélogramme. Enfin le couvercle est exhaussé d'une quantité suffisante, par de grosses tresses frottées de mastic ; et la garniture de la tige est diminuée autant que possible, pour abaisser la couronne et pour éviter qu'elle ne soit touchée par le té.

Lorsqu'un piston inspire des craintes, il faut éviter les moindres chocs et surveiller le serrage des clavettes ; il

convient, en outre, d'empêcher tout changement brusque
de température; à cet effet, au lieu de purger comme à
l'ordinaire, il faut n'introduire la vapeur que peu à peu;
si l'on s'arrête ou si l'on mouille, on fait un tour de roues
de temps à autre, pour maintenir toujours à peu près la
même chaleur.

La rupture d'une garniture métallique, se réparerait facilement en garnissant de blocs de bois tout l'espace occupé
par les ressorts, et en leur donnant, du côté du cylindre, le
plan incliné nécessaire pour repousser l'étoupe. Une garniture en chanvre serait établie, comme à l'ordinaire, et
maintenue par la couronne; mais comme celle-ci n'a pas de
plan incliné, il faudrait beaucoup refouler les tresses, pour
que sa pression directe les fît gonfler. Si l'on avait du cuivre
épais, on en ajouterait une bande en dehors de l'étoupe,
pour frotter sur le cylindre, et l'on aurait ainsi, une sorte
de garniture durable. Au surplus, toutes les fois qu'on emploie ainsi du bois, on doit lui donner des dimensions plus
petites, parce que l'humidité le gonfle beaucoup et lui fait
produire de grands efforts. Nous pensons que le peu d'é-
paisseur des garnitures ordinaires permettrait de les faire
à bord en fer forgé : en les polissant à la lime, leurs irré-
gularités ne déformeraient pas le cylindre à cause de la
dureté de sa matière.

Sur un paquebot de 220 chevaux, un té de grande bielle
fendu à sa partie inférieure, a été réparé avec deux feuilles
de tôle de 0^m015 d'épaisseur battues à chaud sur le té pour
en bien prendre la courbure, et maintenues par des rivets
de 0^m025 qui traversaient le tout : cette jonction fut con-
solidée, par deux frettes, chassées à chaud et maintenues
par d'autres rivets.

Les paliers éprouvent de si grands efforts, que souvent

ils cassent, et c'est ordinairement à l'angle du siége du coussinet. Comme leurs parties inférieures sont réunies par les clefs qui servent à les maintenir sur les bâtis, et qui sont serrées par leurs boulons, il suffit de relier les parties hautes par une frette en fer forgé, ayant des boulons pour comprimer le haut du palier. Ce genre de réparation maintient assez bien un palier pour qu'il soit inutile de le changer.

On a fortifié des arbres fendus, en les enveloppant d'une très-longue frette en deux pièces à collets, serrées par des boulons et avec des clavettes. Quoique le frottement seul réunît les deux parties, cette réparation a réussi; mais il fallut l'exécuter à terre, car ces pièces sont beaucoup trop fortes, pour être arrangées à bord.

Il en serait de même d'une frette mise autour d'une manivelle fendue.

Un cylindre fêlé ne saurait se réparer qu'avec des tôles jointes par de nombreux goujons, ou par des boulons taraudés dans la fente et coupés à affleurer en dedans. Quand une fêlure ne va pas jusqu'à l'extrémité d'une pièce, il faut pour l'empêcher de continuer à se fendre, la terminer par un trou rond, rempli par un goujon rivé : si l'on craint de causer un ébranlement, on se sert d'un goujon en cuivre rouge. Si la fêlure était éloignée du collet, on la boucherait de même avec la tôle, mais en outre, on la maintiendrait en passant dans les trous des boulons du couvercle, des tirants formant à leur pied une douille taraudée pour se visser à la place de l'écrou du bas, et filetés au bout pour maintenir en même temps le couvercle et le collet fêlé. Si la fêlure était dans l'angle, il faudrait opérer comme pour le couvercle de *l'Eldorado*, en mettant des équerres. Comme le cylindre fait souvent partie de la charpente de la machine, il est douteux que des réparations faites autre part qu'au collet, puissent soutenir quelques efforts, quand le navire fatigue.

Bien des réparations sont impossibles à cause du peu d'espace laissé entre les pièces, et qui ne permet guère d'en mettre d'additionnelles ; aussi, quand on applique des tôles, ou qu'on ceintre avec des brides, il faut faire la plus grande attention à ne pas empiéter sur les différentes positions prises par les parties diverses de la machine; sans quoi on causerait de nouvelles avaries. Il serait à souhaiter qu'il y eût plus d'espace libre, non-seulement pour donner la possibilité de faire des réparations, mais aussi pour rendre le graissage plus facile, et surtout pour éviter des chances d'avaries, par des battements sur des clefs ou sur des morceaux de bois.

Les projections d'eau, des défauts de dressage et le contact du fond ou du couvercle du cylindre exposent les tiges de piston à des ruptures : c'est une des avaries les plus à craindre, parce que le piston n'éprouvant plus aucune résistance, serait alors projeté dans le cylindre avec la force d'un boulet, et qu'il est probable qu'il le défoncerait. Par là en effet, une ouverture serait présentée à la vapeur, qui, si sa pression était élevée, envahirait la machine et causerait des accidents aussi terribles que celui d'une déchirure de chaudière. Si des défauts se montrent avec le temps dans une tige, il faut diminuer l'injection pour produire un mauvais vide, afin d'avoir moins de force agissant sur la tige. En outre, il ne faut pas quitter les déclanches pour pouvoir stopper, et mettre le tiroir à mi-course au moindre indice. Si l'on possède un tour, on peut réparer une tige en ferrant les deux parties cassées, et en y introduisant un cylindre en bon fer bien ajusté et tenu par des clavettes. La force de la tige est ainsi diminuée de plus de moitié, il faut, par conséquent, réduire dans le même rapport l'effort qu'elle soutient, la puissance de l'un des cylindres en est aussi beaucoup diminuée, mais comme il sert à faire franchir promptement le point mort, il permet à l'autre de déployer toute sa puissance, et la vitesse du navire en est peu diminuée.

La rupture d'un toc d'excentrique est facile à réparer à cause de la petitesse des pièces; mais pendant qu'on y travaille, il faut se réduire à une machine; ou bien encore manœuvrer le tiroir à la main, ce qui est presque inexécutable. Comme les excentriques sont calés à angle droit des manivelles, et que celles-ci sont aussi d'équerre entre elles, un auteur anglais a proposé de prendre avec des cordes et des retours, le mouvement de la machine voisine, pour le communiquer au levier de mise en train du côté avarié : si ces renvois sont bien établis, la chose est praticable et doit distribuer convenablement la vapeur, mais il faut que toutes les longueurs soient déterminées exactement, pour ne pas exposer les renvois de mouvement du tiroir à des ruptures.

Les roues à aubes ont souvent des avaries par suite d'abordages ou par la rencontre d'objets flottants. Elles n'offrent aucune difficulté pour leurs réparations, car les pièces de fer employées à leurs rayons et à leurs cercles sont de dimensions assez petites pour être travaillées à la forge du bord. Au moment de l'avarie, il faut seulement avoir soin de réunir par des bouts de chaîne bien tendus avec des ridoirs, les rayons entre lesquels les cercles ont été cassés, parce qu'ils ne doivent tous leur solidité qu'à leur réunion, et qu'ils seraient faussés sans cela : il n'y a pour s'en convaincre, qu'à comparer leur peu de grosseur, à la force des renvois de mouvement intérieurs. De bonnes roustures en filin avec des paillets, sont suffisantes quand ce n'est que pour rallier un port. Les palettes brisées n'ont pas d'influence sensible sur la marche : si leur surface est diminuée, la machine va un peu plus vite, et quand elle a de la vapeur, le sillage reste le même. Les roues à aubes n'ont guère à redouter que la rupture du tourteau et que le décalage sur l'arbre. Cette avarie est dangereuse, en ce que de gros temps, il serait impossible de chasser les clefs. Il y a eu des tourteaux de roues à aubes cassés, et on les a réparés avec des frettes et des plaques boulonnées. On pourrait citer, à cet égard, ce qui a eu lieu, en ce genre, à bord du paquebot l'*Egyptus*.

Quant aux roues articulées, leur complication les expose à de fréquentes avaries, et rend le démontage de leurs aubes long et difficile. De beau temps, il faut près de deux heures pour enlever une de ces aubes à cause des nombreuses pièces accessoires ; or, il serait impossible de les laisser en place, parce qu'elles risquent de rencontrer l'élongis de tambour, d'y buter et de causer des accidents très-graves. Ce genre de roues exige des soins constants ; il faut tout démonter et graisser presque à chaque voyage. Toutefois, on a beaucoup augmenté la durée des articulations, en y mettant des boîtes en bronze pour en conserver le graissage.

Les parties mobiles d'une machine, ne sont pas, seules, exposées à des ruptures ; les bâtis et la charpente en fonte ont souvent été fêlés par les efforts du navire, lors d'un gros temps, ou par suite d'échouages. L'avarie la plus générale est la rupture de l'arcade joignant les colonnes des deux machines ; on la répare à l'aide de fortes bandes de fer forgé boulonnées et fortifiées par une pièce formant la corde et une partie de l'arc. Des colonnes cassées ont été réparées au moyen d'un fort boulon clavetté sous la carlingue et serré, en dessus, par un écrou : c'est la manière de consolider toute pièce creuse, et elle est très-solide, quoiqu'au roulis, elle laisse prendre un peu de jeu. Les collets de jonction du cylindre et du châssis triangulaire ont été souvent fêlés, et on les a réunis par de fortes équerres en fer forgé, tenues par des boulons. Quand les parties fêlées sont planes, de forte tôle leur est appliquée et y adhère par de nombreux boulons. Ces réparations doivent être faites avec beaucoup de soin pour que les surfaces se joignent bien, et que les boulons, très-justes dans leurs trous, ne laissent aucun jeu. On doit accorder beaucoup de confiance à la tôle ; elle a une grande force lorsqu'elle est disposée de manière à ne pouvoir se gauchir. L'expérience a montré que les bâtis et les pièces de charpente en fonte de plusieurs machines, ont été plus solides, après avoir été ainsi réparés.

La simplicité de l'hélice ne l'expose qu'à la rupture de ses ailes ; mais cette avarie, souvent inaperçue, est très-dangereuse en ce que tout l'effort de l'appareil est concentré sur l'aile restante. Cette rupture a déjà eu lieu, et si l'on n'eût aussitôt stoppé, il y aurait eu à craindre un événement sinistre, car la machine ne trouvant plus alors de résistance, partirait avec une vitesse effrayante ; elle produirait, par suite, un tel appel de vapeur, que les projections, amenant de l'eau dans les cylindres, risqueraient de défoncer et d'échauder complétement les chauffeurs par l'éruption de la vapeur. S'il y a un engrenage, la vitesse, si l'on ne stoppe pas, expose des dents à butter, à se briser et à voler comme de la mitraille. Aussi, nous pensons qu'une grande sécurité serait obtenue dans ce genre d'appareil, en adoptant un modérateur centrifuge réuni à un registre, comme dans les machines des ateliers de terre; il n'en différerait qu'en ce que, pour laisser la liberté de marcher à toutes les vitesses, il n'aurait d'action et ne stopperait qu'au delà, ou que dans un certain point déterminé pour la sécurité de l'appareil. De la sorte, si la machine s'emporte, elle s'arrête bientôt d'elle-même, et les chances d'avaries dont nous venons de parler sont évitées. Il ne reste plus ensuite qu'à remettre en route d'une manière convenable.

Il y a des embrayages d'hélice qui offrent peu de sécurité par leur forme; s'ils venaient à lâcher ou à glisser, ils occasionneraient les mêmes dangers. Enfin la buttée de l'hélice doit être un objet de surveillance, parce que le frottement sur sa petite surface est tel, que si l'eau manque et que cette buttée s'échauffe, elle ne tarde pas à se fondre. Nous avons vu deux grains d'acier soudés ainsi en quelques instants. Mais ce n'est pas en cela qu'existe le danger, c'est dans le pignon qui avance avec l'arbre puisque la buttée cède, et qui prend sur le bord des dents de la roue, au risque de les briser et même de faire casser la jante.

La position sous-marine de l'hélice, augmente tellement la difficulté des réparations, que les accidents en sont impossibles à réparer sans un démontage. Or, c'est en cas d'avaries, que ce démontage a le plus de chances de devenir impraticable. D'ailleurs, le grand trou percé dans le massif arrière expose à des voies-d'eau, auxquelles on n'avait pas à songer auparavant. Ces raisons empêcheront, peut-être, les navires à hélice et en bois, de tenter des expéditions lointaines, puisque le moindre accident arrivé à leur propulseur ou à l'arrière du navire, nécessite l'entrée dans un bassin. Il y a plusieurs circonstances de mer, où l'on ne peut penser à atteindre un port pour y trouver des ressources, soit parce qu'il est trop éloigné, soit par la gravité des avaries. Cependant et en définitive, le navire à hélice plus marin, sous tous les rapports, que celui à roues, ne doit pas être retenu par ces raisons. Nous croyons donc utile de mentionner le batardeau qui a été exécuté à *Marseille*, pour pouvoir visiter l'hélice du charmant paquebot-poste *le Napoléon*, construit par M. *Normand*, au Havre, et le premier qui ait donné des résultats très-satisfaisants avec l'hélice.

Dans le cas où il faudrait opter entre un abattage du navire ou l'emploi d'un semblable batardeau, il n'y aurait pas à hésiter, parce que le batardeau serait promptement construit par les moyens du bord.

Le port de Toulon fait usage depuis longtemps de batardeaux de ce genre, pour visiter les prises d'eau et les tuyaux d'extraction : ce sont des caisses bien calfatées, dont les bordages sont cloués sur des pièces à râblures formant les angles : celles de la partie ouverte ont la forme du navire à l'endroit où elles s'appliquent, et elles sont garnies de feutre ou de paillets. Le batardeau est d'abord souqué contre le navire, par des palans passés sous la quille, et lorsqu'il est rendu adhérent, on pompe l'eau qu'il contient. La pression extérieure est alors assez forte pour rendre tout le contour étanche, et pour permettre de travailler au fond.

Nous ne nous sommes pas encore occupé des avaries de la chaudière : elles n'ont pas la variété de celles de la machine, car l'explosion et les fuites sont les seules ; mais l'une est terrible, et les autres, difficiles à réparer, se reproduisent à chaque instant. La chaudière est un immense magasin de force ; elle est construite des matériaux les plus promptement rongés par l'oxyde et les plus difficiles à entretenir; aussi sa durée est beaucoup moindre que celle de la machine qui survit ordinairement à trois ou quatre chaudières en tôle. Les chaudières en cuivre sont, il est vrai, plus durables, et leurs débris conservent une valeur considérable : mais elles sont moins convenables pour les pressions élevées, en ce que leur métal, plus mou, demande des soutiens plus nombreux et qui sont difficiles à établir. Cependant nous croyons que, pour le gouvernement à qui l'intérêt du capital n'importe pas autant qu'aux particuliers, le cuivre vaudrait mieux, si les systèmes des chaudières n'éprouvaient pas des changements continuels.

Nous avons parlé des dangers auxquels exposent les chaudières et de la manière de les prévenir, il ne nous reste donc qu'à nous occuper des accidents qu'elles subissent. Ce sont généralement les fuites; elles sont occasionnées soit par négligence de construction à l'endroit des coutures ou des joints, soit par mauvaise qualité ou vices dans les matériaux, soit enfin par vétusté. Pour le premier cas, elles cessent souvent d'elles-mêmes par l'effet de la rouille et des dépôts de sel; lorsqu'elles ont lieu dans des parties d'un accès possible, on les arrête en les mattant. Les tôles présentent quelquefois des fêlures et des moines; les premières sont des fentes visibles après quelque temps de chauffe, et qui s'étendent de plus en plus; elles obligent presque toujours à changer une partie de la feuille; mais il faut fixer ce morceau en dedans. Parfois on fixe seulement une plaque, parce que la pression la comprime, et que c'est la partie déjà avariée qui, restant dans le feu, est exposée à l'excès de chaleur produit par la double épaisseur. Les moines sont des parties d'une tôle où le fer n'a

pas été soudé en le corroyant, et qui s'étendent par le lami-
nage, au point d'avoir jusqu'à 0^{m}20 là où il y a séparation du
fer. On les déguise, en perçant, avec un poinçon, le côté
qui est le plus renflé, et en repassant la feuille au laminoir
pour la rendre plane. Il est très-difficile de découvrir les
moines des feuilles neuves; ce n'est qu'en frappant partout
avec un petit marteau, qu'une main habituée sent une différence dans le coup. Aux cornières, les fentes sont plus
fréquentes et plus difficiles à réparer que dans les tôles.
Aussi ce mode de jonction est évité dans toutes les parties où la tôle elle-même peut être courbée. Quand on met
des plaques, il faut percer un trou à chaque bout de la
fêlure pour l'arrêter et y placer un rivet; puis en mettre
une suite dans la fuite pour la boucher de manière que, sur
trois ou quatre, un seul perce la plaque, afin de ne pas
l'affaiblir. On obvie aux fuites, dans les premiers moments,
avec du mastic au minium; la rouille les bouche plus
tard.

On aveugle, momentanément, les fuites dans les endroits
où le feu n'agit pas, avec de l'étoupe étendue en nappe, et
avec une plaque de tôle maintenue par un étançon. Mais
alors il faut qu'il n'y ait pas de pression dans le corps de
chaudière, parce qu'il serait impossible de s'en approcher.
En général, dès qu'une fuite est assez forte pour gêner le
service de la machine, il vaut mieux vider le corps de
chaudière où cette fuite a lieu, et marcher avec les autres
corps de chaudière. Quand on peut entrer dans la chaudière,
on en change un morceau, en ayant soin d'arrondir les
angles de la partie enlevée parce que c'est là que la tôle se
ronge plus vite, et de disposer la couture pour qu'elle n'entrave pas l'ascension des bulles de vapeur : aussi, vaut-il
mieux changer une plus grande surface, que d'avoir des

coutures horizontales dans des parties où le feu est actif. Il est très-difficile de redresser des parties bossuées par l'action du feu ou par l'excès de pression : elles sont plus exposées que les autres parce que, formant un creux en dedans, l'eau y arrive moins facilement. Lorsqu'on les a redressées avec un feu doux et un cric, il faut peu compter sur leur résistance, et l'on doit les consolider par un tirant ou par une cornière intérieure; en général, il vaut mieux changer des parties aussi avariées. Les réparations des chaudières sont d'une telle simplicité qu'elles ne demandent que de l'adresse dans l'exécution, et elles ne sauraient être décrites; il faut, à bien dire, les calfater et y mettre des romaillets comme au bord d'un navire. Quand elles vieillissent, il est bon d'éviter d'employer des rivets, parce que leur mattage ébranle tout, qu'il fait tomber la rouille et qu'il occasionne de nouvelles fuites : les boulons sont alors préférables, mais comme ils ne réunissent pas aussi bien les parties disjointes que les rivets, on y supplée par du mastic de fonte.

Dès qu'un accident a lieu dans la chaudière ou dans son tuyautage, la précaution à prendre aussitôt, est de faire baisser la pression presque à celle de l'atmosphère, non en levant les soupapes de sûreté, car ce serait tout ébranler par la violence de l'ébullition, mais en ouvrant toutes les portes et laissant la machine, à toute volée, user la vapeur produite. Tant que durent des craintes, il ne faut pas élever la pression au-dessus de quelques centimètres, et cela quelle que soit celle qui est désignée : ce n'est qu'un faible ralentissement dans la marche; et si l'on avait une grande détente, on compenserait la pression moindre par une plus longue introduction; ainsi, la vapeur n'est pas aussi utilement employée, mais elle cesse d'être dangereuse. On agit de même, lorsqu'une fuite paraît assez forte pour gêner le service de la machine, ou pour en expulser les chauffeurs. On alimente, en outre abondamment, pour refroidir, surtout, le corps de chaudière avarié.

Les tubes ont si peu d'épaisseur, qu'ils sont promptement percés par la rouille et occasionnent des fuites considérables; on les bouche aux deux extrémités avec des tampons de bois, qui résistent très-longtemps au feu et se gonflent assez pour ne pas être projetés par la pression. Si l'on veut les changer, on arrache d'abord le vieux tube, ce qui exige une grande force; les plaques doivent être alors soutenues par des étançons ou par des coins afin de ne pas se déformer, et de ne pas faire sortir les tubes voisins. Quand le tube arraché peut resservir, on enlève la rouille et les bavures des bouts, et on l'enduit avec du goudron minéral épaissi avec du minium. Le peu de durée des tubes en fer fait maintenant préférer ceux en laiton; et en donnant un peu plus d'épaisseur aux plaques de têtes, on obtient une résistance assez longue à l'effet galvanique du contact de deux métaux différents, quoiqu'il soit favorisé par le sel de l'eau de mer.

Les tuyaux d'extraction s'engorgent quelquefois, et s'ils ne laissent plus passer l'eau saturée ; on doit alors marcher avec les autres corps de chaudière et vider celui qui est obstrué pour pouvoir en démonter le tuyau : si la pompe à quatre fins avait ses robinets disposés pour vider la chaudière, elle serait employée à l'extraction ; on peut aussi, par ses tuyaux, laisser une ouverture libre vers la mer. En dévissant un trou de sel et en l'ouvrant un peu, on ferait une fuite équivalente à une extraction, mais on serait très-incommodé par la vapeur, à moins de mettre de l'eau froide dans la cale et de la pomper constamment. Si un robinet d'extraction ne se ferme plus, parce que quelque chose est

engagé dans son boisseau, il ne faut pas forcer dessus de
peur de le déformer, mais régler l'entretien par le robinet
de sûreté placé en à-bord. Une fuite dans un tuyau d'extraction, n'est qu'une extraction continue dans la cale si
elle est faible; dans le cas contraire, on se hâte de faire
baisser la pression afin que l'écoulement diminue et qu'il
ne fasse pas tomber le niveau. Avec de faibles pressions,
on entoure les tuyaux de toile frottée de mastic, et on les
lie avec du cordage; mais cela n'est pas possible avec de
fortes tensions. Les avaries dans le tuyau alimentaire exposent à forcer de tout éteindre dans beaucoup d'appareils,
où les différentes parties se communiquent. Si le tuyau du
petit cheval arrive directement à la chaudière, il peut suppléer à l'alimentation habituelle.

La rupture des tuyaux est surtout à craindre à leurs collets, tant parce que c'est le point où le cuivre est généralement le plus affaibli, que parce que les efforts de dilatation tendent à faire jouer les deux disques qui servent à la
réunion. La séparation de deux parties serait une des avaries les plus graves avec une pression élevée, parce que
l'écoulement de l'eau bouillante serait très-violent, et que
l'excès de chaleur qu'elle possède la ferait s'évaporer avec
une activité extrême. D'ailleurs, le fond de la cale se remplirait d'eau bouillante qui empêcherait d'y trouver son salut.

Il est arrivé à des soupapes de sûreté de ne pouvoir s'ouvrir qu'avec de considérables efforts, parce que la tige de
leur contre-poids avait été faussée et ne pouvait plus passer
dans sa douille; cela provenait de ce qu'au lieu d'agir sur
le contre-poids lui-même, l'espèce de pédale servant à soulever la soupape s'appuyait sur le bout du guide. Comme
cela n'arrive qu'à une seule soupape, celles des autres corps
de chaudière sont suffisantes, en ouvrant les portes et en

faisant quelques tours de machine, quand c'est possible.

A bord d'un navire anglais, toutes les soupapes furent rendues inutiles, parce que le cône placé dans la boule du sommet du tuyau de décharge, s'était détaché et collé contre l'orifice supérieur de manière à le boucher : rien ne dénotant cette avarie, la pression montait toujours quoique les portes fussent ouvertes; plusieurs tirants se brisèrent et la chaudière eût éclaté en tuant tous les chauffeurs, si le tuyau détaché n'eût été projeté à une grande hauteur. Toutes les fois que la pression monte, bien qu'on croie les soupapes ouvertes, il faut jeter les feux bas et demander à marcher : si ce n'est pas possible, il y a encore un moyen de se débarrasser de la vapeur, c'est de caler les reniflards et d'ouvrir les soupapes de purge. Alors la vapeur entre dans le condenseur, lève tous les clapets de la pompe à air, et sort par le tuyau de décharge. Dans des cas pressés, nous croyons que sans brûler les tôles, on peut vider une chaudière avant que les feux soient tout à fait abattus, pourvu qu'on travaille partout et avec activité, parce que le passage continuel de l'air froid ne laisse d'action au feu que dans les parties où il touche le métal, et ce sont les dernières vidées.

Il y a eu des chaudières emportées par le vent, ou par la mer; une pareille avarie expose à mettre le feu au navire. Pour en éviter les chances, il faut aussitôt ouvrir toutes les portes des foyers en bouchant celles des cendriers, afin que l'air ne traverse plus le charbon et ne produise plus de flamme : on peut ensuite travailler à éteindre les feux. On tâche de boucher le trou de la cheminée, pour que la mer ne tombe pas dans les courants de flamme; et quand les débris restent à bord, ils servent, au premier beau temps, à rétablir la cheminée qui perd, ainsi, peu de sa hauteur. Si une partie de la cheminée est emportée à la mer, on peut exhausser ce qui en reste, en l'entourant de barres de fer droites et entrelacées par une chaîne-grelin, de manière à former comme un panier. Pour boucher les trous, on les mastique avec une sorte de mortier fait avec des escarbilles et de la farine. On obtiendrait, par là, un allongement de conduit, qui, s'il n'est pas suffisant pour donner du tirage à bord d'un petit navire, n'en a pas moins l'avantage de déverser la fumée et les flammèches au-dessus du pont. En pareil cas, il faut mettre très-peu de charbon sur les grilles, pour que l'air, trouvant un passage facile, active convenablement la combustion.

CHAPITRE XI.

Éclairage réglementaire.

Un grand nombre d'abordages et de sinistres déplorables ont eu lieu, depuis fort longtemps, par l'effet de rencontres imprévues pendant la nuit et qui, ne laissant pas le temps de se reconnaître, ont donné lieu à d'affreuses catastrophes; cependant ce n'est que récemment qu'on a pensé à chercher à donner les moyens d'éviter ces abordages.

Dans notre *Dictionnaire de marine*, à l'article ABORDAGE, nous avons cherché, il y a quelques années, à appeler l'attention des gouvernements sur un point aussi important, non-seulement pour les navires à vapeur, mais aussi pour les bâtiments à voiles. Peu de temps après, la France et l'Angleterre s'entendirent pour rédiger un règlement international qui est actuellement en vigueur, mais qui ne concerne que les bâtiments à vapeur. Ce règlement fut presque aussitôt adopté par les gouvernements d'Autriche, d'Espagne, de Naples et des États sardes.

Il résultait, cependant, des registres de la compagnie des assureurs de *Lloyd*, que, pendant la période de **1845** à **1849**, *Trois mille soixante-quatre* bâtiments anglais à voiles avaient été abordés pendant la nuit, et que, sur ce nombre, **279** avaient été entièrement perdus : aussi avons-nous reproduit, page **226** de ce *Manœuvrier*, le vœu que nous avions déjà exprimé, pour que la mesure de l'éclairage nocturne fût appliquée à tous les bâtiments ; et ce n'est pas sans une vive satisfaction que nous apprenons, au moment où nous corrigeons cette épreuve, qu'un décret vient d'être rendu en France pour que cette même mesure soit étendue aux bâtiments à voiles, mais avec les modifications qui sont nécessitées par la voilure ou par le déploiement des voiles qu'on peut porter.

En ce qui concerne les vapeurs, le règlement international dont nous venons de parler prescrit les dispositions suivantes qui sont confirmées par le décret précité :

Les navires à vapeur faisant route porteront les feux suivants, depuis le coucher du soleil jusqu'à son lever :

1° Un feu blanc en tête du mât de misaine ;

2° Un feu vert, à tribord ;

3° Un feu rouge, à babord ;

4° Lorsqu'ils seront en mouillage, ils auront un feu blanc ordinaire, en tête du mât de misaine.

A l'égard de ces feux, les vapeurs se conformeront aux dispositions suivantes :

1° Le feu de tête de mât devra être visible à une distance d'au moins 5 milles par une nuit claire, et le fanal sera construit de telle sorte que la lumière soit uniforme et non interrompue dans un arc de vingt rumbs de vent (223°), c'est-à-dire depuis le cap du bâtiment jusqu'à deux rumbs ou quarts en arrière du travers de chaque bord.

2° Les feux de couleur devront être visibles d'une distance d'au moins 2 milles, par une nuit claire, et les fanaux seront construits de manière à ce que la lumière embrasse, sans interruption ni variation d'éclat, un arc de l'horizon de dix rumbs (112° 30'), c'est-à-dire depuis le cap du navire jusqu'à deux quarts de l'arrière du travers du bord où ils sont placés.

3° Les feux ou fanaux de côté seront garnis, en dedans, d'écrans ayant au moins 1 mètre de longueur, afin qu'on ne puisse pas les apercevoir à travers les ouvertures du bâtiment; ces écrans seront appliqués longitudinalement en avant et en arrière de la face intérieure des fanaux latéraux.

4° Le fanal employé au mouillage sera construit et placé de manière à donner une bonne lumière tout autour de l'horizon.

Cela posé, soient A et B deux vapeurs se trouvant, la nuit, assez rapprochés l'un de l'autre pour apercevoir réciproquement leurs feux; ils peuvent être dans l'une des six positions suivantes:

I. Si A ne voit que le feu rouge de B, c'est que celui-ci lui présente le côté de bâbord, et qu'il fait une route qui croise la sienne de tribord à bâbord; c'est donc au vapeur A à juger s'il doit venir sur tribord pour éviter B, et du moment où il devra y venir.

De son côté, B voit alors le feu de tête et un feu de côté, peut-être même les deux feux de côté de A; dans ce dernier cas, il voit ces trois feux sous la forme d'un triangle, et il lui est facile d'apprécier s'il doit venir sur tribord pour éviter A, et quand il doit y venir.

II. Si A ne voit que le feu vert de B, c'est que celui-ci lui présente le côté de tribord, et qu'il fait une route qui croise la sienne de babord à tribord; c'est donc au vapeur A à juger s'il doit venir sur babord pour éviter B, et du moment où il devra y venir.

De son côté B apprécie, comme dans la position I, s'il doit venir sur babord pour éviter A, et quand il doit y venir.

III. Si A et B voient respectivement leurs feux rouges et que les feux verts soient masqués, c'est que les deux vapeurs courent à contre-bord et qu'ils doivent passer à babord l'un de l'autre; c'est à eux à décider s'il y a lieu, pour chacun d'eux, à venir un peu sur tribord pour écarter toute chance de s'aborder.

IV. Si A et B voient respectivement leurs feux verts et que les feux rouges soient masqués, le cas est le même que celui de la position III; il n'y a qu'à agir comme il est dit alors, mais en remplaçant les mots de babord et de tribord, par ceux de tribord et de babord.

V. Si A voit le feu rouge de B, et si B voit le feu vert de A, ces vapeurs peuvent courir des routes qui se croisent sur leur avant; celui qui est à babord de l'autre doit venir sur tribord, stopper en même temps et ne remettre en route, que lorsque le vapeur qui est à tribord l'aura dépassé de l'avant. Le vapeur qui est à babord est, dans ce cas, responsable des avaries qu'il pourrait causer, si l'abordage avait lieu par inexécution, de sa part, de cette prescription.

VI. Si A et B voient réciproquement leurs deux feux de couleur, c'est qu'ils courent droit l'un sur l'autre; aussitôt les deux vapeurs viennent chacun sur tribord, et ils ne reprennent leur route, que quand ils se sont dépassés.

Passant à l'éclairage nocturne des bâtiments à voiles, le décret que nous avons mentionné précédemment s'exprime ainsi qu'il suit :

Les bâtiments à voiles de l'État ou du commerce, marchant à la voile, ou à la remorque, ou à la touée, ou s'approchant d'un autre navire, ou en étant approchés, sont tenus de porter entre le coucher et le lever du soleil, une lumière brillante placée de façon à être aperçue par tout autre navire, et en temps suffisant pour éviter un abordage. Les navires étant à l'ancre sur une rade, sont aussi tenus de hisser en tête de mât, entre le coucher et le lever du soleil, un feu clair et continu, excepté dans les ports où des règlements particuliers prescriraient d'autres feux de position.

Nous devons ajouter que, depuis quelque temps, les bâtiments à voiles anglais étaient soumis à la même mesure d'éclairage nocturne.

CHAPITRE XII ET DERNIER.

Préparatifs pour le combat en ce qui concerne la machine.

La machine et la chaudière sont vulnérables à bord de tous les navires à roues et de beaucoup de ceux à hélice ; il faut donc obvier aux accidents pendant une affaire. Les différentes clefs ainsi que des tranches à froid et des scies à main pour couper les morceaux de bois tombés dans les mouvements, sont placées à portée : de la toile à voile, de l'étoupe, des morceaux de tôle mince et du mastic un peu clair, sont préparés pour boucher les fuites. Si on en a

le temps, la chambre à vapeur est entourée de voiles ou de
sacs de charbon pour former une sorte de blindage. Avec
une hélice, tout ce qui regarde le désembrayage est préparé et visité; un homme de confiance y est posté, afin
qu'il indique quand il faut se servir des voiles si la machine est réduite à l'inaction. Les pompes de cale sont enclanchées, les robinets d'épuisement pour le condenseur
sont visités, et les manches pour l'incendie sont vissées.
Les feux sont dirigés suivant les circonstances; si l'on est
en chasse ou en retraite, ils sont poussés à outrance; mais
dès qu'une marche rapide devient inutile et que l'action
commence, la pression est aussitôt baissée à *celle de l'atmosphère* pour ne fonctionner qu'avec le vide; les feux
n'en sont pas moins conservés bien garnis, mais avec les
portes des foyers ouvertes et celles des cendriers fermées,
pour qu'en fermant les premières, la pression monte aussitôt : par la même raison le niveau est tenu élevé, pour n'a-
voir pas à alimenter au moment d'augmenter la force.

Il est très-important d'abaisser ainsi la pression, parce
que celle de régime étant naturellement élevée, un seul
trou de boulet ferait sortir une telle masse de vapeur, que
les chauffeurs seraient aussitôt forcés d'abandonner la machine, tandis qu'en descendant à la pression atmosphérique, la sortie est lente, et il est possible de s'approcher
avec de l'étoupe, du mastic, de la tôle et des étançons
pour boucher les trous. Si la machine est abandonnée, elle
finit par s'arrêter; alors la position du navire à roues est
aussi critique que celle d'un navire à voiles démâté : car
les aubes scient et empêchent les voiles d'agir efficacement.
Au moins, alors, le navire à hélice désembraye, et il n'é-
prouve plus d'obstacle. Démonter les aubes ou même rendre les roues folles, sont des opérations trop longues pour

y songer pendant un combat. Il serait peut-être utile pour
la chaudière, d'avoir des écouvillons coniques en bois garnis d'étoupe et de mastic, pour pouvoir les enfoncer dans
les trous à l'aide d'un manche. Avec les chaudières à retour
de flamme, les tubes supérieurs sont exposés à être coupés,
il faut donc avoir des tampons en bois pour les boucher,
comme lorsqu'ils se crèvent. La pression est soigneusement veillée, parce que si elle tombe au-dessous de l'atmosphère, l'air entre et nuit au vide, seule source de force
employée; par cette raison, la soupape atmosphérique est
calée, et un flotteur plus long que d'habitude est mis dans
le manomètre, pour continuer à connaître la pression.

On conçoit que suivant les circonstances, la conduite de
l'ennemi décide de la pression, car s'il fuit, il cherchera à
percer la chaudière de son antagoniste afin de l'arrêter;
mais si le combat est accepté, mieux vaut laisser tomber la
pression. Afin de n'être pas forcé à l'abandon instantané
de la machine, il serait utile, en temps de guerre, d'avoir
une cloison séparant le haut de la chaudière du navire,
afin que la vapeur s'échappât par les trous de charbon, ou
par d'autres ouvertures. Si une chaudière est percée avec
peu de pression, on a le temps d'ouvrir les portes de foyer
en fermant les cendriers : on diminue ainsi tellement la
production, qu'il y a lieu d'espérer de pouvoir rester en
bas ; au moins alors, quoique affaiblie de près de moitié,
la machine conserve de l'action et elle fait gouverner le
navire. Dans de pareils cas, il y aurait des projections d'eau
violentes dans les cylindres; or, une fermeture des registres
les préviendrait en partie.

La chaudière est la partie la plus vulnérable et presque
toujours la plus exposée, en ce qu'il est impossible, excepté à bord des vaisseaux, de placer ces énormes caisses

assez en dessous de la flottaison. Les soutes de blindage ne les préservent pas, puisqu'elles se trouvent juste au point où se prend le premier charbon qui, dès qu'on en a brûlé un peu, s'éboule au-dessous du niveau des chaudières. Aussi les vaisseaux mixtes, dont tout l'appareil moteur est sous l'eau, sont des machines de guerre bien redoutables, car ils sont sûrs de n'être jamais arrêtés et ils peuvent tout oser ; pour eux, pas de calme ni de vent debout, pas de mauvaises passes ! Enfin si les obstacles sont trop grands, rien ne les empêche de se retirer.

On s'est préoccupé de la cheminée, surtout dans les parties intérieures du navire : mais il suffit de se rappeler quel est l'effet produit par son tirage, pour n'avoir pas de craintes à ce sujet. Ce tirage aspire l'air des foyers, par conséquent il attire aussi l'air extérieur par les trous ; il nuira peut-être un peu à son énergie par le refroidissement, mais loin de laisser sortir la flamme, il la fera rentrer. La chute de quelques pièces de mâture est plus à redouter, en ce que si la cheminée était faussée, le tirage serait diminué ; si elle était tout à fait brisée, il en serait de même, ce qui, arrêtant l'activité des feux, éloignerait en partie les chances d'incendie. Dans le cas où un tuyau de décharge est faussé, il faut le couper aussitôt, pour que les soupapes de sûreté, n'aient pas la vapeur arrêtée plus loin, s'il y a lieu de les ouvrir.

Quant aux roues, il n'y a guère que la rupture de leurs tourteaux qui présente de l'importance ; quelques rayons de moins, ou quelques aubes enlevées, n'influent pas sur la marche ; seulement la machine va plus vite. Dans un abordage qui eut lieu sur un vapeur et contre son tambour de babord, près du tiers des aubes fut emporté et beaucoup de rayons furent tordus ; mais le navire conserva sa vitesse habituelle ; seulement la machine donna deux ou trois tours de roues de plus. Pourvu qu'une roue ne soit pas au vent quand il y a de la brise, l'autre fût-elle détruite ou rendue folle sur l'arbre par la rupture du tourteau, le navire ne perdra pas beaucoup de vitesse et il gouvernera encore assez bien.

Les avaries dans les machines ne sauraient guère être prévues ni précisées ; elles peuvent être trop graves et se présenter d'une manière trop variée pour chercher à établir des systèmes. Presque toutes amèneraient l'immobilité ; les pièces ne fussent-elles que faussées, empêcheraient de fonctionner, même mal. Nous ne voyons guère que la tige d'excentrique et le parallélogramme dont la courbure ou la rupture permettent de continuer ; pour la première, on y suppléerait en manœuvrant le tiroir à la main et pour le parallélogramme, en faisant sauter les clavettes de ses bras ; alors, la tige du piston resterait libre, ce qui vaut mieux que de la faire tirer à faux ; une fois isolée, elle résisterait aux efforts peu obliques des bielles pendantes. Pour les bâtis, il n'y a que les paliers, dont la rupture laisserait tomber l'arbre. Un châssis triangulaire cassé ne serait dangereux que de gros temps, et tout le reste de l'appareil est à l'abri au-dessous de l'eau.

Nous pensons que dans un combat, la machine a plus de chances d'être réduite à l'inaction si la pression est maintenue très-basse : si, au contraire, la tension est élevée, les dangers sont pour la chaudière qui offre une surface vulnérable beaucoup plus grande, et où un seul trou de boulet suffit pour forcer à l'abandon de la machine. Les navires à roues présentent tant de chances défavorables, ils sont si exposés à être arrêtés au moment où ils s'y attendent le moins et même à devenir une cause d'embarras, qu'ils sont bien peu propres à la guerre; il faudrait mettre en pièces la mâture d'un navire à voiles pour l'arrêter, s'il a de la brise, tandis qu'un seul boulet réduit le vapeur à l'inaction. Aussi faut-il considérer nos vapeurs de ce genre, comme le train des équipages de la marine pour des transports rapides et nombreux, pour des débarquements, mais nullement comme de vrais navires de guerre : toutes les espérances du marin se portent, nécessairement sous ce rapport, vers le vaisseau mixte.

Dans le cas où un navire à vapeur est forcé de se rendre à l'ennemi, il convient d'en détruire, autant que possible, l'appareil moteur, afin de priver le capteur d'un instrument utile, et de ne lui livrer qu'une carcasse presque immobile. Avec une machine à balancier, il suffira de sortir la clavette et celle à mentonnet d'une des bielles latérales du grand té, et de mettre en marche à la main : alors un seul balancier éprouvant de la résistance, toutes les pièces portent à faux et sont tordues; si dans le désordre de toutes ces pièces la machine s'arrête, on la met dans une position contraire. Il y aurait risque de démolir le parquet, si au lieu d'une bielle du grand té, on démontait une bielle pendante. Avec les cylindres oscillants, un bloc de bois dur introduit entre le cylindre et la plaque de fondation, ferait fausser la tige du piston; un couvercle de cylindre serait défoncé, en plaçant une grosse clef entre la douille du té et la couronne du presse-étoupe. Enfin quelques coups de la panne d'un gros marteau sur le même point, feraient fêler la fonte des cylindres ou des boîtes à tiroir, et bientôt, le meilleur appareil ne serait plus que de la ferraille.

Quant à la chaudière, il suffirait de la vider et de se bien assurer contre le retour de l'eau, puis de continuer à chauffer : les tôles et les rivets seraient promptement rongés et cela sans danger d'incendie, puisque les parties exposées à l'action du feu sont séparées du navire par l'enveloppe de la chaudière, et qu'elles ne sauraient rougir d'une manière dangereuse par l'effet du rayonnement des surfaces de chauffe ; on en a la preuve par les portes qui bouchent la boîte à fumée des tubes ; elles ne rougissent pas : des tubes percés feraient seulement entrer de la fumée dans la chaudière ; et la vapeur restante, quoique suréchauffée, ne produirait pas une grande pression puisqu'elle ne suivrait plus que la loi des gaz. D'ailleurs, avec la pompe à incendie et l'extinction rapide des feux, toutes les chances d'incendie seraient évitées ; l'important est d'empêcher tout retour de l'eau ; car alors l'explosion serait imminente.

On ne saurait s'étendre plus longuement sur ce sujet, ni garantir d'une manière absolue l'efficacité de ce qui précède, puisque aucune affaire sérieuse n'a eu encore lieu pour les navires à vapeur, et que rien n'est encore déterminé sur leur manière de faire la guerre : ce sont donc seulement des indications que nous donnons, et nous ne pouvons avoir rien à ajouter ni sur ce même sujet, ni sur la manière de combattre de cette sorte de bâtiments. On doit, cependant, présumer, et nous l'avons fait remarquer dans la première section de cet ouvrage (p. 308), que l'adjonction de ces mêmes bâtiments dans nos armées de mer ou dans nos escadres, fera introduire d'importantes modifications aux règles de l'ancienne stratégie navale.

TABLE DES TENSIONS ET DES DENSITÉS DES VAPEURS.

Les colonnes 2, 3 et 4 servent naturellement de table de réduction pour les pressions en colonne de mercure, en atmosphère ou en effort exercé sur un centimètre carré.

TEMPÉRATURE en degrés centigrades.	TENSION en millimètres de mercure.	TENSION en atmosphères.	PRESSION sur un centimètre carré.	DENSITÉ.	VOLUME.	POIDS d'un mètre cube de vapeur saturée, en grammes.
	millim.		kil.			
—20°	1,333	»	0,0018	0,00000154	650 588	»
—15	1,879	»	0,0026	212	470 898	»
—10	2,631	»	0,0036	292	342 984	»
— 5	3,660	»	0,0050	398	251 358	»
0	5,059	»	0,0069	540	182 323	5,3
1	5,392	»	0,0074	473	174 495	»
2	5,748	»	0,0078	609	164 332	»
3	6,123	»	0,0084	646	154 842	»
4	6,523	»	0,0089	686	145 886	»
5	6,947	»	0,0094	727	137 448	7,3
6	7,396	»	0,0101	772	129 587	»
7	7,871	»	0,0107	818	122 241	»
8	8,375	»	0,0114	867	115 305	»
9	8,909	»	0,0122	919	108 790	»
10	9,475	»	0,0129	974	102 670	9,7
11	10,074	»	0,0137	0,00001032	99 202	»
12	10,707	»	0,0146	1092	91 564	»
13	11,378	»	0,0155	1157	86 426	»
14	12,087	»	0,0165	1224	81 686	»
15	12,837	»	0,0170	1299	77 008	13,10
16	13,630	»	0,0186	1372	72 913	»
17	14,468	»	0,0197	1451	68 923	»
18	15,353	»	0,0209	1534	65 201	»
19	16,288	»	0,0222	1622	61 654	»
20	17,314	»	0,0225	1718	58 224	17,30
21	18,317	»	0,0250	1811	55 206	»
22	19,417	»	0,0265	1914	52 260	»
23	20,577	»	0,0281	2021	49 487	»
24	21,805	»	0,0297	2133	46 877	»
25	23,090	»	0,0214	2252	44 411	22,70
26	24,452	»	0,0334	2376	42 084	»
27	25,881	»	0,0353	2507	39 895	»
28	27,890	»	0,0374	2643	37 838	»
29	29,045	»	0,0396	2794	35 796	»
30	30,643	»	0,0418	2938	34 041	29,70
31	32,410	»	0,0440	3097	32 291	»
32	34,261	»	0,0465	3263	30 650	»
33	36,188	»	0,0492	3435	29 112	»
34	38,253	»	0,0520	3619	27 636	»
35	40,404	»	0,0549	3809	26 253	39,00
36	42,743	»	0,0581	0,00004017	24 897	»
37	45,038	»	0,0612	4219	23 704	»
38	47,579	»	0,0646	4442	22 513	»

Table des tensions et des densités des vapeurs (suite).

TEMPÉRATURE en degrés centigrades.	TENSION en millimètres de mercure.	TENSION en atmosphères.	PRESSION sur un centimètre carré.	DENSITÉ.	VOLUME.	POIDS d'un mètre cube de vapeur saturée, en grammes.
	millim.	»	kil.			
39°	50,147	»	0,0681	4666	21 429	»
40	52,998	»	0,0720	4916	20 343	49,90
41	55,772	»	0,0758	5156	19 396	»
42	58,792	»	0,0799	5418	18 459	»
43	61,958	»	0,0842	5691	17 572	»
44	65,627	»	0,0892	6023	16 805	»
45	68,751	»	0,0934	6274	15 938	63,70
46	72,393	»	0,0983	6585	15 185	»
47	76,205	»	0,1035	6910	14 472	»
48	80,195	»	0,1090	7242	13 809	»
49	84,370	»	0,1166	7601	13 154	»
50	88,742	»	0,1206	7970	12 546	71,00
51	93,301	»	0,1268	8354	11 971	»
52	98,075	»	0,1332	8753	11 424	»
53	103,060	»	0,1400	9174	10 901	»
54	108,270	»	0,1481	0,00009606	10 410	»
55	113,710	»	0,1545	0,00010054	9 946	102,20
56	119,390	»	0,1622	10525	9 501	»
57	125,310	»	0,1703	11011	9 082	»
58	131,550	»	0,1787	11523	8 680	»
59	137,940	»	0,1874	12044	8 303	»
60	144,660	»	0,1965	12599	7 937	126,10
61	151,700	»	0,2061	13170	7 594	»
62	158,960	»	0,2159	13760	7 267	»
63	166,500	»	0,2264	14374	6 957	»
64	174,470	»	0,2376	15010	6 662	»
65	182,710	»	0,2482	15668	6 382	159,20
66	191,270	»	0,2599	16356	6 114	»
67	200,180	»	0,2720	17066	5 860	»
68	209,440	»	0,2846	17797	5 619	»
69	219,060	»	0,2977	18566	5 386	»
70	229,070	»	0,3112	19355	5 167	196,40
71	239,450	»	0,3253	20174	4 957	»
72	250,230	»	0,3340	21013	4 759	»
73	261,430	»	0,3552	21889	4 569	»
74	273,030	»	0,3709	22794	4 387	»
75	285,070	»	0,3963	23789	4 204	238,80
76	297,570	»	0,4043	24702	4 048	»
77	310,490	»	0,4218	25699	3 891	»
78	323,890	»	0,4400	26739	3 741	»
79	337,760	»	0,4589	27789	3 519	»
80	352,080	»	0,4783	28889	3 462	293,60
81	367,000	»	0,4986	30025	3 331	»
82	382,380	1/2	0,5195	31195	3 206	»
83	398,280	»	0,5411	32399	3 087	»
84	414,730	»	0,5634	33637	2 973	»

Table des tensions et des densités des vapeurs (suite).

TEMPÉRATURE en degrés centigrades.	TENSION en millimètres de mercure.	TENSION en atmosphères.	PRESSION sur un centimètre carré.	DENSITÉ.	VOLUME.	POIDS d'un mètre cube de vapeur saturée, en grammes.
	millim.		kil.			
85°	431,710	»	0,5863	34916	2 864	355,70
86	449,260	»	0,6104	36237	2 760	»
87	467,380	»	0,6350	37590	2 660	»
88	486,090	»	0,6604	38983	2 565	»
89	505,380	»	0,6866	40417	2 474	»
90	525,280	»	0,7136	41891	2 387	426,10
91	545,800	»	0,7415	43405	2 304	»
92	666,950	»	0,7703	44956	2 224	»
93	588,740	»	0,7999	46556	2 148	»
94	611,180	»	0,8303	48201	2 075	»
95	634,270	»	0,8617	49886	2 005	507,40
96	658,050	»	0,8940	51613	1 938	»
97	682,590	»	0,9274	53388	1 873	»
98	707,630	»	0,9616	55191	1 812	»
99	733,460	»	0,9945	57055	1 751	»
100	760,000	1	1,04253	58955	1 695	590,90
106,60	950,000	»	»	72391	1 381	»
112,40	1 140,000	1 12	1,549	85539	1 169	»
117,10	1 330,000	»	»	98324	1 014	»
121,55	1 520,000	2	2,066	0,00111652	896	»
125,50	1 710,000	»	»	123923	806	»
128,25	1 900,000	2 1/2	2,582	136636	732	»
132,15	2 090,000	»	»	149056	671	»
135,00	2 280,000		3,099	161453	619	»
137,70	2 470,000	»	»	173739	576	»
140,35	2 660,000	3 12	3,615	185886	538	»
142,70	2 850,000	»	»	198020	505	»
144,95	3 040,000	4	4,132	210067	476	»
146,76	3 230,000	»	»	222731	449	»
149,15	3 420,000	4 1/2	4,648	233938	428	»
151,15	3 610,000	»	»	245763	407	»
153,30	3 800,000	5	5,165	257363	389	»
155,00	3 990,000	»	»	268956	392	»
156,70	4 180,000	5 1/2	5,681	280827	356	»
158,30	4 370,000	»	»	292485	342	»
160,00	4 560,000	6	6,198	304651	328	»
161,54	4 750,000	»	»	315513	317	»
163,25	4 940,000	6 1/2	6,714	326828	306	»
164,84	5 130,000	»	»	328148	296	»
166,42	5 320,000	7	7,231	349393	286	»
167,14	5 510,000	»	»	360606	277	»
169,41	5 700.000	7 1/2	7,747	371783	269	»
170,78	5 890,000	»	»	382907	261	»
172,13	6 080,000	8	8,264	394110	254	»
173,46	6 270,000	»	»	405198	247	»
174,79	6 460,000	»	»	416123	240	»
			»			

Table des tensions et des densités des vapeurs (suite).

TEMPÉRATURE en degrés centigrades.	TENSION en millimètres de mercure.	TENSION en atmos- phères.	PRESSION sur un centimètre carré.	DENSITÉ.	VOLUME.	POIDS d'un mètre cube de vapeur saturée, en grammes.
	millim.		kil.			
176°11	6 650,000	»	9,297	427 182	234	»
177,40	6 840,000	9	»	438 111	228	»
178,68	7 030,000	»	»	447 955	223	»
179,89	7 220,000	»	»	459 873	217	»
180,95	7 418,000	»	»	481 690	212	»
182,00	7 600,000	10	10,330	»	208	»
186,03	8 360	11	11,363	»	»	»
190,00	9 120	12	12,396	»	»	»
193,70	6 880	13	13,429	»	»	»
197,19	10 640	14	14,462	»	»	»
200,48	11 405	15	15,495	»	»	»
203,60	12 160	16	16,528	»	»	»
206,57	12 920	17	17,561	»	»	»
209,40	13 680	18	18,594	»	»	»
212,10	14 440	19	19,627	»	»	»
214,70	15 200	20	20,660	»	»	»
217,20	15 960	21	21,693	»	»	»
219,60	16 720	22	23,726	»	»	»
221,90	17 480	23	23,759	»	»	»
224,20	18 24	24	24,792	»	»	»
226,30	19 00	25	25,825	»	»	»
236,20	22 80	30	30,990	»	»	»
244,85	26 60	35	36,155	»	»	»
252,55	30 40	40	41,320	»	»	»
259,52	34 20	45	46,485	»	»	»
265,89	38 00	50	51,650	»	»	»
300	72 26	102	98,2	»	»	»
350	156 3	205	212,0	»	»	»
400	304 5	400	414	»	»	»
450	555 2	730	755	»	»	»
500	958 3	1260	1 303			
550	1 580 mètres	2079	2 148			
600	2 508	3300	3 410			
650	3 850	5065	5 236			

Jusqu'à cette température de 224°, les tensions ont été observées directement ; au delà elles ne sont déduites que du calcul.

INDICATION DES CHAPITRES

CONTENUS DANS CE

MANOEUVRIER COMPLET.

———◦◉◦———

SECTION PREMIÈRE.

BATIMENTS A VOILES.

————

580

SECONDE SECTION.

BÂTIMENTS A VAPEUR.

FIN.

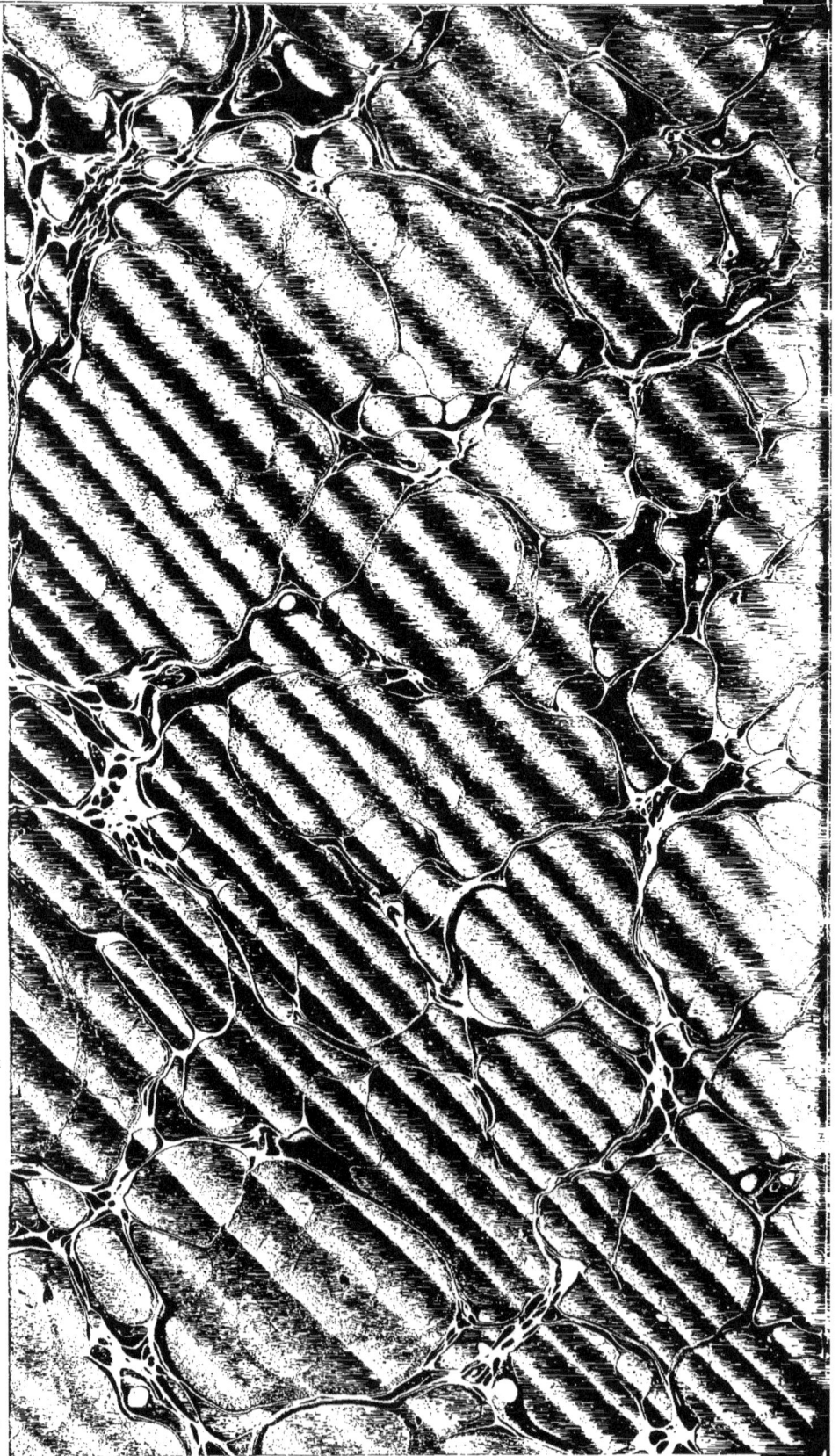

www.ingramcontent.com/pod-product-compliance
Lightning Source LLC
Chambersburg PA
CBHW031722210326
41599CB00018B/2477